文根保　主编

复杂注塑模具
设计新方法及案例

FUZA ZHUSU MUJU
SHEJI XIN FANGFA JI ANLI

U0389983

化学工业出版社
·北京·

图书在版编目（CIP）数据

复杂注塑模具设计新方法及案例/文根保主编. —北京：化学工业出版社，2018.7
ISBN 978-7-122-32130-5

Ⅰ.①复… Ⅱ.①文… Ⅲ.①注塑-塑料模具-设计 Ⅳ.①TQ320.66

中国版本图书馆 CIP 数据核字（2018）第 096811 号

责任编辑：贾　娜　　　　　　　　　　文字编辑：陈　喆
责任校对：王　静　　　　　　　　　　装帧设计：刘丽华

出版发行：化学工业出版社（北京市东城区青年湖南街 13 号　邮政编码 100011）
印　　刷：三河市延风印装有限公司
装　　订：三河市宇新装订厂
787mm×1092mm　1/16　印张 21¾　字数 564 千字　2018 年 8 月北京第 1 版第 1 次印刷

购书咨询：010-64518888（传真：010-64519686）　售后服务：010-64518899
网　　址：http://www.cip.com.cn
凡购买本书，如有缺损质量问题，本社销售中心负责调换。

定　　价：98.00 元

前言
FOREWORD

现代模具设计和制造由许多新技术组成。模具结构设计在众多模具技术中起主导作用。注塑模设计普遍被认为是所有模具设计中比较难的一种，其难度在于注塑模设计考虑的因素多，成型对象形状复杂且变化多，注塑材料在成型过程中要控制的因素多，所产生的缺陷也多。如何进行注塑模的设计？如何判断注塑模设计的正确性？应该有一整套的设计规律和程序，遵守了这些规律和程序，模具设计就能够成功。

注塑模结构是根据注塑件形状、尺寸、精度、塑料品种、性能、表面粗糙度和技术要求及注塑件上缺陷来确定的。笔者经过 30 多年摸索，在总结这些经验的基础上，提升出一种深层次注塑模设计新理论。所创建的理论包括：注塑件形体"六要素"分析、注塑模结构方案"三种可行性分析方法"和论证、注塑模最佳优化方案可行性分析和论证、注塑件缺陷预测分析的最终模具结构方案可行性分析和论证，以及注塑件上模具结构成型痕迹和成型加工痕迹及其痕迹技术。这些理论均为复杂注塑模结构设计的辩证方法论，用其可以制订复杂注塑模结构方案，设计模具结构并判断其合理性。

注塑件成型痕迹与痕迹技术，为解决注塑模和注塑件克隆、复制、修模和网络技术服务寻找到了一条新途径。注塑件缺陷预期分析 CAE 法和图解法及缺陷整治排除法和痕迹法，在国内首次提出制订模具结构方案与缺陷预期分析应同时进行的思路，并且指出缺陷应以预防为主、整治为辅的策略，为全面解决模具结构和根治注塑件上的缺陷提供了新方法和新技巧。

注塑模设计辩证方法论和注塑件缺陷综合整治方法论是一个完整的、连续的、循环的和系统的辩证方法论。这些理论为注塑模最佳优化结构方案的制订提供了理论依据和技术支撑，也为注塑模的设计提供了程序、路径和验证方法；还为解释许多模具的结构和成型现象提供了依据；为减少注塑模盲目设计和提高试模合格率提供了理论保证。

为了让读者更好地理解、掌握和运用该理论中的方法和技巧，本书前 3 章阐述了以上理论。第 4 章采用 3 个案例，说明注塑模结构成型痕迹与综合要素的应用；第 5 章采用 4 个案例，说明注塑模型孔、螺孔、障碍体、运动与干涉综合要素的应用；第 6 章采用 5 个案例，说明注塑模障碍体与批量综合要素的应用；第 7 章采用 5 个案例，说明注塑模障碍体、型孔、变形和外观综合要素的应用；第 8 章采用 3 个案例，说明最佳优化注塑模结构方案的应用；第 9 章采用 3 个案例，说明注塑模成型加工痕迹与型孔、障碍体综合要素的应用；第 10 章采用 2 个案例，说明注塑模形状、型孔和变形综合要素的应用。

本书由文根保主编，参与编写工作的还有：史文、文莉、卞坤、高俊丽、丁杰文、胡军、张佳、文根秀和蔡运莲。由于编者的水平所限，书中难免存在着不足之处，恳请读者们提出宝贵意见。我们愿意竭诚为读者服务并虚心接受批评指正，可发邮件与笔者联系。E-mail 为：1024647478@qq.com。

编　者

目录
CONTENTS

第3章　注塑模结构最佳优化和最终方案可行性分析与论证

第4章　注塑模结构成型痕迹与综合要素的应用

第5章　注塑模孔槽、螺孔、障碍体、运动与干涉综合要素的应用

第6章　注塑模障碍体与批量综合要素的应用

第7章　注塑模障碍体、型孔、变形和外观综合要素的应用

第8章 注塑模结构最佳优化可行性方案的应用

第9章 注塑模成型加工痕迹与型孔、障碍体综合要素的应用

附录

参考文献

第1章

注塑件的形体"六要素"分析

注塑模结构方案是依据注塑件上影响模具结构方案的形体因素而确定的。这些形体因素包括:"形状与障碍体""型孔与型槽""变形与错位""运动与干涉""外观与缺陷"和"塑料与批量"六要素。实际上每种要素中又可分成两个子要素,如此,应该共有12个子要素。一种要素中的两种子要素,既有相似点又有所区别,如障碍体本身就是注塑件的一种形状,只是障碍体是阻碍模具构件运动和形体加工的形状,而形状仅是指注塑件内外的形状,这些形状不会影响模具构件的运动和形体加工。如型孔是指圆形或非圆形通孔与盲孔,而型槽是指非圆形盲孔。六要素不同程度地影响着注塑模结构方案及各种机构与构件的确定,因此,在注塑模设计之前必须要对注塑件进行形体的分析。注塑模设计依据着注塑件形体"六要素"分析,其他型腔模如压铸模、橡胶模、发泡模和复合材料成型模等也是通过成型件"六要素"分析才能过渡到模具结构方案的制订,最后才能进行模具的设计与造型。

注塑件的形体分析,通俗地讲就是从注塑件形体分析中提取六大要素中的所有要素。提取注塑件形体中的所有要素,要做到对而全的。因此,"六要素"分析是注塑模结构设计的依据和基础,也是注塑模结构设计的关键。只有将注塑件形体"六要素"分析到位了,注塑模的设计才能到位。所谓"六要素"分析到位,就是指注塑件提取的"六要素"必须是对和全的。试想一下,若注塑件的形体"六要素"分析存在缺失或出现了错误,还能有相应的解决影响模具结构方案的措施吗?没有必要的措施,模具的结构方案还能是完整和正确的吗?所以在注塑件设计正确的前提之下,注塑件形体"六要素"的分析就是决定模具结构正确与否的关键,故决不能轻视注塑件形体"六要素"的分析。如何提取注塑件形体的"六要素",是具有一定的方法和技巧的。注塑件形体"六要素"分析图,是在注塑件零件图的基础上,根据分析的结果将注塑件形体"六要素"的符号标注在要素的位置上。注塑件形体"六要素"的符号,见附录A。

1.1 注塑件形状与障碍体要素分析

注塑件上的形状与障碍体要素,是注塑件影响注塑模的主要因素。注塑件上的形状要素是决定模具型腔与型芯形状、精度、数量和模具大小的主要因素,障碍体要素是决定注塑模开闭模、抽芯和注塑件脱模运动的主要因素,也是影响模具型腔与型芯加工的主要因素。注塑模结构设计与注塑件的"形状"有关,更与注塑件上的"障碍体"有关。而注塑件上的

"障碍体"，是注塑件形状中对模具结构方案影响最大的因素。

1.1.1　注塑件形体分析的"形状"要素

由于注塑件在各种设备和装置中所起到作用和功能的不同，注塑件的形状、大小和精度是千变万化的。这样便造成了注塑件上"六要素"种类和数量的不同，从而造成了对注塑模结构方案的影响作用不同。如此，注塑模结构的设计也就不同。但是，注塑件形体"六要素"分析，是能够适用于所有注塑件的形体分析。

成型注塑件型腔和型芯的形状与注塑件的内外形状是相似的，由于任何物体都具有受热膨胀和遇冷却收缩的特性，注塑件冷却后一定会小于图纸要求的形状尺寸。为了满足塑料在受热膨胀时注塑件形状会增大的特性，对注塑模型腔与型芯的尺寸需要进行补偿计算，即需要对注塑模型腔与型芯尺寸放大塑料的收缩量。这样当塑料熔体在注塑模中冷却后，才能保证与注塑件图纸尺寸一致性。注塑件的形状和大小，主要是影响到注塑模型腔和型芯的形状、数量以及嵌件形式的选取；注塑模浇注系统形式、位置和尺寸的设置；注塑模模架形式与尺寸大小的选用；注塑模分型面、抽芯机构和注塑件脱模机构的选择。任何注塑件都是具有外形或内形要素，否则就不是具有实体的注塑件。

1.1.2　注塑件形体分析的"障碍体"要素

在注塑模结构设计之前，需要提取注塑件上存在的"障碍体"要素。然后，再针对所存在的"障碍体"设置出解套的措施，即制订出相应的模具结构可行性方案，这便是模具结构可行性方案的分析与论证方法。

（1）"障碍体"的定义

"障碍体"是因制品结构需要存留在注塑件上的形体，也是通过注塑件复制在模具型面上的一种几何体。它能够阻碍注塑件的脱模运动、抽芯运动、开闭模运动，还能影响模具形体的加工。它们的存在可以从注塑件的图样、造型和实物中找到，如不能妥善采取合适的措施化解"障碍体"的不良影响，哪怕只有一处"障碍体"没有得到合理的处置都会导致模具的失败。"障碍体"在制品或模具型面中的存在是无可置疑的客观事实，是不以人的意志所转移的现实。它的存在无所不在且内容丰富多彩，这便造就了注塑模较其他类型模具结构设计困难但又无比精彩的特色。

[例1-1]　圆球形注塑件选取不同分型面时，所产生注塑件"障碍体"对脱模的影响，如图1-1所示。圆球形注塑件，如图1-1（a）所示。如图1-1（b）所示，分型面Ⅰ—Ⅰ选取在水平中心线的下方，产生的"障碍体"使圆球形注塑件滞留在定模1的型腔中无法脱模；如图1-1（c）所示，分型面Ⅰ—Ⅰ选取在水平中心线的上方，产生的"障碍体"使圆球形注塑件滞留在动模2的型腔中无法脱模；如图1-1（d）所示，分型面Ⅰ—Ⅰ选取在水平中心线上，就不会产生"障碍体"。使得圆球形注塑件有可能滞留在动模2的型腔中，利用顶杆很容易将制品脱模。也可能滞留在定模1的型腔中，制件脱模较困难。该例生动地说明了"障碍体"的存在，随着分型面选取位置的不同所产生的"障碍体"部位也不同，对制品在模具分型所产生的影响也不同。

（2）"障碍体"的种类

"障碍体"存在多种形式：有各种形状形式的"障碍体"；有观察分析难易程度形式的"障碍体"；有功能形式的"障碍体"；还有结构设计形式的"障碍体"。

① 以形状进行区分的"障碍体"　这主要是在注塑件设计时出现的"障碍体"，有凸台、凹坑、暗角、内扣和内外弓形高等形式的"障碍体"。

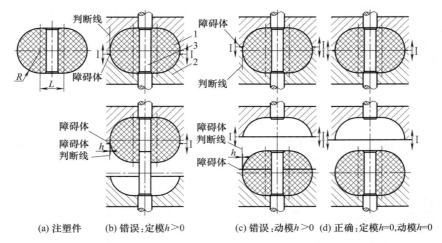

(a) 注塑件　　(b) 错误：定模h>0　　(c) 错误：动模h>0　　(d) 正确：定模h=0,动模h=0

图 1-1　选取不同分型面所产生注塑件"障碍体"对脱模的影响

1—定模；2—动模；3—型芯；Ⅰ—Ⅰ分型面；h—"障碍体"高度

[例 1-2]　凸台、凹坑、内扣和内外弓形高"障碍体"，如图 1-2 所示。

a. 凸台形式"障碍体"　是在制品内外型面上存在着突出的圆形、方形和异形的几何体，这种突出的几何体称为凸台"障碍体"。

b. 凹坑形式"障碍体"　是在制品内外型面上存在着内凹的圆形、方形和异形的几何体，这种内凹的几何体称为凹坑"障碍体"。

c. 内扣形式"障碍体"　是在制品边缘型面上存在着内凹的几何体，这种内凹的几何体称为内扣"障碍体"。

d. 内外弓形高形式"障碍体"　一般制品内外形为圆弧形式的型面，这种圆弧形式的型面的几何体称为内扣"障碍体"。

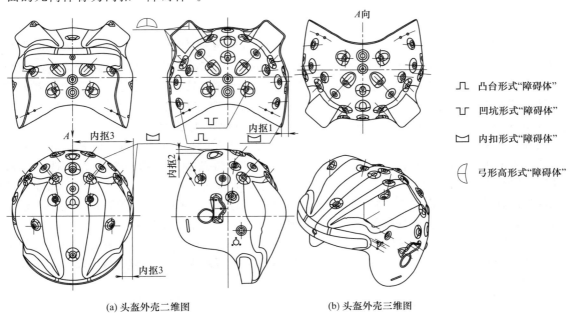

⊓ 凸台形式"障碍体"

⊔ 凹坑形式"障碍体"

▱ 内扣形式"障碍体"

◖ 弓形高形式"障碍体"

(a) 头盔外壳二维图　　　　(b) 头盔外壳三维图

图 1-2　凸台、凹坑、内扣和内外弓形高"障碍体"

② 以观察分析难易程度形式进行区分的"障碍体"　这主要是在注塑模结构方案可行性分析时出现的"障碍体",有显性"障碍体"和隐性"障碍体"。

[例 1-3]　显性"障碍体"和隐性"障碍体",如图 1-3 所示。

a. 显性"障碍体"　是在塑料制品二维图、三维造型和实物上能够很容易发现或分析出能阻碍模具机构进行分型、抽芯和脱模运动的几何实体。如图 1-3 的 A—A 中显性"障碍体"的高度为 3.1mm×30°,图 1-3 的 D—D 中显性"障碍体"的高度 $=6×\tan 10°=6×$ $0.176=1.056≈1.06$(mm)。这两处"障碍体"阻挡了注塑件正常沿着模具分型方向的脱模,为了使注塑件能够正常地脱模,注塑件必须沿着内扣"障碍体"30°的方向线进行斜向才能够脱模。

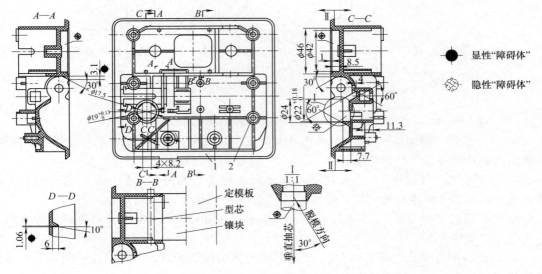

图 1-3　显性和隐性"障碍体"

1—手柄主体部件; 2—圆螺母

b. 隐性"障碍体"　如图 1-3 的 C—C 剖视图中两端为 $\phi 22^{+0.18}_{0}$ mm×7.7mm 孔和 $\phi 19^{+0.13}_{0}$ mm×11.3mm 孔,而中间是 $\phi 19^{+0.13}_{0}$ mm×$\phi 17.5$mm×4×8.2mm 的花键孔,如此两端为大孔、中间为花键孔是不可能完成抽芯的。因此,只能将成型这三个孔的型芯进行分型,即花键孔与其同一外径的 $\phi 19^{+0.13}_{0}$ mm 孔为一个定模型芯,而孔 $\phi 22^{+0.18}_{0}$ mm× 7.7mm 孔为另一个动模型芯。按正常的注塑件脱模方向,成型 $\phi 22^{+0.18}_{0}$ mm×7.7mm 孔与 $\phi 46$mm×1mm×$\phi 42$mm×8.5mm 台阶孔的型芯原本不是"障碍体"。由于注塑件必须要进行 30°的斜向脱模,这两个型芯才成为了"障碍体"。将这种"障碍体"称为隐性"障碍体"。此时,若将不成型 $\phi 22^{+0.18}_{0}$ mm×7.7mm 孔与 $\phi 46$mm×1mm×$\phi 42$mm×8.5mm 台阶孔的型芯在注塑件脱模之前,将该型芯先完成抽芯,势必会妨碍注塑件的脱模。同理,模具合模时,该两型芯必须先进行复位后,才能成型 $\phi 22^{+0.18}_{0}$ mm 的型孔与 $\phi 46$mm× 1mm×$\phi 42$mm×8.5mm 的台阶孔。隐性"障碍体"是后天性的,具有很大的隐蔽性。如果不能及时捕捉到,那么所制订的模具结构方案肯定会出现缺失,随之模具结构设计就不能够做到完整。

③ 以功能形式进行区分的"障碍体"　这主要是在注塑模结构方案可行性分析时出现的"障碍体"分为有害"障碍体"和有益"障碍体"。

[例 1-4]　有害"障碍体"和有益"障碍体",如图 1-4 所示。

　　a. 有害"障碍体"　在一般的情况下"障碍体"都是有害的，因为"障碍体"会阻碍模具各种机构的运动，使模具无法进行正常的工作。当然只要针对化解这些"障碍体"的措施得当，就不会影响到模具正常的工作。

　　b. 有益"障碍体"　是人为设置让注塑件能滞留在动模部分，以利于注塑件脱模的"障碍体"。通常"障碍体"存在着两面性，即有有害的一方面也存在有利的一方面。有益"障碍体"，如图1-4所示。如图1-4（a）所示，由于孔 d 与孔 D 具有的同心度为 $\phi0.04$mm。如图1-4（b）所示，成型 d 孔与 D 孔定模型芯2必须安装在定模1的一边，而成型 D_1 孔动模型芯4必须在动模5的一边。注塑件3滞留在动模5型腔和定模1型腔的概率各为50%，如此，注塑件3在动定模分型时就有可能滞留在动模5的型腔中，这样有利于顶杆6将注塑件3顶脱模腔。如果是注塑件3滞留在定模1的型腔中，便很难脱模。此时为了使注塑件3能滞留在动模5的型腔中，特意在动模型芯4上制有 $L_1\times h$ "障碍体"的槽，这个"障碍体"就是有益"障碍体"。如图1-4（c）所示，因动模型芯4上设置有益"障碍体"才能使注塑件100%滞留在动模型腔中。

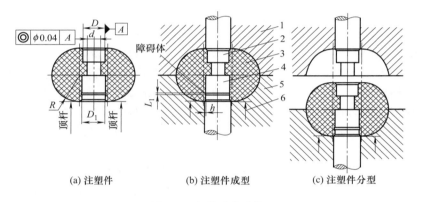

图1-4　有益"障碍体"

1—定模；2—定模型芯；3—注塑件；4—动模型芯；5—动模；6—顶杆

　　④ 以结构设计形式进行区分的"障碍体"　这主要是在注塑件设计或造型时所产生的"障碍体"，注塑件设计时存在着结构形式和差错形式失误的"障碍体"。

　　a. 结构形式"障碍体"　是因注塑件在功能上的需要而设置的，这是需要得到保护的有用的"障碍体"。

　　［例1-5］　结构形式"障碍体"，如图1-5所示。豪华客车带灯后备厢的手柄是安装在汽车车壳的外面。手柄盖2的用途是挡住雨水和沙尘，以防止进入 $\phi22^{+0.18}_{0}$mm孔内安装的锁孔眼中。图1-5的 $C—C$ 中的3.1mm×60°显性"障碍体"，是限制如图1-5的 $B—B$ 所示手柄盖2的位置，如果手柄盖2处大于和等于90°位置时会竖起来，在行车过程中会刮擦到靠近的物体和人。在显性"障碍体"的限制下，安装在轴3上的扭簧使手柄盖2可以一直闭合在手柄主体1上以确保安全。那么，这个显性"障碍体"是人为设置的，模具结构设计时一定要确保显性"障碍体"的存在，这个显性"障碍体"就是结构形式的"障碍体"。图1-5的 $D—D$ 中显性"障碍体"高度＝6×tan10°＝6×0.176＝1.056≈1.06（mm），是加强筋，也是结构形式的"障碍体"。可见对于结构形式的"障碍体"，在模具设计中是要确保其存在的。

　　既然注塑件设计由于功能的需要设置了结构形式的"障碍体"，那么，注塑件的结构必须保持与结构形式的"障碍体"的一致性。如图1-5的 $B—B$ 剖视图所示，注塑件外缘沿周

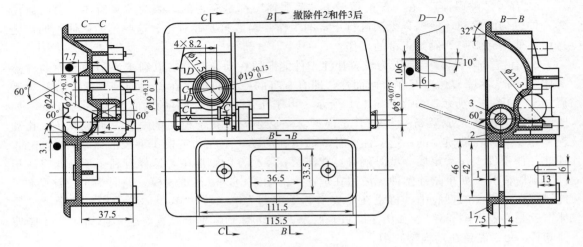

图 1-5　结构形式的"障碍体"

1—手柄主体；2—手柄盖；3—轴

有一圈 30°角，又如图 1-5 的 *C—C* 剖视图所示，4×60°梯形槽和 ϕ24mm×60°的锥形圆台，为了美观是一方面因素，更重要是为了确保其结构形式的"障碍体"，既然注塑件在模具中一定是斜向脱模的形式，这些设计可以保证注塑件顺利地脱模。如不是这样设计，外缘沿周如是直角，梯形槽如为直槽，ϕ24mm×60°的锥形圆台如为圆柱台，那么，这三处几何体也就成为隐性"障碍体"而使注塑件无法脱模。这里也告诉注塑件设计人员一定要懂得模具的结构才能设计出好的注塑件。

b. 差错形式"障碍体"　是在注塑件设计或造型时由于出现的差错或失误而产生的"障碍体"。差错形式"障碍体"会严重地影响模具机构的运动，这是必须要彻底清除的"障碍体"。并且差错形式"障碍体"不会具有模具的功能性，只会产生负面作用。

[例 1-6]　供氧面罩主体，如图 1-6（a）所示，材料：橡胶。由于供氧面罩主体造型，在凸凹形的转接处制作 *R* 时的不注意造成了差错形式的"障碍体"，如图 1-6（a）中Ⅰ放大

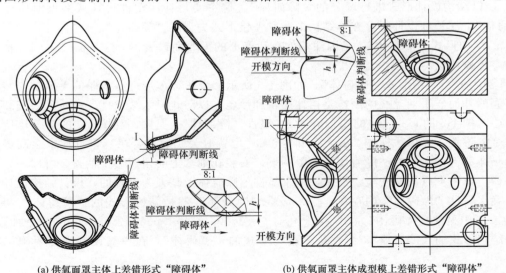

(a) 供氧面罩主体上差错形式"障碍体"　　　(b) 供氧面罩主体成型模上差错形式"障碍体"

图 1-6　供氧面罩主体及其成型模下模的"障碍体"分析

图所示。这样就使得供氧面罩主体成型模下模的造型相应地产生差错形式的"障碍体",如图 1-6（b）中Ⅱ放大图所示。成型模下模所出现的差错形式"障碍体"不仅会影响模具正常的开闭模运动和供氧面罩主体的脱模,还会在制品脱模时划破制品,甚至会影响到型腔的加工（指三轴加工中心）。模具是按制品造型进行加工的,可以在成型模型腔加工时清除,但清除模具型腔差错形式"障碍体"会使成型的制品与制品设计图产生偏差。所以,注塑件设计,特别是进行三维造型时一定要注意制品型面连接处出现的差错形式"障碍体",发现了这种差错形式"障碍体"应立即作出处理。

　　[例 1-7]　供氧面罩外壳,如图 1-7（a）所示。材料:玻璃钢。由于供氧面罩外壳设计之前考虑不周,造成了供氧面罩外壳上存在着差错形式"障碍体",影响到模具不能正常地开闭模和供氧面罩外壳的脱模,如图 1-7（a）中Ⅰ放大图所示。当然,凹模也可以采用拼装结构来让开"障碍体"。但为了简化凹模的结构,改进后的供氧面罩外壳,如图 1-7（b）中Ⅱ放大图所示。消除了供氧面罩外壳上的"障碍体",凹模便可采用整体的结构。

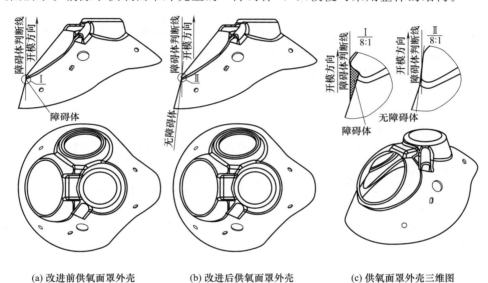

（a）改进前供氧面罩外壳　　　（b）改进后供氧面罩外壳　　　（c）供氧面罩外壳三维图

图 1-7　供氧面罩外壳上需要根治的"障碍体"分析

　　可见结构设计形式的"障碍体"是在注塑件设计和造型过程中所产生的,对于结构形式的"障碍体"模具结构设计应该给予保护,而对于差错形式的"障碍体"是在制品造型时需要去除的。要成为一名合格的注塑件设计员,就必须具备模具结构设计基本知识。

　　⑤以成型加工形式进行区分的"障碍体"　模具结构在注塑件加工时遗留痕迹的凸凹痕、微型凸疱和皮纹类型"障碍体",对模具的分型、抽芯和脱模运动都是有一定的影响,在模具结构和型面尺寸设计时也是需要加以注意的。

　　a. 模具结构成型加工时凸凹痕"障碍体"　这是因为模具成型零部件加工时的精度过差和模具使用时间过长产生了磨损,导致模具配合面出现了间隙,注塑件加工时熔融的料流进入间隙冷硬后产生了凸凹痕"障碍体"。这种凸凹痕"障碍体"发展到一定程度时,也会对模具的分型、抽芯和脱模运动产生阻挡作用。

　　b. 微型凸疱"障碍体"　可发性聚苯乙烯（EPS）在双层壁发泡模中蒸气室成型时,会在通入的蒸气孔中成型许多的微型凸疱"障碍体"。微型凸疱"障碍体"会影响模具的分型和制品的脱模。

　　c. 皮纹"障碍体"　有些注塑件为了增加注塑件表面的摩擦或为了美观,常需要在注塑件表面制成皮革纹、电火花纹和橘皮纹，这些纹实际就是许多细小呈凸凹形的"障碍体"。皮纹"障碍体"一般是利用皮纹所在面的斜度来避免对注塑件分型、抽芯和脱模运动的阻挡作用。如果所在面的斜度较小时，各种模具的运动会将具有皮纹的模具型面的皮纹磨平。

模具行业民间中有一种定义为"暗角"或"内扣"或"倒扣"的概念，名词过多不便统一。这种定义具有一定的局限性和狭隘性，许多模具的结构形式无法得到合理的解释。"障碍体"的定义是在继承上述概念的基础上深化和发展了该概念，不但能解释许多模具结构形式，还能更好制订解决各种"障碍体"的措施。

（3）"障碍体"的判断和检查方法

"障碍体"在二维图样、三维造型和实体上都可以被检测出来，"障碍体"的高度可通过计算得出，也可在二维图样及三维造型上测量出来。

①"障碍体"的判断方法　总的来说是根据模具机构的运动方向来判断，凡是能够起到阻碍模具机构运动的实体都称为"障碍体"。

a. 分型面的"障碍体"　对分型面来说是阻碍模具动定模分型的注塑件上实体。如不消除分型面上的"障碍体"，自然使模具动、定模无法开启和闭合，注塑件也就无法从模具中脱模，应采取适当措施避开"障碍体"对模具分型运动的影响。

b. 抽芯运动的"障碍体"　是阻碍注塑件型孔与型槽中模具型芯进行抽芯运动的实体，必须采用适当措施来避开"障碍体"的阻碍作用。

c. 脱模运动的"障碍体"　是阻碍注塑件在模具中按正常状态下进行脱模的实体，必须采用适当措施来避开"障碍体"的阻碍作用。

d. 模具型面上加工的"障碍体"　在采用普通加工设备制造模具型面和型腔时，会加工掉模具型面和型腔上的几何体，这种几何体称为模具型面上加工的"障碍体"。其方法是采用适当措施来避开加工的"障碍体"，可以采用四轴或五轴加工中心或电火花的加工来保留模具型面上的加工"障碍体"。

②"障碍体"的检测方法　"障碍体"不管是在CAD图上，还是在三维造型或实物上都能够检测出来。

a. 在注塑件或模具二维图样上的检查方法　如图1-6和图1-7所示。是在注塑件或模具二维图样上具有凸起或凹进投影线的最高点处作出与运动方向一致的直线，此直线称为"障碍体"判断线。对凹模来说"障碍体"判断线以内的实体便是"障碍体"，而对凸模来说"障碍体"判断线以外的实体便是"障碍体"。直线至凸起或凹进的最高点或最低点的距离是"障碍体"的高度，如图1-3的 C—C 剖视图所示，凸台"障碍体"的高度 $h = 3.1\text{mm}$。如图1-3的 D—D 断面图所示，暗角"障碍体"的高度 $h = 1.06\text{mm}$。

b. 注塑件和模具的三维造型上的检查方法　在注塑件或模具三维造型上具有凸起或凹进的最高处作出与运动方向一致的直线或平面，此直线或平面称为"障碍体"判断线或判断平面。判断线或判断平面至凸起或凹进的最高点或最低点的距离是"障碍体"的高度。

c. 在模具上的检查方法　在模具型面上可用钢板尺贴着型腔或型面，再使用钢板尺或游标卡尺沿着型腔或型面的运动方向摆放后，钢板尺或游标卡尺抬高或放低的距离即为"障碍体"的高度。

（4）获取"障碍体"的方法

用机械加工、电火光加工和运动避让方法，可以获取"障碍体"。

a. 采用加工方法获取"障碍体"　通过四轴或五轴的加工中心编程时，应绕开"障碍体"进行切削加工而获得，通过采用电火光的加工方法也可获得"障碍体"。

b. 采用模具结构避让的方法获取"障碍体"　可以通过运动避让的方法获得"障碍体"。

1.1.3　案例

注塑件上"障碍体"要素的形体分析，就是要将注塑件上有关"障碍体"的所有要素都找对找全，不能有遗漏和错误，要做到这些要求是很不容易的。在进行"障碍体"要素的形体分析时出现了遗漏和错误，势必会造成注塑模结构的缺失和错误。

[**例1-8**]　外开手柄"障碍体"形体分析，如图1-8所示。材料：PC/ABS合金；注射机：KT-300；质量：186g。外开手柄形体六要素分析：外开手柄上存在着两处弓形高形式"障碍体"①和②要素，根据外开手柄分型面的选取存在着和③一处弓形高形式"障碍体"要素；根据外开手柄成型的要求存在着一处凸台形式"障碍体"④要素。这说明了外开手柄的成型加工过程中，模具结构必须避开多种"障碍体"的阻挡作用才能脱模。

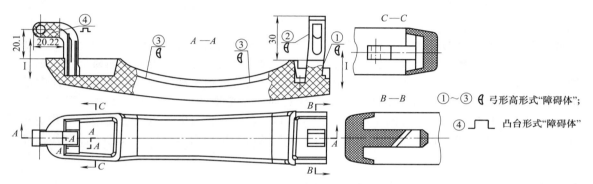

图1-8　外开手柄"障碍体"形体分析

[**例1-9**]　管接头"障碍体"要素分析，如图1-9所示。材料：ABS（黑色）；收缩率：0.7%；注射机：SZ-63/500Azhu注射机。管接头的形体"障碍体"要素分析：管接头直径为φ40mm、壁厚为1.5mm、长度为150mm，属于细长薄壁件。管接头上存在着4×φ14mm×(60mm−40mm)/2的四处凸台"障碍体"要素；φ40mm弓形高"障碍体"要素。处理不好凸台和弓形高"障碍体"要素的要求，注塑模将无法进行管接头的分型、抽芯和脱模。

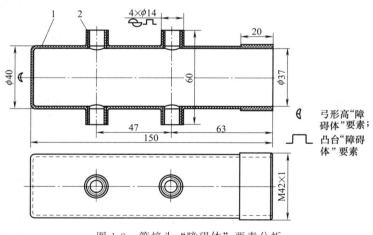

图1-9　管接头"障碍体"要素分析
1—管筒；2—螺旋嵌件

注塑模结构方案的分析主要是针对六大要素进行的。六大要素处理与协调妥当了，注塑模的结构设计就不可能出现问题。"障碍体"要素在模具结构设计中具有很大的隐蔽性，所以处理起来要困难一些。有的"障碍体"的高度很小，不易被发现或容易被忽视，因此会造成模具结构设计的失误。而"障碍体"的内容又是极其丰富的，影响着注塑模的分型面的选取，即影响着动、定模的开启和闭合运动；影响着注塑模的"型孔与型槽"

抽芯，即影响着注塑模的抽芯运动；影响着注塑件的脱模及其脱模运动；影响着注塑模的开闭合运动、抽芯运动和注塑件的脱模运动这三大运动及其运动干涉；甚至影响着注塑模型面和型腔的加工。可以说"障碍体"的影响是无所不在的，"障碍体"为六大要素中的第一大要素，其技巧性也是首屈一指，我们绝不可轻视它。对于注塑件的形体分析只要能够将"障碍体"找对找全就可以了，暂时不需要对"障碍体"采取措施进行方案分析。文中虽做了方案的分析，但这是为了引导出各种"障碍体"的概念。

1.2　注塑件上的孔槽与螺纹要素分析

注塑件的形状和结构虽然很复杂，但无非是由一些几何实体和孔槽及螺纹组合或切割而成的实体。因此，孔槽与螺纹是注塑件上必有的几何形体，也是影响模具结构的主要因素。注塑件上孔槽与螺纹的形状，就是注塑模的滑块抽芯机构成型螺纹型芯的形状和形式；注塑件的型孔（槽）与螺纹的位置，也就是注塑模滑块抽芯机构型芯的位置；注塑模滑块抽芯机构成型的型芯尺寸，只不过比注塑件的孔槽与螺纹的尺寸增加了塑料的收缩量而已；注塑模滑块抽芯机构和脱螺纹机构成型螺纹型芯运动走向，完全取决于注塑件上孔槽与螺纹的走向；注塑模滑块抽芯机构型芯的运动行程、运动起点和终点，也完全取决于注塑件上孔槽与螺纹的深度、孔口和孔底的尺寸。可见注塑模抽芯机构的结构内容，完全取决于注塑件孔槽与螺纹要素的内容。

1.2.1　注塑件正、背面上孔槽要素的分析

在进行注塑件正、背面型孔与型槽要素的分析时，应当先找出图样中注塑件正面及背面"型孔与型槽"的形状、位置、方向及其尺寸，可分为以下几类。

① 应找出注塑件图样中正、背面轴线与注塑模开、闭模方向一致的通孔（槽）和盲孔（槽）。

② 应找出注塑件图样中正、背面小尺寸螺孔及注塑件中镶嵌金属件小尺寸螺孔及螺杆。

③ 应找出注塑件图样中正、背面轴线与注塑模开、闭模方向倾斜的通孔（槽）和盲孔（槽）。

④ 应找出注塑件图样中正、背面的大尺寸螺孔及螺杆。

型孔、型槽与螺纹的方向若是平行于开闭模方向，不管是在定模部分还是在动模部分的型孔与型槽，在一般的情况下，都可以采用固定型芯来成型，再利用注塑模的开、闭模运动进行型芯的抽芯和复位；还可以采用垂直抽芯机构进行成型后的抽芯和复位。但是具体的情况还是要具体分析，以便决定注塑模在什么情况下是采用固定型芯、嵌件和活块进行成型和抽芯，还是采用垂直抽芯机构进行成型和抽芯才是正确的选择。而螺孔则是采用螺纹型芯或螺纹嵌件来成型，也可以采用活块成型，活块可以随着注塑件一起脱模，然后再由人工取出活块；还可以采用齿轮齿条副、链轮链条副和油压缸等进行脱螺纹。

1.2.2　注塑件沿周侧面孔槽与螺纹要素的分析

注塑件沿周侧面的型孔或型槽及螺孔，主要是决定注塑模的侧向抽芯机构、活块或螺孔抽芯机构的选择。侧向抽芯机构是水平抽芯结构，还是斜向抽芯结构，主要取决于型孔与型槽的走向。注塑模的二次抽芯机构的抽芯，则主要取决于注塑件型孔与型槽抽芯时的变形状况，螺纹脱模机构的结构主要取决于螺纹的形式、尺寸、位置和走向。

（1）注塑件沿周侧面及其正、背面型孔与型槽

应当分别找出注塑件沿周侧面及其正、背面的型孔与型槽，并找出型孔与型槽截面形状的尺寸及公差、几何公差，还需找出影响型孔与型槽抽芯的"障碍体"，可分为以下几类。

① 应找出注塑件外侧面轴线与注塑模开闭模方向正交的贯通孔（槽）和盲孔（槽）。

② 应找出注塑件外侧面轴线与注塑模开闭模方向斜交的贯通孔（槽）和盲孔（槽）。

③ 应找出注塑件内侧面轴线与注塑模开闭模方向正交的贯通孔（槽）和盲孔（槽）。

④ 应找出注塑件上具有多个截面并且深度较深的孔（槽）和盲孔（槽）。

⑤ 应找出注塑件外侧面的螺孔。

⑥ 应找出注塑件图样中的异形孔、台阶孔和多个平行的孔。

可见注塑件沿周侧面的型孔与型槽是决定注塑模的水平抽芯、斜向抽芯机构及活块的要素。

（2）找出型孔与型槽尺寸与公差的要求

注塑件型孔与型槽的截面尺寸决定滑块抽芯机构成型型芯截面的尺寸与精度；注塑件型孔与型槽的深度、孔口和孔底的尺寸，决定抽芯滑块运动的起点、终点和行程；注塑件型孔与型槽的走向即是抽芯机构滑块型芯运动的方向。

1.2.3 注塑件孔槽与螺纹要素形体分析的关注要点

注塑件上正、反面和沿周侧面方向的型孔与型槽要素及其螺孔，可以从注塑件图样或造型中找到。同时还要找出型孔与型槽的走向，型孔与型槽尺寸和公差、几何公差，型孔与型槽的起始点和终止点。更要找出型孔与型槽的深度或长度。还需要注意成型型孔与型槽要素的型芯，是否会成为调整脱模方向后的"障碍体"。这些都是影响注塑模型孔与型槽抽芯机构的因素。这些要点均与注塑模抽芯机构的结构有关，还与确定抽芯机构的抽芯运动起始点和终止点的计算有关，更与抽芯机构的抽芯方向相关。

1.2.4 注塑件型孔与型槽形体要素分析实例

通过对豪华客车后备厢锁主体部件形体要素分析的案例，使我们能较快地寻找到注塑件上的型孔与型槽要素及其要点。寻找到了型孔与型槽要素之后，还必须对型孔与型槽要素进行分类，以便可以进行分类处置。或者说寻找注塑件上的型孔与型槽要素及其要点，其本身就是在进行注塑件形体分析。

[例 1-10] 豪华客车后备厢锁主体部件上的型孔与型槽要素，可在注塑件图的形体分析中找出，如图 1-10 所示，后备厢锁主体部件由主体部件 1 和螺母 2 组成。注塑件摆放位置：注塑件的正面应放置在动模上，而带加强筋的背面则应放置在定模上。根据注塑件的形体六要素分析可知：

（1）注塑件正、反面的"型孔与型槽"要素及其尺寸

① 正面孔与槽 如图 1-10 的 C—C 剖视图所示，小方槽中的 $\phi24$mm×60°锥台里面有一个 $\phi22^{+0.18}_{0}$ mm、深 7.7mm 的圆柱孔；如图 1-10 的 C—C 剖视图所示，有 46mm×1mm×42mm×8.5mm 台阶形长方形孔。

② 背面孔与槽 如图 1-10 的主视图所示，有外径为 $\phi19^{+0.13}_{0}$ mm×内径为 $\phi17.5$mm×槽宽为 8.2mm 的十字形花键孔，下面是一个 $\phi19^{+0.13}_{0}$ mm 的圆柱孔。有 6×M6mm 的螺孔、5×$\phi3$mm 的孔及 $\phi1.5$mm 的孔。如图 1-10 的 A—A 剖视图所示，有 46mm×37.5mm×80mm 槽、46mm×37.5mm×32.5mm 槽和 2×6mm×13mm 开口半圆槽。如图 1-10 的主视图与 B—B 剖视图所示，36.5mm×33.5mm×4mm 方孔。

（2）沿周侧面方向的型孔与型槽要素及其尺寸

① 右侧面孔与槽　如图 1-10 的 $B—B$ 剖视图所示，有 $\phi 8_{0}^{+0.075}$ mm×3mm 的圆柱孔及 $\phi 21.3$ mm×20mm 的圆柱孔。

② 左侧面孔与槽　如图 1-10 的 $C—C$ 剖视图所示，有 $\phi 8_{0}^{+0.075}$ mm×43mm 的圆柱孔及 $10_{+0.1}^{+0.3}$ mm×$10_{+0.1}^{+0.3}$ mm×45mm 的方形孔。

③ 前侧面孔与槽　如图 1-10 的 $A—A$ 剖视图所示，有 14mm×22.5mm×15.3mm 的三角形槽。

④ 后侧面孔与槽　如图 1-10 的 $K—K$ 和 $N—N$ 剖视图所示，有 $4×6$ mm×10mm 方孔。

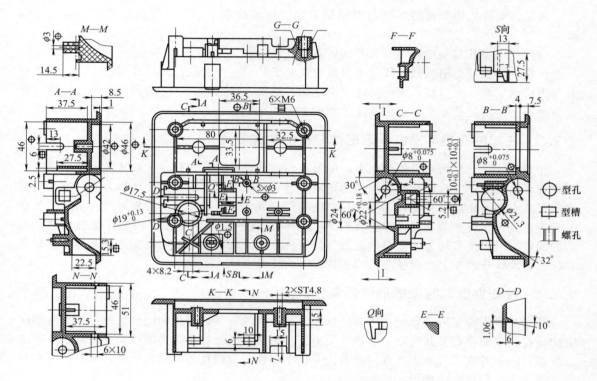

图 1-10　后备厢锁主体部件的型孔与型槽要素分析

[例 1-11]　外开手柄型孔与型槽形体分析，如图 1-11 所示。如图 1-11 的 $A—A$ 和 $B—$

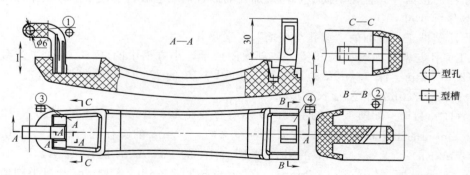

图 1-11　外开手柄型孔与型槽形体要素分析

B 剖视图所示，①和②为外开手柄型孔要素；如图 1-11 俯视图所示，③和④为外开手柄型槽要素。型孔和螺孔要素是需要模具采用相应的结构，以实现要素的成型和抽芯。

　　[例 1-12]　管接头的型孔要素分析，如图 1-12 所示。4×φ9.2mm 孔和 φ37mm 孔为"型孔"要素，M42mm×1mm 为外螺纹要素。型孔要素是需要模具采用相应的结构，以实现要素的成型和抽芯。在注塑件形体分析过程中，只需要将所要分析的要素找出来就可以了。至于如何针对找到的要素采用何种措施，那是注塑模结构可行性方案分析的内容。在形体"六要素"分析过程中，只需要将"六要素"分析对和分析全就行了。分析过程中，应该是一项一项地进行，这样就不容易出现疏漏和错误。

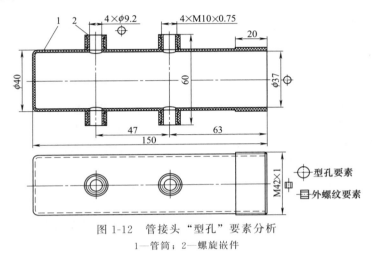

图 1-12　管接头"型孔"要素分析
1—管筒；2—螺旋嵌件

　　通过上述的案例，说明了要在产品零件图样中寻找型孔与型槽要素相对还是比较容易的。为了能使制订模具结构方案更顺畅一些，应该对型孔与型槽要素进行分类处理。因为产品零件中各种类型的孔和槽可能很多，分类后对统一处理型孔与型槽要素的模具结构方案来说会带来很多的便利。同时，还要注意相交的两个及两个以上型孔与型槽，是否存在着发生运动干涉的可能性。而对于注塑件的形体分析只要能够将型孔与型槽分类找全就可以了，并不需要对它们采取的措施进行方案分析。

1.3　注塑件上的变形与错位要素分析

　　变形是指注塑件的形体发生了内凹、突起、翘曲、弯曲和扭曲的变化，错位是指注塑件形体的相对位置发生了位移。注塑件的变形与错位要素，是注塑件形体分析的"六要素之一"，它也是影响和决定注塑模结构方案的因素，并且是不可回避的因素。其中注塑件的变形要素会影响到注塑模分型面的选取、抽芯机构和注塑件脱模机构的结构。注塑件的错位要素会影响注塑模成型型芯与型腔的定位和导向机构的结构。若不考虑变形与错位要素对注塑模结构的影响，必将会导致注塑模结构设计的失败，特别是对薄壁型、窄薄长型、精密注塑件以及需要较大脱模力的注塑件。注塑件变形与错位要素的要求，常常不会引起人们的重视，加上注塑件图样也没有这项要求，然而这常常是造成薄壁型、窄薄长型、精密注塑件和需要较大脱模力注塑件的注塑模设计时产生失误的重要原因。对这类注塑件若不注重对注塑模结构（包括浇注系统和温控系统的设置）采取有力措施，必将会导致成型的注塑件翘曲和变形，甚至破裂，还可能会使注塑件产生内、外形的错位，其后果是造成注塑件的壁厚不一致。

如何解决好注塑件的变形和错位的问题，是注塑模设计人员必须注意和关心的问题。如果解决不好这两个问题，意味着注塑模的结构设计是失败的。当然，单纯的对注塑件只有变形与错位的事例是较少的，大多数表现是变形与错位要素与障碍体、型孔与型槽和运动与干涉等要素掺和在一起的情况。

1.3.1　注塑件变形与错位要素的内涵

注塑件有些技术要求是要依靠注塑模的结构来保证的，有些技术要求是要依靠注塑模结构构件的加工和装配精度来保证的，而有些技术要求则要依靠辅助的工艺手段和工序安排来保证。

（1）注塑件的技术要求

注塑件的零件图存在着诸多的技术要求：有使用性能上的要求；有尺寸和几何精度的要求；有装配性能的要求；有外观和包装的要求；还可能有对环境、法律及法规的要求。技术要求的内容广泛并且涉及范围也很广。但对注塑件变形与错位的要素而言，仅是指涉及与变形和错位有关的技术要求，因为只有在变形和错位技术要求的情况下，才会影响到注塑模的结构。与变形和错位技术要求相关的技术要求如下。

① 平面度　是指对注塑件平面的平直度要求，它是判断注塑件平面弯曲与翘曲等变形的指标。

② 直线度　是指对注塑件直线（或轴线）的要求，它是判断注塑件直线弯曲与翘曲等变形的指标。

③ 对称度　是指对注塑件内、外形体与中心基准线或中心基准面的对称配置的程度，它是判断注塑件内、外形体错位的指标。

（2）注塑件上几何形体尺寸及几何精度

注塑件上几何形体尺寸精度及几何形体之间的位置精度，如平行度、垂直度、倾斜度、同轴度、位置度、圆跳动和全跳动等，主要是通过模具的型芯和型腔的加工精度来保证，均与注塑模的结构关系不算大，故称不上是注塑件形体分析的要素。注塑件的几何体形状精度，如圆度、圆柱度等，是可以依靠成型加工的辅助工艺手段来保证的，故也算不上是注塑件形体分析的要素。只有注塑件的平面度、直线度和对称度，才是注塑件变形与错位要素的内容。

1.3.2　决定变形与错位因素注塑件形体上的特征

决定注塑件变形的要求是平面度和直线度，而易产生变形的注塑件是薄壁件和细长薄壁件。影响注塑件变形的因素是动、定模开闭模运动；型孔抽芯运动；注塑件脱模运动时所产生的作用力和反作用力，以及注塑件在成型过程中所产生的内应力。决定注塑件变形的主要因素是注塑件结构设计；注塑件的材料和填充材料的选取；注塑件的浇注系统和注塑件成型加工参数的选择以及注塑模的结构。决定注塑件形体错位的要求是对称度，决定注塑件形体错位主要因素是对开的型腔和型面定位以及导向是否出现了偏差。

1.3.3　注塑件变形与错位要素的分析

变形与错位要素的分析，主要是从注塑件的几何公差和技术要求中去寻找，要找到注塑件上的具有平面度和直线度的要求，找到注塑件上对称度的要求。然后再寻找解决注塑件变形与错位的注塑模结构方案。对于注塑件图纸中没有变形与错位技术要求的,可能只是制图者没有提出但不是制品就不存在变形与错位技术的要求,这就需要模具设计者去了解制品在实际使用中是否具有变形与错位技术的要求。就一般规律而言,窄薄长件要注意变形的问题,具有对称性的制品要注意错位的问题,对于这类注塑件,要采取相关措施防止变形与错位的发生。

1.3.4 注塑件"变形与错位"形体分析案例

容易产生变形的注塑件,主要是指薄壁型注塑件、窄薄长型注塑件和需要较大脱模力的注塑件。任何的注塑件都会产生错位,但错位对薄壁型注塑件和精密注塑件的影响最大。这类型注塑件若有几何精度的要求,需要严加注意。即使没有提出几何精度的要求,也需要严加注意。

[例 1-13] 内光栅,如图 1-13 所示。材料:聚酰胺 6 树脂(黑色),HG 2-868-1976;收缩率:0.7%;内光栅底的壁厚为 1.0mm,内外圆筒壁厚为 0.9mm;外圆筒壁厚处有 $30 \times 6° \pm 5'$ 的矩形齿,内光栅齿部不允许有飞边和毛刺的存在。该注塑件外径为 $\phi 63.8_{-0.19}^{0}$ mm,而壁厚仅为 0.9mm。这是一典型的薄壁注塑件制品,加上有 30 个齿。注塑件脱模时,有齿的外圆筒壁的拔模力很大,脱模机构若设计不得当,将会使内外光栅产生严重的变形,甚至脱模时会将注塑件顶破裂。同时,因壁薄,30 个齿也不能产生错位的现象。由此看来,这是一件典型变形与错位要素的案例。

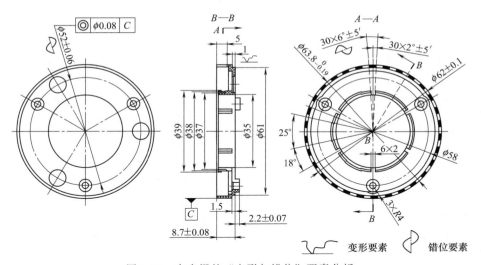

图 1-13 内光栅的"变形与错位"要素分析

[例 1-14] 管接头与"变形与错位"要素分析,如图 1-14 所示。$4 \times \phi 14$mm 圆柱体有错位的要求,$\phi 40$mm 圆柱体有"变形"的要求。变形和圆柱体错位是需要模具采用相应的结构,以满足要素的成型加工的要求。

从上述六个案例中可知,薄壁和细长薄壁以及拔模力较大的注塑件是最容易产生变形的注塑件。对这些类型的注塑件,最重要的是注意其变形的问题;对于模具的结构方案而言,最重要的也是如何确保注塑件不变形的问题。影响注塑件变形的因素有注塑件分型面的选取、注塑件的侧向分型和抽芯以及注塑件的脱模形式。对于内、外形精度要求很高的注塑件,其重点是确保注塑件不错位。特别是注塑件各处壁厚较薄并且要求均匀,而精度要求很高的,这类注塑件制作的关键就是解决变形和错位的问题。注塑件"变形与错位"要素,也

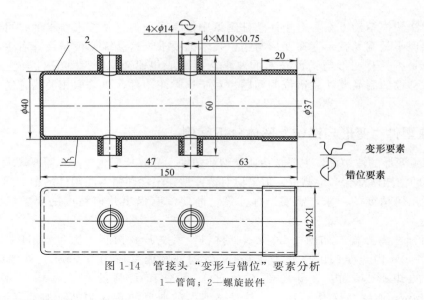

图 1-14　管接头"变形与错位"要素分析

1—管筒；2—螺旋嵌件

是影响精密注塑模结构的主要因素。

1.4　注塑件形体分析的运动与干涉要素分析

　　运动是指在注塑件成型的过程中，模具的各种机构所需要具备的运动形式；干涉是指模具机构运动时所产生的运动构件之间及运动构件与静止构件之间所发生的碰撞现象。在注塑模结构设计中，存在着多种形式的运动与干涉要素，它也是注塑件形体分析的六大要素之一，它不仅影响着注塑模的结构，还影响着注塑模的正常工作，模具还会因构件相互撞击而损坏，甚至会造成注塑设备的损坏和操作人员的伤亡。所以，运动与干涉要素应引起模具设计人员足够的重视。运动与干涉是注塑模结构设计时不可回避的因素，也是注塑模结构设计的要点。在模具设计时，要预先铲除各种运动机构可能产生运动干涉的隐患。其具体方法是：先要找出注塑件成型时的运动要素，再去分析注塑模的各种运动机构能否会产生运动干涉，若会产生干涉，则要采取有效的措施去避免运动干涉现象的发生。

　　注塑件运动与干涉要素的寻找，比起寻找障碍体要素更有难度，因为注塑件运动与干涉要素更具有隐蔽性和困难性。在一般情况下，可以通过绘制注塑件运动与干涉要素的运动分析图或运动造型，以及绘制所有运动机构的构件运动分析图或造型来找到。

1.4.1　注塑件形体运动要素的分析

　　注塑件在成型过程中除了具有开闭模、抽芯和脱模三种基本运动形式之外，还会具有因注塑件成型时选择不同运动执行机构，而存在不同运动形式。可见注塑模的运动形式，一是取决于注塑件成型时所必须具有的运动形式；二是取决于各运动机构动作的协调性；三是取决于所选择的运动执行机构的形式。注塑模只有能够完成所设计的全部规定的动作后，才能实现注塑件的分型、抽芯和脱模动作。同时，各种运动机构的节奏要相互协调，否则就会出现运动干涉的现象。

　　注塑模本身是没有动力源的，需要从注塑机的开闭模运动和脱模运动中获得动力。注塑模是安装在注塑机的移动模板和固定模板上，注塑模开、闭模运动就是借助注塑机移动模板的运动而实现的，注塑件的脱模运动是由注塑机顶杆的运动所获得。因此可以说模具的开、闭模运动和注塑件的动模脱模运动是独立的运动。由于消耗的动力和功能的是注塑机的移动模板的运动，这样模具开、闭模运动是主要运动。而其他运动形式是由两处独立运动所派生的附加运动，如注塑模的抽芯运动和注塑件定模脱模运动等。还有一些其他的辅助运动，如抽芯机构的限位机构运动、脱模机构的回程运动等。

（1）注塑模的三种基本运动形式

注塑模存在着三种基本运动形式，即模具的分型运动、模具的抽芯运动和模具的脱模运动。再简单的注塑件的成型，注塑模也需要有模具的分型运动和模具的脱模运动，才能成功地进行注塑件的成型加工。在注塑件具有侧向型孔或型槽时，还需要有侧向分型和抽芯运动。

（2）复杂注塑模的运动形式

复杂和精密的注塑件，除了具有三种基本运动形式之外，还需要具有注塑件所选择运动执行机构特定的运动形式。为了便于对注塑模运动形式的确定，可以在对注塑件进行形体分析时，绘制注塑件成型要求和所选择运动执行机构的特定运动形式图来确定模具结构方案。

1.4.2　注塑件形体运动与干涉要素的定义

注塑件运动与干涉要素，是影响注塑模运动形式和运动机构的一种要素。由于具有极大的隐蔽性，我们很难在对注塑件进行形体分析，甚至在模具设计和造型时，发现注塑件运动与干涉要素。由于破坏性很大，所以我们在对注塑件进行形体分析、模具设计及造型时，都应该十分仔细和慎重地寻找注塑件运动与干涉要素。

（1）注塑件成型时运动要素的定义

为了顺利地进行注塑件成型加工，注塑模运动机构必须完成注塑模结构方案规定的运动形式，这些运动机构运动形式会影响模具结构。运动机构不同的运动形式称为运动要素。即使是模具要求具有同种的运动形式，也会因运动机构选择的不同而使得模具的结构不同。

（2）注塑件运动干涉要素的定义

注塑件在成型加工时，模具运动机构的构件之间发生的碰撞现象，以及模具运动机构的构件和模具静态构件之间所发生的碰撞现象，统称为注塑件运动干涉要素。

注塑件的运动干涉对注塑模和注塑设备具有极大的破坏作用，但注塑件的运动干涉要素是可以采取适当措施避免的。即使避免了注塑模的运动干涉，又会反过来影响到注塑模运动机构的运动形式和运动机构的结构。

（3）注塑件产生运动与干涉的种类

注塑件成型加工时产生运动与干涉要素的种类，存在着多种形式："障碍体"形式的运动与干涉、机构运动形式的运动与干涉、机构静态形式的运动与干涉，如图1-15所示。

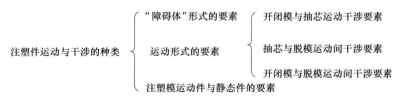

图1-15　注塑件成型加工时产生运动与干涉的种类

1.4.3　注塑件运动干涉要素的分析

在对注塑件进行形体分析时，人们比较难发现注塑件成型时会发生运动干涉的现象，因为运动干涉要素具有极大的隐蔽性。为了避免模具和注塑设备造成了损坏之后，才发现注塑件成型时存在着运动干涉的现象。对所设计的模具在进行结构方案分析时，最好就能知晓是否会发生运动干涉的现象。最好的方法就是对注塑件的形体进行运动干涉要素的分析，以及时地发现存在着运动干涉的现象。最起码也要在注塑模的图样设计或造型的过程中，发现注塑件成型时存在着运动干涉的现象，此时损失的只是图样设计或造型的时间，而不至于最后造成模具和设备的损坏。在对注塑件进行形体分析时，只要能找出运动干涉要素就可以了，至于如何去解决运动干涉要素的影响，则可放到模具结构方案分析时去做。

（1）绘制注塑件的运动与干涉要素分析图和注塑件成型运动路线分析图

在对注塑件进行形体分析时，要绘制出注塑件运动与干涉要素分析图或注塑件成型运动路线分析图。特别是对存在着"障碍体"要素的运动，以及存在着交叉运动的状况，如型孔成型的型芯抽芯超越了注塑件脱模推杆的位置时，推杆又无先复位运动的情况。通过绘制注塑件运动与干涉要素分析图或注塑件成型运动路线分析图，就可以初步发现注塑件的运动与干涉要素。找到了注塑件的运动与干涉要素，再想要找到解决的办法就相对容易了。

绘制出注塑件运动与干涉要素分析图或注塑件成型运动路线分析图，仍不可能全部地寻找到注塑件的运动与干涉要素，还要在模具图样设计或造型时，绘制所有运动机构的构件运动分析图，从中找到注塑件运动与干涉要素。通过此过程，能够解决注塑件运动与干涉的现象。

（2）注塑件"障碍体"形式运动与干涉要素的分析

找出注塑件在常规成型加工时，会产生运动干涉的"障碍体"要素。为了避开"障碍体"的影响，应绘制出新形式的注塑件运动与干涉要素分析图或注塑件成型运动路线图。

（3）注塑件运动形式运动与干涉要素的分析

由于注塑件成型时，存在着模具的开闭运动、抽芯运动和注塑件脱模运动，需要将这些注塑件运动与干涉要素分析图或注塑件成型运动路线分析图绘制出来。然后，进行注塑件运动与干涉要素的分析，就可以初步确定注塑件运动与干涉要素。经调整过的注塑件运动与干涉要素分析图或注塑件成型运动路线，一般可以消除注塑件的运动干涉，再在模具图样设计或造型时，绘制出所有运动机构的构件运动分析图，找到注塑模上的运动干涉要素。在注塑模设计或造型的同时，才可以全部解决注塑件运动与干涉的现象。

（4）注塑模运动构件与静态构件的运动与干涉要素的分析

注塑模运动构件与静态构件的运动与干涉要素的分析，可在模具图样设计或造型时，绘制出所有运动机构的构件运动分析图，从而找到注塑模运动与干涉要素及解决运动与干涉现象。绘制构件运动分析图和造型，就是要将运动机构的构件运动路线、起始位置、终止位置和运动的行程图绘制出来，才能将发生碰撞构件的部位确定下来。如果运动件与运动件或运动件与静止件初始位置与终止位置出现投影重叠现象，说明重叠部分的注塑模构件会产生运动干涉。

1.4.4 注塑件运动与干涉要素分析案例

寻找注塑件运动与干涉要素和解决运动干涉方案，在绘制注塑件运动与干涉要素分析图或注塑件成型运动路线分析图时，只能解决注塑件成型加工时的运动与干涉的路线问题，而不能解决模具运动构件间和模具运动构件与静态构件间的碰撞问题。这就需要在模具图样设计或造型时，绘制出所有运动机构的构件运动分析图，进而确定构件间的碰撞部位。

[**例1-15**] 三通接头，如图1-16（a）所示。是由三个相互垂直的型孔组成，并且三孔在交叉处对接贯通。三通接头三垂直型孔的成型，如图1-16（b）所示。是由型芯Ⅰ′、Ⅱ′

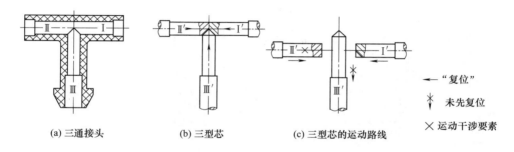

| (a) 三通接头 | (b) 三型芯 | (c) 三型芯的运动路线 |

图 1-16　三通接头三型芯的运动分析

和型芯Ⅲ′组合后成型。型芯Ⅰ′、Ⅱ′为水平抽芯,可以利用斜销滑块抽芯机构进行抽芯和复位。型芯Ⅲ′为垂直抽芯,型芯Ⅲ′安装在脱模机构的安装板上,可利用模具的脱模运动完成制品的抽芯。这是因为三通接头需要用推管脱模,型芯Ⅲ′只能是安装在两副安装板中的一副之上。成型三通接头三孔型芯运动与干涉要素分析图,如图 1-16(c)所示。若型芯Ⅲ′不能在型芯Ⅰ′和Ⅱ′复位之前先行复位,就必将导致与型芯Ⅰ′和Ⅱ′复位时与型芯Ⅲ′的碰撞,即会发生型芯Ⅰ′和型芯Ⅱ′与型芯Ⅲ的碰撞。这种运动干涉现象,是在型芯Ⅰ′和型芯Ⅱ′复位时超越未先行复位的型芯Ⅲ′时所发生的,会造成三件型芯的弯曲或折断,所以需要多加注意。

　　[例 1-16]　管接嘴的运动与干涉要素分析,如图 1-17 所示。4×ϕ9.2mm 孔与 ϕ37mm 孔需要贯穿,成型 4×ϕ9.2mm 孔与 ϕ37mm 孔的型芯就会发生碰撞。4×ϕ9.2mm 孔有错位的要求,ϕ40mm 圆柱上有"变形"的要求。变形和螺孔错位是需要模具采用相应的结构,才能够满足要素的成型加工的要求。

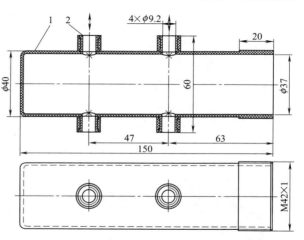

图 1-17　管接头"变形与错位"要素分析
1—管筒;2—螺旋嵌件

　　[例 1-17]　豪华客车带灯后备厢锁主体部件,如图 1-18 所示。由于 6mm×30°×3.1mm 和 6mm×10°×1.06mm 显性"障碍体"的存在,正常的注塑件脱模运动会与显性"障碍体"发生碰撞,为此只有改变注塑件脱模运动的方向为斜向脱模,才可避免模具动模型芯与注塑件"障碍体"的碰撞。又因模具成型制品的 $\phi22^{+0.18}_{0}$ mm×7.7mm 孔型芯隐性"障碍体"的存在,使得成型注塑件孔的型芯与斜向脱模运动发生碰撞,如图 1-18 的 C—C 剖视图所示。因为注塑模必须是斜向脱模,成型 4×6mm×10mm 方孔的型芯就不可能采用内抽芯的形式,而只能采用外抽芯的形式。如图 1-18 的 B—B 断面图所示,型芯Ⅱ穿插在型芯Ⅰ的槽中,型芯Ⅱ和型芯Ⅰ若同时进行抽芯运动时,型芯Ⅱ不可能在瞬间穿越 51mm 的距离,也就必将会发生型芯Ⅱ和型芯Ⅰ相交抽芯碰撞的现象。根据形体分析的结果,该带灯后备厢锁主体部件存在多处的"运动与干涉"要素,若在注塑模设计时不能很好地处理这些"运动与干涉"要素,其后果不堪设想。

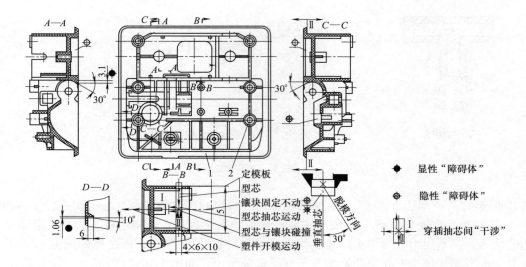

图 1-18　豪华客车带灯后备厢锁主体部件"运动与干涉"要素分析
1—带灯后备厢锁主体部件；2—圆螺母

[例 1-18]　分流管的"运动与干涉"分析图，如图 1-19 所示。$11 \times \phi$（6.5 ± 0.1）mm 孔与弯舌状的型腔是相互贯通的。成型 $11 \times \phi$（6.5 ± 0.1）mm 孔与弯舌状型腔的两处型芯抽芯时，需要进行相交的抽芯和复位运动。两处型芯在复位后还需要相互贯穿，这样便会存在碰撞的问题，即运动干涉要素。

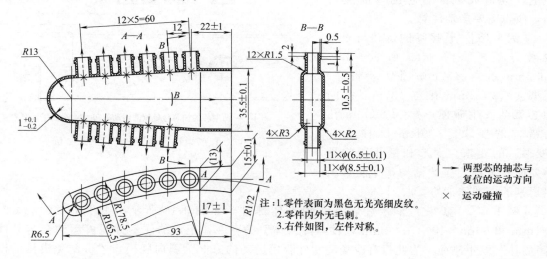

图 1-19　分流管的"运动与干涉"分析

注塑模的各种运动机构在成型加工过程中，需要严格地按照规定的运动机构的先后顺序进行，即由模具的合模运动→产生注塑模脱模机构复位运动及抽芯机构的复位运动；由模具的开模运动→产生注塑模的抽芯运动；由注射机的推杆运动→产生注塑件的脱模运动。但是，注塑模若有多个抽芯运动，有时也要严格地按照抽芯机构的先后次序进行。总之，机构的运动需要按照注塑模的机构运动分析的排序进行，要做到动作协调一致，不可无序进行，否则将会产生运动的干涉现象。

1.5　注塑件上的外观与缺陷要素分析

　　注塑件目前已呈现出了大型化、微型化、超薄化、高精密化、复杂化和耐老化的特点，对注塑件的美观性也提出了更高的要求。特别是在日用品和家电产品上，人们对注塑件外观的要求是越来越高，甚至达到挑剔的地步。如手机的盒与盖，不仅要求精度高、变形少，更要求外表面不能存在任何注塑件脱模和浇口的痕迹、不能有镶接的痕迹，盒与盖的合缝也要求极小。这就要求在注塑模设计时，应采取适当措施来隐藏或消除模具结构成型痕迹。当然，外观要素还应该包括不能存在注塑件成型加工的痕迹，即缺陷痕迹。这里所说的外观要素，仅是指注塑件上模具结构成型痕迹，而不包括缺陷痕迹。例如采用点浇口形式而不采用其他浇口形式，因为点浇口的痕迹很小。如采用定模顶出的结构形式，目的是将浇口放置在注塑件的内表面上；又如不允许在注塑件上有顶出的痕迹，注塑件可采用推件板的结构形式。这些目的使注塑件的外观更漂亮，这就是注塑件"外观"要素。

　　注塑件上的缺陷要素，也是影响注塑模结构的重要因素。缺陷要素可以全面地影响到注塑件分型面的选取，影响到注塑模抽芯机构和脱模机构的选用，影响到注塑模浇注系统和温控系统的设计，直至影响到整个注塑模的结构方案。由于注塑件在注塑模中的摆放位置不当，有的会导致熔料充模紊流失稳填充而产出流痕、内应力分布不匀、填充不足和熔接痕等缺陷。由于抽芯机构和脱模机构选择不当，有的会导致注塑件的变形。考虑到成型加工的痕迹有几十种，而且这些痕迹都是缺陷痕迹，其本身就不允许存在。这些痕迹除了具有外表可见的痕迹之外，还具有内在微观的痕迹，如疏松、注塑件内气泡和残余应力等，特别是对一些由于模具结构因素而产生的缺陷，一定要在确定模具结构方案时加以排除。而对一些非模具结构因素的缺陷，可以通过试模找出缺陷产生的原因后采取适当措施加以消除。

1.5.1　注塑件形体分析的外观要素

　　由于人们对注塑件外表面美观性的要求日益提高，简称为注塑件外观要素。在对注塑模结构设计时，就不能忽视注塑件外观要素对模具结构方案的影响。用一句通俗的话说，注塑件外观要素就是要使注塑件外表面不能存在着各种各样的模具结构的痕迹。可是，注塑件浇口的痕迹、模具分型面的痕迹和注塑件脱模的痕迹又是不可缺少的，特别是前两者。因此应该采用适当的措施去避免出现这些痕迹。

　　如何像前面的各个要素分析那样，从图样上的图形、尺寸精度和技术要求中找出注塑件的外观要素，应该说在注塑件图样上注明注塑件外观要求是完全必要与必需的。因为注塑件的外观问题虽然并不会影响注塑件的使用性能，但是会影响注塑件表面的美观性，进而影响注塑件的销售和价值。就目前为止注塑件图样上还未作出硬性的规定，但注塑件图中外观必须有技术要求。那么，注塑模设计人员只能从注塑件的实际使用情况中进行分析。在人们的生活和生产中，凡是人能够看得到或手能触摸得到的形体都不允许有模具结构成型痕迹的存在。对这种技术要求的分析，就称为注塑件形体外观要素的分析。

　　注塑件设计人员到目前为止，还没有习惯将外观的要求标注到注塑件的图样上，并且国家或行业或企业也无相关文件的规定。但注塑件外观要素又确实是影响注塑模结构的因素之一，这就给注塑模的设计带来了难度。根据我们实际工作的经验，可用以下三种方法来确定注塑件外观要素。

　　① 凡是与家电和家庭生活有关的塑料产品。随着人们生活质量的越高，人们对这类塑

料产品外观的要求也越来越高，这类塑料产品一定存在注塑件外观要素。

② 还有一类塑料产品是人手或皮肤要经常接触的表面。这类塑料产品的表面也应该有注塑件外观要素的存在。否则，当人手或皮肤去接触或抚摸注塑件表面时，会有不舒服的感觉。还有人们的视线能看见的表面，也应当有注塑件外观要素的存在。否则，人们看到注塑件上存在着各种模具结构成型痕迹的表面，会产生不美观的感觉。有了这些感觉之后，就会影响产品的销售和价值。

③ 当注塑件安装在一些存在着运动并且易损的产品（如绸、布和橡胶等）之中时，注塑件外表上是不允许存在模具结构成型痕迹的，因为模具结构成型痕迹会磨坏这些易损的产品。

由于注塑件在模具中摆放的位置不当，会使注塑件产生许多缺陷痕迹，为了消除这些缺陷痕迹，对注塑件表面也要有外观要素的要求。

（1）人手能够接触到、眼睛能够看得到的塑料件要有外观要求

家电、通信、交通器材、运动器材、办公用品和人们日常生活用品的塑料件，对注塑件外观的美观性的要求特别高，在这些注塑件的敏感表面上是不允许存在任何的模具结构成型痕迹。故注塑件在进行形体分析时有外观的要素，也是模具结构方案分析时不能遗漏的因素，而在确定模具结构方案时更是需要有处置注塑件外观要素的措施。

[例 1-19] 手柄主体，如图 1-20 所示。材料：30％玻璃纤维增强聚酰胺 6（黑色）QYSS08—1992；收缩率：1％。标注有注塑件形体分析外观要素的表面为正面，也就是说正面是不允许有镶接、浇口和注塑件脱模的痕迹，因为这是眼睛能看到的表面。而手柄主体中拉手槽也是不允许有型槽抽芯的痕迹，拉手槽若存在着抽芯的痕迹，当手接触到拉手槽的抽芯痕迹时，会产生刺痛的感觉。手柄主体正面和拉手槽表面上有橘皮纹，是为了达到美观的作用。

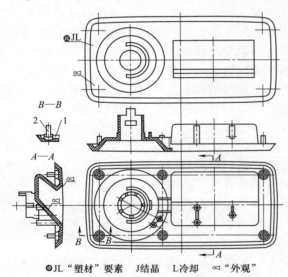

◎JL"塑材"要素　J结晶　L冷却　∝"外观"

图 1-20　手柄主体的"外观"要素分析
1—手柄主体；2—螺钉

注塑件的形体分析，只要提出对注塑件有外观的要求就可以了。至于采取何种模具结构的方案，是可以放在模具结构方案可行性分析中去解决的问题。也就是说，模具结构方案可行性分析的任务，就是要求模具设计者找出一些能确保注塑件形体分析所要求的措施。只要提出的对模具结构方案的要求是合理的，且又是影响模具方案的"六要素"之一，就一定能找到相应的措施来满足注塑件形体分析的要求。

[例 1-20] 面板是汽车驾驶室仪表板上的一个塑料零件，这样便要求面板正面不能存在着模具结构成型的痕迹，并且面板正面还制有橘皮纹。面板是手能够接触到、眼睛能够看得到的塑料件，因此，面板必须要有外观要求。面板外观要素分析，如图 1-21 所示。

（2）与布、绸、橡胶接触的注塑件要有"外观"的要求

当塑料件表面上存在着模具结构成型痕迹时，这些痕迹会与布、绸、橡胶等接触，在产生运动摩擦时会导致软质材料的损坏。在这种情况下，塑料件必须有外观的要求。

[例 1-21] 分流管，如图 1-22 所示。分流管是装在通风服装两腰部位中与 11 根通风导

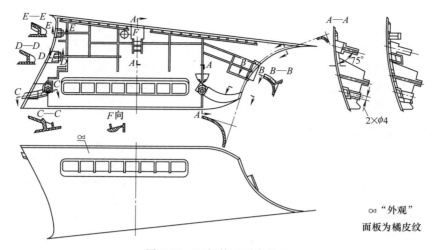

图 1-21　面板外观要素分析

管连接的注塑件，若分流管表面上存在着模具结构痕迹，分流管在服装中不断地摆动就会磨破服装，故分流管必须有外观的要求。

　　形体分析之一：由于注塑件的壁厚仅 1mm，因此属于薄壁型注塑件，要求注塑件不能产生变形和壁厚不均匀的现象，即不能出现变形和错位的缺陷。

　　形体分析之二：由于分流管是安装在某种服装腰部两侧的零件用以连接通风管，分流管与服装织物之间会发生摩擦，时间长了就会将服装磨破。因此在这种情况之下，要求注塑件外表面上不能出现抽芯和脱模的痕迹，即要求分流管外表面具有外观的要求。

　　（3）注塑件外观为透明或皮纹的情况

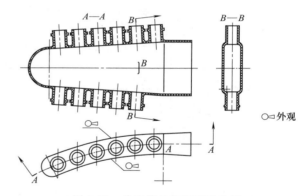

图 1-22　分流管的外观要素分析

　　根据实际使用的要求，有些注塑件为透明的形式，注塑件上的模具痕迹会影响透明度。有些注塑件为各种皮纹形式，皮纹会影响到注塑件的脱模。对透明形式注塑模成型表面粗糙度应低于 $Ra0.4\mu m$，并且模具成型面的硬度要高，经研磨后才能达到较低的表面粗糙度值，研磨所需的时间较长。现在可以采用镜面模具钢和时效硬化钢 25CrNi3MoAl 或高级不锈钢 PCR，热处理为 45～52HRC，就能使模具成型面轻易地达到较低的表面粗糙度值。

　　对于具有各种皮纹形式注塑件的模具成型表面，在制作成皮纹形式之后，就相当于存留着无数的"障碍体"阻碍着注塑件的脱模，此时这些皮纹形式表面的拔模角要适当加大一些，否则会影响注塑件的脱模。

　　（4）注塑件外观为有颜色的情况

　　有一些注塑件为了防止光照而老化，而有一些为了使注塑件比较醒目和存在颜色上的区别，有意将注塑件制成红色、乳白色、蓝色、黄色和黑色。注塑件为了获得这些颜色，一般是在塑料颗粒中混入一定比例的色素以便获得上述的颜色，但需要注意是可能会出现注塑件的色泽不均、混色和变色的问题。

注塑件的外观要素，是影响注塑件外表面美观性的因素。注塑件外观要素影响着注塑件分型面的选取，影响着注塑件侧向分型面的选取及抽芯机构的设计，还影响着注塑件脱模的形式。因此，在对注塑件进行形体分析时，对注塑件外观要素的分析是不可缺失的内容。对注塑件外观要素的分析，若注塑件图样上提出了该项要求更好；若没有提出，则需要模具设计人员根据注塑件实际用途而提出。否则，模具设计会时常发生因为忽视了注塑件外观要素而导致注塑件不合格的现象。

1.5.2　注塑件形体分析的缺陷要素

注塑件上的模具结构痕迹只影响外观，手接触时有刺痛感觉和会磨坏软质材料制品，但不会影响到塑料件强度和刚度的降低。而注塑件的成型加工痕迹即缺陷就不同了，缺陷不仅影响到塑料件的强度和刚度，还会使注塑件产生变形、甚至开裂，当然也会影响注塑件的外观性能。有了缺陷制品就是不合格的塑料件，也就是报废的制品，当然是不允许存在的。

[**例 1-22**]　外开手柄是轿车门上的手柄，如图 1-23 所示。熔体是由下方的点浇口自下而上逆向絮流失稳进行填充，注塑件会产生流痕、缩痕、填充不足、银纹和明显的熔接痕等缺陷。由于手是要经常握拿外开手柄的，外开手柄上是不允许有模具结构痕迹的存在。外开手柄又是人们经常要直视的制品，更不允许它存在各种成型加工的缺陷了。

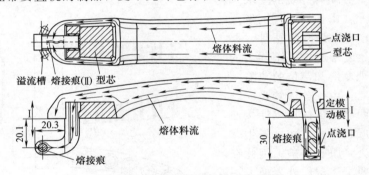

图 1-23　外开手柄的缺陷要素分析

注塑件上的外观和缺陷要素，是影响模具结构的重要因素。由于人们对塑料件视觉和手感的重视及保护与注塑件相连软质材料的需要，不允许塑料件存在模具结构和成型加工痕迹应该是可以理解的。那么，在制订注塑模结构方案时，就必须充分地考虑到注塑件特定表面外观要素对模具结构的影响。注塑件特定表面上模具结构成型痕迹不允许存在。那么，注塑件上的缺陷（即弊病）除了是影响制品美观的因素，还是影响制品强度、刚度、变形和变性的因素，更是不允许存在的。要满足注塑件上的外观要求，只需要将注塑件上所要求的特定表面模具结构痕迹转移到其他表面上即可。而要解决注塑件上的缺陷（即弊病），则需要采用缺陷预期分析和试模的方法，找到缺陷产生的原因，再制订出去除缺陷的措施。

1.6　注塑件上的塑料与批量要素

塑料要素是指注塑件所用的高分子材料，在注塑件图纸上会注明塑料的名称或牌号及其收缩率。批量要素是指注塑件成型加工的产量，可分成小、中、大和特大四种产量。注塑件形体分析的塑料要素会影响到熔体加热的温度范围、流动充模状态和冷却收缩性能等。

　　塑料有无弹性，又会影响到注塑模的结构，而影响最大的是注塑件收缩率和模具温控系统的设计。如哪些塑料在成型加工时需要进行冷却、哪些塑料在成型加工时需要有加温装置、哪些塑料在成型加工时需要有热流道装置等。注塑件的塑料品种不同，收缩率和模具温控系统的结构就不同；塑料品种不同，也会影响模具用钢和热处理。如具有腐蚀性的塑料，必须采用不锈钢；塑料中含有增强（如玻璃）纤维，应选用耐磨钢材；具有透明性能的塑料制品的模具，应选用具有一定硬度的模具钢。

　　注塑件形体分析的批量要素的不同，同样会影响模具的结构、模具用钢及其热处理。对于大批量和特大批量的制品，模具必须具有高寿命，所采用的模具钢需要耐磨损。还会影响模具是采用手动抽芯或手动脱模，还是采用自动抽芯和自动脱模。

　　故在进行注塑件形体分析时，一定要将注塑件形体分析的塑料与批量要素找出来，以便确定模具的结构方案。若在注塑件形体分析时，不能提取塑料与批量要素，必定会导致模具结构方案的缺失。

1.6.1　注塑件形体分析的塑料要素

　　注塑模的工作温度及其调控系统，对塑料熔体的充模流动、冷硬定型、注塑件质量和生产效率都具有重要的影响。因为任何品种的塑料均有一个适合熔体流动充模的温度范围，为了能够控制塑料熔体在合理的温度范围之内，模具就必须设计有温控装置。熔体在充模和反复加工过程中的温度，是在不断地变化，导致模具各个部位的温度存在着差异，从而影响注塑件的收缩率、内应力、变形和熔接痕的强度。为了改变这种状况，现在出现了一种智能注塑模，就是在模具各个部位安装一些温度传感器和电热器。传感器可以将它所在部位的温度传递给计算机，计算机则可以将温度降低到某数值时启动电热器加温，温度达某值时再切断电热器电源。当然，通过传感器还可以控制熔体的流速和流量等。

　　注塑件在注射成型的过程中，开始注射时模具是冷的，由于受到模具型腔中熔体温度传热的作用，模温会逐渐地升高。根据注射成型的材料不同，模具的温度要求也是不同的。为了获得良好的注塑件质量，应该尽量地使模具在工作过程中维持适当和均匀的温度。所以在模具设计时必须考虑用加热或冷却装置来调节模具的温度。在个别情况下，是需要冷却与加热同时使用或交替使用。在通常情况下，热塑性塑料，模具常需要进行冷却，热固性塑料注射成型时则必须加热。模温是根据塑料品种、注塑件厚度、结晶性塑料所要求的性能而决定的。

　　（1）不正常模温对注塑件质量的影响

　　由于注塑件成型时要求模具有一定的模温，若模温过高或过低都会影响注塑件的质量。模温过高会产生缩孔和溢料等缺陷；模温过低则会产生填充不足、熔接痕和表面不光洁等缺陷；模温不均匀会产生变形的缺陷；模温调整不当则会造成注塑件力学性能不良。

　　（2）模温控制

　　注塑件成型时的温度、压力和时间三大工艺因素，就是通常所指的成型的工艺条件。成型工艺条件是除塑料品种型号、注塑件结构、注射机、模具结构和注塑件成型环境之外，影响注塑件质量的主要因素之一。而成型工艺条件的温度，包括料筒温度、喷嘴温度、注射温度（熔体温度）和模具温度。料筒温度和喷嘴温度是注塑机控制熔体的注射温度，只有模具温度才是模具设计人员需要考虑设计的部分。

　　① 热塑性塑料成型时模温的控制　提高模温可以改善熔体在模具型腔内的流动性，增强注塑件的密度和结晶度，减小充模压力；降低模具温度，可降低塑料熔体在模具型腔中的充模流动性，以及缩短冷却定型的时间从而提高生产率，还会使注塑件产生较大的应力和熔

接痕等缺陷。具体的模具加热或冷却，需要根据塑料品种型号、注塑件壁厚和成型周期来确定。

② 热固性塑料成型时模温的控制　热固性塑料成型时一般都需要进行加热，模温选择控制在 150～220℃，动模需要比定模高出 10～15℃。模温过低，会导致硬化时间过长，注塑件出现组织疏松、起泡及颜色发暗等缺陷。

(3) 注塑件形体分析的塑料要素与注塑件的收缩率

注塑件形体分析的塑料要素与注塑件的收缩率，是决定模具型面和型腔尺寸的主要因素。我们知道任何物质都具有热胀冷缩的性质，塑料受热后体积会膨胀，冷却后体积又会收缩。故注塑件图纸上在给出塑料的品种之后，我们都会根据塑料的品种找出该种聚合物的收缩率，从而在模具型面和型腔的尺寸设计时，在注塑件的尺寸之上再加上塑料品种的收缩量。

(4) 塑料弹性的运用

热塑料大多数具有一定的弹性，对于一些具有较小高度筋和较浅槽的塑料件，可以利用其弹性进行强制性脱模。进行强制性脱模的条件：①注塑件上筋高度较小，槽深较浅。②成型注塑件只保留具有筋槽的形体，其他的形体均敞开。强制性脱模时，必须注意防止注塑件产生变形和出现裂纹等缺陷。

(5) 塑料与模具用钢

塑料品种对模具用钢的影响很大，塑料模具用钢包括热塑性塑料模具和热固性塑料模具。塑料模具用钢要求具有一定的强度、硬度、耐磨性、热稳定性和耐腐蚀性等性能。此外，还要求具有良好的工艺性，如热变形小、加工性能好、耐腐蚀性好、研磨和抛光性能好、补焊性能好、粗糙度值低、导热性好和工作条件尺寸和形状稳定等。在一般情况下，注射成型或挤压成型模具可选用热作模具钢；热固性成型模具和要求高耐磨、高强度的模具可选用冷作模具钢。为了确保塑料模具的质量和使用寿命，当然最佳是选用新型专用塑料模具钢。

塑料模具钢种有通用型、耐磨型、渗碳型、耐腐蚀型、高镜面型、无磁型和预硬化易切削塑料模具钢。注塑模除了要正确地进行模具结构最佳优化方案可行性分析与论证以及模具结构的设计之外，合理地选择注塑用钢与热处理，也是注塑模设计中十分重要的一环。模具的耐磨性、耐腐蚀性、加工性能和维修性，都与模具用钢与热处理的选择息息相关，进而影响模具使用的寿命、模具制造和维修的成本、模具制造的周期。虽然模具用钢成本只占制造成本的 10%～20%，但由于上述的原因，模具用钢与热处理的选择确实可以决定注塑件的整体经济效益。

近年来，随着钢材冶炼技术水平的提高，产生了许多优质高性能的钢材和先进的热处理技术，如预硬钢、高强度模具钢、无缺陷模具钢、耐腐蚀模具钢、镜面模具钢、易切削模具钢和高速钢基体钢等。这些钢材从价格上讲要比普通的注塑模用钢高一些，但是却比普通的注塑模用钢的性能高出很多。不管从模具的使用寿命，还是从整体经济效益都比普通的注塑模用钢强得多。故采用新型的模具用钢和先进的热处理技术，也是模具技术人员应该掌握的知识。

(6) 注塑件形体分析塑料要素实例

塑料要素是影响模具温控系统设计的主要因素，而模具温控又是影响塑料熔体流动的因素，也是注塑件产生缺陷的因素。在进行注塑件形体分析时，一定要找出注塑件的塑料要素。当主浇道的长度超过 60mm 时，塑料熔体料流接触低温模具的浇道距离过长，熔体温降会过大，从而会降低熔体的流动性，也会造成注塑件产生各种的缺陷。为了避免注塑件各种缺陷的产生，则应采用热流道或热延长喷嘴等措施。

[例1-23]　面罩主体是供氧面罩中一个十分重要的橡胶件，其形状曲折复杂、厚度变化大，最薄处仅为 0.7mm。面罩主体裙围需与人的脸部造型完全吻合。通过对面罩主体形体的分析，在裙边与裙围转接处存在着弓形高"障碍体"。橡胶模便采用了二次分型的方法，使得凸模与凹模及凸模与中模都能够分型。成型面罩主体型腔的中模，是一个大的凸台"障碍体"。面罩主体的脱模，是利用了硅橡胶面罩主体的弹性，采用了手工剥离或吹入压缩空气使其膨胀脱模的形式。在距凹模模腔 0.2mm 的沿周，制有 1.5mm×90° 的余胶槽，余胶进入余胶槽中形成飞边。凹槽边缘与型腔边缘形成 0.20mm 的刃口，当面罩主体压制后脱模时，飞边能自动被刃口切落。模具结构的形式，实现了面罩主体顺利成型和脱模及飞边的处理。

面罩主体二维图，如图 1-24（a）所示，面罩主体三维造型，如图 1-24（b）所示。面罩主体裙围处孔是人鼻和嘴的开口孔，在面罩主体背面左侧有供氧及通信系统的连接孔，右侧有负压囊的连接孔，面罩主体下端是呼气系统的连接孔。面罩主体主要尺寸，如图 1-24（a）所示。面罩主体裙围为 0.7mm，裙边为 2.0mm，裙背为 1.5mm，呼气系统连接孔壁的厚度为 2.5mm。

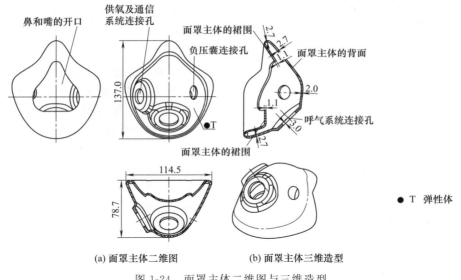

(a) 面罩主体二维图　　　　(b) 面罩主体三维造型

图 1-24　面罩主体二维图与三维造型

[例1-24]　豪华客车带灯箱锁主体部件，如图 1-25 所示。材料：30%玻璃纤维增强聚酰胺 6（黑色）QYSS08—1992，收缩率 1%。我国地域辽阔、人口众多，又是世界经济的引擎，豪华客车的市场一定是很大的。那么，豪华客车带灯箱锁主体部件的产量一定是特大批量。聚酰胺 6 塑料存在着 30%玻璃纤维，要使成型加工的该产品模具寿命长，一般选取高耐磨的模具钢。由于塑料具有热胀冷却的特性，各种塑料的收缩率是不同的。模具型腔和型芯的尺寸需要增加补偿值，有了收缩率就能计算出模具型腔和型芯的尺寸。

[例1-25]　盒如图 1-26 所示，材料：ABS。在盒的右边型腔的前后处存在着 1.0mm×0.2mm 的槽，成型该浅槽是模具型芯上的凸台。由于盒左边存在通风栅口，成型盒外形的凹模必须在 Ⅰ—Ⅰ 处分型。那么成型 1.0mm×0.2mm 槽的凸模，可以用脱件板进行脱模。这就是在成型盒外形敞开后，利用高于室温塑料的塑性进行强制脱模。

[例1-26]　转换开关大、小件，如图 1-27 所示。材料：30%微珠玻璃聚碳酸酯（黑

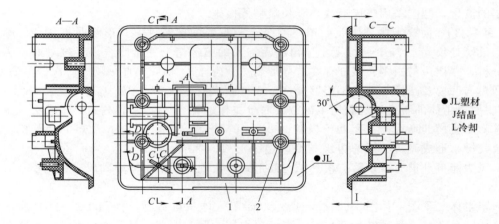

图 1-25　带灯箱锁主体部件的形体
1—主体部件；2—圆螺母

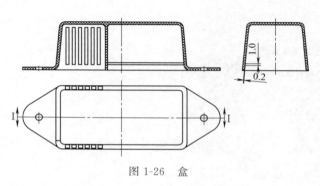

图 1-26　盒

色），收缩率为：0.3％～0.4％，亚光。注塑件形体分析时应提取"塑料"要素，只要将塑料材料品种找出即可。注塑件的塑料要素是影响模具温控系统设置的因素，什么样的模具需要设置加温装置，什么样的模具需要设置冷却装置，完全取决于塑料品种。模具温控系统设置是否得当，都将直接影响注塑件成型加工的质量。

由于转换开关大、小件是气动切换工位的机械手，其精度超过了金属产品。选用 30％微珠玻璃聚碳酸酯，一是要使转换开关大、小件具有一定的耐磨性和小的收缩性，二是要使转换开关外观更为美观，而不要像 30％玻璃纤维聚碳酸酯制品那样外观能够见到许多玻璃纤维。

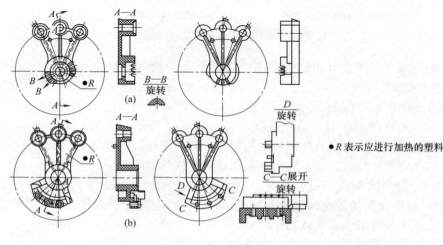

图 1-27　转换开关大、小件

1.6.2 注塑件形体分析的批量要素

注塑件形体分析的批量要素,是影响模具的结构因素之一。就注塑件的批量而言,批量小的注塑件模具在用钢方面可以选用如45碳素结构钢材,不进行热处理,批量大的注塑件模具用钢则应选用新型专用的模具钢。就模具结构而言,批量小的注塑件的模具结构能简就简,而批量大的注塑件模具结构则要求高自动化、高效率和高寿命,甚至是智能化。可以说注塑件的批量不同,模具的结构也就不同。注塑件的批量越大,模具的结构可以越完善和越复杂,反之,模具的结构可以简单化。

(1)注塑件形体分析的批量要素

注塑件形体分析的批量要素,也是影响模具结构、价格和制造周期的因素之一。注塑件批量不仅影响模具用钢和热处理的选择,还影响模具的结构。一般可以将注塑件批量分成小批量、中批量、大批量和特大批量。模具设计时,一定要根据注塑件批量的大小进行模具结构的设计、模具用钢及其热处理的选择,否则会造成模具制造成本增加和模具效率低下及模具寿命降低。而模具用钢及热处理是决定模具寿命的因素,模具的结构则是决定模具自动化和模具效率的因素。注塑件的批量一旦确定下来了,模具的结构和用钢也随之确定下来,模具的价格和制造周期也就可以确定下来。

(2)注塑件批量与注塑模用钢

注塑料模具用钢可依据塑件批量选用,可以参考表1-1。

① 传统模具材料 也称为比较模具材料,是最早用于模具的模具钢材,有普通碳素钢、优质碳素钢、工具钢、合金工具钢、高速钢、不锈钢、轴承钢、硬质合金和粉末冶金等。传统塑料模具钢的型号,如40Cr、T8Mn、2Cr13、1Cr18Ni9和0Cr19Ni9等。

② 新型模具(或特种)钢 是在与传统模具钢性能的基础上,为了弥补传统模具钢种性能的不足,再根据模具加工产品的性质和失效的原因,进行钢材合金成分的添加与减少以及采用适当的冶炼方法所得到的钢材称为新型模具钢。新型模具钢类型有新型冷作模具钢、热作模具钢和塑料模具钢,它们的性能均比相应传统模具钢要好,使用寿命要长。其他类型的模具用钢可以比对模具的使用性质和失效原因进行选用。新型塑料模具钢有预硬化钢、析出硬化钢、时效硬化型塑料模具钢、易切削高韧性模具钢、易切削调质型预硬钢、低镍马氏体时效钢、时效硬化型钢、马氏体时效钢、非调质塑料模具钢、镜面塑料模具钢钢、耐腐蚀塑料模具钢、耐磨高寿命超强度塑料模具钢及高寿命和耐腐蚀镜面模具钢。

(3)模具与新型模具钢的应用

模具是由具有各种功能的机构和零部件组成的,具体地说有工作件和结构件两大类型。工作件是指直接与加工产品接触的零部件,如凸模、凹模、型腔与型芯等。结构件是指相对于工作件起到支撑和连接的零部件,如模架、导柱、导套、定位和连接件等。对于模具工作件而言应该要求它们具有高耐磨性、低变形性、耐腐蚀性、优越加工性,优良耐热性和长的寿命。对于结构件为了降低模具成本,均可以采用传统模具材料。对于工作件而言,如手工裱糊和喷射裱糊的成型模,由于是试制生产或单件生产或小批量生产,模具材料还可以采用非金属材料。对于小批量生产的冲压模和热作模,也可以采用传统的冷作和热作模具钢。

① 塑料模具用钢的要求 应具有一定的强度、硬度、耐磨性、热稳定性和耐腐蚀性等性能,还应具有良好的工艺性,如热变形小、加工性能好、耐腐蚀性好、研磨和抛光性能好、补焊性能好、粗糙度低、导热性好及工作尺寸和形状稳定等。

② 目前开发的新型钢种 包括有合金结构钢、不锈钢、耐酸钢、耐磨钢、耐热钢、合金工具钢、滚动轴承钢、合金弹簧钢和特殊性能钢(如软磁钢、永磁钢、无磁钢等)等。

a. 新型优质碳素结构钢　包括合金结构钢、碳素工具钢、合金工具钢、高速工具钢、碳素弹簧钢、合金弹簧钢、轴承钢、不锈钢、耐热钢、电工钢，还包括高温合金、耐腐蚀合金钢和精密合金等。

b. 新型低合金钢　包括低合金焊接高强度钢、低合金冲压钢、低合金耐腐蚀钢、低合金耐磨损钢、低合金低温钢、甚至还纳入了低、中碳含量的低合金建筑钢和中、高碳含量的低合金铁道轨钢。

③ 当前新型材料研究内容　新型金属功能材料除上述几类以外，还有能降低噪声的减振合金；具有替代增强和修复人体器官和组织的生物医学材料；具有在材料或结构中植入传感器、信号处理器、通信与控制器及执行器，使材料或结构具有自诊断、自适应，甚至损伤自愈合等智能功能与生命特征的智能材料等。

（4）模具寿命对比案例

同种模具通过采用新型模具钢和传统模具钢后寿命的对比。

[例1-27]　Cr12MoV钢较常规淬火、回火处理的CrWMng钢，用于同类模具寿命能提高10倍以上，经渗硼后其使用寿命又可再提高5～10倍。

[例1-28]　65Nb高速钢复合模经1140℃油淬，540℃二次回火后与T10钢相比，使用寿命能提高60倍。同时，经辉光离子氮化和渗硼处理还可进一步提高其使用寿命。

[例1-29]　V3N超硬冷作模具钢寿命均比Cr12MoV、Cr12等制造的模具寿命能提高3～5倍，比现用普通高速钢能提高2～10倍。

[例1-30]　LD钢其寿命比W18Cr4V、W6Mo5Cr4V2、Cr12MoV、Cr12、GCr15、60Si2Mn等钢分别能提高几倍至几十倍。ER5钢用于硅钢片冲裁模，一次刃磨寿命为21万次，总寿命高达360万次，是目前以冲裁模冲裁硅钢片具有较高寿命水平的合金钢。

选用不同的模具钢材，对模具使用寿命的影响是巨大的。一般模具材料的费用是整副模具费用的10%～20%。如果对模具工作件采用新型高性能钢材，模具的费用以增加了10%计算，模具使用寿命如果提高了10倍，10%的钢材费用换来10副模具，经济效益是显然易见的。哪怕是使用寿命提高了1倍，等于多花10%的钢材费而得到2副模具，经济上也是很划算的。由此可见，对于各种模具来讲，选用适当的新型模具材料及热表处理方法，是发挥模具最大的性能、效率和经济效益的最好途径。SM1钢制作的部分模具使用寿命，如表1-1所示。

表1-1　SM1钢制作的部分模具使用寿命

模具名称	原用材料	寿命	现用材料	寿命
量角器、三角尺模具	38CrMoAl	5万件报废	SM1	30万次，尚好无损
牙刷模具	45钢	43万支修模	SM1	259万支开始修模
纱管模具	CrWMn、45钢	5万次报废	SM1	40万次开始修模
出口玩具模	718、8407	—	SM1	满足出口要求
出口保温瓶模具	45钢	5万次	SM1	30万次，满足出口要求

注塑件形体分析的塑料与批量要素不太为注塑件设计人员所注意，也不为注塑模设计人员所注意。其实塑料与批量要素不仅影响模具用钢及其热处理，还影响模具的结构、价格和制造周期，故塑料与批量也是注塑件形体分析的要素之一。如何确定注塑件形体分析的批量要素，需要模具设计人员深入地了解产品的市场和发展潜力，这样才能确定产品的批量情况，因为注塑件的批量一般在注塑件图纸上是不会作出标注或说明的。而对注塑件形体分析的塑料要素的确定就再简单不过了，一般注塑件的图纸上一定会标注塑件的材料。若没有标

注，可找设计人员询问。

（5）注塑件形体分析的批量要素案例

［例 1-31］ 连接环，如图 1-28 所示，材料：聚氨酯弹性体。技术要求：①一般公差按 HB 5800—1999；②去毛刺和飞边。连接环注塑模具，当连接环为试制件时，意味着连接环还需要作若干次改进，试制模具越简单越好，模具构件的动作最好全部为手动。当连接环定型后为少批量生产时，模具可以部分构件动作为自动，另一部分模具构件为手动。当连接环产量为大批量或特大批量时，所有模具构件动作全部为自动。

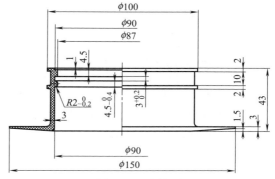

图 1-28　连接环

① 连接环试制注塑模结构设计　针对塑料试制件加工数量极少，试制件在定型过程中还将会出现改进。试制模具必须做到结构越简单越好，费用越低越好，制造过程越容易越好，不允许追求高效率、高自动化。通过对连接环试制注塑模设计介绍，说明了这类模具只要能够加工出合格制品就可以了，并且连接环内外形的成型、抽芯、脱模和脱浇口料的动作，全部是利用手工装模和拆模来实现的。目前，塑料试制件，虽可采用 3D 打印技术进行加工。但 3D 打印价格是根据制品数量、重量和复杂程度来确定的，大型试制品数量超过 10 件，采用试制模具加工还是比 3D 打印更经济一些。可见试制模具的设计，现今仍是一种常用的技术，设计好试制模还是十分必要的。

② 连接环低效注塑模结构设计　通过对连接环形体分析，找到了其外形上有弓形高和三处凸台与内形中有两处凸台"障碍体"。由于连接环产量较少，只能采用低效的模具结构方案。经过充分论证分析，连接环以放在模具中倒置位置方案为最佳优化方案。成型连接环外形，采用了弯销和滑块抽芯机构。成型连接环内形的型芯，是以 $R2_{-0.2}^{0}$ mm 凸台 A 面为分型面，将 A 面内凸台分成五个独立部分。抽取中间部分可腾出足够空间，再分别抽取其他部分，避开内形二处凸台对连接环脱模的阻挡，以到达脱模的目的。该模具结构方案，能使连接环顺利地成型和脱模。但手工抽取五块模块毕竟效率低下，故只能适应小批量产品的加工。若要实现大批量加工，需将手工抽取五块模块改成自动化抽芯才行。

③ 连接环高效注塑模结构设计　通过采用了三种不同自动抽芯模具结构，才能够适应制品大批量加工。而要实现注塑模自动抽芯，就必须安排好模具中三种六处抽芯运动的先后程序，这样才能避免抽芯运动干涉现象。通过采用了弯销滑块外抽芯机构、弯销滑块内抽芯机构和单滚轮式斜推杆内抽芯机构，从而实现了避开连接环外形弓形高和外形三处凸台及内形二处凸台"障碍体"对脱模的阻挡作用。又通过采用了复位杆完成推板和前后外滑块的先复位，使得三种六处抽芯运动有序进行。如此，连接环外形和内形左右凸台成型和抽芯是同时进行的。并使得它们先于内形前后凸台抽芯，后于前后凸台复位，这些动作的严格安排，才避免了抽芯运动产生的运动干涉而实现了连接环的顺利成型和脱模。

注塑件的塑料和批量要素，也是影响注塑模结构的因素。注塑件的塑料要素影响到塑料收缩率、模具用钢的选取、模具浇注系统、镶嵌件和塑料性能的运用。注塑件的批量要素影响到模具结构的成型加工效率，即注塑模手动与自动化水平和模具使用寿命的长短。

1.7　注塑件形体"六要素"综合分析

注塑件形体六要素的分析，开始是按照六种要素分别进行分析，最终要落实到全面进行的分析上。具体的形体分析过程是可以逐项地进行，但最后还是要归总，这就是注塑件形体"六要素"综合分析。

1.7.1　六要素与十二子要素的区分

注塑件形体分析归纳为六大要素，具体又分为十二子要素，每两个子要素内容既接近又有区别。如"形体"与"障碍体"要素，它们都是属于注塑件形状方面的因素。"形体"要素只影响注塑模的型腔与型芯的形状、尺寸和数量，不会影响模具机构的运动，"障碍体"要素则反之。或者说"形体"是注塑件宏观的形状，"障碍体"要素是微观的形状。又如"型孔与型槽"要素，它们都属于注塑件上的孔和槽的形体，"型孔"为完整形状的孔而"型槽"孔可以存在缺口。又如"外观与缺陷"要素，它们都是痕迹因素，"外观"要素是指模具结构成型痕迹，是可以保留的痕迹，但不允许遗留在有外观要求的表面上。"缺陷"要素是指缺陷痕迹或弊病痕迹，是不允许存在的痕迹。又如"运动与干涉"要素，它们都有关于运动的因素。"运动"是指模具机构单一运动的形式，如分型运动、抽芯运动、脱模运动和辅助运动等，"干涉"是两种运动发生了运动碰撞的结果。又如"塑料与批量"要素，"塑料"要素是指注塑件的高分子材料的型号，而"批量"要素是指注塑件在一定时间内的产量。

1.7.2　注塑件形体六要素综合分析图解法

对于注塑件形体六要素的分析，为了便于分析和检验可以采用图解法进行标注。具体是在注塑件的 2D 零件图上，将寻找到的要素用要素符号标注在图上。对于有关的一些尺寸最好也能标注上。如型孔或型槽，可在孔或槽的尺寸标注线的下方注以一型孔或型槽的符号。如"障碍体"，可在障碍体的高度尺寸标注线的下方注以障碍体的符号。对于没有尺寸的要素，只需要标注要素符号就可以了。

1.7.3　注塑件形体要素综合分析案例

注塑件形体要素综合分析，就是要将注塑件形体六要素全部完整地分析到位，并用要素符号标注到注塑件 2D 零件图上。

[例 1-32]　管接头形体综合要素分析，如图 1-29 所示。管接头具有 $\phi 40mm$ 弓形高"障碍体"、$4 \times \phi 14mm$ 凸台"障碍体"、$4 \times \phi 9.2mm$"型孔"、$\phi 40mm$ 圆柱面上"变形"、$4 \times \phi 14mm$"错位"、$4 \times \phi 9.2mm$ 与 $\phi 37mm$ 抽芯与复位运动的"干涉"、ABS"塑料"和中等"批量"要素，在制订注塑模结构方案时需要考虑管接头形体要素的影响。只有处理好了注塑模结构与形体要素的关系，才能设计出高质量的模具，最后才能加工出合格的产品。

[例 1-33]　带灯箱锁主体部件（简称主体部件）形体综合要素分析，如图 1-30 所示。

① "障碍体"要素　如图 1-30 的 $A—A$ 剖视图所示中 3.1mm×30°和如图 1-30 的 $D—D$ 剖视图所示中 1.06mm×10°为显性"障碍体"，这两处显性"障碍体"阻挡主体部件正常脱模，导致主体部件需要斜向脱模；如图 1-30 的 $C—C$ 剖视图所示，$\phi 22^{+0.18}_{0}mm \times 7.7mm$ 孔和槽46mm×1mm 及 42mm×7.5mm 的隐性"障碍体"，由于"障碍体"的斜向脱模，使

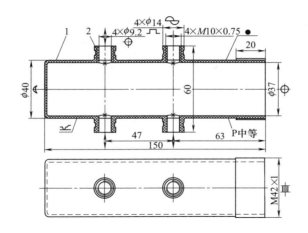

图 1-29 管接头形体综合要素分析
1—管筒；2—螺旋嵌件

得本可正常脱模的主体部件的模具型芯变成了阻挡其脱模的"障碍体"。

② 主体部件背面的型孔和型槽及螺孔要素 如图 1-30 主视图所示，$5 \times \phi 3$mm 孔、$\phi 1.5$mm 孔和 $6 \times M6$mm 螺孔；如图 1-30 的 $B—B$ 剖视图所示，46mm×37.5mm×80mm 和 46mm×37.5mm×32.5mm 方孔及 6mm×13mm 槽。

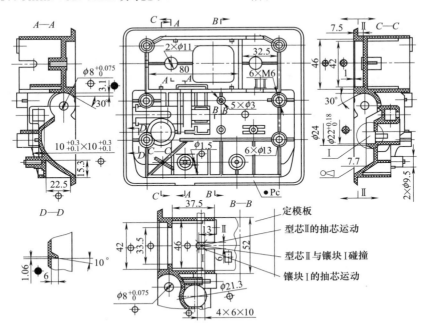

图 1-30 带灯箱锁主体部件形体综合要素分析

③ 主体部件沿周的型孔要素 如图 1-30 的 A—A 剖视图所示，22.5mm×15.3mm 三角形孔、$10^{+0.3}_{+0.1}$mm×$10^{+0.3}_{+0.1}$mm 方孔和 $\phi 8^{+0.075}_{0}$mm 孔；如图 1-30 的 B—B 剖视图所示，$\phi 21.3$mm 孔和 $\phi 8^{+0.075}_{0}$mm 孔、4×6mm×10mm×52mm 方孔。

④ 运动与干涉要素 如图 1-30 的 B—B 剖视图所示，成型 4×6mm×10mm×52mm 的方孔型芯 I 的抽芯和复位运动与成型 46mm×37.5mm×80mm 孔镶块 II 的运动，在同时进行时会产生干涉现象。是因为型芯 I 抽芯距离要大于 52mm，如型芯 I 和镶块 II 同时运动，型芯 I 来不及完成运动，产生干涉现象。

⑤ 外观要素 如图 1-30 的 C—C 剖视图所示，主体部件安装在汽车的正面，使人能看得到，正面要制成橘皮纹，需要有外观的要求。但正面槽底面可以允许有顶杆的脱模痕迹，是因为两个槽均安装有盖板可以盖住脱模痕迹。

⑥ 塑料与批量要素 塑料的材料为 30％玻璃纤维增强聚酰胺 6（黑色）QYSS08—1992，收缩率为 1％；对象零件的最大投影面积 23034mm^2；净重 310g，毛重 320 多克；塑胶的注射量大；使用 XS-ZY-230 注射机，批量为特大量。

注塑模的设计是依据注塑件的形状、尺寸和特征进行的，注塑件的形状、尺寸和特征存在着决定注塑模结构的一些因素。注塑件形体分析存在六大要素（十二子要素），这是在总结归纳注塑件的形状、尺寸特征的基础上得到的。模具结构设计的第一步就是要进行注塑件的形体分析，只有将注塑件的形体分析透彻和完整了，才会设计出好的注塑模结构。换句话说，只有将注塑件上的六大要素（十二子要素）分析完全和到位了，模具结构设计才能完整和到位。如果注塑件上的六大要素（十二子要素）分析有所缺失，那么模具结构一定会产生缺失。如果注塑件上的六大要素（十二子要素）分析存在错误，那么模具结构一定是错误的。

第 2 章

注塑件上的成型痕迹及其应用

注塑件上模具结构成型痕迹，是注塑件在成型加工过程中模具的结构烙印在熔融塑料上的痕迹，简称模具结构痕迹，如分型面痕迹、浇口痕迹、顶杆脱模痕迹、抽芯痕迹和镶接痕迹等。模具结构痕迹是熔融的塑料进入模具构件配合间隙中冷凝后所形成的痕迹，模具结构痕迹是眼睛能够看得见，并且具有一定的形状、位置、大小和特征的痕迹。

注塑件成型加工痕迹，简称缺陷痕迹或弊病痕迹，如流痕、熔接痕、缩痕、银纹、喷射痕、变色、翘曲（变形）和裂纹等几十种。缺陷痕迹具有不规则的形状、位置和大小，但具有特定的特征。它们大多数的形状、位置和大小眼睛能够看得见，只有少数缺陷痕迹是看不见的，如应力痕、疏松和气泡（透明注塑件可以看见，不透明注塑件看不见）等。缺陷痕迹特征与模具结构痕迹有着明显的区别，就是因为缺陷痕迹之间的特征区别特别大。只要掌握了缺陷痕迹的特征，区分缺陷痕迹就不难。

根据模具结构痕迹的特征，就能区分出各种类型模具结构的痕迹；利用模具结构痕迹的特征就能确定、验证注塑模的结构、克隆、复制和修复注塑模以及确定模具构件的加工工艺方法。针对因模具结构所产生的缺陷痕迹，就可以采用预期分析的方法达到预防注塑件上缺陷痕迹的目的。这便是我们提倡的以预防为主、整治为辅的根治缺陷痕迹的方针。利用模具结构痕迹和缺陷痕迹，还可以进行注塑模结构设计审核和缺陷整治的网络服务。这些内容就是利用两种注塑件上的成型痕迹进行痕迹运用的痕迹技术。

2.1 注塑件上的注塑模结构成型痕迹

痕迹是物质、物种和时间遗留在物质和物种上的痕迹信息，人们可以通过捕捉到的这些痕迹信息，研究许多物质之间的关系和联系，揭示物质的真相。如罪犯现场遗留的痕迹信息，为侦破案件提供了宝贵的证据；交通事故的现场痕迹，为破解交通事故提供了物证；考古物品上的痕迹，为真赝品的判断提供了强有力的证据；货币上防伪痕迹，为人们验证真假货币提供了依据；太空早期大爆炸遗留的痕迹，为探索宇宙的起源提供了证据；基因，为人类的亲子和族群鉴定提供了证据；矿石上的颜色和痕迹，为寻找探矿提供了证据；对比卫星拍摄到地形和地貌的图像，可以为地震、火山爆发和天气提供预报。工业成型痕迹是在以模具型腔进行的成型加工中产生的，注塑件成型痕迹只是塑料模型腔成型痕迹中的一种。模具型腔成型痕迹应用也是十分广泛的，目前还只是由我们在理论和应用上首次提出。还有许多事物就是利用痕迹，找到事物的真相和本质的。所有这些都是人们利用物质、物种和时间遗留的痕迹所进行的科学研究,以达到判明物质和事件的真实状态。

注塑件上的成型痕迹,是注塑件在成型加工过程中所形成的模具结构和成型加工的痕迹,利用这两种痕迹可以为注塑模的设计论证和缺陷整治起到无可代替的作用。因为注塑件成型加工的痕迹,是注塑件利用注塑模进行成型加工真实的反映,利用这些成型加工中的真实反映来还原注塑模结构和缺陷产生的原因是再真实不过了。这就像病症是病灶的真实的反映,根据找出病灶产生的病因,再对症下药便可做到药到病除。

注塑件成型痕迹是一种专门的技术语言,只有通晓这种技术语言的人才能破译它。知晓成型痕迹语言的人,当他见到一个注塑件时,不需要再见到该注塑件模具实物或图纸,他就能一眼识别出哪个痕迹是模具浇口的痕迹、哪个痕迹是模具分型面的痕迹、哪些痕迹是模具抽芯的痕迹、哪些是模具顶杆的痕迹,再进一步对注塑件的缺陷痕迹进行分析,就能够识别和判断这些缺陷痕迹所产生的原因并找到整治办法。

2.1.1　分型面的痕迹

分型面的痕迹如图 2-1 所示。分型面是注塑模动、定模的结合面,也可以是模具抽芯时的结合面。因此,在注塑件成型加工过程中,熔融的塑料进入了动、定模结合面间缝隙中冷凝后遗留的痕迹。当模具制造极其精密时,结合面之间缝隙极小便很难见到具有凸起形状的分型面痕迹。分型面的痕迹,可以用眼观察到并测绘出来。不管何种形式的注塑模,它们都是由模具的型腔来成型注塑件。以模具型腔成型的注塑件,必须要将模腔开启后才能取出注塑件,这样模具就必须以分型面将模腔分成动模和定模两部分。分型面一般处于注塑件外形的廓转接处即注塑件正投影外缘处,分型面痕迹是呈现出凸起线状封闭的几何形状。转换开关分型面痕迹如图 2-1 (a) 所示。外壳的分型面痕迹如图 2-1 (b) 所示。圆筒的分型面痕迹如图 2-1 (c) 所示。盘的分型面痕迹如图 2-1 (d) 所示。

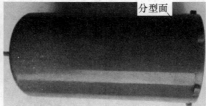

(a) 转换开关分型面痕迹　　(b) 外壳分型面痕迹　　(c) 圆筒分型面痕迹　　(d) 盘的分型面痕迹

图 2-1　分型面的痕迹

2.1.2　浇口的痕迹

浇口痕迹,如图 2-2 所示。浇口痕迹是注塑件在成型加工过程中熔融的塑料进入了模腔入口处冷凝后脱浇口料的痕迹。由于浇口具有多种形式,如点浇口、直接浇口、侧浇口、扇形浇口、宽薄浇口、护耳浇口、环形浇口、伞形浇口、盘形浇口、轮辐式浇口、爪形浇口、阻尼式浇口、微型浇口和二次浇口等。只有能熟悉各种浇口的形状和尺寸的特点,才能正确地判断各种浇口的痕迹。浇口的冷凝料最好要保留在注塑件上,这样观察才最直接。如去除了浇口冷凝料,会造成判断的失误。浇口痕迹可以通过眼睛观察到并测绘出来。锁扣浇注系统余料痕迹如图 2-2 (a) 所示。盘的浇注系统余料痕迹为直接浇口料把痕迹,如图 2-2 (b) 所示。直接浇口料把痕迹如图 2-2 (c) 所示。直接浇口去料把痕迹如图 2-2 (d) 所示。脱侧浇口料痕迹如图 2-2（e）所示。拉码头浇注系统余料痕迹如图 2-2（f）所示。

(a)锁扣浇注系统余料痕迹 (b)盘的浇注系统余料痕迹 (c)直接浇口料把痕迹 (d)直接浇口去料把痕迹 (e)脱侧浇口料痕迹

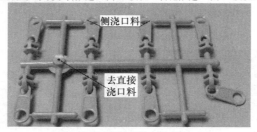

(f)拉码头浇注系统余料痕迹

图 2-2　浇口的痕迹

2.1.3　抽芯的痕迹

抽芯的痕迹如图 2-3 所示。注塑件抽芯痕迹，一般是处于注塑件型孔或型槽或注塑件障碍体处。抽芯痕迹由两种痕迹组成，一是由于模具型芯滑块运动所产生的摩擦痕迹，二是注塑件上遗留着型芯滑块与滑槽配合间隙中冷凝料的痕迹。抽芯存在多种形式，如外抽芯、内抽芯和斜抽芯等，根据抽芯痕迹可以确定抽芯形式。抽芯痕迹，可以通过眼睛观察并测绘出来。凸台与型孔抽芯痕迹如图 2-3（a）所示。孔与凸缘抽芯痕迹如图 2-3（b）所示。斜滑块抽芯痕迹如图 2-3（c）所示。平行二圆孔与凸缘抽芯痕迹如图 2-3（d）所示。平行方圆孔与凸缘抽芯痕迹如图 2-3（e）所示。

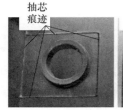

(a)凸台与型孔抽芯痕迹　(b)孔与凸缘抽芯痕迹　(c)斜滑块抽芯痕迹　(d)平行二圆孔与凸缘抽芯痕迹　(e)平行方圆孔与凸缘抽芯痕迹

图 2-3　抽芯的痕迹

2.1.4　脱模的痕迹

脱模的痕迹，如图 2-4 所示。脱模的痕迹是注塑模在脱注塑件时，由脱模构件在注塑件上遗留的冷凝料痕迹。其中以顶杆和推管脱模的痕迹最为清晰，顶杆痕迹能够直接反映出顶杆的形状、大小、位置和数量。脱模板的痕迹是不容易观察到的，脱包塑的金属件时也存在着脱模的痕迹，手动脱模时不存在脱模的痕迹。

抽芯痕迹，可以通过观察并测绘出来。小顶杆脱模痕迹，如图 2-4（a）所示。大顶杆脱模痕迹，如图 2-4（b）所示。多顶杆脱模痕迹，如图 2-4（c）所示。弧形面顶杆脱模痕迹，如图 2-4（d）所示。具有高度差平面的顶杆脱模痕迹，如图 2-4（e）所示。齿轮顶杆脱模痕迹，如图 2-4（f）所示。

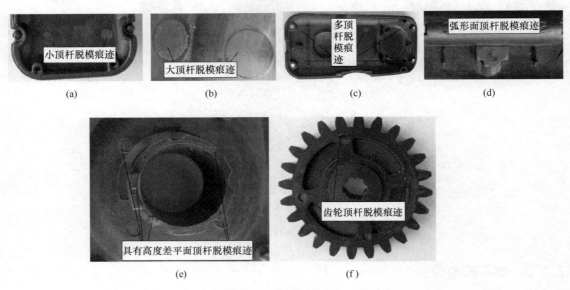

图 2-4　注塑件脱模的痕迹

2.1.5　活块和镶嵌的痕迹

活块和镶嵌的痕迹，如图 2-5 所示。活块是注塑件在成型加工前放入模具之中的构件，注塑件在脱模后需要取出的模具活块。镶嵌件，是自始至终固定在模具中的构件。注塑件在成型加工过程中，有些型面是需要采用活块或镶嵌件的模具结构。那么，在活块或镶嵌件与模具母体间的缝隙中一定会遗留熔融塑料冷凝料的痕迹。活块和镶嵌的痕迹具有一定的形状、尺寸和位置，可以通过观察并测绘出来。

2.1.6　其他类型的痕迹

在成型加工过程中，注塑件表面上还会出现加工纹、飞边、毛刺、磨损痕和碰伤的痕迹。

① 加工纹痕迹　加工纹痕迹，如图 2-6 所示。由于模具型面要采用车、铣、磨、电火花、线切割、研磨、化学腐蚀和电镀等加工工序进行加工，各种加工工具在加工过程中所产生的纹痕就会烙印在模具型面上。于是这些纹痕就遗留在注塑件的表面上，我们就可以根据注塑件的表面上的加工纹痕判断出模具型面的加工工艺方法。

图 2-5　镶嵌件痕迹

(a) 橘皮纹　　　(b) 电火花纹

图 2-6　加工纹痕迹

② 产生飞边、毛刺和磨损痕 产生的原因，一是模具加工时配合面间产生了较大的间隙；二是模具使用时间过长，导致配合面间的运动磨损产生了较大的间隙。于是在注塑件成型加工过程中，这些纹痕就会遗留在注塑件表面上，这些加工工具的纹痕在注塑件表面是能够通过眼睛观察到的。橘皮纹如图2-6（a）所示，电火花纹如图2-6（b）所示。

③ 修饰纹 注塑件在分型面、抽芯和顶杆处，经常会出现一些飞边和毛刺之类的塑料。飞边和毛刺有如蝉的薄翅一样，一般厚度很薄、形状不规则。这些余料是注塑件上多余的材料，是要用钢锯片制成的刀具刮除掉的，用刀具刮除飞边和毛刺的工序称为修饰。经修饰后注塑件就不存在飞边和毛刺，修饰过的注塑件型面上便遗留了刀具刮除的痕迹。经过修饰过的注塑件很难再观察到浇口、分型面、抽芯的痕迹，特别是将浇口设置在顶杆的位置上，如将顶杆的余料去除后就见不到浇口了。再有潜伏式浇口，去除余料后也不易看见浇口的痕迹。飞边如图2-7所示。

图 2-7 飞边

④ 碰伤痕 模具在加工和搬动的过程中，与其他物体产生磕碰后模具型面被碰伤出现了凸起和凹进的伤痕，成型加工的注塑件上便会相应出现碰伤痕。对于出现碰伤痕的注塑件，对该模具需要进行修理，以消除模具的碰伤型面。

注塑件在成型加工过程中，熔融的塑料会将注塑模工作型面的一切状况全面而真实的烙印在注塑件上，于是在注塑件的表面上就会出现各种模具结构的痕迹。利用对这些模具结构的痕迹的分析，就可还原模具的结构，还可以为模具结构方案的制订、审核、克隆设计和制造及复制提供有力的物证。这种利用模具结构痕迹的技术，就是注塑件痕迹技术，利用注塑件痕迹技术去分析和解释模具结构设计和缺陷形成和整治的理论，就是注塑件痕迹学。有了注塑件痕迹技术和痕迹学，就能诠释注塑件在成型加工过程中的机理和现象。

2.2 注塑件上的成型加工痕迹

注塑件在成型加工过程中，除了具有模具结构成型的痕迹之外，还具有成型加工的痕迹或称缺陷痕迹或弊病痕迹。缺陷痕迹有的是因注塑件设计不当而产生的；有的是因模具结构设计不当而产生的；有的是因浇注系统选择不当而产生的；有的是因加工工艺方法不当所产生的；有的是因加工参数选择不当而产生的；有的是因所用材料型号和质量及添加剂不当而产生的；有的是因前置处理或后处理不当而产生的；还可能因设备、加工环境等原因所产生。其中对模具影响最大的原因，是因注塑件设计、模具结构设计和浇注系统设计不当所产生的。因为在这种情况下是需要修改模具或推倒现有的模具结构方案，再重新进行模具的设计和制造才能消除这些缺陷痕迹。有时不仅要重新设计注塑模，甚至还要重新设计注塑件。如此，就要进行模具的修改或重新进行模具的设计和制造，这样必定会造成模具和产品生产时间的滞后和经济的损失，甚至失去市场的严重后果。对于非注塑件结构和模具结构及浇注系统所产生的缺陷痕迹，只要通过试模，找出缺陷产生的原因后加以改进塑料品种、质量、配方、工艺方法、加工参数、设备和加工环境等后便可消除。

2.2.1 流痕

流痕是指注塑件的表面上出现了一些大小不同突出的粗糙斑块，如图 2-8 所示，流痕是料流温度和模具温度影响类型的缺陷。流痕主要是注塑件在成型过程中，塑料熔体遇冷形成的冷凝分子团在填充的过程中，散布在流程中并逐渐地增大而形成的。料流失稳流动和低温的薄膜前锋都是产生流痕的主要因素。此外塑料的流动性差；料粒不匀或料粒过大；料中混入杂质和不同品种的料；模具的温度低及喷嘴的温度低；模具无主浇道或主浇道过短；模具无冷料穴；喷嘴温度低，熔体的温度过低，塑料塑化不良；塑化不匀，注射速度低，成型时间短；注射机的容量接近注塑件的质量，注射机塑化能力不足也是产生流痕的原因。

2.2.2 熔接痕

熔接痕也称为结合线，如图 2-9 所示，熔接痕属于温度影响类型的缺陷。塑料熔体分流汇合时的料温降低、树脂与附和物不相溶等原因导致在熔料分流汇合处产生不规则的熔接痕，即沿注塑件表面或内部产生了明显且细的接缝线。产生熔接痕的主要原因有物料内渗有不相溶的塑料与添加剂；使用脱模剂不当；存在不相溶的油质；使用了铝箔薄片状着色剂；脱模剂过多；熔料充气过多；塑料流动性差；纤维填料分布融合不良；模温低、模具冷却系统不当；浇口过多；模具内存在着水分和润滑剂，模具排气不良；塑料流动性差、冷却速度快；存在着冷凝料、料温低；注射速度慢、注射压力小；注塑件形状不良、壁厚太薄及壁厚不均匀；嵌件温度低、嵌件过多、嵌件形状不良等。

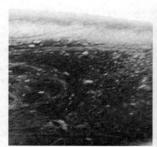 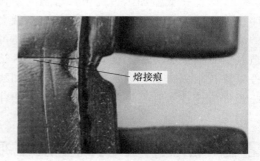

图 2-8 流痕   图 2-9 熔接痕

2.2.3 缩痕

注塑件表面上产生不规则的凹陷现象称为缩痕，也可称为塌坑、凹痕、凹陷和下陷等。缩痕如图 2-10 所示，是为因冷却收缩影响类型的缺陷。产生的主要原因：保压补塑不良；

图 2-10 缩痕

注塑件冷却不匀；加料不够、供料不足、余料不够；浇口位置不当、模温高或模温低、易出真空泡；流道和浇口太小、浇口数量不够；注射和保压时间短；熔料流动不良或溢料过多；料温高、冷却时间短、易出缩痕；注射压力小、注射速度慢；壁太厚或壁厚不匀引起收缩量不等及塑料收缩率过大等。

2.2.4　填充不足

塑料熔体填充不满型腔，使得注塑件残缺不全称为填充不足或缺料。填充不足如图2-11所示。填充不足属于缺料影响类型的缺陷。产生的主要原因是供料不足、熔料填充流动不良、充气过多及排气不良等。

图 2-11　填充不足

2.2.5　银纹

银纹又可称为水迹痕或冷迹痕。由于料内的潮气或充气或挥发物过多；熔体受剪切作用过大；熔料与模具表面密合不良，或急速冷却或混入异料或分解变质，使注塑件表面沿料流方向出现银白色光泽的针状条纹或云母片状斑纹的现象称为银纹，如图2-12所示。产生银纹的原因有物料中含水分高，存在着低挥发物，物料中充有气体；配料不当、混入异料或不相溶料；浇道和浇口较小；熔料从注塑件薄壁处流入厚壁处；排气不良；模温高；模具型腔表面存在着水分，润滑油或脱模剂过多，模剂选用不当；模温低、注射压力小、注射速度低；塑料熔料温度太高；注射压力小等。

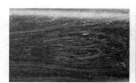

图 2-12　银纹

2.2.6　裂纹

裂痕是指注塑件的表面和内部产生了细裂纹或开裂的现象，塑料件表面裂痕可以用眼睛观察到，内部裂痕可以通过气孔检测仪或X光机探测到。产生裂纹的主要原因是塑料性脆、混入异料或杂质；ABS塑料或耐冲击聚苯乙烯塑料易出现细裂痕；塑料收缩方向性过大或填料分布不均匀；脱模时顶出不良；料温太低或不均匀；浇口尺寸大及形式不当；冷却时间过长或冷却过快；嵌件未预热或预热不够或清洗不干净；成型条件不当、内应力过大；脱模剂使用不当；注塑件脱模之后或后处理之后冷却不均匀；注塑件翘曲变形、熔接不良；注塑件保管不良或与溶剂接触；注塑件壁薄、脱模斜度小、存在着尖角与缺口等。

2.2.7 喷射痕

塑料熔体高速注射时，在浇口处出现回形状的波纹称为喷射痕，如图 2-13 所示。产生喷射痕的主要原因有塑料熔体注射速度高；螺杆转速高；注塑机背压高；成型加工循环周期长，喷嘴有滴垂现象；塑料含有水分，模腔内渗有水或挥发物；料筒和喷嘴温度低；料温低、模温低；浇口截面小、浇口位置不当、无冷料穴或冷料穴位置不当、设置排气孔等。

2.2.8 波纹

波纹是指注塑件的表面上存在着像水波纹的细线，这种波纹的细线称为波纹，如图2-14所示。主要是由于熔料沿着模具表面不是平滑地流动填充型腔，而是呈半固态的波动状态沿着型腔表面流动或熔料流动存在着滞流的现象。产生的主要原因有塑料流动性差、供料不足、料温低；冷料穴设置不当、存在着冷料；模具冷却系统不当；浇注系统流程长、截面小、浇口尺寸小及其形式和位置不当；流动曲折、狭窄和粗糙度大；模温低和喷嘴温度低；注射压力小、注射速度慢；注塑件壁薄、面积大、形状复杂等。

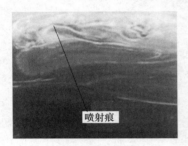

图 2-13 喷射痕

图 2-14 波纹

2.2.9 翘曲（变形）

翘曲（变形）是指注塑件发生了形状的畸变、翘曲不平或型孔偏斜、壁厚不均匀等现象。变形如图 2-15 所示。

图 2-15 变形

产生翘曲主要原因是塑料塑化不均匀、供料填充不足或过量、纤维填料分布不均匀；模温高；浇口部分填充作用过分、模温低；模具强度不良；模具精度不良、定位不可靠或磨损；浇口位置不当、熔料直接冲击型芯或型芯两侧受力不均匀；喷嘴孔径及浇口尺寸过小；注塑件冷却不均匀、冷却时间不够、料温低；注射压力高、注射速度高；冷却时间短、脱模时注塑件受力不均匀、脱模后冷却不当；注塑件后处理不良、保存不良；注射压力小、注射速度快；保压补塑不足；料温高；保压补塑过大、注射压力过大；料温不均匀；注塑件壁厚不均匀、强度不足；注塑件形状不良；嵌件分布不当及预热不良等。

2.2.10　变色

注塑件局部的颜色发生了变化称为变色（泛白也是变色），如图2-16所示。产生的主要原因是注塑件局部温度相差太大；塑料未充分干燥，螺杆内残留其他塑料或杂物、料温高、塑料停留在料筒的时间长；模具局部存在着气体，浇道和浇口的截面较小和模温过高；注射压力高、注射时间长、螺杆回转速高和背压高、喷嘴温度高、循环周期长等。

2.2.11　过热痕

过热痕指在注塑件成型温度产生热分解或料中存在可燃性挥发物、空气或塑料颗粒经反复预热，塑料在高温高压下分解燃烧使注塑件表面或整体呈现碳状烧伤的现象，如图2-17所示。出现过热的注塑件脆性、强度和刚度降低而无法正常使用。产生的主要原因是水敏感性塑料干燥不良；喷涂润滑剂过量、可燃性挥发物过多；含有过量的细小颗粒或粉末；再生料的比例过高；塑料粒中存在着碎屑卡入柱塞及料筒之间的间隙；喷嘴及模具的死角存有储料或料筒清洗不干净；染色不匀，存在着深色的塑料，色母变质；模具的排气不良；模具的浇注系统设计不合理；模具型腔表面不洁，存在可燃性的挥发物；熔体温度过高；注射压力过大、螺杆的转速过高；模具的锁模力太大；背压过小；加料量少；注射机的柱塞或螺杆及喷嘴磨损等。

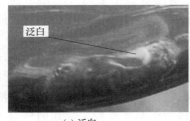

(a) 泛白　　　　　　(b) 变色

图2-16　泛白与变色　　　　　　　图2-17　过热痕

2.2.12　气泡

气泡是熔体内充气过多或排气不良，导致注塑件内残留气体，形成的体积较小或成串的空穴称为气泡，如图2-18所示。产生气泡主要原因是塑料含有水分、溶剂或易挥发物；料温高、加热时间长、塑料降聚分解、料粒太细和不匀；注塑件结构不良，模具型腔内含有水分和油脂，或脱模剂使用不当；模温低、模具排气不良；流道不良有储气死角；注射压力小；注射速度太快、背压小，柱塞或螺杆退回过早；料筒近料斗端温度高、加料端混入空气或回流翻料、喷嘴直径过小和无衬垫等。

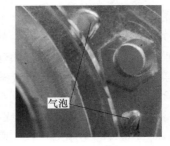

图2-18　气泡

注塑件上成型加工的痕迹，通俗讲就是注塑件上的缺陷或弊病痕迹，是不允许存留的。注塑件成型加工的工艺人员与这些缺陷痕迹的博弈，就是他们工作内容的全部，可以这么说工艺人员的工作就是与注塑件缺陷进行斗争。其艰难的程度绝不亚于注塑模结构的设计，甚至远超出了注塑模结构的设计和制造。注塑件上的缺陷若得不到有效的根治，注塑件就是不合格的，注塑模也被视为是不合格的。究其原因与注塑件上成型加工痕迹与注塑件结构设计、注塑件的材料、注塑件的工艺路线的制订、注射设备的选用、注塑工艺参数的选取、注塑模具结构的设计和注塑模温控与浇注系统的设计有关，甚至与注塑生产的环境有关。影响注塑件上的成型加工痕迹的因素有很多，导致注塑件产生缺陷的原因也很复杂，相应地整治起来也就比较麻烦了。

要想全面地整治所有注塑件上的缺陷，应该对所有的缺陷作出正确的定义，给出各种缺陷痕迹的照片，并附有各种缺陷痕迹形成的原因和根治缺陷的措施及整治效果的文件。这就是注塑件缺陷痕迹与整治技术规范文件或者是缺陷整治行业的标准。有了这种文件对注塑成型加工质量的提高会产生实际而深远的影响，还可以更进一步提高我国注塑成型加工的水平和产生重大的经济性效果。时至今日，还没有一个权威性的注塑件缺陷整治行业性标准，这是导致注塑件缺陷整治混乱的根源。随着我国注塑工艺水平的提高和注塑产量的迅速增加，制订注塑件缺陷整治行业性标准是势在必行的事情了，希望有关部门尽早出台这个行业性标准。

2.3　注塑件注塑模结构成型痕迹技术与痕迹学

注塑件在成型过程中，存在着注塑模结构成型痕迹和注塑件成型加工痕迹是不争的事实。注塑件上的模具结构成型痕迹和注塑件成型加工痕迹，都属于注塑件上的成型痕迹。注塑件上的成型痕迹，是注塑件在成型过程中模具结构和成型加工的真实反映。

通过对注塑件上成型痕迹的分辨，可以找出产生注塑件成型痕迹的规律，这种实际应用痕迹的技术称为注塑成型痕迹技术。注塑成型痕迹技术又可分为模具结构成型痕迹技术和注塑件缺陷整治痕迹技术。注塑件上的模具结构成型痕迹为我们还原注塑样件的模具结构提供了有力的资料和物证。注塑件上的成型加工痕迹是成型加工过程的真实反映，为我们整治注塑件上的缺陷提供了实物依据。

2.3.1　注塑件上模具结构成型痕迹与模具造型过程

应用注塑件上模具结构成型痕迹的条件，必须提供有注塑件的样件。在提供了样件的情况下，我们才能应用模具结构成型痕迹。

① 注塑件上模具结构成型痕迹的识别与分析　注塑件上成型痕迹中的模具结构成型痕迹和成型加工痕迹，是两种性质和特征完全不同的痕迹，这两种痕迹十分容易进行辨别和区分。注塑件上模具结构成型痕迹的识别与分析，最好是要采用注塑件原始状态的成型件。注塑件成型后脱模的原始状态就是没有经过任何修饰，仍保留注塑件脱模后冷凝料的状态。这种原始状态成型件最能反映注塑件上的模具结构，而经过修饰的注塑件有些模具结构的痕迹可能不清晰了，有些还可能被清除了，这样就很难反映注塑样件的模具结构。当然，修饰过的注塑件也是可以进行模具结构成型痕迹的识别与分析的，只不过是颇为困难一些。

② 注塑件上模具结构成型痕迹的测绘与造型　在对注塑件上模具结构成型痕迹进行了识别与分析的基础上，接下来应对注塑件上模具结构成型痕迹进行测绘。只有模具结构成型的痕迹才能进行测绘，注塑件成型加工的痕迹是测不出来的，就是测也没有任何意义。测绘时不仅要测绘出痕迹的形状和尺寸大小，还需要测绘出痕迹的位置尺寸。再将测绘的数据记

录在案，然后，将这些注塑件上模具结构成型痕迹放置到注塑件的 CAD 图及三维造型上。

③ 注塑模结构的设计与造型　此时，可将注塑件 CAD 图形和三维造型连同模具结构的痕迹，按照图纸所给定的塑料收缩率放大 CAD 图形和三维造型。然后，进行注塑模的 CAD 设计和三维造型。所得到的注塑模的 CAD 设计和三维造型，即为克隆的注塑模的 CAD 设计和三维造型。

2.3.2　注塑样件上模具结构成型痕迹的应用

注塑件上成型痕迹中的模具结构成型痕迹和成型加工痕迹有着许多的实际应用，其中有它们各自特点的应用，也有两者相结合的应用。注塑样件上模具结构成型痕迹的具体应用，可以确定、验证注塑模的结构，克隆和复制注塑模以及确定模具的构件。

(1) 确定注塑样件上模具结构　既然注塑样件上模具结构成型痕迹，是注塑模结构在注射成型过程中存留在注塑样件上的印痕。那么，这些模具结构成型的痕迹就是注塑模结构在注塑样件上真实的反映，我们就可以根据这些痕迹来还原和确定注塑模的结构，也就可以进行注塑模结构方案可行性分析与论证。

(2) 注塑模的克隆、复制和修复　利用注塑样件上模具结构成型痕迹，可以克隆和复制注塑模和注塑件，还可以修复注塑模。

① 克隆注塑模　可以通过对注塑样件上的模具结构成型痕迹进行绘制 CAD 图和三维造型，再进行模具结构的三维造型，还可以通过对注塑样件模具结构痕迹直接进行三维扫描，由此所制得的注塑模便是克隆的模具，所得到成型加工的注塑件便是克隆的产品。为什么说是克隆模具和制品，因为所克隆的模具尺寸只存在着收缩率和痕迹测绘的误差，三维扫描连测绘的误差都不存在，只会造成模具尺寸微量的偏差。

② 复制注塑模　通过对所有模具构件直接进行的三维扫描，所制得的注塑模便是复制的模具，所得到的成型加工的注塑件便是复制的产品。这样模具尺寸存在的收缩率和痕迹测绘的误差都消失了，这才是真正意义上模具和制品的复制。

③ 修复注塑模　对损坏的注塑模成型构件进行扫描后，还需要存在磨损的模具构件三维造型进行修复造型，这就是注塑模的修复过程。

(3) 验证模具型面加工和镶嵌结构　可以根据模具型面加工的纹理，判断出注塑模型面加工时所用的刀具、砂轮、研磨、电火花和线切割及化学腐蚀，从而确定模具型面加工的工艺方法。

(4) 皮纹制造的样本　注塑样件的皮纹经过照相之后，可以采用化学腐蚀的方法制成与样件相同的模具型面皮纹。

(5) 验证和校核注塑模结构方案　既然注塑样件上模具结构成型痕迹是注塑模结构与加工在注塑件上的真实反映，那么，我们就可以根据注塑样件上模具结构成型痕迹验证和校核注塑模结构方案。这样有了注塑样件上模具结构成型痕迹的物证，便会对所设计的模具结构方案更有信心。

2.3.3　注塑件上注塑模结构成型痕迹和注塑件形体六要素应用案例

通过对拉手和溢流管注塑模结构成型痕迹形状"六要素"的分析，制订出注塑模结构方案，便可以顺利地进行注塑模的设计。

[例 2-1]　拉手注塑模设计，通过对拉手样件上注塑模结构痕迹和形体"六要素"的分析，找到了拉手显性"障碍体""型槽"和"外观"要素，制订出拉手注塑模结构方案，从而顺利的进行了注塑模的设计与制造。

（1）拉手的形体分析

如图 2-19 所示，拉手是豪华大客车上一个零件。如图 2-19 的 A—A 剖视图所示的斜向槽是旅客上车时手抠的位置，乘客上车时用来借力登车的。因此，斜向槽表面上不能有任何注塑模结构成型的痕迹，即正面有"外观"要求。拉手的正面是面对乘客，也不能存留任何注塑模结构成型的痕迹。成型斜向槽外沿锐角处的型芯（剖面线处）是一处显性"障碍体"，如图 2-19 所示，其影响着拉手的脱模。拉手的背面，还有两处 2×M5mm-6H 的"螺孔"。

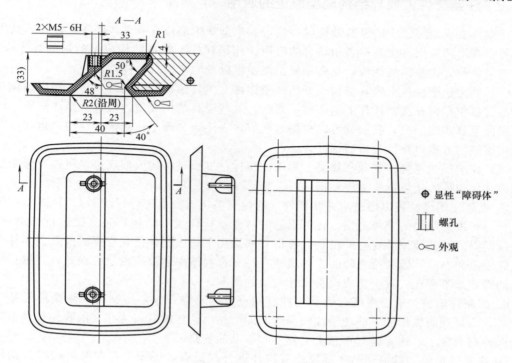

图 2-19　拉手形体分析

（2）拉手上注塑模结构成型痕迹分析

如图 2-20 所示，根据拉手样件上注塑模结构痕迹的辨别和分析，可以得出以下结论。

① 分型面的痕迹　②是分型面痕迹，分型面②在拉手样件的背面上。

② 浇口的痕迹　①是扳断直接浇道冷凝料痕迹，直接浇道①痕迹在拉手样件的背面上。

③ 顶杆的痕迹　④是顶杆痕迹，顶杆④痕迹在拉手样件的背面上。

这说明扳断直接浇道冷凝料与顶杆痕迹同处于拉手的背面。通常浇注系统是处于定模部分，可以得出拉手的背面是处在定模板上。如此，注塑模脱模机构也是定模脱模的结构形式。

④ 拉手槽的抽芯痕迹　抽芯痕迹不是在正面的拉手槽的位置上，而是在背面拉手槽锐角外缘处。说明拉手槽处不存在着抽芯，抽芯是为了解决拉手槽锐角外缘处显性"障碍体"的注塑模实体。

由于拉手样件上注塑模结构痕迹，真实地反映了拉手样件注塑模结构形式，提示了拉手克隆注塑模设计是必须遵守的原则。一是拉手槽抽芯的位置；二是注塑模采用定模脱模结构。

（3）拉手注塑模结构方案可行性分析

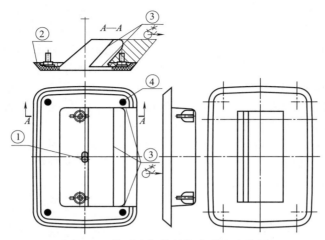

图 2-20　拉手注塑模结构成型痕迹分析

——实线圆表示显性"障碍体"，带"×"箭头线表示在注塑件预设脱模的方向存在"障碍体"，不能正常脱模，
带"√"箭头线表示改变脱模方向后，"障碍体"便不存在，注塑件能够正常脱模；
①—扳断直接浇道冷凝料痕迹；②—分型面痕迹；③—拉手槽外缘处显性"障碍体"抽芯痕迹；④—顶杆痕迹

　　应该着重从注塑模抽芯、定模脱模结构和浇注系统的设置进行分析，注塑模结构方案中应对所分析到的拉手形体要素，能制订出解决的措施，这样注塑模的结构方案也就能够确定下来了。

　　① 注塑件拉手斜向槽解决措施　由于拉手的斜向槽有着外观的要求，斜向槽表面上不能有任何的注塑模结构成型的痕迹。就意味着拉手斜向槽不能采用抽芯机构，一旦采用抽芯机构，在抽芯机构型芯和滑块的周围便会存在着间隙，有了间隙在注塑件成型加工过程中就会有抽芯的痕迹，手触及抽芯痕迹时会有刺痛不舒服的感觉。

　　② 注塑件显性"障碍体"解决措施　成型拉手斜向槽外沿锐角处的型芯是一处显性"障碍体"，影响着拉手的脱模。只有将该处"障碍体"采用抽芯的办法，才能消除"障碍体"对拉手脱模的影响。只要消除了"障碍体"对拉手脱模的影响，利用拉手槽的斜度为 $48°-(90°-50°)=8°$ 脱模角和 $40°$ 让开角的形状，便可以借助脱模力的作用以实现注塑件的强制性脱模。

　　③ 注塑模浇注系统设置　由于拉手正面有着"外观"的要求，不能存留任何的注塑模结构成型痕迹。因此，浇注系统不能设置在正面，只能设置在背面。这就意味着拉手在注塑模中的位置是正面朝着动模部分，背面朝着定模部分。

　　④ 注塑模脱模机构　根据拉手在注塑模中摆放位置，就可以确定注塑模为定模脱模的形式。

　　⑤ 两个 M5mm 螺孔的成型　由于 $2×M5mm-6H$ 螺纹孔是金属镶嵌件，螺纹孔轴线与注塑模的开、闭模方向是一致的，故可以采用嵌件杆支承金属镶嵌件，拉手脱模后由人工取出嵌件杆。

　　(4) 拉手注塑模的设计
　　结合拉手样件上注塑模结构成型痕迹与注塑模结构方案进行注塑模设计，如图 2-21 所示。
　　① 模架　由于要采用定模脱模结构的形式，便要采用三模板形式的标准模架。
　　② 脱模运动与转换机构　由于要采用定模脱模结构形式，定模脱模运动要由注塑模的开、闭模运动转换而成，定模脱模运动转换机构由限位螺杆 6、嵌件杆 7、支承杆 8、摆钩

9、台阶螺钉 10 和挂钩 11 组成。推垫板 14 和推板 15 与挂钩 11 连接在一起的，摆钩 9 与挂钩 11 是以斜钩形式相连接。当动模与中模开启时，在两根摆钩 9 和挂钩 11 的斜钩面作用下，推板 15 上的推杆 4 可将注塑件顶出中模型芯；当推板 15 接触到中模板后限制了位移时，动模如继续移动，在挂钩 11 斜钩面的作用下，两根摆钩 9 压缩支承杆 8 上的弹簧张开而脱离接触。合模时，在两根摆钩 9 和挂钩 11 在圆弧面的作用下，两根摆钩 9 再次压缩支承杆 8 上的弹簧张开而钩住挂钩 11 斜钩。推垫板 14 和推板 15 的先复位，先是靠推杆上的弹簧进行复位，后靠回程杆 13 进行精确复位。

③ 导向和复位机构　注塑模除了具有模架的四个导套和导柱导向机构之外，还增加了脱模机构的导向机构，如导柱 12 和导套等。而复位机构，如回程杆 13 和弹簧等。

④ 温控系统　采用了内冷却循环系统。

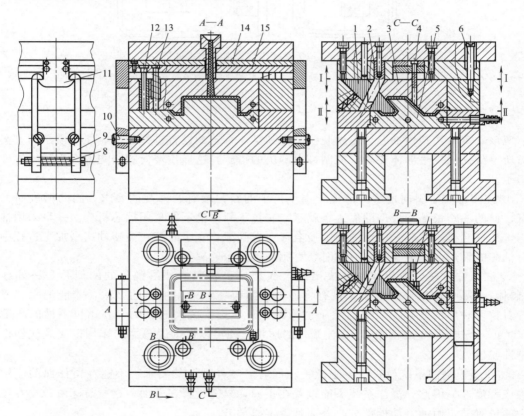

图 2-21　拉手注塑模设计

1—斜滑块；2—斜导柱；3—中模镶件；4—推杆；5—动模镶件；6—限位螺杆；7—嵌件杆；8—支承杆；9—摆钩；10—台阶螺钉；11—挂钩；12—导柱；13—回程杆；14—推垫板；15—推板

对于有"外观"要求的注塑件，需要处理好浇注系统、分型面、抽芯和脱模与"外观"要求之间的关系，确保注塑件在指定型面上的"外观"要求。

2.4　注塑模最终结构方案与注塑件上缺陷痕迹综合整治技术

注塑件在成型加工的过程中，除了会出现注塑模结构成型痕迹之外，还会产生注塑件成型加工痕迹，即缺陷痕迹或弊病痕迹。注塑件上缺陷痕迹是不允许出现的痕迹，因为注塑件上缺陷痕迹不仅会影响制品的美观性；也会影响到注塑件力学性能和非力学性能；还会影响到注塑件的机械性能、化学性能、电性能和光学性能以及其他的性能；更会影响到注塑件的强度和刚性，进而影响注塑件的使用性能。存有缺陷痕迹的注塑件被视为废品，所以存有注塑件上缺陷痕迹制品的模具，要通过缺陷整治达到注塑件合格后才能判断模具的合格。换句话说存在注塑件上缺陷痕迹的制品，注塑模也被视为待合格模具。所以，只有通过试模加工出合格的制品，才能确定模具的合格。

造成注塑件上缺陷痕迹的原因有很多，最为关键的是要排除因模具结构不当所产生的注塑件上的缺陷痕迹。注塑件上出现的缺陷存在着多种形式，整治起来十分困难。有时整治好了这个缺陷，另外又冒出其他的缺陷。还有些缺陷可以称作是顽症，在反复试模与修理模具之中，就是得不到有效的根治，甚至就是模具多次重新制造仍然整治无效。因此，因模具结构的不当会造成模具的返修和报废，模具的返修和报废会造成模具交付日期的延误和经济上的损失。

在制订注塑模结构可行性方案时，一定要考虑到注塑件上缺陷痕迹预期分析的结果，这便是注塑模最终结构方案的可行性分析。要将注塑件上缺陷痕迹消灭在注塑模方案可行性分析阶段，确保注塑模结构方案不存在因模具结构不当产生注塑件上的缺陷痕迹。对于非注塑模结构缺陷痕迹，通过试模找出产生的原因之后，便能很容易地达到根治缺陷的目的，这样便于注塑模结构方案与模具结构缺陷痕迹得到统一的解决。这就是注塑件上缺陷痕迹以预防为主、整治为辅的策略。

注塑件成型的目的，不外乎是要确保注塑件的形状、尺寸和精度的合格；确保注塑件的性能符合使用的要求；确保注塑件不出现次品和废品。前者主要是依靠模具结构和制造精度来保证，中间主要是依靠高分子材料的性能和质量及加工来保证，而后者主要是依靠注塑件缺陷的综合整治来保证。不管是热塑性塑料还是热固性塑料，也不管是注射成型还是压塑成型。注塑件和压塑件在成型的过程中，都会存在着各种各样的缺陷（弊病），这是不争的事实，这也不是以个人客观的意志所转移的。注塑件上的缺陷综合整治技术，就是应用辩证方法论来综合整治塑料件上缺陷的一种理论。

2.4.1 注塑件上缺陷痕迹的识别与分析

注塑件上缺陷痕迹，可以根据注塑件上缺陷的痕迹进行识别，有如医生对病症的诊断。如果有缺陷痕迹规范文本（行业标准），可以通过实物比对文本的图片和说明进行分辨；也可以根据实际经验进行分辨。注塑件上的缺陷痕迹除了小部分是隐藏在注塑件内部或是以应力分布的形式，用眼睛观察不到，大部分的缺陷痕迹都显现在注塑件的表面上，是很容易被观察到的。但是，要整治这些缺陷痕迹确实不太容易。在整治这些缺陷痕迹之前，必须对这些缺陷痕迹的产生原因进行详细的分析，再找到产生缺陷痕迹的真正原因后才能够确定整治的措施。

2.4.2 注塑件上缺陷痕迹的综合论治

注塑件上产生缺陷的因素有多种，能够迅速而准确地找到缺陷产生的原因，并制订出整治的措施，就是我们必须要做的事情。因此，寻找这种治理注塑件上缺陷的方法就显得特别重要。整治注塑件上的缺陷是个涉及多门学科和多种技术的综合性技术，而缺陷产生原因的分析及整治方法，更是属于一种科学的辩证方法。只有将缺陷产生与整治的因果关系科学地处理好了之后，才会有完善的缺陷痕迹处治成果。有了注塑件缺陷的综合辩证论治的理论，便可以对缺陷的形成有清晰的认识，这样就为后面的注塑件缺陷的综合辨证施治创造有利的条件。

整治注塑件上的缺陷（弊病）有如医生治疗人的疾病一样，疾病产生的病因和治疗的机理存在着多套的辨证治疗的理论。成型件有注塑件、压塑件、压铸件和铸锻件等多种的形式，同样它们生成的缺陷和整治也存在着多套的辨证整治理论。因为对应有成型加工缺陷便存在着对应形成的因素，而对应有产生的因素就有对应的整治措施，这样整治注塑件上缺陷（弊病）就需要我们用辨证的方法科学地去根治。

2.4.3 注塑件缺陷综合整治方法的分类

注塑件缺陷的综合辨证论治和辨证施治，存在着先期预防和后期整治两种方法。先期预防是在试模之前，或者说是在制订模具结构方案的同时，甚至是在注塑件设计的同时，就需要预先对注塑件缺陷进行预期分析。这样才可以有效地避免模具结构设计的失败，这是一种主动的整治方法。后期注塑件缺陷的整治，是指在试模时对所发现的注塑件上的缺陷进行再整治。这种方法不能够有效避免模具结构设计的失败，是一种被动的整治方法。

注塑件缺陷预期分析可分成两种：一种是注塑模计算机辅助工程分析（CAE）对注塑件缺陷的预期分析方法，简称CAE法；另一种是注塑件缺陷图解预期分析的方法，简称图解法。注塑件缺陷的整治是在注塑件试模之后，对形成的缺陷进行整治的方法。注塑件缺陷的整治也有两种方法：一种是排查法或排除法，另一种是痕迹法。不管是CAE法和图解法，还是排查法和痕迹法，都需要具有丰富的缺陷分析和整治的经验。

注塑件上的缺陷预期分析方法和试模之后的缺陷整治方法，统称为注塑件缺陷综合辨证整治的方法，可称为注塑件缺陷综合辨证论治，简称为缺陷综合论治。缺陷综合辨证整治法由CAE法、图解法、排查法和痕迹法组成，这样就可以形成系统而全面整治缺陷的方法。

CAE法和图解法，主要是针对注塑件或成型件进行缺陷的预测分析，通过预测分析预先去除注塑件因模具结构产生的缺陷，进而根据分析的结论改进注塑件的结构，并还能影响到模具浇注系统的形式、尺寸、位置和数量以及模具结构方案的制订。

（1）CAE法

注塑模计算机辅助工程分析（CAE）方法，简称CAE法。CAE法是通过计算机利用已有的注塑件三维造型，对熔体注射的流动过程进行模拟操作。该法可以很直观地模拟出注射时实际熔体的动态填充、保压和冷却的过程，并定量给出注塑件成型过程中的压力、温度和流速等参数，进而为修改注塑件和模具结构设计以及设置成型工艺参数提供科学的依据。

CAE法可以确定模具浇口和浇道的尺寸和位置，冷却管道的尺寸、布置和连接方式。还可以通过反复变换分型面的形式和浇注系统的形式、尺寸、位置和数量，得到不同的熔体流动和充模效果，从而找出对应模具的结构。也可以预测注射后注塑件可能出现的翘曲变形、熔接痕、气泡和应力集中的位置等潜在缺陷，并代替部分试模工作。

该种方法存在着某些不足和局限性，并且不能主动调整注塑件在模具中的位置、分型面形式和浇注系统形式、尺寸、位置和数量，需要人为地进行调整。此外该技术还在不断地完善之中。但是，只要掌握了操作方法，其运作很简单，当然还需要有一定缺陷分析的具体经验。注塑模计算机辅助工程分析（CAE）方法，目前只能够运用在注塑件翘曲变形、熔接痕、气泡和应力集中的位置的分析。对于其他类型的缺陷和成型工艺方法，目前的软件还不能进行分析。现今开发的该类软件较多，使用者应根据自己的条件适当地进行选择。

（2）图解法

注塑件缺陷痕迹图解分析法，简称图解法。注塑件缺陷预期分析图解法是在绘制了注塑件 2D 零件图的基础上，根据浇口形式、尺寸、位置和数量，绘制出熔体料流充模和排气的路线、熔体流量和流速分布图以及熔体汇合图、内应力和温度的分布图。据此可以分析出缺陷形成的形式、特征和位置的一种方法，被称为图解法。该法可以进行塑料温度分布预期分析、塑料收缩的预期分析、排气时气体流动状态预期分析、内应力分布的预期分析，从而可以进行各种缺陷的预期分析。对外露的缺陷痕迹应绘制注塑件的缺陷痕迹分析图，而对注塑件内部的缺陷痕迹应采用解剖的方法或进行 X 光透视的方法，并绘制注塑件内部的缺陷痕迹分析图来进行分析。

图解法原理与 CAE 法相同，区别只是运用了 2D 图形进行缺陷的分析。CAE 法不能进行分析的缺陷和成型加工方法，图解法都能进行有效的分析，当然，CAE 法能分析的缺陷，图解法也能进行有效的分析。故其分析范围宽、不受程序和软件的限制、分析方法灵活，但需要丰富的分析经验。CAE 分析方法和图解分析法两者相结合，才是很好的缺陷预案分析方法。缺陷预期图解分析法，可以运用在注塑件、压塑件、压铸件及所有型腔模成型的成型件缺陷分析中，还可以分析成型件所有的缺陷。该法为新创的方法，还有待于推广和开发，只不过没有运用到计算机进行编程而已。

（3）排查法

缺陷排查法或排除法是先制订出影响缺陷产生的各种因素，然后用排查的方式，一项一项地梳理产生缺陷的因素，最终找出真正产生缺陷的原因的一种方法，简称排查法或称排除法。因为影响注塑件产生的缺陷因素是多种的，可以通过缺陷的排查法，逐步清除掉不会影响缺陷产生的因素，留下的便是产生影响缺陷的因素。排除过程中为了提高效率，可以采用优选法进行，再通过对比的方法，找出真正产生缺陷的因素，从而确定整治缺陷的措施。这种方法是应用一项一项地排查和试模，再排查再试模的方法。其效果缓慢、过程长、对经济和试模周期会产生不良的影响。具体排除过程是根据对注塑件上所出现的缺陷，先列出可能产生缺陷的所有原因，然后再对原因逐项排查。

（4）痕迹法

缺陷痕迹法是利用注塑件上的缺陷痕迹，再通过注塑成型痕迹技术的切入直接找出产生缺陷原因的一种方法，简称痕迹法。俗话说得好："事出有因"，塑料件上生成的缺陷，不是无缘无故地凭白产生，一定是有其原因的。于是可以追踪这些缺陷痕迹的线索，顺藤摸瓜找出产生缺陷的原因，从而制订出整治的措施。注塑件上的缺陷，一般是以痕迹的形式表现出来，故可以根据痕迹的形状特征、色泽、大小和位置上的区别，再通过痕迹法的准确识别，就可以迅速地找出产生缺陷的原因，进而可以很快地确定整治缺陷的措施。痕迹法的针对性强、准确，并且查找迅速，可以极大地减少试模的次数。

但是需要掌握大量的丰富缺陷痕迹的经验才能使用痕迹法，为了使缺乏缺陷痕迹的经验人也可以运用痕迹法，这就需要制订出注塑成型痕迹技术规范文本或行业标准。规范文本中有产生各种缺陷痕迹的图片或照片，规范出各种缺陷痕迹的定义、形式和特征以及整治的方法，只要人们对照规范文本就能立即辨认出注塑件上的缺陷，找出缺陷产生的原因和整治的措施。规范文本有如中医的"本草纲目"一样，根据书中图样便可以识别中草药和所能治理的病症。这是利用注塑件上的缺陷痕迹，再通过注塑成型痕迹技术的切入直接找出产生缺陷原因的一种方法，它可以准确而迅速地查找到缺陷的成因及确定整治的措施。该法是新创的方法，目前还不够成熟，特别是在还没有制订出注塑件缺陷规范文本的情况下，会造成读者不能很容易地运用痕迹法。

上述四种缺陷整治的方法，显然 CAE 法和图解法是在缺陷的预测分析时使用，通过预期分析，可以在确定模具结构预案的同时就能剔除注塑件上因模具结构所产生的缺陷。一般对注塑件可能出现的翘曲变形、熔接痕、气泡和应力集中缺陷，可以用 CAE 法进行预测分析，是因为这几种缺陷用 CAE 法分析比较成熟。而其他缺陷就必须运用图解法来进行分析，是因为 CAE 软件没其他缺陷分析的软件。又由于缺陷的预测分析不可能将所有缺陷都剔除掉，这是因为人们的主观意识和实际情况总是存在着出入。这样只有通过试模才能发现塑料件上现存的缺陷，有了缺陷就必须整治。因为缺陷痕迹技术分析法是从注塑件上的缺陷痕迹入手，针对性强，并且准确迅速，因此，应该先使用痕迹技术分析法进行整治。当缺陷痕迹技术分析法无法解决时，才可以使用缺陷排查法。

通过上述，可以说综合缺陷分析法是一项全面而科学的技术分析辩证的方法，它们可独立进行缺陷的分析，也能联合进行缺陷的分析和整治，更能相互验证分析的结论。这些分析方法切实可行，并具有实际的可操作性。注塑件上缺陷的问题是件十分困扰人们的事情，有些人不是积极主动地去解决问题，而是消极被动地掩盖问题，这是不可取的。如在注塑件上存在着流痕，先是用砂纸将流痕打掉，再喷上油漆。又如遥控器盒上的熔接痕处治不了，用油漆一喷了事。如此的做法，不仅增加了工序、浪费了资源，还污染了环境。喷油漆表面上是掩盖了问题，但由于熔接痕是注塑件强度最薄弱的地方，而该处如果正好是受力最大的位置，那注塑件就会出现破裂的现象。更重要的是欺骗了消费者。可见注塑件上的缺陷问题不是一个小问题，解决缺陷问题需要一种切实可行的方法，综合缺陷分析法就是这种方法。

2.4.4　注塑件上成型加工痕迹的应用

注塑件上缺陷痕迹不会无缘无故地产生，注塑件在成型加工过程中哪一方面的因素与实际加工出现不适应的情况，注塑件上就会出现相应的缺陷痕迹。注塑件上缺陷的痕迹为我们整治缺陷提供直接的线索，只要我们沿着注塑件上缺陷痕迹的线索，就能找到整治缺陷的办法。注塑件在试模中产生的缺陷肯定是要整治的，试模的目的就是要暴露出缺陷，发现了缺陷才好采取措施去整治。这和治病一样，人有了病要治病。治病最重要的原则是以预防为主、治病为辅。同样缺陷整治原则也是以预防为主、整治为辅。这样就可以尽量避免缺陷的产生，尽量提高试模合格率，以防止产生注塑模报废重做的后果。预防的办法是先对注塑件的缺陷进行缺陷预测，就是应用缺陷论证的方法预先测定注塑模设计时可能会产生的缺陷，从而采取适当的措施去提前预防缺陷的产生。对试模或加工过程中已经出现的缺陷，则要采用"辨证施治"的方法，采用针对缺陷症状的措施去根治缺陷。

[例 2-2]　壳体分型面为螺纹根部的端面，浇口为分型面上侧浇口，壳体的材料为聚乙烯。

（1）壳体缺陷类型

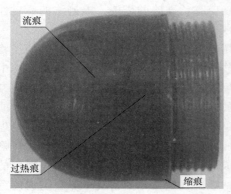

如图 2-22 所示。外表面存在明显的流痕，流痕为存在于壳体外表面上深颜色的凸起斑块状物体。半球形外壳表面还存在明显的缩痕，从壳体投影方向上，还容易发现轮廓线呈凹陷的现象；在壳体侧浇口的背面还存在熔接痕（图中没有表示出来）；半球形外壳表面还存在过热痕。

（2）缺陷痕迹与塑模结构成型痕迹的区别

这些缺陷痕迹的特征与注塑件的注塑模结构成型痕迹有着形状和性质的天壤之别，因此，注塑模结构成型痕迹与缺陷痕迹是十分容易进行区分的。如果有缺陷痕迹规范文本即行业标准，缺陷痕迹的

图 2-22　壳体缺陷痕迹的识别

整治就会变得简单多了；如无缺陷痕迹规范文本，则需要依靠经验进行辨别。

（3）缺陷形成分析与整治

从壳体表面上缺陷痕迹的辨认入手，可以得出壳体表面上存在着流痕、熔接痕、缩痕和过热痕，再在壳体 2D 图绘制塑料熔体充模图的基础上进行缺陷形成分析。

① 壳体浇口与熔料填充分析　壳体如图 2-23（a）所示，壳体痕迹的分析如图 2-23（b）所示。由于侧浇口处在半球形外壳与螺纹相连接的端面上，在注射机的压力下，熔融的料流先直对着型芯，再从型芯与模腔之间分别由两侧并向上逆向絮流失稳和向下顺流呈稳流状态逐层的进行填充。

② 缺陷形成分析　有了塑料熔体充模图，就可以对塑料料流和气体充模进行缺陷的形成进行分析。

a. 流痕。如图 2-23（b）所示，先进入型腔中的料流遇到低温的型芯，料温迅速下降后，两股料流前锋薄膜所生成的冷凝分子团撒布在料流的流程上。随着料流温度的降低，冷凝分子团逐渐长大便形成了流痕。流痕分布的区域，是在以浇口作为分界线的整个料流填充的面上。

b. 熔接痕。如图 2-23（b）所示，是因从浇口处充模的塑料熔体直接冲击注塑模型芯产生了降温，低温的分流料流在侧浇口的背面汇合后形成的熔接不良。

c. 缩痕。如图 2-23（b）所示，缩痕也是很明显，这由于壳体壁厚 $\delta = 3mm$，冷却时收缩量较大。一般情况是远离浇口处熔料先冷却先收缩，近距浇口处后冷却后收缩。因此，从半球的球冠处开始先冷却先收缩，浇口处后冷却后收缩。故壳体从浇口至半球的球冠表现为逐渐增大收缩的倾向，在远端得不到补充塑料情况下，呈现如图 2-23（b）所示的缩痕。

d. 过热痕。如图 2-23（b）所示，由于熔体是自下而上填充，注塑模中的气体也是自下而上被压缩后，在球冠处所产生的热量上升。当压缩到一定的压强时，便从某一薄弱环节喷射出来。压缩气体的温度又进一步提高，炽热的气体使塑料过热产生炭化而出现过热痕。过热痕是壳体外表面上黑颜色的部位，这是该部位因高温压缩空气喷出而产生炭化的原因。

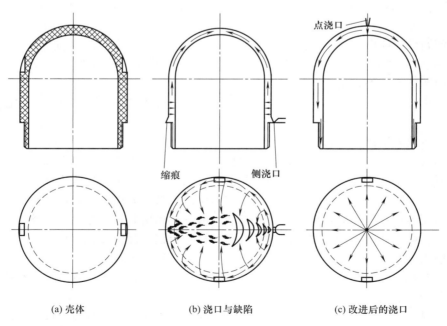

(a) 壳体　　　　　　(b) 浇口与缺陷　　　　　　(c) 改进后的浇口

图 2-23　壳体缺陷痕迹的分析

③ 消除缺陷措施　可见，壳体缺陷痕迹产生的原因是：侧浇口的位置和形式不当，只有改变浇口的位置和形式才能消除缺陷。如图 3-23（c）所示，将侧浇口改成点浇口，点浇口设置在半球的球冠顶部，这样塑料熔体料流是自上而下顺流平稳填充，模腔中气体也是自上而下从分型面顺利地排出。并在半球形外壳与螺纹相连接的端面上设置适当数量的冷料穴，上述的缺陷便可迎刃而解。但是，原来侧浇口的注塑模方案是二模板的标准模架，改成点浇口后要采用三模板的标准模架，为此注塑模的修理要颇费周折。如果在注塑模设计之前进行了注塑件缺陷的预期分析，就能完全避开产生的这些缺陷而改动注塑模的后果。

可见主浇道和分浇道的截面大小对注塑件上的缺陷痕迹有着直接的影响，但影响最大是浇口的形式、截面大小、数量和位置。

注塑件上存在着各种缺陷痕迹，是我们观察这些缺陷痕迹的实物，我们可以对症分辨，再进而分析这些痕迹产生的原因，最终制订出处治这些缺陷的办法。这种从观察到分析再处置这些缺陷的技术称为缺陷痕迹技术。可见对注塑模结构成型痕迹和成型加工痕迹这两种痕迹表象的同时观察和分析及处治，是对注塑模结构形式的判断和整治缺陷的最有效的方法。

注塑件上成型加工痕迹是一种语言，它们会向我们陈述缺陷痕迹产生的原因。但是，我们必须要熟悉这种语言，才能剖析和整治缺陷痕迹。一般某一种缺陷痕迹是由某一至两种原因造成的，最多不会超过三种，这样我们排查的范围就会缩小。

注塑件成型加工工艺人员重点关注是加工缺陷的存在，虽然注塑件成型加工工艺人员能够采用注塑件成型加工工艺参数去整治某些加工的缺陷，但是，运用成型加工工艺参数去整治加工的缺陷存在着两种不足：一是通过提高熔体温度和注射压力的措施，增加了能耗和塑料用料。二是有些是因为注塑模浇注系统和结构的不合理性所产生的缺陷，通过调整注塑件成型加工工艺参数是无法到达整治缺陷的目的。只要注塑模结构方案是合理的，包括浇注系统和温控系统的合理性，就不会产生缺陷。缺陷只是因注塑件成型加工工艺参数和非注塑模结构不合理所产生的，通过调整注塑件成型加工工艺参数值和其他影响因素，整治就会变得简单多了。

[例 2-3]　注塑件资料：名称为片，如图 2-24（a）所示。材料为聚乙烯，型腔处整体在定模部分。

（1）问题件的缺陷

片的正、反面都产生了明显的流痕，如图 2-24（b）所示，还存在着不同程度的缩痕。

（2）问题件痕迹的识别

从浇口痕迹的辨别，可以得出浇口为侧浇口，浇口为长方形，浇口位于定模型腔的下侧。

（3）产生缺陷原因的分析

注塑模为一模四腔，脱件板脱模（无顶杆痕迹）结构，浇口是在靠近动模方向。由于模腔内存在着五个型芯，浇口又处在外周圆的两型芯之间。料流从浇口流出就会遇到中间和两旁的三个型芯的阻挡，呈射线状并自下向上逆向絮流失稳填充型腔。高温的料流与低温型芯接触后，料流迅速地降温而形成冷凝分子团。冷凝分子团随着料流撒落在熔体的流程中，并逐渐地增大，待熔体冷硬后，便形成了具有对称性的流痕，如图 2-24（b）所示。

（4）整治方案

存在着对现有注塑模修理和重新制造两种方案，出于经济考虑，现有注塑模报废后，才能着手重新制造注塑模方案。

① 整治方案一　如图 2-24（c）所示。可将矩形的侧浇口改成扇形浇口，改变料流填充的流动方向。从而可以避免高温的料流在碰到低温的型芯后，迅速地降温，再填充注塑模型

腔的流动状态所形成的低温分子团，因而可以减缓流痕和缩痕的程度。

② 整治方案二　片的型腔设置在动模部分，将扇形浇口设置在靠近定模的方向，使熔体的料流自上而下顺流呈稳流状态填充型腔，流痕和缩痕将会全部消失，但注塑模的结构将要重新改制，但存在着经济损失。

（5）实际效果

按方案一的整治，基本上能达到产品的质量要求。其方法是用锉刀将长方形浇口修成扇形浇口即可，从而可以避免采用方案二的措施。

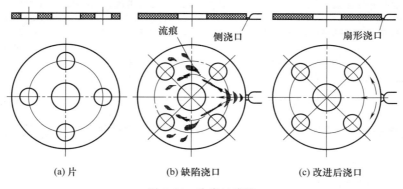

图 2-24　片浇口痕迹

浇口的形式颇多，应该根据塑料成型特性、注塑件形状、尺寸、要求、注塑件生产批量、成型条件及注射机结构等因素，综合考虑选用合理的浇口形式、截面的大小和浇口位置及数量。

[例 2-4]　有关注塑件成型加工时出现亮痕的整治，亮痕可分成两种类型：一是 ABS/PC 料；二是 PA 料。在成型后注塑件表面会出现白色或光亮的表面，将这种光亮表面称为亮痕。

（1）长条盒亮痕

材料：ABS/PC 料类型的亮痕如图 2-25 所示，长条盒如图 2-25 所示。1、2 和 3 三处的侧浇口在注塑件同一侧的长边框上，注塑模结构为动模脱模。因为注塑件的转角均为圆角，亮痕就出现在圆弧处与圆弧相邻的两平面上。

① 亮痕　如图 2-26（b）所示，在注塑件 R 圆弧外表面和 R 的两邻边外平面上均存在着亮痕，内表面上则不存在亮痕。

② 亮痕分析　首先要排除注塑模在亮痕部分型腔的表面粗糙度是否过小的因素。那么，为什么亮痕只出现在注塑件 R 弧形面及 R 的两邻边平面上？而其他地方就没有亮痕？

如图 2-26（b）放大图所示，因为中心层料流的流程是不变的，因此，中心层料流的流速 $v_{中}$ 保持不变。而外层的流程增长，内层的流程减小，在填充过程中，外层流速 $v_{外}$ 增大，与注塑模型腔壁的摩擦也就加大了，产生的热量便增加了。由于料流 R 弧形面与 R 的两邻边平面上料温的增加及高分子拉升后变细，于是产生了这种亮痕，这就说明了料流由径向流动是产生亮痕的原因。

图 2-25　长条盒

料流内层的流程和流速都减少了，但是料温和高分子大小不会有变化，所有不会产生亮痕。

③ 整治方法　既然料流 R 向流动是产生亮痕的原因，那么就应该将料流方向由 R 向流动改成轴向流动，这样就不会存在料流的流程和流速变化的状况，也就消除了注塑件亮痕产生的因素，如图 2-26（c）所示。为了不改变原来注塑模的结构，两处浇口Ⅰ—Ⅰ的具体设置，可采用二次潜伏式点浇口，如图 2-26（a）左剖视图所示。将点浇口设置在内壁处，并且是多组对称浇口的浇注系统。如此改动后，还可以消除三处侧浇口所产生的熔接痕问题。

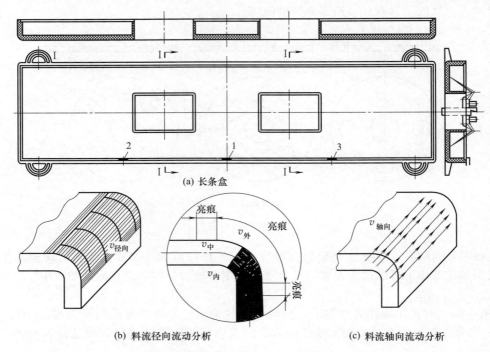

(a) 长条盒

(b) 料流径向流动分析　　　　　(c) 料流轴向流动分析

图 2-26　料流流向对亮痕分析

（2）PA 料类型的亮痕

整个内外表面上都存在着亮痕，特别是凹圆弧面内亮痕更为严重。另外，敲击存在着亮痕注塑件发出声音是沉闷的，而敲击没有亮痕的注塑样件所发出的声音是清脆的。

亮痕分析：注塑件亮痕的缺陷问题，在许多黑色注塑件或多或少都存在着这种现象，其中以聚酰胺（尼龙）料表现得更为严重一些。其原因是与水有关，尼龙具有吸水的特性。我们知道水遇热后会出现雾化现象，遇冷会结成霜，水分干涸之后的水迹是白色的。脱模后热的成型注塑件遇冷干燥返白，其实平面上也有，只是曲面上更为突出而已，这是因为曲面上返白物质的密度较平面大一些。可以做一个试验，将有亮痕的 PC 注塑件，全部浸泡在水中煮一个小时后取出，自然冷却，这种亮痕就会消失，就说明了只要在注塑件成型之后增加一个后处理工序就可以解决问题。这样，自然是吸水的注塑件声音沉闷，脱水的注塑件声音清脆。

[例 2-5]　锥台盒如图 2-27（a）所示，材料为 ABS，收缩率为 $0.3\%\sim0.8\%$。缺陷：处于锥台盒开口端厚壁与薄壁交界处的外表面上，出现了收缩痕，如图 2-27（b）所示。不管如何进行收缩量计算，都是无法解决缩痕的缺陷。

（1）缩痕分析

塑料收缩率在一般的情况下，是顺着熔体流动方向的收缩率大于垂直方向的收缩率，这

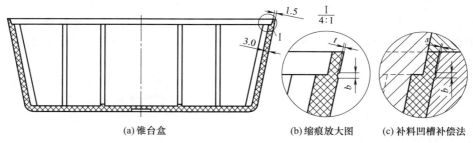

(a) 锥台盒　　(b) 缩痕放大图　　(c) 补料凹槽补偿法

图 2-27　锥台盒与缩痕

就是塑料的收缩率各向异性。先忽略 ABS 收缩率的各向异性，将收缩率设定为 0.6%。在同一种收缩率的状况之下，对厚薄壁缩痕的深度进行计算。如图 2-27（b）放大图 I 所示，3mm 壁厚的收缩量为 $3 \times 0.6\% = 0.018$mm，1.5mm 薄壁的收缩量为 $1.5 \times 0.6\% = 0.009$mm，缩痕的深度为 $t = 0.018 - 0.009 = 0.009$mm。即使将收缩率各向异性的因素考虑进去，缩痕也是客观存在的。

（2）熔接痕形成原因分析

根据上面的计算结果，可以判断是由于锥台盒壁的厚薄不同所致，因为不同壁厚的塑料，其收缩量不同，从而产生了缩痕。

（3）缺陷的论治

物质具有热胀冷缩的特性，壁厚薄不一致，是产生收缩量不一致的原因，这也是不以人的意志为转移的。那么整治缩痕就没有了办法吗？我们应辩证地看待缩痕的两面性问题：一方面是物质具有热胀冷缩的特性；另一方面可以通过创造适当的条件来整治缩痕。如果注塑件在冷却的过程中一方面是收缩，另一方面如能及时补充注塑，就不会出现注塑件的缩痕。因此，必须抓住这种可以操作的条件，既要解决注塑件壁厚不一致的问题，又要解决物料在冷却收缩时材料补充的问题。

（4）整治方案

要解决根治注塑件缩痕的问题，就要从产生注塑件缩痕的本质着手。

① 整治方法之一　如图 2-28（a）所示，将注塑件壁厚设计成一致，是解决注塑件缩痕的根本方法之一。为了提高注塑件的刚性，可设计加强筋。为了使锥台盒的盖能够进行定位，设计的加强筋至锥台盒端面应保留有一定的距离 S。由于锥台盒的所有壁厚相同，它们的收缩量也就相同，故不会产生缩痕。缩痕主要出现在加强筋的背面，此时只要采用保压补塑的办法就能解决缩痕的问题。

② 整治方法之二　为了缓解缩痕的程度，可以采用收缩率较小的塑料或采用添加了填充料（玻纤）的增强塑料去成型，收缩率小了收缩量自然也小。也可以在缩痕的位置上设置 $b \times t$ 装饰槽，这样可掩盖缩痕，如图 2-27（b）所示。这些措施都可减缓缩痕的程度或掩盖缩痕，但不能根治缩痕。

③ 整治方法之三　采用延长注塑成型时间、冷却时间和保压时间，增大注射压力和背压压力，使注塑件能得到充分的补塑，缩痕也会小一些，甚至可以消除一些微小的缩痕。另外浇口可开深一些，使浇口融料冷凝慢一些，从而可以充分地进行保压补塑。

④ 整治方法之四　可采用补偿法来消除缩痕，就是利用补料槽或冷料穴中的物料，在注塑件冷却收缩时进行物料的补充，从而消除注塑件的缩痕。

a. 补偿法一，如图 2-27（c）所示。在注塑件收缩处，将缩痕用激光扫描生成一个三维造型后，再镜像生成三维电极造型。然后做成电极，在模腔壁上打出和缩痕同样的补料凹槽。料流填充时，在缩痕处多出了一个与缩痕一样的物料，注塑件收缩时，会得到同等收缩量的补偿。自然可消除缩痕。但用电极打制凹槽时的深浅要控制好，只要有差异，在注塑件不是留有凸台就是还存留有很小的缩痕。当然，为了消除缩痕，采用补料凹槽补偿法实在是没有必要。

b. 补偿法二，如图 2-28（b）所示。在注塑件壁厚不能改动的情况下，注塑模设计时，在厚壁与薄壁交界沿周面处设计成冷料穴，由于冷料穴存有的物料多，冷凝固化慢。开始时可通过浇口保压补塑缓解缩痕，当浇口熔体冷凝硬化之后，停止补塑，并消除了注射压力。注塑件收缩的补充物料，可由冷料穴中的物料得到补充，从而可以起到根治缩痕的作用。

由于冷料穴设置在厚壁与薄壁交界沿周面处，冷料穴中的冷凝料需要取出，才能进行下次注塑件的注射成型加工。这样成型注塑件型腔的型芯，可由上型芯 1 和下型芯 2 组成，通过连杆 5 和锲紧块 6 可将上型芯 1 和下型芯 2 连接在一起。连杆 5 装有圆柱销 3，以便于上型芯 1 和下型芯 2 的连接和连杆 5 的定向。楔紧块 6 可以通过斜导柱滑块抽芯机构（未画出）进行连接和拆卸。

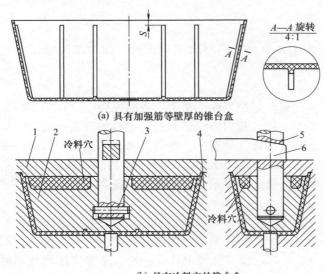

(a) 具有加强筋等壁厚的锥台盒

A—A 旋转
4:1

(b) 具有冷料穴的锥台盒

图 2-28 注塑件缩痕整治方案

1—上型芯；2—下型芯；3—圆柱销；4—型腔；5—连杆；6—楔紧块

[例 2-6] 垫片如图 2-29（a）所示，材料为低密度聚乙烯，特点为薄壁件。

（1）存在的缺陷

填充不足、熔接痕和流痕等缺陷。

（2）缺陷分析

由于型芯 I 为长方形，型芯 II 为正方形与半圆形的组合体。熔体料流的流动状况如图 2-29（a）所示。熔体料流充模绕过型芯 I 时，其前锋经过长方形型芯 I 汇合后形成了三角形的涡流区。三角涡流区内容易储存气体，加之是冷凝熔体的涡流形成了熔接痕，熔接痕的强度和刚度是注塑件上最差的部位。而型芯 II 的料流形成的喇叭区，所产生的熔接痕也很明显。矩形侧浇口所喷吐的熔体，在料流碰到型腔壁后，便改变流向进行填充。因为注塑件型孔的形状无法改变，故料流在型芯 I 和型芯 II 处的流动状态和熔接痕也无法改动。浇口处的熔体的流速 v_1 变化较大，加之型腔较长，容易生成震荡流而形成流痕。好在垫片只是起到了衬垫的作用，无强度和刚度要求，熔接痕的问题也就可以剔除掉。

（3）整治措施

根据熔体充模的分析，缺陷产生的原因，主要是三处型芯分流作用和熔体料流充模的状态所造成。

① 改进方案一　将矩形侧向浇口改成扇形浇口，如图 2-29（b）所示。由于熔体料流喷射的范围扩大而形成了喷射流，浇口处熔体的流速变得平缓，便不易产生流痕。如果出现了填充不足的现象，可适当地修宽浇口，再在产生熔接痕的位置上设置冷料穴，让料流前锋的冷凝料进入冷料穴，便可减缓熔接不良的程度。

② 改进方案二　若将浇口改成多个点浇口，并分布在如图 2-29（c）所示的位置上形成局部扩散流，可减少熔体流动的流程，熔体的温度降低得极少，有利于料流平稳填充，填充不足、熔接痕和流痕等缺陷都可以消除，还可以进一步提高垫片成型的质量。但因注塑模的改动量过大，注塑模需要从二模板改成三模板，整个浇注系统要推翻重新制造，存在着经济损失。这种情况只有在注塑模重新制造时，才可以采用。这也从一个侧面说明了注塑模结构方案制订阶段，就能对注塑件的缺陷作预期分析，便能有效地避免这些缺陷的产生。

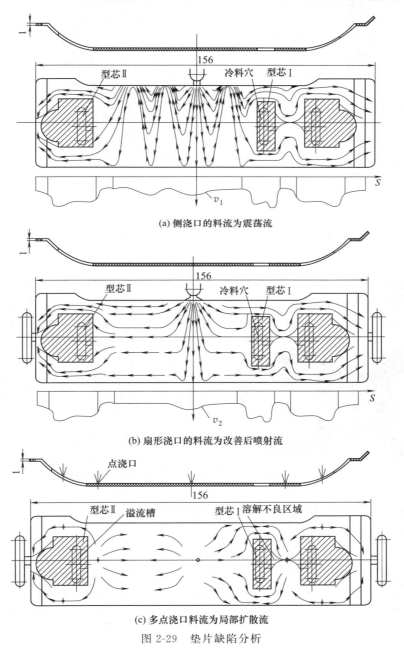

(a) 侧浇口的料流为震荡流

(b) 扇形浇口的料流为改善后喷射流

(c) 多点浇口料流为局部扩散流

图 2-29　垫片缺陷分析

这说明只要注塑模结构方案合理，就不会出现因注塑模结构不合理的缺陷，这样就不用会出现需要修理和重新制造的风险。

[例 2-7] 注塑件资料：名称为耳罩圈，如图 2-30 所示。材料为 ABS，形状特点为平边为逐渐抬高的环形薄壁件。

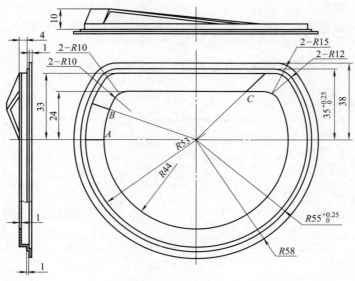

图 2-30 耳罩圈

注：A 到 B 处的高度由 4mm 增至 10mm，B 到 C 处的高度由 10mm 减到 4mm，其余为 4mm。

（1）问题件的缺陷

填充不足的缺陷如图 2-31 所示。如图 2-32（a）所示，熔接痕可以根据 Ⅰ、Ⅱ 和 Ⅲ 处的浇口位置和熔体在注塑模型腔中流动状况的分析来确定。如图 2-32（a）所示，该注塑模有三处浇口，三处浇口流动的熔体必定存在着三处汇交处，1、2 及 3 处便是熔接痕所在位置。

图 2-31 耳罩圈填充不足的缺陷

（2）问题件的缺陷分析

三处浇口 Ⅰ、Ⅱ 和 Ⅲ 均为侧向浇口，三处浇口都是直对着型芯，如图 2-32（a）所示。高温熔体在压力作用下，熔体的前锋直接冲击着型芯再分流填充，熔体前锋的温度迅速降低，从而形成了冷凝薄膜。由于型腔仅有 1mm 的空间，加之流经汇交 1 处的流程长，料流在流动的过程中，熔体前锋的温度进一步下降，以致还未流到汇交 1 处时，便凝固出现填充不足的缺陷。汇交 2 和汇交 3 处因流程短，虽然不会出现填充不足的缺陷，但熔体的前锋冲击着型芯降温后的熔接，必将导致汇交处产生熔接痕。

（3）整治方案

鉴于耳罩圈出现填充不足和熔接痕数量较多缺陷的事实，又根据缺陷分析的根源是由于浇注系统的结构形式、位置和浇口数量所产生的，整治方案主要是针对浇注系统进行整改。

① 整治方案一　整治方案一是在原注塑模结构的基础上进行经济型整改的方案。该方案只是对注塑模的浇注系统稍作修改，修改所发生的费用极少，并且该整改方案能达到立竿见影的效果。整改措施如图 2-32（b）所示。

a. 由于有三处侧向浇口，便存在着三处熔体料流的汇交处，即三处熔接痕。要减少熔接痕的数量，就必须减少侧向浇口的数量。可以暂不管浇口是采用什么样的形式，先只保留两个侧浇口，将中间的浇口给封死。又因矩形侧向浇口中的熔体在填充注塑模型腔时，会直接冲击着型芯而降温，故应该将矩形侧向浇口改成两个扇形浇口。利用转角 R，可以避免大部分熔体直接冲击着型芯降温而提高其流动性。同时，熔接痕的数量也可以减少一处。

b. 考虑到熔体的前锋，直接冲击着型芯后的温度产生突降的原因，将 $3\times2mm\times3mm$ 的侧向浇口改成 $2\times(3mm\times1mm)\times90°$ 的扇形浇口。使熔体呈扇形填充注塑模的型腔，可以避免熔体直接冲击型芯降温。同时在产生熔接痕的地方设置冷料穴，让已降温了熔体的前锋进入冷料穴，从而减缓熔接痕处熔接状况，增大熔接痕处的强度。

c. 预测整改效果。填充不足的缺陷肯定会彻底消失；熔接痕的数量将减少一处；熔接痕也会变得不明显，熔接痕处的强度也会大幅度提高，应该说能够满足注塑件的使用要求。

② 整治方案二　从完善注塑件质量的角度来评价，该方案是理想型方案，它的实施将会获得较方案一更好的成型效果。但要将现有的注塑模报废，会产生经济损失。

只设一个扇形浇口，将 $(3mm\times1mm)\times120°$ 的扇形浇口放置在如图 2-32（a）所示的右端熔接痕 1 的位置上，这样一个浇口只产生一处熔接痕。因为右端 1 的位置模腔宽度为 2mm，而左端 1 的位置模腔宽度为 1mm。根据浇口应设置在宽模腔的原则，扇形浇口应该设置在右端 1 的位置。为减少熔接痕的程度，可在熔接痕处设置冷料穴。扇形浇口的角度采用 $120°$ 后，可使熔体沿扇形填充型腔，避免熔体直接冲击型芯后降温。填充过程中，熔体的前锋又进入冷料穴，从而达到减缓熔接痕处熔接状况的目的。

（4）方案评估

该方案可在新设计或现有注塑模复制时运用，由于使用方案二将会报废现有的注塑模，从而产生经济损失，不在万不得已的情况下是不能轻易采用的。

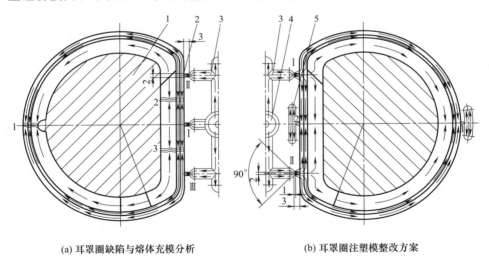

(a) 耳罩圈缺陷与熔体充模分析　　　　(b) 耳罩圈注塑模整改方案

图 2-32　耳罩圈缺陷分析与注塑模整改方案

1—型芯；2—浇口；3—分流道；4—主浇道；5—冷料穴

通过以上介绍，说明对注塑模浇口形式和数量作出调整之后，就能达到整治流痕、填充不足和熔接痕数量等缺陷的目的。

（5）浇口的位置对注塑件缺陷痕迹的影响

浇口的位置主要是影响熔体的流动状态和流动方向，会造成料流失稳流动，还会造成料流交叉流动。其结果会使注塑件产生流痕、填充不足、缩痕、气泡和变色等缺陷。

[例 2-8]　垫圈如图 2-33（a）所示。材料为尼龙 1010；特点为厚度只有 0.5mm，属于

特薄型注塑件。

(1) 缺陷与分析

① 缺陷　圆形的垫圈变成了三菱弧形垫圈，厚度方向成为波浪形的翘曲变形。

② 缺陷分析　熔体料流从外圆周三等分的浇口处填充，如图 2-33 (b) 所示。料流从浇口处直接冲击着中间的型芯，再回弹后分成两股进行失稳填充。三处浇口有六股料流，造成三处交汇，存在着三处熔接痕。同时，浇口Ⅱ、Ⅲ的流程相等，但与浇口Ⅰ的流程不等，造成了料流的压力、流速和流量的不同。浇口料流的冲击存在着反作用力的影响，加之浇口处与其他部分塑料收缩不一致，导致垫圈成为三菱弧形和厚度方向波浪形的翘曲变形。处置方法是，只能用电熨斗熨平翘曲变形，但是却解决不了圆形为三菱弧形的缺陷。

(2) 缺陷整治方案

① 整治方案之一　如图 2-33 (c) 所示，将侧向浇口改成单一切向侧浇口，熔体料流从圆形注塑模型腔的切向进行填充，从而避免了料流直接冲击中间的型芯而产生的熔体降温，且料流是平稳的进行填充。这样使得料流对垫圈的流向、压力、收缩和熔接的影响减少，从而可以达到控制圆周和厚度方向变形的目的。料流只有一处汇交处，熔接痕也就只有一处。其实采用这种切向浇口，使得塑料熔体从切向浇口进行充模是最为简便可行的填充形式。

② 整治方案之二　如图 2-33 (d) 所示，由于是外圆周三侧浇口形式，必定会导致料流的流程不一致而影响填充的平衡性。将外圆周三侧浇口的形式改为内圆周三切向侧浇口的形式，内三切向侧浇口的料流便可以得到充分的平衡，从而可以改善垫圈外圆周三侧浇口形式的缺陷。由于存在着三股料流，便会产生三处熔接痕。由于三股料流的流程短，熔接不良不会很明显。

③ 整治方案之三　如图 2-33 (e) 所示，若将内圆周三切向的侧浇口的形式改成盘形浇口，那就不是三点式填充而是整个内圆周进行填充，确保了填充和收缩的绝对均匀性。不仅可消除变形的缺陷，还可消除熔接痕。只是切除盘形浇口冷凝料的工作量增加了，还会在修饰时损伤注塑件的内孔。为了不损伤注塑件的内孔，可用手工冲孔模去除盘形浇口冷凝料。

④ 评估　就此改成单一的内切向侧浇口或外切向侧浇口的形式，是这种特薄型注塑件浇注系统的最好选择。

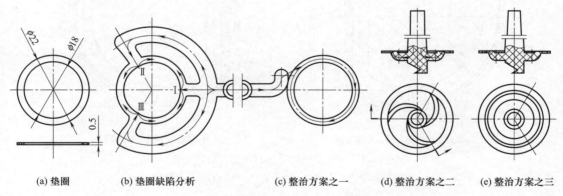

图 2-33　垫圈浇注系统缺陷分析图解法

[例 2-9]　卡板座如图 2-34 所示。材料为 PC/ABS 合金。由于该注塑件中间具有较深的凹槽，如图 2-34 中 A—A 剖视图所示。其形状如 π 字形，特点是注塑件呈凸凹形，两侧的形体较厚，中间的形体很薄。

① 缺陷分析　卡板座脱模后易产生向两外侧张开的变形，如图 2-34 (a) 所示。虽然可以延长注塑件成型时冷却时间来减缓变形，但这样做就会牺牲生产的效率，而且也无法确保

注塑件的变形不超差。在无法采用注塑模相应结构来实现注塑件不变形的情况下，可以采用注塑件脱模后使用辅助工具强制校正，使得注塑件不变形。由于其形状特点所决定，无论采用什么样的注塑模结构都很难避免卡板座的翘曲变形。因为注塑件脱模之后，仍有余温，注塑件的收缩和变形仍会继续进行。

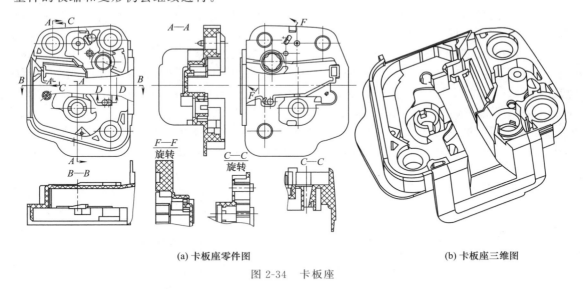

(a) 卡板座零件图　　　　　　　　　　　　　　(b) 卡板座三维图

图 2-34　卡板座

② 注塑件模外变形的校正　如图 2-35（b）所示。可以用两根校正圆柱棒 1 和圆环 2，其中一根圆柱棒 1 中装有圆环 2。将两根圆柱棒 1 插入卡板座的两个对称的孔中，再将圆环 2 套住另一根圆柱棒 1 上。将装有校正圆柱棒 1 和圆环 2 的卡板座放进具有室温的水中数分钟定形后，再取下圆柱棒 1 和圆环 2，卡板座的翘曲变形便可得到校正。圆柱棒 1 的长度和圆环 2 直径要经过试验后才能够确定，以防校正过头。

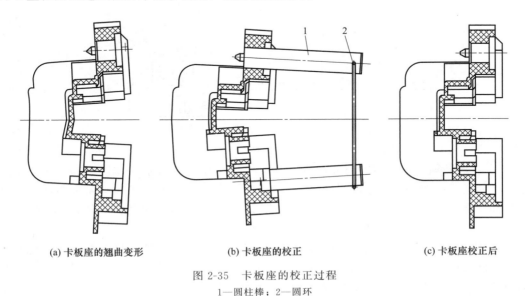

(a) 卡板座的翘曲变形　　　　　　　(b) 卡板座的校正　　　　　　　(c) 卡板座校正后

图 2-35　卡板座的校正过程

1—圆柱棒；2—圆环

对于"变形"要素而言，可能会因为所取的分型面上存在着"障碍体"而使注塑件产生变形；也可能会因为浇注系统选择不合理而产生变形；还可能会因为抽芯机构和脱模机构设计不妥而产生变形；还可能会因为注塑工艺或工艺参数设置不当而产生变形。注塑件变形是由多方面因素造成的，具体情况应具体分析，最后才能作出判断。

采用成型加工之外的校正方法：注塑件产生了翘曲变形之后，还可以采用成型加工之外的校正方法进行翘曲变形的校正，如采用机械校正注塑件的翘曲变形。卡板座模外变形的校正，就是采用机械构件夹持已翘曲变形的但仍有余温的注塑件，然后，整体放置在水中冷却定型来校正翘曲变形。

[例 2-10] 护盖如图 2-36 所示。材料为聚甲醛，简称为 POM，密度为 1.41～1.43g/cm³，喷嘴温度为 170～180℃，注塑模温度为 90～120℃，注射压力为 80～130MPa，螺杆转速为 28r/min，注射时间为 20～90s，高压时间为 0～5s，冷却时间为 20～60s，总周期为 60～160s，收缩率为 1.2%～3.0%，设备为螺杆式注射机。

标注：矩形框内的区域相对于平面 D 下沉 0.3mm，材料标记"<POM>"在矩形框内平面上凸起 0.2～0.3mm，字体采用 Word 文档中 SANS SERIFP，字体字母大写，字号为 4。

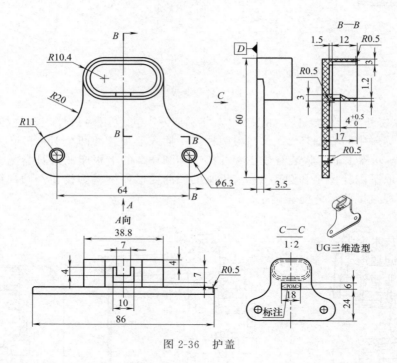

图 2-36 护盖

① 存在的问题　护盖型腔的分布为一模六腔，如图 2-37 所示。在六浇口尺寸相同的情况之下，六腔中只有中间的两腔是合格的，两侧的四腔都存在着缩痕，为不合格件。在保持主浇道和分浇道尺寸不变的情况之下，为了能够成型一模六腔合格的注塑件，只有将两侧四腔的浇口给堵住，只使用中间的两腔，这样造成生产效率的降低。

② 缩痕分析与整治　由于中间的两腔分浇道的流程短，其熔体的压力和流量较大，熔体是先充满这两个型腔。两侧的四腔分浇道的流程长，在与中间的两腔点浇口直径和长度相同的条件下，其熔体的压力和流量较小，不可能充满型腔，此时，应扩大两侧的四腔点浇口直径。

③ 多型腔流量平衡计算　方法一：通过多型腔流量平衡计算的方法；方法二：通过试模修理点浇口直径的方法，以到六腔流量的平衡。

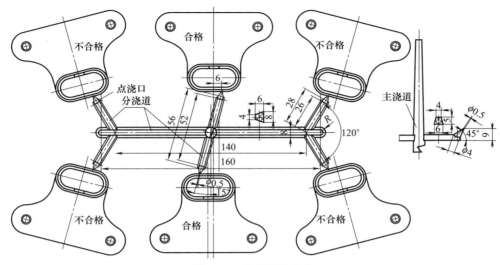

图 2-37　护盖型腔分布

　　一模多腔，当多条分浇道的流程不同，而注塑模的浇口又相同时，流入注塑模模腔熔体的压力、流速、流量、温度、剪切作用和摩擦作用都会不同，从而会产生注塑件的缩痕和填充不足等缺陷。通过调整注塑模浇口的宽度和厚度的尺寸，可以达到调整流入注塑模型腔熔体各种物理量平衡的目的，进而达到消除注塑件缺陷的目的。

2.4.5　注塑模结构设计和注塑件缺陷整治网络服务

　　注塑件上的痕迹可以通过缺陷的预测来分析，确定注塑模浇注系统和注塑模结构方案达到预防的目的。即使是产生了缺陷，也可以通过整治的方法加以根治。成型痕迹和成型痕迹技术是一门新创立的技术，由于该技术还不够成熟和规范，实践性很强，牵涉的知识面广与专业多，工作难度极大，处理问题时极为棘手，若无综合的专业知识和丰富的实践经验，是很难解决成型技术上的许多问题的。注塑件上成型痕迹处理过程是：通过对问题件进行观察和分析，找出问题产生的原因之后，再给出处治的措施就可以了。这样少数专业人员便可以通过网络进行注塑件缺陷整治的咨询。其方法是：将注塑件缺陷视频或照片，通过网络传给成型加工缺陷医院或诊所中的专家，也可以邮寄实物，由专家作出诊断，并提出处治的措施。这样在全国甚至在世界范围内建立的这种网络，可以服务许多注塑件成型加工的企业。

2.4.6　痕迹学

　　注塑成型痕迹学是由多学科（流体力学、热力学、高分子材料学、工艺学、成型工艺学、注塑模设计、模具材料和热表处理）和痕迹技术组成的一门新型的理论学科。它可以从更深的层次上解释痕迹技术所遇到的问题，从而解决全部的成型加工过程中问题；同时，对深化注塑件的成型痕迹技术也起到了促进的作用。

　　从成型痕迹和成型痕迹技术及其运用的一些入门的基础知识，可以看出成型痕迹技术是一门实用的专业基础技术。成型痕迹技术是从注塑件成型加工时的实际症状出发，应用某些行之有效的方法去解决问题；从注塑件成型加工本质和深层次上去解释问题的实质，这就是痕迹学需要解决的问题。成型痕迹是成型件在成型加工过程中所形成的客观的事实，若能将成型痕迹上升到成型痕迹技术和成型痕迹学的理论高度，再用其去指导和解决成型技术的实践，其价值和意义就更大了。痕迹学和成型痕迹技术是成型缺陷

"医生"整治成型件弊病的专业性理论和技术，成型缺陷规范文本即行业标准是成型件弊病辨别和处治的基础性文件。

　　注塑件上的成型痕迹与成型痕迹技术，就是利用注塑件在成型加工过程中，注塑件上烙印的注塑模结构成型痕迹，来解决注塑模克隆、复制和修理的技术；还可以利用注塑件产生的成型加工痕迹来整治注塑件上缺陷。可见注塑件上的成型痕迹与成型痕迹技术，是注塑成型加工技术中十分有用的技术。我们应该深入地进行注塑件上的成型痕迹与成型痕迹技术的研究，找出更多和更好的方法应用于注塑模设计和注塑件的成型加工。

第**3**章

注塑模结构最佳优化和最终方案可行性分析与论证

注塑件是用塑料颗粒依靠注塑模和注射机进行成型加工而得到的制品。注塑模则是依据注塑件的形状、尺寸、精度、形状位置要求、粗糙度和技术要求进行设计的。经过对注塑件的形体"六要素"分析之后，不可以立即着手注塑模的 2D 设计和 3D 造型。因为，从注塑件形体"六要素"分析到模具结构设计之间还存在一个过渡阶段，这就是注塑模结构方案和最佳优化方案及最终方案的可行性分析与论证。我们知道任何工程在执行之前必须要进行方案的可行性分析和论证，在确定方案没有问题之后才能进行规划、设计和执行。特别是现在有些模具动辄一副十几万元、几十万元，甚至是上百万元。没有进行方案的可行性分析和论证就进行模具的设计，会存在很大的风险。进行模具结构方案的可行性分析和论证的目的就是为了管控和规避模具失败的风险，确保模具整体结构的可行性。

众所周知，注塑模设计中存在着多种模具结构和机构选择方案、有简单可行的方案即最佳优化方案、有复杂可行的方案，还有错误的方案。模具的机构也是如此，机构的结构不同会反过来影响模具结构方案。另外，还需要铲除注塑件上因模具结构不当出现缺陷的模具结构最终方案。因此，我们需要充分通过模具最终结构方案的可行性分析和论证，才能制订出最终可行性方案，然后才可进行模具结构 2D 设计和 3D 造型。这样还不行，模具结构和机构方案是否设计正确，模具工作构件的强度和刚度是否能满足模具工作条件的要求，模具运动的行程是否能满足运动构件的要求，还需对模具进行验证，这就是所谓的模具结构论证。

模具设计和注塑件形体的关系，就好比是人要从河的这边到河的那边，人不可能直接跳过去，需要有船或桥才能过渡到河的那边。注塑模结构方案和最佳优化方案及最终方案的可行性分析与论证，就是由注塑件过渡到模具结构设计的载体。而 CAD 和 3D 软件作为工具，就如同船桨和船帆。我们就是要通过注塑模结构方案和最佳优化方案及最终方案的可行性分析与论证，找出模具结构设计中存在的错误，然后再调整模具结构方案和有关的计算，从而避免模具结构设计的失败。通过注塑件形体"六要素"的分析和运用注塑模结构方案的 3 种分析方法，建立模具结构初始方案，之后再建立模具结构最佳优化方案及最终方案。在经过充分的分析与论证之后，才可以进行模具的 2D 设计和 3D 造型，从而最大限度地避免模具设计的失误。

3.1 注塑模结构方案常规可行性分析与论证

注塑件的形体"六要素"分析之后，不能立即转入注塑模的结构设计，中间还需要有一个过渡的部分，这就是注塑模结构方案可行性分析与论证、注塑模最佳优化方案可行性分析与论证以及注塑模最终结构方案分析与论证。通过这个步骤可以从注塑件的形体"六要素"分析衔接到注塑模的结构设计，从而使这两者有机地联系起来。注塑模结构设计的正确与否，关键是注塑模结构方案可行性分析与论证、最佳优化方案可行性分析与论证以及注塑模最终结构方案分析与论证正确与否。当分析与论证充分彻底了，注塑模结构和机构的设计才能到位，从而可以避免注塑模结构设计的失误，也可减少试模的次数和时间。注塑模结构设计的成功与否，包含两个方面：一是注塑模是否可以顺利地进行注塑件的成型加工；二是成型加工后的注塑件上是否存在着各种形式的加工缺陷。通常注塑模设计和制造人员重点关注的是注塑模的形状、尺寸、精度和使用性能，而会忽视注塑件上加工缺陷的存在。如何将注塑模结构设计与注塑件加工的缺陷有机联系起来，一直是注塑成型行业中存在的问题。

对于复杂和高精度的注塑模设计而言，在注塑件形体"六要素"分析与注塑模结构设计之间，必须着手进行注塑模结构方案的可行性分析与论证。注塑模结构方案的可行性分析，主要是采用痕迹分析、要素分析和综合分析三种方法，来初步确定注塑模的结构方案。

3.1.1 注塑模结构方案的常规（要素）可行性分析法的种类

注塑模结构方案的常规可行性分析法，也可称为要素可行性分析法，是一种以注塑件单一要素对模具结构方案进行可行性分析的方法，也是最基本的一种分析方法。这种分析方法，是对简单的模具结构方案进行可行性的一种分析方法。对复杂的注塑模结构方案进行可行性分析，也是要采用这种分析方法。因为任何复杂的事物都是由简单的事物组成。同理，任何复杂注塑模也是由各种基本的机构和构件组成。具体的模具结构可行性方案，是要根据注塑件具体形体分析的要素，找到解决相应要素所要求的具体措施，这种措施就是模具结构方案。当然，这些措施是针对相应的要素，但解决的措施是有多种形式。对于需要解决的复杂模具结构可行性方案，有时对于单个解决的措施之间会存在着矛盾或产生冲突的现象，这就需要对这措施进行适当的调整。经过调整后，以达到最佳的组合。常规（要素）可行性分析法种类如下。

① 注塑件上"形状与障碍体"要素的模具结构方案可行性分析法；
② 注塑件上"孔槽与螺纹"要素的模具结构方案可行性分析法；
③ 注塑件上"变形与错位"要素的模具结构方案可行性分析法；
④ 注塑件上"运动与干涉"要素的模具结构方案可行性分析法；
⑤ 注塑件上"外观与缺陷"要素的模具结构方案可行性分析法；
⑥ 注塑件上"塑料与批量"要素的模具结构方案可行性分析法。

只有对常规（要素）可行性分析法应用熟练了，并且积累了一定的经验之后，再进行复杂注塑模结构方案的可行性分析就易如反掌、手到擒来了。

3.1.2 注塑件上"形状与障碍体"要素的模具结构方案可行性分析法

从注塑件形体分析中找到了"形状与障碍体"要素后，就应该分别对找到的"形状与障碍体"要素采取实际的措施来化解要素提出的要求，这种化解要素的措施即模具结构方案。

（1）注塑件上"形状"要素的模具结构方案可行性分析法

注塑件内形是依靠模具型芯成型，利用模具开、闭模运动完成注塑件的成型与脱模。注塑件外形与外螺纹（含螺杆）也是属于注塑件"形状"要素的内容之一。外形是包括整体与局部轮廓线均为平行开、闭模运动方向的注塑件，外螺纹包括外部螺纹和内形螺纹两种形式。

① 注塑件形状要素的规避方法　注塑件内外形与内外螺纹形式的形状要素成型方法如表 3-1 所示。

表 3-1　注塑件内外形与内外螺纹形式的形状要素成型方法

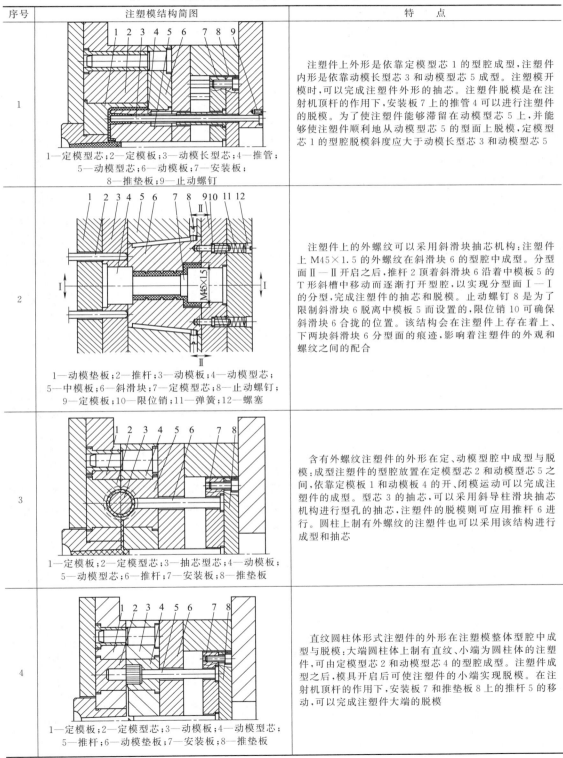

序号	注塑模结构简图	特　点
1	1—定模型芯；2—定模板；3—动模长型芯；4—推管；5—动模型芯；6—动模板；7—安装板；8—推垫板；9—止动螺钉	注塑件上外形是依靠定模型芯 1 的型腔成型，注塑件内形是依靠动模长型芯 3 和动模型芯 5 成型。注塑模开模时，可以完成注塑件外形的抽芯。注塑件脱模是在注射机顶杆的作用下，安装板 7 上的推管 4 可以进行注塑件的脱模。为了使注塑件能够滞留在动模型芯 5 上，并能够使注塑件顺利地从动模型芯 5 的型面上脱模，定模型芯 1 的型腔脱模斜度应大于动模长型芯 3 和动模型芯 5
2	1—动模垫板；2—推杆；3—动模板；4—动模型芯；5—中模板；6—斜滑块；7—定模型芯；8—止动螺钉；9—定模板；10—限位销；11—弹簧；12—螺塞	注塑件上的外螺纹可以采用斜滑块抽芯机构；注塑件上 M45×1.5 的外螺纹在斜滑块 6 的型腔中成型。分型面 Ⅱ—Ⅱ 开启之后，推杆 2 顶着斜滑块 6 沿着中模板 5 的 T 形斜槽中移动而逐渐打开型腔，以实现分型面 Ⅰ—Ⅰ 的分型，完成注塑件的抽芯和脱模。止动螺钉 8 是为了限制斜滑块 6 脱离中模板 5 而设置的，限位销 10 可确保斜滑块 6 合拢的位置。该结构会在注塑件上存在着上、下两块斜滑块 6 分型面的痕迹，影响着注塑件的外观和螺纹之间的配合
3	1—定模板；2—定模型芯；3—抽芯型芯；4—动模板；5—动模型芯；6—推杆；7—安装板；8—推垫板	含有外螺纹注塑件的外形在定、动模型腔中成型与脱模：成型注塑件的型腔放置在定模型芯 2 和动模型芯 5 之间，依靠定模板 1 和动模板 4 的开、闭模运动可以完成注塑件的成型。型芯 3 的抽芯，可以采用斜导柱滑块抽芯机构进行型孔的抽芯，注塑件的脱模则可应用推杆 6 进行。圆柱上制有外螺纹的注塑件也可以采用该结构进行成型和抽芯
4	1—定模板；2—定模型芯；3—动模板；4—动模型芯；5—推杆；6—动模垫板；7—安装板；8—推垫板	直纹圆柱体形式注塑件的外形在注塑模整体型腔中成型与脱模：大端圆柱体上制有直纹、小端为圆柱体的注塑件，可由定模型芯 2 和动模型芯 4 的型腔成型。注塑件成型之后，模具开启后可使注塑件的小端实现脱模。在注射机顶杆的作用下，安装板 7 和推垫板 8 上的推杆 5 的移动，可以完成注塑件大端的脱模

续表

序号	注塑模结构简图	特　点
5	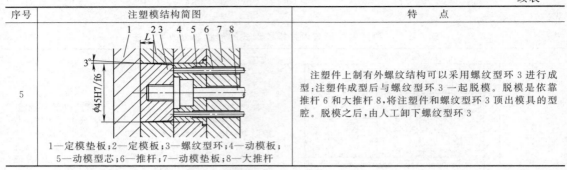 1—定模垫板；2—定模板；3—螺纹型环；4—动模板； 5—动模型芯；6—推杆；7—动模垫板；8—大推杆	注塑件上制有外螺纹结构可以采用螺纹型环3进行成型；注塑件成型后与螺纹型环3一起脱模。脱模是依靠推杆6和大推杆8，将注塑件和螺纹型环3顶出模具的型腔。脱模之后，由人工卸下螺纹型环3

② 注塑件上形状要素的模具结构方案可行性分析法　单一注塑件形状要素，是指具有与开闭模方向轮廓线一致内外形的注塑件。由于注塑件在设备中所处的安装、连接方式和功能及作用的不同，导致注塑件的形体和结构出现了千变万化，注塑件一般具有盒状、盘状、盖状、桶状、筒状、柱状、环状、球状、块状、板状、片状和异形状等形式。针对不同形状和批量的注塑件，成型注塑件的型腔可以采用不同数量和排列形式及浇注系统的形式。针对注塑件上述的各种形式几何形状要素，应该选取注塑模型腔与型芯的形状、尺寸与腔数来决定注塑模面积大小和闭合高度；应选取分型面的位置和形式来决定模具动模与定模型腔以及注塑件抽芯、镶嵌件和脱模的形式与位置的模具结构分析方法。

这些注塑模结构特点是成型注塑件的外形是依靠动模或定模的型腔，成型注塑件的内形是依靠动模或定模的型芯。模具结构要点是要设计好注塑件的分型面，主要是需要考虑使注塑件在模具开启之后能够滞留在动模部分，这样便于注塑件的脱模。其次是需要根据注塑件的形状特点和批量，设计好浇注系统的形式和位置，以防注塑件产生一些缺陷。

（2）注塑件上"障碍体"要素的模具结构方案可行性分析法

注塑件上存在的各种形式和数量的"障碍体"要素，均应采用有效避让"障碍体"要素的措施，使得注塑件能够正常地成型、分型、抽芯和脱模。这些避让"障碍体"要素的措施，主要体现在选取注塑模分型面、抽芯和脱模方案的分析方法上。

① 注塑件"障碍体"要素的规避方法　有一些注塑件上存在着各种形式和数量的"障碍体"，这些注塑件上的"障碍体"会影响注塑模的分型面、抽芯机构和脱模机构的选取，从而影响注塑件正常的成型加工。如何根据注塑件"障碍体"的形式和数量，采取有效避让各种形式和数量"障碍体"的措施，是制订注塑模结构可行性方案的重要方法和技巧，也充分体现了从注塑件形体分析到注塑模结构方案分析的因果关系。注塑件上"障碍体"要素的模具结构方案可行性分析法如表3-2所示。

表 3-2　注塑件上"障碍体"要素的模具结构方案可行性分析法

方法	简　图	特　征
滑块抽芯避让法	1—定模套筒；2—定模型芯；3—斜滑块；4—斜导柱； 5—楔紧块；6—动模型芯；7—推杆； 8—安装板；9—推垫板	注塑件外形可以采用斜导柱滑块抽芯机构进行成型与抽芯；两斜滑块3中制有成型注塑件外形的型腔。合模时，成型注塑件的外形；开模时，在斜导柱4的作用下进行注塑件外形的抽芯。在注射机顶杆的作用下，安装板8和推垫板9上的推杆7完成注塑件的脱模。该结构在注塑件上有两斜滑块3分型面的痕迹，影响着注塑件的外观。如制有外螺纹的注塑件，也可以采用该结构实现外螺纹的成型和抽芯

方法	简　图	特　征
斜滑块抽芯避让法	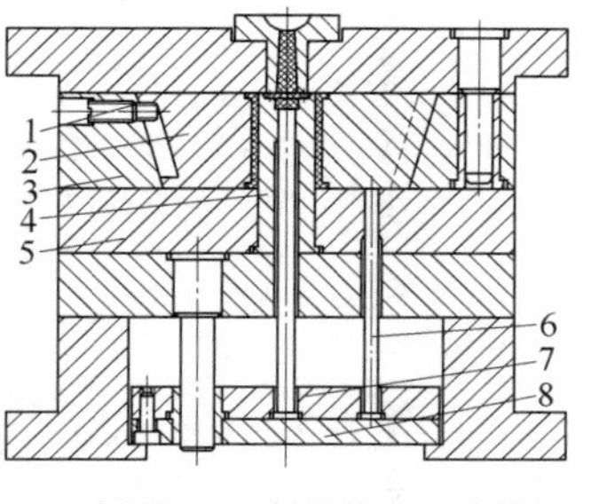 1—止动螺钉；2—斜滑块；3—动模板； 4—动模型芯；5—动模垫板；6—推杆； 7—安装板；8—推垫板	注塑件外形可以采用斜滑块抽芯机构进行成型与抽芯；注塑模开模之后，由于在注射机顶杆的作用之下，安装板7和推垫板8上的推杆6推着斜滑块2沿着动模板3的T形斜槽向上移动逐渐打开型腔，完成注塑件抽芯和脱模。止动螺钉1是为了防止斜滑块2上移动时脱离动模板3而设置的。在注塑件上有两斜滑块2分型面的痕迹，影响着注塑件的外观。制有外螺纹的注塑件也可以采用该结构进行成型和抽芯
镶嵌件避让法	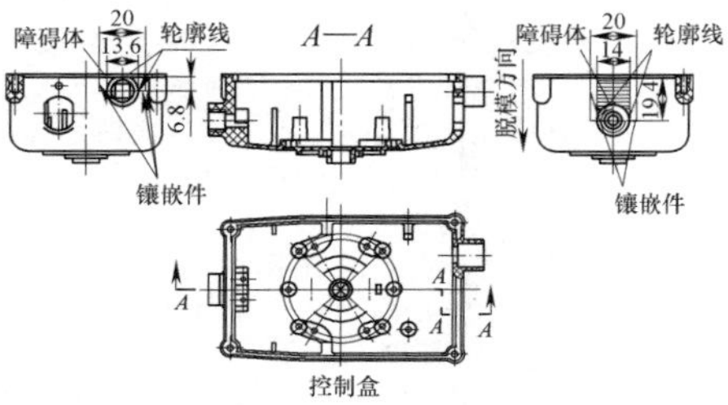 控制盒	控制盒如左图所示。由于背向脱模方向的圆柱形凸台轮廓线的上方存在着弓形高"障碍体"（左视图中阴影部分），影响注塑件的脱模。为了消除其对注塑件脱模的阻碍，将本来在定模型腔中的型体用镶嵌件的结构移到动模型面上，这样便可以有效地避让注塑件弓形高"障碍体"对脱模的影响
活块避让法	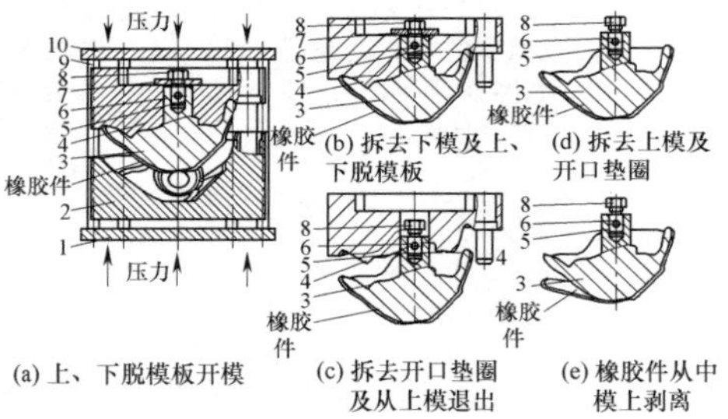 (a) 上、下脱模板开模　(c) 拆去开口垫圈及从上模退出　(e) 橡胶件从中模上剥离 (b) 拆去下模及上、下脱模板　(d) 拆去上模及开口垫圈 1—下脱模板；2—下模；3—活块；4—上模； 5—轴；6—圆柱销；7—开口垫圈；8—六角螺母； 9—顶杆；10—上脱模板	应用活块避让障碍体如左图所示。上、下脱模板开模，如图(a)所示，利用下脱模板1和上脱模板10、顶杆9，将下模2和上模4分开。拆除下模2、下脱模板1和上脱模板10。如图(b)所示。再拆除开口垫圈7、活块3，便可以从上模4中退出，如图(c)所示。得到包裹在活块3上的橡胶件，如图(d)所示。最后利用橡胶的弹性，将橡胶件从活块3上用气体剥离下来，如图(e)所示。可见活块3是橡胶件脱模最大障碍体，也是橡胶件内腔成型的型芯。活块和橡胶件一起脱模后，再从活块上用气体剥离橡胶件，是应用活块避让障碍体的一种行之有效的方法
旋转避让法	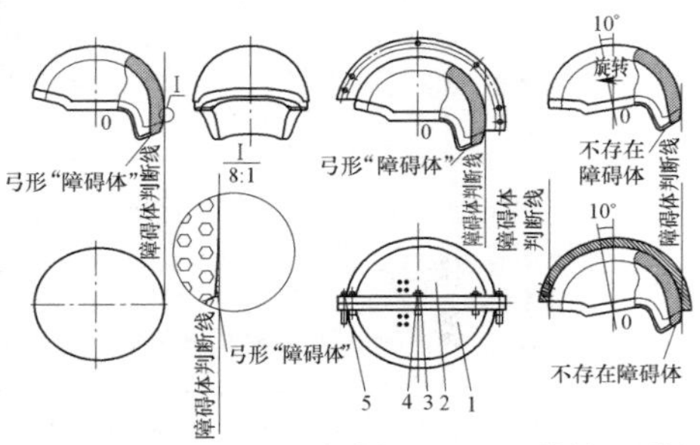 (a) 硬衬垫　(b) 未旋转硬衬垫的成型　(c) 旋转后硬衬垫的成型模 1—后半模；2—前半模；3—六角螺母；4—内六角螺钉；5—插销	应用旋转法避让障碍体，如左图所示。硬衬垫，如图(a)所示。为了避让硬衬垫障碍体影响，可采用两种办法 　　①拼装结构避让障碍体　发泡模拼装结构由导柱和导套定位及多个螺钉、螺母连接，如图(b)所示，拼装结构对模具型腔的加工和硬衬垫的卸模都是很麻烦的 　　②旋转避让"障碍体"　改进后的发泡模，不会存在两模腔错位的问题，提高了硬衬垫卸模效率，如图(c)所示。其方法是将硬衬垫以"0"点为圆心，将"Z"轴逆时针旋转$10°$，硬衬垫的障碍体便消失了。凹模型腔不再受障碍体影响，可做成整体形式。凹模型腔的加工和硬衬垫的卸模都简单得多了

方法	简 图	特 征
拼装或对接结构避让法	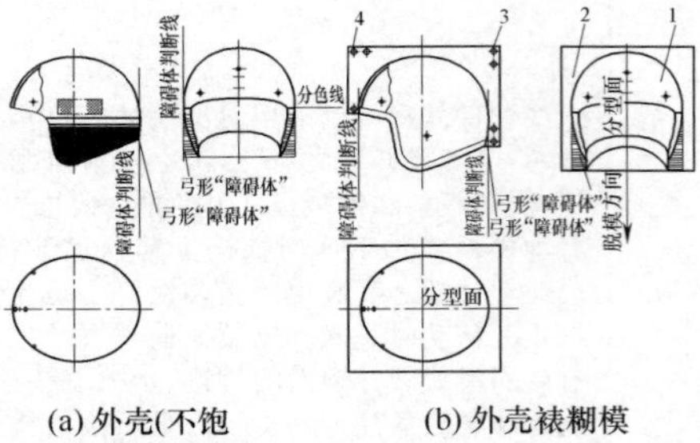 (a) 外壳(不饱和聚酯树脂)　(b) 外壳裱糊模 1—右半模；2—左半模；3—内六角螺钉及六角螺母；4—导柱及导套	拼装或对接结构避让法：将具有障碍体模具型腔一分为二，采用拼装结构来避让障碍体影响。如图(a)所示，根据注塑件弓形高障碍体判断线可以得出外壳在后脑勺处与左右两侧都存在弓形高障碍体。如图(b)所示，为了有效地避让弓形高障碍体对外壳脱模的阻碍作用，一般是采用右半模1和左半模2组成凹模型腔，并用导柱与导套4进行定位和导向，再用内六角螺钉及六角螺母3进行连接。待外壳固化成型，便可拆除内六角螺钉及六角螺母3，再打开右半模1和左半模2，就可取出头盔外壳
分型面避让法	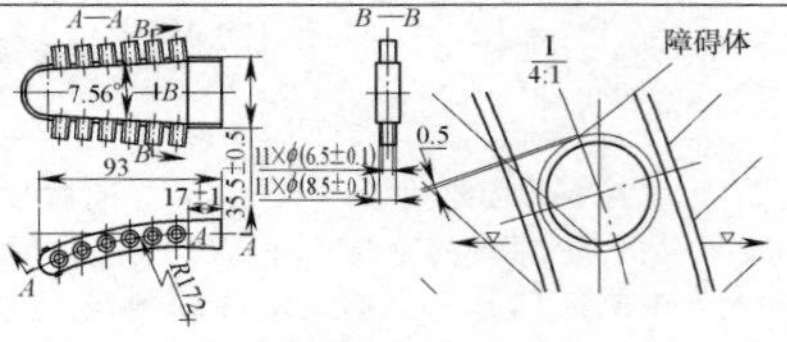 (a) 分流管 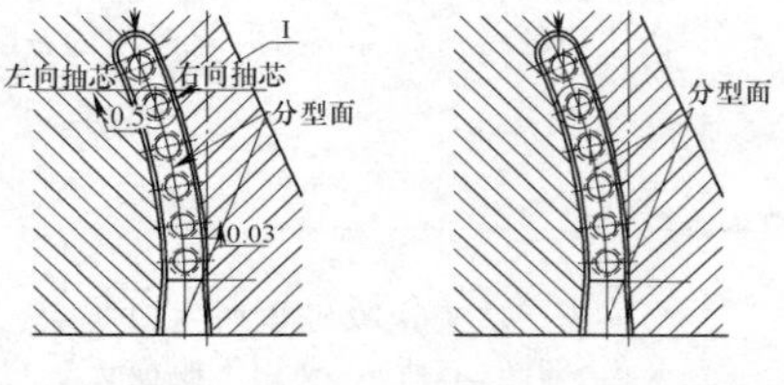 (b) 以弯舌对称中心弧面为分型面　(c) 以弯舌对称中心弧面及折线为分型面	应用分型面避让障碍体，如左图所示。是指所选取的分型面应绕开分流管弓形高障碍体。对曲面体来说有两种方法：一种是选取投影轮廓线加修理弓形高障碍体的方法；另一种是选取曲面体轮廓线的投影线，与平行或垂直于开、闭模方向的切线及其垂线所组成的折线方法。 　　分流管，如图(a)所示。以弯舌对称中心弧面为分型面，如图(b)所示。又如图(a)的Ⅰ放大图所示，分型面与左、右抽芯运动方向存在着阻碍左、右滑块移动的弓形高障碍体。这种弓形高障碍体的高度是由下至上逐渐增大的，即由0.03mm增大至0.5mm。为了避让这种弓形高障碍体，可将分型面设计成弯舌对称中心弧面与开、闭模方向的折线组成的分型面，如图(c)所示。这种分型面可以有效地避让分流管弓形高障碍体
斜向脱模运动避让法	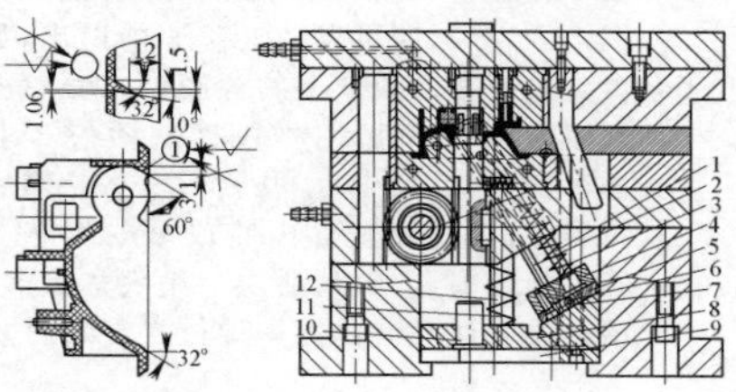 (a) 主体部件　(b) 手柄注塑模 1—大推杆；2—小推杆；3,11—弹簧；4—斜安装板；5—斜推板；6—滚轮；7—轴；8—安装板；9—推板；10—限位销；12—推杆	斜向脱模运动避让法：利用注塑模的斜向脱模运动，以避让注塑件形体上存在的显性"障碍体"的一种方法。主体部件如图(a)所示。若按主体部件常规脱模方向，即注塑模脱模机构沿着模具的开、闭模运动方向将主体部件顶出模具型腔，此时，势必会碰到3.1mm"障碍体"及$6 \times \tan 10° = 1.06$(mm)"障碍体"阻挡，使得主体部件不能够正常地脱模。如图(b)所示，为了让主体部件能够顺利地脱模，脱模机构大推杆1和小推杆2就必须沿着"障碍体"30°方向顶出，这样才能够有效地避开主体部件"障碍体"的阻挡作用
垂直抽芯运动避让法	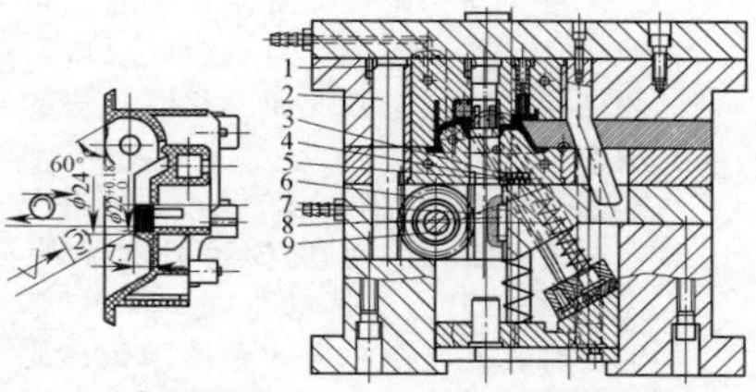 (a) 主体部件　(b) 手柄注塑模 1—圆柱销；2—齿条；3—套筒；4—限位销；5—弹簧；6—齿轮；7—型芯齿条；8—键；9—轴	利用垂直抽芯机构来避让注塑件形体上存在隐性障碍体方法：主体部件斜向脱模，如图(a)所示。由于主体部件斜向脱模，成型主体部件$\phi 22^{+0.18}_{0}$mm×7.7mm孔的型芯成为新隐性"障碍体"，需要主体部件在脱模之前，将该型芯进行垂直抽芯。垂直抽芯机构，如图(b)所示。齿条2随着动、定模开模运动产生向上直线移动，齿条2带动着齿轮6在轴9上顺时针转动，进而带着型芯齿条7作向下的直线移动，即可完成型芯齿条7的垂直抽芯运动；反之，动、定模合模时，型芯齿条7复位

续表

方法	简　　图	特　　征
抽芯运动避让法	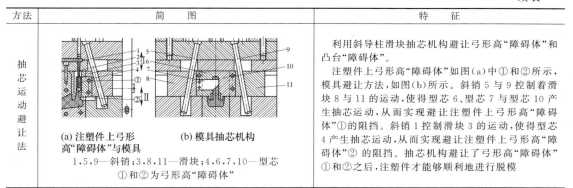 (a) 注塑件上弓形高"障碍体"与模具　　(b) 模具抽芯机构 1,5,9—斜销；3,8,11—滑块；4,6,7,10—型芯 ①和②为弓形高"障碍体"	利用斜导柱滑块抽芯机构避让弓形高"障碍体"和凸台"障碍体"。 注塑件上弓形高"障碍体"如图(a)中①和②所示，模具避让方法，如图(b)所示。斜销5与9控制着滑块8与11的运动，使得型芯6、型芯7与型芯10产生抽芯运动，从而实现避让注塑件上弓形高"障碍体"①的阻挡。斜销1控制滑块3的运动，使得型芯4产生抽芯运动，从而实现避让注塑件上弓形高"障碍体"②的阻挡。抽芯机构避让了弓形高"障碍体"①和②之后，注塑件才能够顺利地进行脱模

②　注塑件"障碍体"要素模具结构方案可行性分析法　　注塑件上"障碍体"要素存在着多种形式和多个数量，但对于常规的注塑模结构方案可行性分析方法来说，是指仅有一种单一"障碍体"要素。即使是注塑件上出现了多种形式和多个数量的"障碍体"要素，也需要一个一个地去解决，最后再集中加以协调以达到统一处理的目的。

3.1.3　注塑件上孔槽与螺纹要素的注塑模结构方案可行性分析法

孔槽与螺纹要素分析法：是针对注塑件上各种形式孔槽要素，如何实现孔槽要素成型和抽芯方案的一种分析方法。注塑件在大多数的情况下都是具有孔槽与螺纹要素，孔槽与螺纹要素概念不相同，并且所采用措施也不相同。在一般情况下，主要是按孔槽与螺纹要素在注塑件上走向与注塑模开闭模方向来进行区分，一种是平行注塑模开闭模方向的，另一种是垂直和倾斜注塑模开闭模方向的型孔和型槽。孔槽与螺纹要素是注塑件上常见的几何形状结构，注塑模的抽芯机构、镶嵌件和活块结构的设计，主要是取决于注塑件的孔槽与螺纹要素的形状、位置、方向及其尺寸精度。并且注塑件的孔槽与螺纹要素是影响注塑模开闭模、抽芯和脱模运动及其机构的因素。注塑件孔槽与螺纹要素是注塑件形体分析的六大要素之一，也是注塑模的结构方案分析和设计中避不开的因素之一。

注塑件上孔槽与螺纹的形状，就是注塑模抽芯机构型芯的形状；注塑件孔槽与螺纹的位置，就是注塑模型芯的位置；注塑模型芯的尺寸，就是在注塑件孔槽与螺纹的尺寸再加上塑料的收缩量的尺寸；注塑模型芯运动的走向，取决于注塑件上孔槽与螺纹的走向；注塑模型芯运动的行程、运动起点和终点，取决于注塑件孔槽与螺纹的深度、孔的外端面和内端面。可见注塑模型芯的内容，完全取决于注塑件孔槽与螺纹要素的内容。注塑模的抽芯机构、型芯和嵌件杆的结构，主要取决于型孔或型槽在注塑件上的位置、方向和孔或槽的形式。注塑件上若有型孔或型槽，可以应用抽芯机构的型芯复位后完成注塑件型孔或型槽的成型，型芯抽芯后让出足够的空间以便于注塑件的脱模。也可以使用型芯、嵌件杆和活块复位后，完成注塑件型孔或型槽的成型，还可以利用动、定模的开、闭模运动完成抽芯。小螺孔只能采用型芯、嵌件杆成型；大的螺孔既可采用活块成型，也可采用齿条、齿轮与锥齿轮副垂直抽芯机构及其他脱螺孔机构完成螺孔的成型与脱螺孔动作。

（1）注塑件正、背面孔槽与螺纹的成型与规避方法

注塑件正面及背面孔槽与螺纹及小螺纹孔走向若是平行于开、闭模方向，一般是采用型芯或螺纹型芯或螺纹嵌件杆来成型；可以利用动模开、闭模运动，使得动模与定模上的型芯或螺纹型芯或螺纹嵌件杆完成孔槽与螺纹成型与抽芯及小螺纹孔成型与脱螺孔。对注塑件中成型螺纹孔螺纹型芯或螺纹嵌件杆而言，螺纹型芯或螺纹嵌件杆则是需要用人工来安装和取

出。即注塑模开启时，人工来取出和安装螺纹型芯或螺纹嵌件杆。动、定模合模时，完成螺纹型芯或螺纹嵌件杆的复位。特别是对于注塑件上沿周孔槽与螺纹要素，如果处理不当，将会影响到注塑件的脱模。注塑件的正、反面孔槽与螺纹的成型与规避方法如表3-3所示。

表3-3　注塑件的正、反面孔槽与螺纹的成型与规避方法

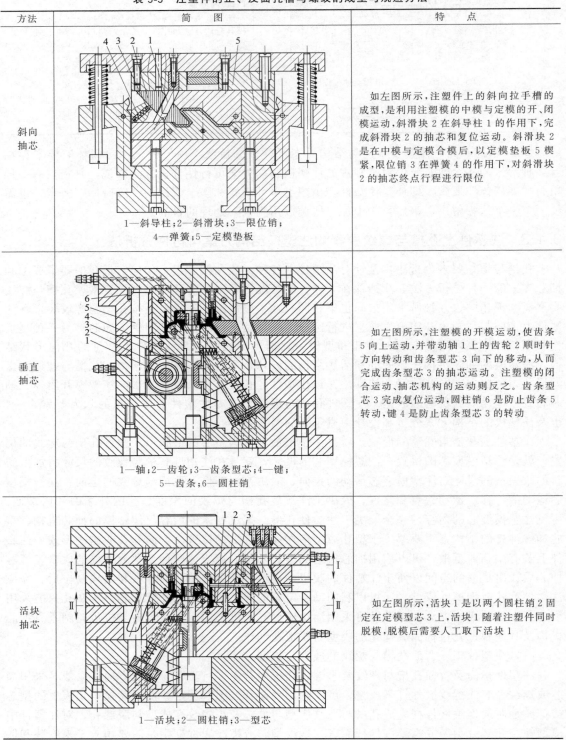

方　法	简　图	特　点
斜向抽芯	1—斜导柱；2—斜滑块；3—限位销； 4—弹簧；5—定模垫板	如左图所示，注塑件上的斜向拉手槽的成型，是利用注塑模的中模与定模的开、闭模运动，斜滑块2在斜导柱1的作用下，完成斜滑块2的抽芯和复位运动。斜滑块2是在中模与定模合模后，以定模垫板5楔紧，限位销3在弹簧4的作用下，对斜滑块2的抽芯终点行程进行限位
垂直抽芯	1—轴；2—齿轮；3—齿条型芯；4—键； 5—齿条；6—圆柱销	如左图所示，注塑模的开模运动，使齿条5向上运动，并带动轴1上的齿轮2顺时针方向转动和齿条型芯3向下的移动，从而完成齿条型芯3的抽芯运动。注塑模的闭合运动、抽芯机构的运动则反之。齿条型芯3完成复位运动，圆柱销6是防止齿条5转动，键4是防止齿条型芯3的转动
活块抽芯	1—活块；2—圆柱销；3—型芯	如左图所示，活块1是以两个圆柱销2固定在定模型芯3上，活块1随着注塑件同时脱模，脱模后需要人工取下活块1

（2）注塑件上沿周侧面孔槽与螺纹的成型与规避方法

注塑件上沿周侧面孔槽与螺纹成型和抽芯，一般采用各种形式侧向抽芯机构的型芯或活块进行成型和抽芯。注塑件上沿周侧面孔槽与螺纹成型与规避方法如表 3-4 所示。

表 3-4　注塑件上沿周侧面孔槽与螺纹成型与规避方法

方法	简图	特点
水平抽芯	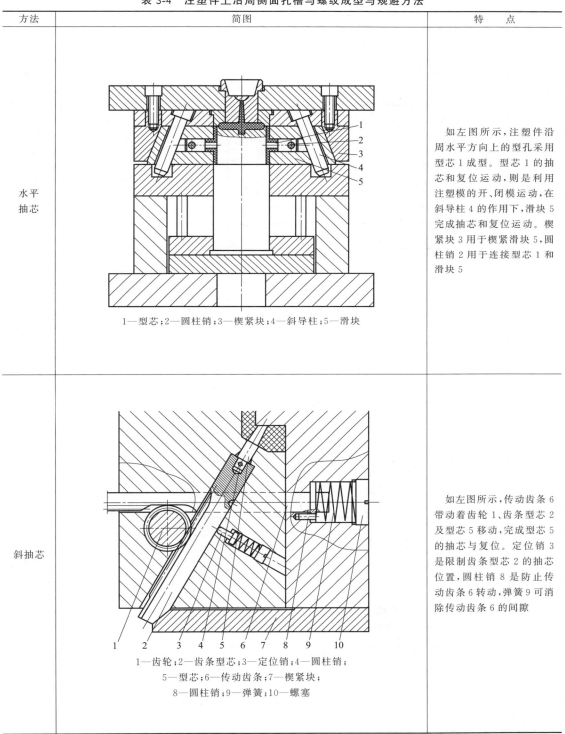1—型芯；2—圆柱销；3—楔紧块；4—斜导柱；5—滑块	如左图所示，注塑件沿周水平方向上的型孔采用型芯 1 成型。型芯 1 的抽芯和复位运动，则是利用注塑模的开、闭模运动，在斜导柱 4 的作用下，滑块 5 完成抽芯和复位运动。楔紧块 3 用于楔紧滑块 5，圆柱销 2 用于连接型芯 1 和滑块 5
斜抽芯	1—齿轮；2—齿条型芯；3—定位销；4—圆柱销； 5—型芯；6—传动齿条；7—楔紧块； 8—圆柱销；9—弹簧；10—螺塞	如左图所示，传动齿条 6 带动着齿轮 1、齿条型芯 2 及型芯 5 移动，完成型芯 5 的抽芯与复位。定位销 3 是限制齿条型芯 2 的抽芯位置，圆柱销 8 是防止传动齿条 6 转动，弹簧 9 可消除传动齿条 6 的间隙

方法	简图	特　点
活块抽芯	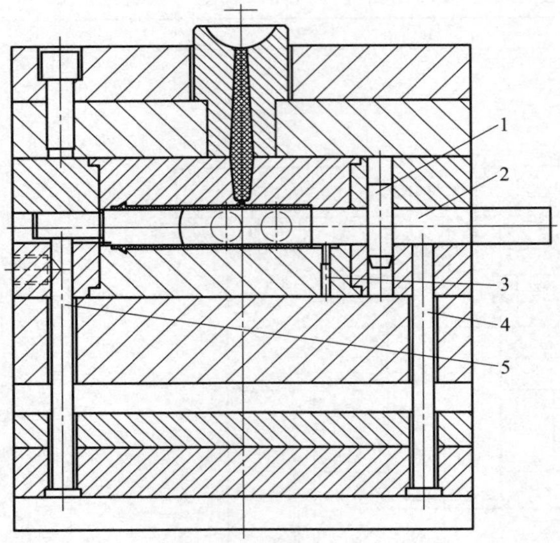 1—定位销;2—活块;3—型芯;4,5—顶杆	如左图所示,注塑件型腔是依靠活块 2 成型。活块 2 的上、下定位是依靠两端动、定模的定位槽,左、右定位是依靠定位销 1。顶杆 4 与顶杆 5 分别顶着活块 2 的两端,注塑件与活块 2 一起被顶脱模后,注塑件再由人工从活块 2 上卸下
内抽芯	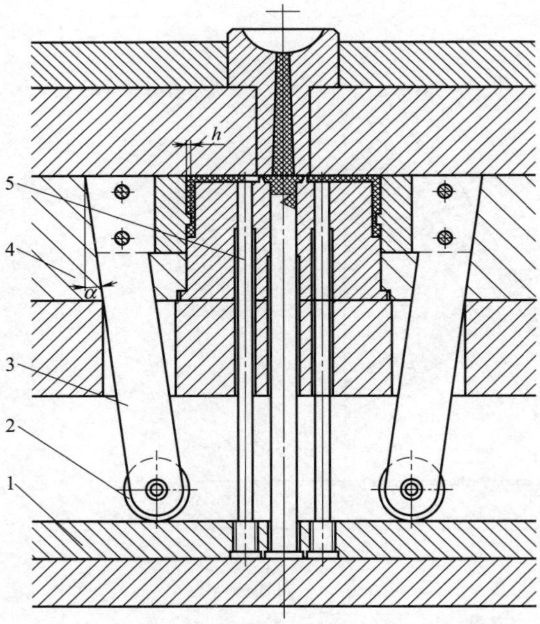 1—推板;2—滚轮;3—斜推杆;4—动模板;5—推杆	如左图所示,注塑件外侧面的型槽,是依靠斜推杆 3 上端的型芯成型的。斜推杆 3 的抽芯和复位,是依靠推板 1 对滚轮 2 和斜推杆 3 的作用。在动模板 4 的斜槽角 α 对斜推杆 3 的作用下,斜推杆 3 完成内抽芯和复位动作

续表

方法	简图	特　点
二级抽芯	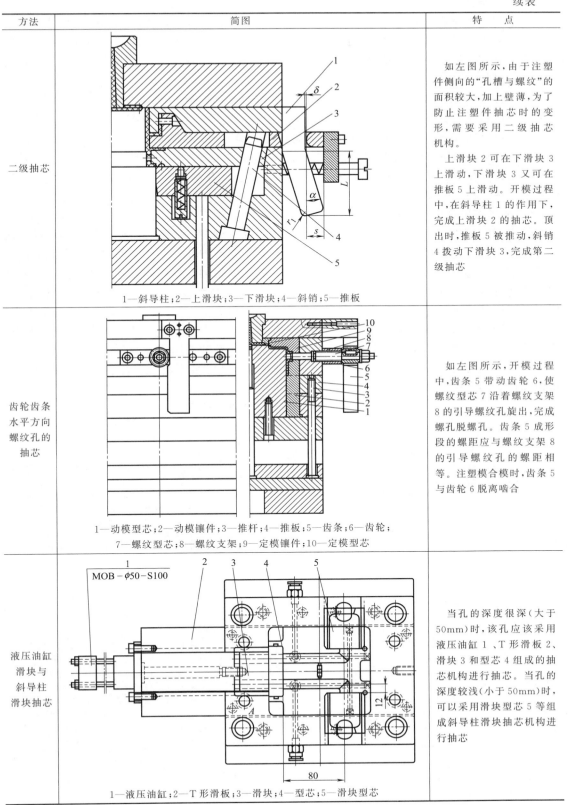　　　1—斜导柱;2—上滑块;3—下滑块;4—斜销;5—推板	如左图所示,由于注塑件侧向的"孔槽与螺纹"的面积较大,加上壁薄,为了防止注塑件抽芯时的变形,需要采用二级抽芯机构。 　上滑块 2 可在下滑块 3 上滑动,下滑块 3 又可在推板 5 上滑动。开模过程中,在斜导柱 1 的作用下,完成上滑块 2 的抽芯。顶出时,推板 5 被推动,斜销 4 拨动下滑块 3,完成第二级抽芯
齿轮齿条水平方向螺纹孔的抽芯	1—动模型芯;2—动模镶件;3—推杆;4—推板;5—齿条;6—齿轮; 7—螺纹型芯;8—螺纹支架;9—定模镶件;10—定模型芯	如左图所示,开模过程中,齿条 5 带动齿轮 6,使螺纹型芯 7 沿着螺纹支架 8 的引导螺纹孔旋出,完成螺孔脱螺孔。齿条 5 成形段的螺距应与螺纹支架 8 的引导螺纹孔的螺距相等。注塑合模时,齿条 5 与齿轮 6 脱离啮合
液压油缸滑块与斜导柱滑块抽芯	MOB-ϕ50-S100 1—液压油缸;2—T 形滑板;3—滑块;4—型芯;5—滑块型芯	当孔的深度很深(大于50mm)时,该孔应该采用液压油缸 1 、T 形滑板 2、滑块 3 和型芯 4 组成的抽芯机构进行抽芯。当孔的深度较浅(小于50mm)时,可以采用滑块型芯 5 等组成斜导柱滑块抽芯机构进行抽芯

（3）注塑件螺纹的成型与脱螺孔方法

注塑件上的螺孔在螺纹底孔成型之后，再进行补充加工螺孔的方法和用螺纹型芯成型的方法。而脱螺孔的方法有手动脱外螺和螺孔，也有采用机械脱外螺纹和螺孔的方法。当注塑件四周存在着水平的侧向螺孔或斜向螺孔的时候，可以有四种成型加工方法。注塑件上螺纹成型与脱螺纹方法如表 3-5 所示。

① 螺孔的补充加工方法　当注塑件四周存在着水平侧向螺孔或斜向螺孔时，可以先采用水平侧向抽芯或斜向抽芯来成型螺纹底孔，在注塑件脱模后，再采用补充加工的方法，即用螺纹丝锥或自攻螺钉直接加工出螺孔。这种螺孔补充加工的方法既简便，又比较实用，故在实际工作中经常会采用。另一螺孔补充加工的方法，就是用钻模加工出螺纹的底孔，再用螺纹丝锥加工出螺纹孔。这种螺孔补充加工的方法，除了要设计和制造出加工螺纹底孔的钻模之外，还要增加钻孔和攻螺纹的工序，因而要影响注塑件的加工效率，实际工作中很少采用。

② 金属镶嵌件成型螺纹孔的方法　是在注塑件成型加工中埋入螺纹金属镶嵌件的方法。此法是在注塑模中以型芯或嵌件杆来支承金属镶嵌件，型芯或嵌件杆需要利用注塑模的开闭模运动进行抽芯与复位的动作，而在型芯或嵌件杆上制有螺纹。一般情况下，是型芯或嵌件杆随注塑件一起脱模后，由人工取出。该种方法除了会增加注塑件的重量之外，还会影响注塑件几何形状和尺寸的设计，更会使注塑件产生成型加工的熔接不良和增加熔接痕等缺陷。但金属镶嵌件使螺纹的强度和刚性增加了，耐磨性也得到提高。

③ 螺纹型芯成型螺纹孔的方法　可以采用螺纹型芯成型注塑件水平方向、垂直方向、侧向螺孔或斜向螺孔。螺纹型芯通过齿轮和齿条副的传动和油压缸等的驱动进行脱螺纹。

④ 螺纹型芯的水平机动抽芯成型螺纹孔的方法　可以采用斜销、螺旋杆和齿轮进行机动螺孔抽芯的方法。

表 3-5　注塑件上螺纹成型与脱螺纹方法

方法	简图	特点
螺纹型芯成型螺孔与脱螺孔	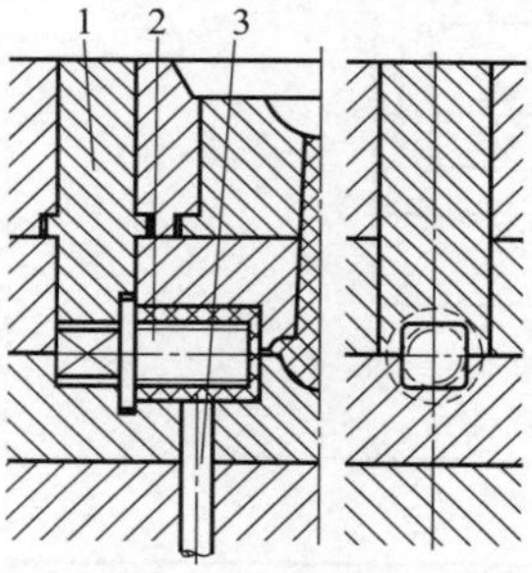 1—镶嵌件；2—螺纹型芯；3—顶杆	如左图所示，定动模合模后，依靠镶嵌件1压紧放置在动模型槽中的螺纹型芯2注射成型。动模开启后，镶嵌件1离开了螺纹型芯2，在注塑模顶杆3的作用下，将螺纹型芯2与注塑件一起顶出动模型腔。然后，用电动或风动起子安装在螺纹型芯2柄部的四方柱上脱螺孔
型芯、螺纹型芯或螺纹嵌件杆成型螺孔与脱螺孔	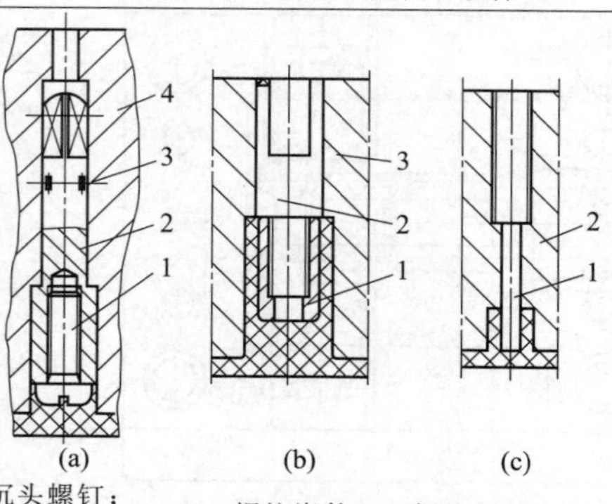 （a）　（b）　（c） 1—沉头螺钉； 2—螺纹嵌件杆； 3—弹簧圈；4—定模　1—螺纹嵌件；2—螺纹型芯；3—定模　1—型芯；2—定模	如左图（a）所示，为了将沉头螺钉1嵌入注塑件中，沉头螺钉1应旋入螺纹嵌件杆2内，并依靠弹簧圈3固定在定模4的孔中。脱模后需要人工取出螺纹嵌件杆2。如左图（b）所示，螺纹嵌件1应旋入螺纹型芯2上，并依靠与定模3的H7/f8配合固定。脱模后需要人工取下螺纹型芯2。如左图（c）所示，型芯1固定在定模2中，型芯1的小端成型注塑件的小圆柱孔，之后可用丝锥加工螺孔

续表

方法	简　图	特　点
手动脱螺纹架	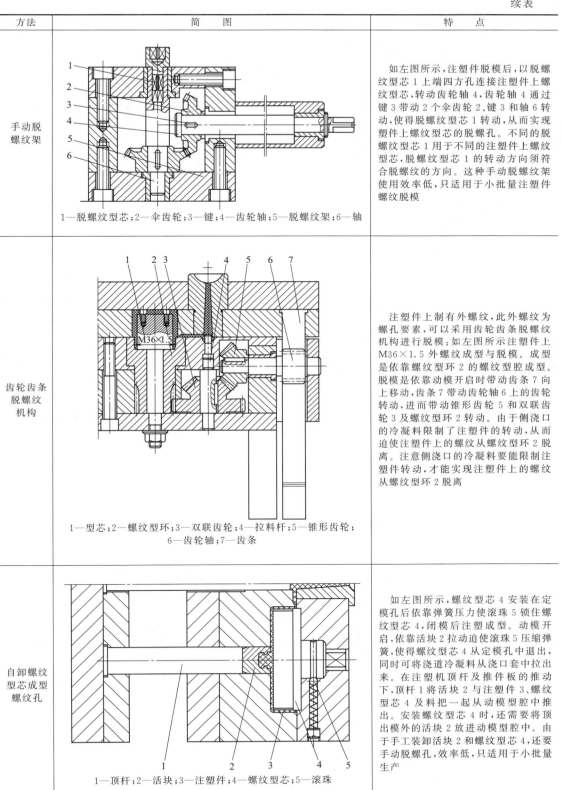 1—脱螺纹型芯；2—伞齿轮；3—键；4—齿轮轴；5—脱螺纹架；6—轴	如左图所示，注塑件脱模后，以脱螺纹型芯1上端四方孔连接注塑件上螺纹型芯，转动齿轮轴4，齿轮轴4通过键3带动2个伞齿轮2、键3和轴6转动，使得脱螺纹型芯1转动，从而实现塑件上螺纹型芯的脱螺纹。不同的脱螺纹型芯1用于不同的注塑件上螺纹型芯，脱螺纹型芯1的转动方向须符合脱螺纹的方向。这种手动脱螺纹架使用效率低，只适用于小批量注塑件螺纹脱模
齿轮齿条脱螺纹机构	1—型芯；2—螺纹型环；3—双联齿轮；4—拉料杆；5—锥形齿轮； 6—齿轮轴；7—齿条	注塑件上制有外螺纹，此外螺纹为螺孔要素，可以采用齿轮齿条脱螺纹机构进行脱模：如左图所示注塑件上M36×1.5外螺纹成型与脱模。成型是依靠螺纹型环2的螺纹型腔成型。脱模是依靠动模开启时带动齿条7向上移动，齿条7带动齿轮轴6上的齿轮转动，进而带动锥形齿轮5和双联齿轮3及螺纹型环2转动。由于侧浇口的冷凝料限制了注塑件的转动，从而迫使注塑件上的螺纹从螺纹型环2脱离。注意侧浇口的冷凝料要能限制注塑件转动，才能实现注塑件上的螺纹从螺纹型环2脱离
自卸螺纹型芯成型螺纹孔	1—顶杆；2—活块；3—注塑件；4—螺纹型芯；5—滚珠	如左图所示，螺纹型芯4安装在定模孔后依靠弹簧压力使滚珠5锁住螺纹型芯4，闭模后注塑成型。动模开启，依靠活块2拉动迫使滚珠5压缩弹簧，使得螺纹型芯4从定模孔中退出，同时将浇道冷凝料从浇口套中拉出来。在注塑机顶杆及推件板的推动下，顶杆1将活块2与注塑件3、螺纹型芯4及料把一起从动模型腔中推出。安装螺纹型芯4时，还需要将顶出模外的活块2放进动模型腔中。由于手工装卸活块2和螺纹型芯4，还要手动脱螺孔，效率低，只适用于小批量生产

方 法	简 图	特 点
齿轮与齿条脱螺孔	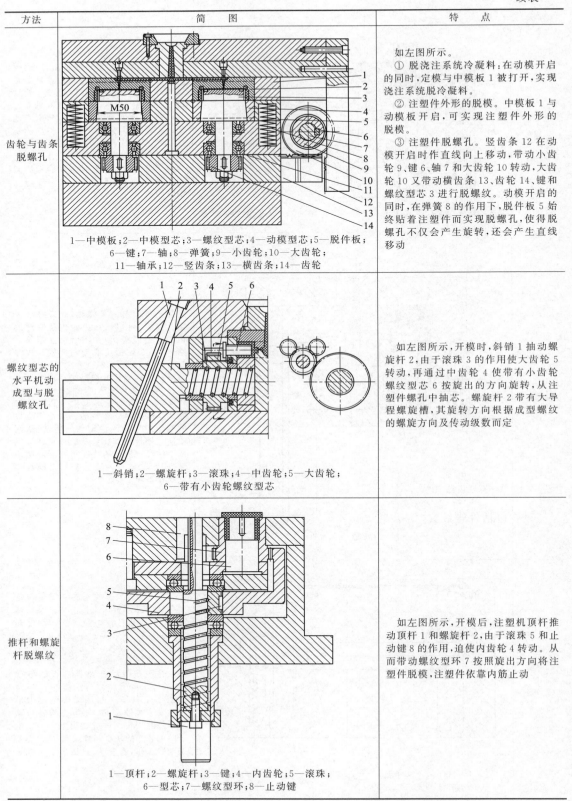1—中模板；2—中模型芯；3—螺纹型芯；4—动模型芯；5—脱件板；6—键；7—轴；8—弹簧；9—小齿轮；10—大齿轮；11—轴承；12—竖齿条；13—横齿条；14—齿轮	如左图所示。 ① 脱浇注系统冷凝料：在动模开启的同时，定模与中模板 1 被打开，实现浇注系统脱冷凝料。 ② 注塑件外形的脱模。中模板 1 与动模板开启，可实现注塑件外形的脱模。 ③ 注塑件脱螺孔。竖齿条 12 在动模开启时作直线向上移动，带动小齿轮 9、键 6、轴 7 和大齿轮 10 转动，大齿轮 10 又带动横齿条 13、齿轮 14、键和螺纹型芯 3 进行脱螺纹。动模开启的同时，在弹簧 8 的作用下，脱件板 5 始终贴着注塑件而实现脱螺孔，使得脱螺孔不仅会产生旋转，还会产生直线移动
螺纹型芯的水平机动成型与脱螺纹孔	1—斜销；2—螺旋杆；3—滚珠；4—中齿轮；5—大齿轮；6—带有小齿轮螺纹型芯	如左图所示，开模时，斜销 1 抽动螺旋杆 2，由于滚珠 3 的作用使大齿轮 5 转动，再通过中齿轮 4 使带有小齿轮螺纹型芯 6 按旋出的方向旋转，从注塑件螺孔中抽芯。螺旋杆 2 带有大导程螺旋槽，其旋转方向根据成型螺纹的螺旋方向及传动级数而定
推杆和螺旋杆脱螺纹	1—顶杆；2—螺旋杆；3—键；4—内齿轮；5—滚珠；6—型芯；7—螺纹型环；8—止动键	如左图所示，开模后，注塑机顶杆推动顶杆 1 和螺旋杆 2，由于滚珠 5 和止动键 8 的作用，迫使内齿轮 4 转动。从而带动螺纹型环 7 按照旋出方向将注塑件脱模，注塑件依靠内筋止动

续表

方法	简　图	特　点
齿轮齿条传动副脱螺孔	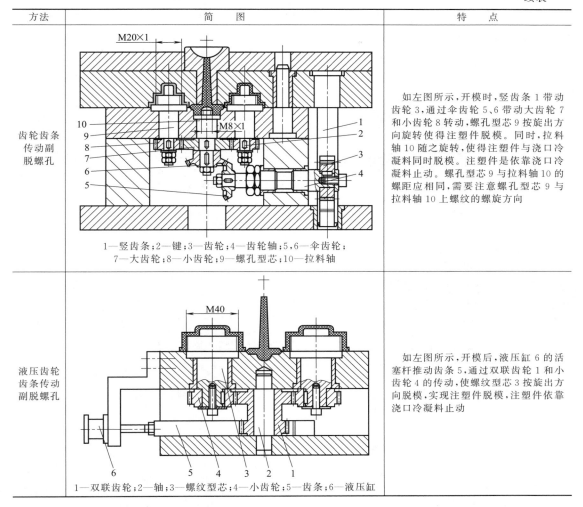 1—竖齿条；2—键；3—齿轮；4—齿轮轴；5,6—伞齿轮； 7—大齿轮；8—小齿轮；9—螺孔型芯；10—拉料轴	如左图所示，开模时，竖齿条 1 带动齿轮 3，通过伞齿轮 5、6 带动大齿轮 7 和小齿轮 8 转动，螺孔型芯 9 按旋出方向旋转使得注塑件脱模。同时，拉料轴 10 随之旋转，使得注塑件与浇口冷凝料同时脱模。注塑件是依靠浇口冷凝料止动。螺孔型芯 9 与拉料轴 10 的螺距应相同，需要注意螺孔型芯 9 与拉料轴 10 上螺纹的螺旋方向
液压齿轮齿条传动副脱螺孔	1—双联齿轮；2—轴；3—螺纹型芯；4—小齿轮；5—齿条；6—液压缸	如左图所示，开模后，液压缸 6 的活塞杆推动齿条 5，通过双联齿轮 1 和小齿轮 4 的传动，使螺纹型芯 3 按旋出方向脱模，实现注塑件脱模，注塑件依靠浇口冷凝料止动

螺纹包括外螺纹与螺孔两种形式，外螺纹时而是"形状"要素，时而是"孔槽与螺孔"要素，而螺孔只能是"孔槽与螺孔"要素。

3.1.4　注塑件上"变形与错位"要素的模具结构方案可行性分析法

注塑件上的"变形与错位"要素，是影响注塑模结构的因素之一，也是注塑件形体"六要素"分析之一。注塑件的变形与注塑件的分型形式、脱模形式、抽芯形式、注塑模的浇注系统的设置、塑料熔体的流动性和收缩率、成型加工的参数等有着因果的关系。但是对"变形与错位"要素的分析，就注塑模结构方案分析来说，只是局限于模具结构设计和浇注系统的设置。对于"变形与错位"要素的分析，要注意两者具有一定的隐蔽性，看似不易找到，却有着明显的规律，主要是从注塑件的几何误差和技术要求中去寻找。对"变形"要素来讲，就是要找到注塑件上的平面度和直线度的要求，特别要注意细、长、薄的注塑件和具有多齿形与凸凹不平的注塑件。对"错位"要素而言，不仅要找到注塑件上的对称度的要求，还需要注意薄壁件。然后，再寻找解决注塑件"变形与错位"的注塑模的措施。

（1）注塑件上"变形"要素的模具结构方案可行性分析法

注塑件变形的发生，绝大部分是脱模方式选取不当和内应力的作用产生的。

① 注塑件"障碍体"要素的规避方法　是针对注塑件上各种形式的"变形"要素,如何避免注塑件发生翘曲、变形和裂纹的模具结构方案的一种分析方法。防止注塑件"变形"的方法如表 3-6 所示。

表 3-6　防止注塑件"变形"的方法

方法	简　图	特　点
脱件板顶出注塑件	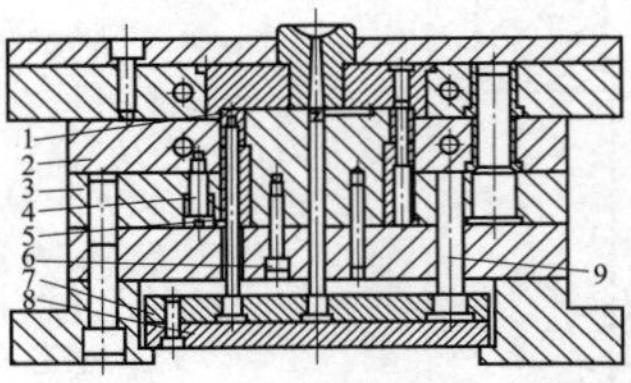 1—推件板;2—脱件板;3—动模板; 4—限位销;5—长推杆;6—内六角螺钉; 7—安装板;8—推板;9—短推杆	如左图所示,该注塑件沿周有几十个矩形槽。当注塑件壁很薄时,为防止因槽的拔模力过大使注塑件变形,应采用脱件板顶出注塑件 脱件板 2 在安装板 7 上的短推杆 9 作用下,推件板 1 在长推杆 5 作用下,脱件板 2 和推件板 1 共同将注塑件顶出,脱模面积达 95% 以上,从而防止注塑件的脱模变形
脱件板顶出注塑件	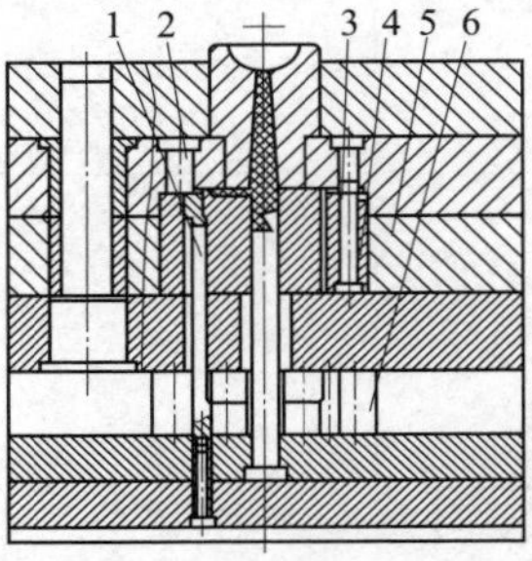 1—内滑块;2—定模型芯;3—动模型芯; 4—型芯;5—脱件板;6—推杆	如左图所示,该注塑件沿周有几十个矩形齿槽。当注塑件壁很薄时,为防止齿槽的拔模力过大使注塑件变形,应采用脱件板顶出注塑件 脱件板 5 在推杆 6 的作用下将注塑件顶出。内滑块 1 在安装板和推板的作用下,利用自身的两处斜面在与动垫板孔的作用下完成内型面的抽芯和复位
浮动型芯式二级脱模	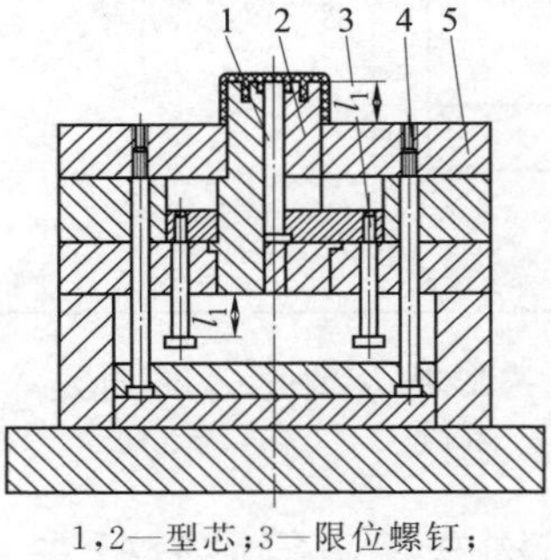 1,2—型芯;3—限位螺钉; 4—推杆;5—脱件板	如左图所示,顶出时,推杆 4 推动脱件板 5 使注塑件脱离型芯 2,消除了注塑件中心部位外围脱模力的影响;与此同时,由于注塑件中心部位的凹、凸形状的"障碍体"的作用,迫使型芯 1 随注塑件移动。当限位螺钉 3 限位后,再继续顶出时,脱件板 5 将注塑件从型芯 1 上强行脱出
斜销二级抽芯	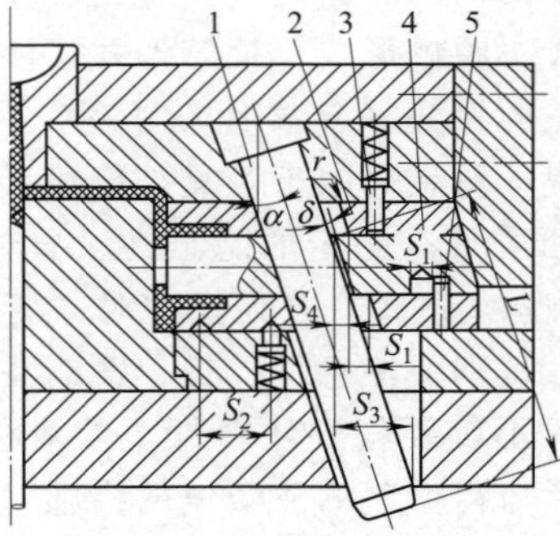 1—斜销;2—外滑块;3—止动销; 4—内滑块;5—限位销	如左图所示,注塑件上存在着串联复式的型孔,为了避免注塑件抽芯时所产生的变形,模具的抽芯机构需要采用二级抽芯机构 注塑件侧面呈薄壁筒形,抽芯时注塑件壁部会被夹变形或损坏。二级抽芯机构在开模过程中,斜销 1 先带动内滑块 4,此时止动销 3 限制外滑块 2 的抽芯动作;当抽至 S_1 距离时,斜销 1 开始带动外滑块 2 对注塑件外形部分进行抽芯,直到抽至 S_2 距离。应注意的是抽芯完毕要避免滑块移动

② 注塑件"变形"要素的模具结构方案可行性分析法 注塑件上的"变形"要素存在着多种形式，但对于常规的注塑模结构方案可行性分析方法来说，是指仅有一种的单一"变形"要素。即使是注塑件上出现了多种形式和多个数量的"变形"要素，也得一个一个地去解决，最后再集中协调以达到统一。

（2）注塑件"错位"要素的模具结构方案可行性分析法

"错位"要素分析法 针对注塑件上各种形式的"错位"要素，如何制订避免注塑件形体发生错位的模具结构方案。对成型高精度注塑件的模具来说，仅仅依靠这些通用导向及定位机构是不够的，还需要另加注塑模精确定位和二次定位的导向及定位机构，才能确保注塑模导向及定位的精度。这些机构主要应用在动模、定模的二次定位和精密定位；型腔与型芯的精确定位；滑块精确导向等方面。当然，精密注塑模除了具有精确的导向及定位机构之外，还要有高精度的模具零件的加工、模具的装配精度、足够的刚性和耐磨性、良好的温控系统、合理的浇注系统和塑料品种的选择以及协调的模具运动机构等。

① 型腔与型芯的精确定位 如表 3-7 所示。一般是采用凸、凹锥体或锥孔进行无间隙的二次定位和精密定位，从而确保注塑件成型构件精密导向和定位。

表 3-7 型腔与型芯的精确定位

类型	简 图	说 明
精确定位形式之一	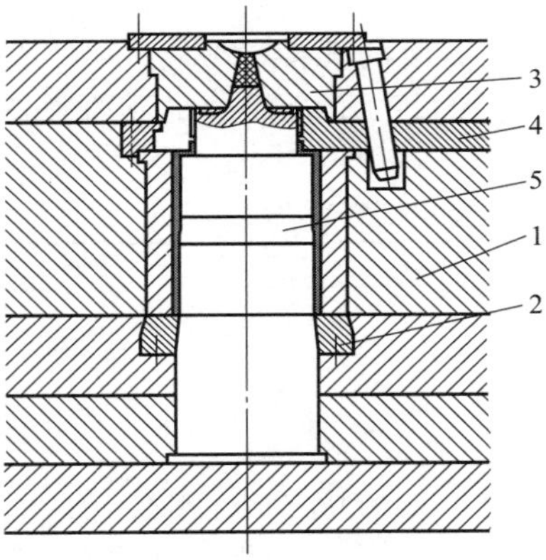 1—定模板；2—推板嵌件；3—浇口套； 4—滑块；5—型芯	二次精密定位：如左图所示，将定模板 1 和推板嵌件 2 以及型芯 5 和浇口套 3 均制成圆锥体无隙配合，锥度为 $10°\sim15°$。分浇道和浇口直接设置在型芯 5 上，是为了使型芯 5 两端固定，注射时不会受到熔体冲击而使型芯 5 偏斜。型芯 5 和型腔两端都采用了二次精密定位，确保模腔间隙和注塑件壁厚的均匀性。这样的设计，一是提高型腔与型芯的刚度，避免高压料流对型芯的冲击；二是锥面的无隙配合，提高型腔与型芯合模后定位的精度
精确定位形式之二	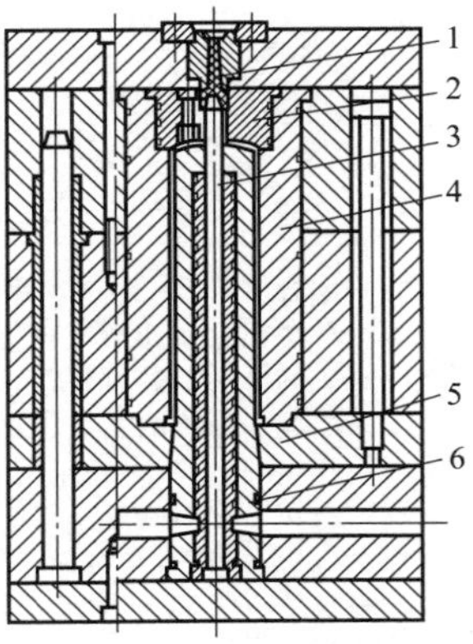 1—浇口套；2—型腔嵌件；3—型芯（Ⅰ）； 4—型腔；5—推板；6—型芯（Ⅱ）	锥形无隙精密定位：如左图所示，薄、细、长且孔深的筒形注塑件，易造成壁厚不均匀的缺陷。设计的主要特点是将粗型芯和细型芯分开设计成型芯（Ⅰ）3 和型芯（Ⅱ）6 两件。型芯（Ⅰ）3 虽然细而长，但其顶端与浇口套 1 的主浇道采用了锥体无隙配合，其两端固定确保了稳定性；在型芯（Ⅰ）3 顶端采用了爪式浇道的形式，既可使注塑件成型时熔体能够注入模具的型腔，又可使型芯（Ⅰ）3 得到固定。把型腔 4 的下端设计成凸锥，而将推板 5 设计成凹锥，这种精确定位形式比较适合于细长筒形注塑件

类型	简　图	说　明
精确定位形式之三	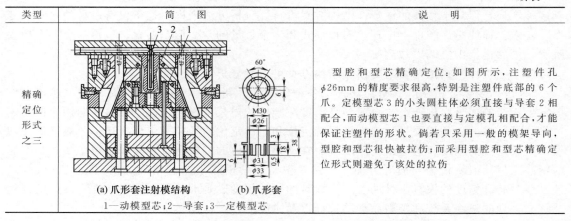 (a) 爪形套注射模结构　(b) 爪形套 1—动模型芯；2—导套；3—定模型芯	型腔和型芯精确定位：如图所示，注塑件孔$\phi26$mm的精度要求很高，特别是注塑件底部的6个爪。定模型芯3的小头圆柱体必须直接与导套2相配合，而动模型芯1也要直接与定模孔相配合，才能保证注塑件的形状。倘若只采用一般的模架导向，型腔和型芯很快被拉伤；而采用型腔和型芯精确定位形式则避免了该处的拉伤

　　② 滑块和型芯的精确定位　注塑件上会有多种形式的外形和内孔，并且内、外形的尺寸精度、同轴度和壁厚的均匀性都有一定的要求。注塑模若采用滑块形式对开模结构不能确保注塑件的质量时，则需要对成型注塑件孔和槽的滑块和型芯进行精确的定位。此时仅靠注塑模架上的导向装置，是不能满足精密注塑模的定模型腔和动模型腔或型芯相对位置的准确性，还需要采用二次定位系统；如采用分型面两端的二次定位装置，仍然不能避免动、定模型腔的错位时，则应该采取动、定模的四面带锥形面的无隙二次定位装置。如锁扣应用Cr12MoVA钢材制造，硬度58～62HRC，扣公与扣母的配合间隙应在0.005mm之内，滑块和型芯的精确定位方法如表3-8所示。

表 3-8　滑块和型芯精确定位方法

类型	简　图	说　明
精确定位（一）	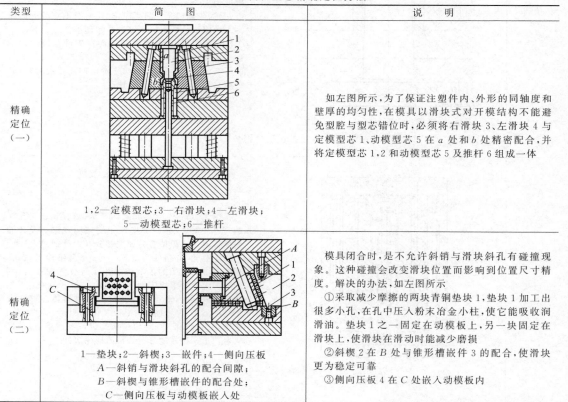 1,2—定模型芯；3—右滑块；4—左滑块； 5—动模型芯；6—推杆	如左图所示，为了保证注塑件内、外形的同轴度和壁厚的均匀性，在模具以滑块式对开模结构不能避免型腔与型芯错位时，必须将右滑块3、左滑块4与定模型芯1、动模型芯5在a处和b处精密配合，并将定模型芯1,2和动模型芯5及推杆6组成一体
精确定位（二）	1—垫块；2—斜楔；3—嵌件；4—侧向压板 A—斜销与滑块斜孔的配合间隙； B—斜楔与锥形槽嵌件的配合处； C—侧向压板与动模板嵌入处	模具闭合时，是不允许斜销与滑块斜孔有碰撞现象。这种碰撞会改变滑块位置而影响到位置尺寸精度。解决的办法，如左图所示 ①采取减少摩擦的两块青铜垫块1，垫块1加工出很多小孔，在孔中压入粉末冶金小柱，使它能吸收润滑油。垫块1之一固定在动模板上，另一块固定在滑块上，使滑块在滑动时能减少磨损 ②斜楔2在B处与锥形槽嵌件3的配合，使滑块更为稳定可靠 ③侧向压板4在C处嵌入动模板内

续表

类型	简 图	说 明
应用二次定位系统的注塑模	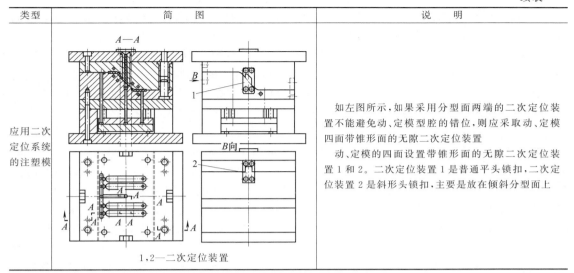 1,2—二次定位装置	如左图所示,如果采用分型面两端的二次定位装置不能避免动、定模型腔的错位,则应采取动、定模四面带锥形面的无隙二次定位装置 　　动、定模的四面设置带锥形面的无隙二次定位装置1和2。二次定位装置1是普通平头锁扣,二次定位装置2是斜形头锁扣,主要是放在倾斜分型面上

3.1.5　注塑件上运动与干涉要素的模具结构方案可行性分析法

注塑件在模具成型加工过程中,存在着多种运动形式,有多种运动就存在着运动干涉可能性。运动与干涉要素是注塑件形体分析的六大要素之一,它不仅影响注塑模的结构,还会影响注塑模的正常工作,甚至会因为模具的构件相互撞击而使模具和设备损坏。运动与干涉是注塑模结构设计时不可避免的因素,也是注塑模结构设计的要点。在模具设计时,要去除各种运动机构所能产生运动干涉的隐患。其具体方法就是应用注塑件的运动与干涉要素,去分析注塑模的各种运动机构能否产生运动干涉,并且采取有效措施去避免运动干涉现象的发生。注塑模结构设计时,一定要使模具动作有序地进行。

（1）注塑模的基本运动形式

运动要素分析法是针对注塑件上各种形式的运动要素,制订出机构间运动的规律、路线和节奏的模具结构方案分析方法。为了完成注塑件成型加工的要求,注塑模的结构必须能够完成一定的运动形式。注塑件的形体是千变万化的,注塑件结构越简单,模具所需要的运动形式就越简单;注塑件结构越复杂,模具所需要的运动形式也就越复杂。应该说注塑模本身是不可能产生运动的,注塑模的运动形式都是从注塑机的运动机构中派生的。模具运动机构的选择对注塑模的运动形式影响很大。模具运动机构已经有很多种,随着注塑件的结构和精度不断地发展,模具运动机构还将不断地创新。就是简单的注塑模,也需要有三种基本的运动形式。

① 注塑模的开、闭模运动　开、闭模运动是模具在分型面处的定、动部分沿着模具中心线进行开启和闭合的运动。模具闭合后可以形成封闭的型腔,熔体才能够充模成型;模具开启后,冷凝硬化的注塑件才能够从模具型腔中脱模。注塑模的开、闭模运动是注射机消耗功率的主要运动形式。模具许多的运动是由其派生的,如型孔的抽芯运动、注塑件定模的脱模运动、脱模机构的复位运动和脱浇口运动等。注塑模的开、闭模运动是从注射机移动的动模板获得的,因此是独立的运动。

② 注塑件的脱模运动　注塑件的脱模运动是通过注射机的顶杆,把运动传给模具的脱模机构,再将注塑件顶出动模型腔或型芯的运动。注塑件的动模脱模运动也是独立的运动;注塑件的定模脱模运动,则是通过模具运动的转换机构,将模具的开、闭模运动转换成定模

脱模机构的运动，再把注塑件顶出定模型腔或型芯的运动，因此是派生运动。

③ 注塑件的抽芯运动　在注塑件上有沿周侧向孔槽与螺纹时，注塑件需要有沿周侧向分型运动，模具就需要有型孔或型槽的抽芯运动。成型注塑件型孔或型槽的型芯，则需要有型芯的复位动作，成型后需要有退出型孔与型槽的抽芯动作，如此才能进行注塑件的脱模。注塑件抽芯机构有很多形式，其中运用最多的是斜销滑块抽芯机构，是利用模具开、闭模运动时的斜销插入与退出滑块的斜孔而完成抽芯机构抽芯和复位运动。这种抽芯运动也为派生运动。弹簧抽芯、气压和液压抽芯，则是由弹簧、气缸和油缸完成的独立运动。

（2）模具的辅助运动

模具除了具有三种基本运动形式之外，其他机械传动形式为模具的辅助运动。另外，有时还需要一些附属运动，所谓附属运动就是可以用手工操作来代替机械运动。如机械抽芯、气动和液压抽芯，可以作为基本运动形式；注塑件抽芯运动也可以用手工进行，但只能是附属运动。附属运动一般是在注塑件批量少、生产效率低和模具结构简单的情况下采用。

① 脱浇口冷凝料的运动　塑料熔体在填充模腔的过程中，浇注系统也充满了熔体，冷凝的熔体需要及时地清除，否则堵塞浇注系统后会妨碍下一次熔体的充模。故在模具合模之前一定要将浇注系统中的冷凝料清除掉，这种清除动作称为脱浇口冷凝料的运动，简称脱浇口运动。一般情况下是应用拉料杆先将主浇道中的冷凝料拉出来，再通过脱模机构将浇道中浇口的冷凝料顶出，同时，也要切断浇口中的冷凝料。可见，脱主浇口冷凝料的运动是依靠模具的开模运动实现的，而脱浇口冷凝料的运动则是靠脱模机构的顶出运动而实现的。脱浇口冷凝料的复位运动，可以依靠回程杆的复位运动来实现。

② 脱模机构的复位运动　注塑件脱模之后，脱模机构需要复位到注塑件脱模之前的位置，以便进行下一次注塑件的脱模，我们将这种运动称为脱模机构的复位运动，简称复位运动。模具合模时，脱模机构的复位运动是在回程杆接触到定模板后，定模板推动回程杆而实现脱模机构的复位。

③ 脱模机构的先复位运动　模具的复位运动与模具的合模运动是同步进行的，模具抽芯机构的复位运动需要先于脱模机构的复位，否则将会产生抽芯机构的型芯与脱模机构的推杆发生运动的干涉现象。因此脱模机构的推杆必须先于抽芯机构的型芯复位，这就是脱模机构的先复位运动，简称先复位运动。先复位运动可依靠弹簧进行，但长时间使用后弹簧会失效，故需要经常更换弹簧。此外还可采用先复位机构以实现脱模机构的先复位运动。先复位运动也是由模具的开、闭模运动所产生的派生运动。

④ 限位运动　限位运动可分成为中、定模开模时的限位运动、抽芯机构的限位运动和脱模机构的限位运动。限位可以通过限位销或限位螺钉或限位机构来实现，运动的形式则可由弹簧独立产生或由模具的开、闭模运动产生。

⑤ 开模运动　模具需要进行二次及二次以上的开、闭模时，需要利用模具的开、闭模运动，使得开模机构转换成二次的开、闭模运动。

（3）特殊的模具运动

特殊的模具运动包括模具二次开闭模运动、二次脱模运动、二级抽芯运动、脱螺纹运动、齿轮齿条副的抽芯等运动。这些运动都需要根据注塑件形体结构和精度以及所采用的运动机构来确定。

（4）模具各机构间的运动干涉要素

干涉要素分析法是针对注塑件上各种形式的运动干涉要素，制订出运动构件间出现碰撞的模具结构方案的分析方法。注塑模工作时，模具的开、闭模运动是主要的运动，并派生出注塑件的抽芯运动，还有由注塑机顶杆所产生的注塑件脱模独立运动。模具这些机构之间的运动，都有可能产生多种形式的运动干涉现象。

① 模具机构之间的运动干涉 注塑模工作时，模具各种运动机构的构件之间所发生的相互碰撞现象称为运动干涉。

② 模具机构运动干涉的种类 模具机构包括"障碍体"类型、抽芯类型和抽芯脱模类型三种运动干涉。

a. "障碍体"类型的运动干涉。注塑模在工作中，由于注塑件的形体上存在着"障碍体"，"障碍体"与模具各运动机构之间相互碰撞的现象称为"障碍体"类型的运动干涉。

b. 抽芯类型的运动干涉。注塑模上存在着注塑件多种型孔或型槽的抽芯运动，如果这些型孔或型槽的轴线相交或相错，便会引起抽芯机构的构件之间相互碰撞，这种碰撞现象称为抽芯类型的运动干涉。

c. 抽芯脱模类型的运动干涉。在注塑模抽芯机构与脱模机构的构件之间相互碰撞的现象称为抽芯脱模类型的运动干涉。防止注塑模运动干涉的方法及特点如表3-9所示。

表 3-9 防止注塑模运动干涉的方法及特点

方法	简 图	特 点
防止抽芯和顶杆运动干涉	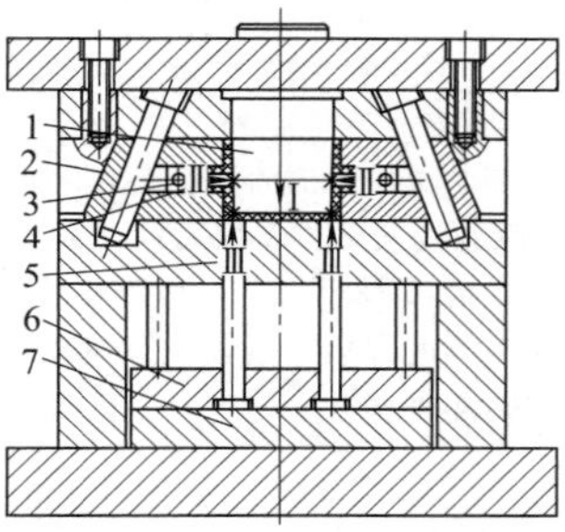 1—定模型芯；2—滑块；3—圆柱销；4—型芯； 5—推杆；6—安装板；7—推板	如左图所示，定模型芯1的闭模运动与两个型芯4抽芯后的复位运动，会发生运动"干涉"的现象。定模型芯1的闭模运动与推杆5之间，也会发生运动"干涉"现象。为防止这两处运动"干涉"的发生，应对安装板6及推板7设置先复位机构
防止两处穿插垂直抽芯运动干涉	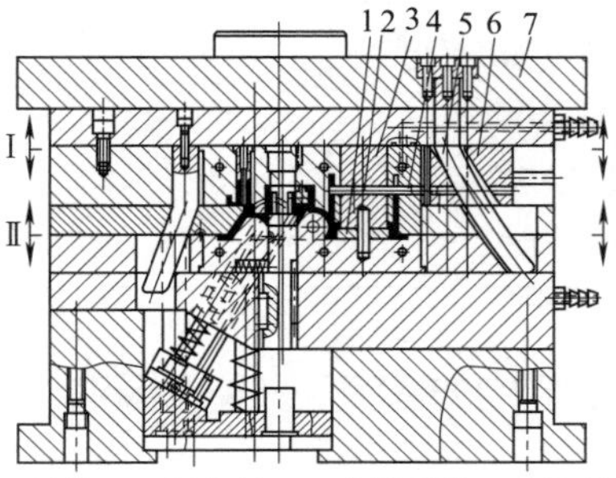 1—活块；2—圆柱销；3—定模型芯；4—长型芯； 5—变角斜销；6—滑块；7—定模垫板	如左图所示，定模型芯3与垂直穿插抽芯的长型芯4，如同时进行抽芯和复位运动，必将产生运动干涉的现象。解决的方法是将变角斜销5安装在定模垫板7上，注塑模的第一次开模即可完成长型芯4的抽芯，第二次开模才可完成定模型芯3的抽芯。这便是应用了两次开、闭模的空间差转换成了两次抽芯的时间差，来避开模具运动干涉的办法
避开隐性"障碍体"运动干涉	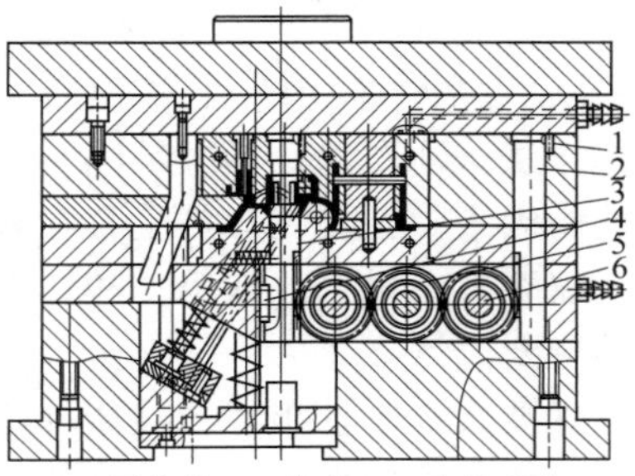 1—圆柱销；2—齿条；3—齿条型芯； 4—键；5—齿轮；6—轴	如左图所示，注塑件为斜向脱模，造成了齿条型芯3阻碍了注塑件斜向的脱模。采用垂直抽芯机构，可去除齿条型芯3阻碍注塑件斜向脱模 模具的开闭模运动，可使得齿条2带动齿轮5和齿条型芯3完成抽芯和复位。三个齿轮5中两个为椭轮，是为了确保齿条型芯3的抽芯与模具的开、闭模运动的一致

方法	简　图	说　明
防止注塑模11个小孔抽芯与抽芯兼脱模的运动干涉	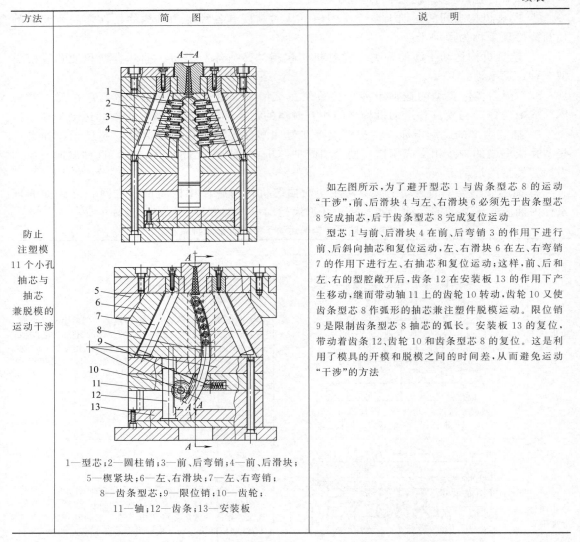 1—型芯；2—圆柱销；3—前、后弯销；4—前、后滑块； 5—楔紧块；6—左、右滑块；7—左、右弯销； 8—齿条型芯；9—限位销；10—齿轮； 11—轴；12—齿条；13—安装板	如左图所示，为了避开型芯1与齿条型芯8的运动"干涉"，前、后滑块4与左、右滑块6必须先于齿条型芯8完成抽芯，后于齿条型芯8完成复位运动 　型芯1在前、后滑块4在前、后弯销3的作用下进行前、后斜向抽芯和复位运动，左、右滑块6在左、右弯销7的作用下进行左、右抽芯和复位运动；这样，前、后和左、右的型腔敞开后，齿条12在安装板13的作用下产生移动，继而带动轴11上的齿轮10转动，齿轮10又使齿条型芯8作弧形的抽芯兼注塑件脱模运动。限位销9是限制齿条型芯8抽芯的弧长。安装板13的复位，带动着齿条12、齿轮10和齿条型芯8的复位。这是利用了模具的开模和脱模之间的时间差，从而避免运动"干涉"的方法

3.1.6　注塑件上"外观与缺陷"要素的模具结构方案可行性分析法

我国三项专利中有一项是外观设计，可见人们对产品外观的重视。可是注塑件外观设计得再美观，而注塑模结构设计却不能保证加工出外表美观的注塑件，那么注塑件的价值将会大打折扣，甚至失去市场。对注塑件来讲，外观的设计越来越重要。作为注塑件的"外观"要素，对模具结构的影响也很大。"缺陷"要素分析法是针对注塑件上各种形式"缺陷"要素，制订出适应注塑件无缺陷模具结构方案的分析方法。注塑件上的"缺陷"要素，不仅是影响注塑件外观的因素，还是影响注塑件使用性能的因素。只要注塑件上存在着缺陷，这个注塑件就是次品或废品。对注塑件上存在的缺陷，需要整治以消除缺陷。注塑件上缺陷产生的原因有很多，模具结构不当是注塑件产生缺陷的主要因素之一。

外观要素分析法是针对注塑件上各种形式的外观要素，制订出适应注塑件外表美观性的模具结构方案的一种分析方法。注塑件的外观要素是指在注塑件表面上应该消除的模具结构成型的痕迹和成型加工的痕迹，这里主要是指应该消除注塑件上分型面、抽芯、注塑件脱模和模具镶嵌的成型痕迹。当然，缺陷的痕迹更是不允许存在的。

① 去除注塑件上分型面痕迹的方法 去除注塑件上分型面的痕迹，主要应用在圆柱形注塑件和侧面无"障碍体"的注塑件，应尽量避免在影响注塑件外观的型面上进行分型。外观要素对注塑件上分型面选用的影响如表 3-10 所示。

表 3-10 外观要素对注塑件上分型面选用的影响

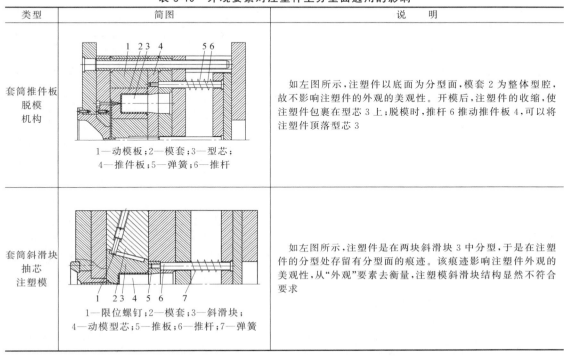

类型	简图	说　　明
套筒推件板脱模机构	1—动模板；2—模套；3—型芯；4—推件板；5—弹簧；6—推杆	如左图所示，注塑件以底面为分型面，模套 2 为整体型腔，故不影响注塑件的外观的美观性。开模后，注塑件的收缩，使注塑件包裹在型芯 3 上；脱模时，推杆 6 推动推件板 4，可以将注塑件顶落型芯 3
套筒斜滑块抽芯注塑模	1—限位螺钉；2—模套；3—斜滑块；4—动模型芯；5—推板；6—推杆；7—弹簧	如左图所示，注塑件是在两块斜滑块 3 中分型，于是在注塑件的分型处存留有分型面的痕迹。该痕迹影响注塑件外观的美观性，从"外观"要素去衡量，注塑模斜滑块结构显然不符合要求

② 减少或隐蔽浇口痕迹的方法 注塑件成型加工时，注塑模不可能没有浇口，否则塑料熔体无法填充模具的型腔。但是，可以通过改变模具浇口的位置将设置在注塑件敏感表面的浇口改变到隐蔽位置上，从而不影响注塑件外表面的美观性。

［例 3-1］ 以二次浇口改变浇口在注塑件上的位置，如图 3-1 所示。图中三种浇口均采用辅助流道的潜伏式二次浇口，有效地将浇口设置在注塑件背面或侧背面上。熔体通过潜伏式浇口和圆弧形或倾斜式或直通式辅助流道流入模具型腔。二次浇口主要设计在矩形推杆上，开模后，辅助流道和浇口的冷凝料与注塑件一起被推杆顶出。注塑件与辅助流道及浇口冷凝料的分离，可以依靠人工进行剥离。

［例 3-2］ 注塑件有"外观"美观性的要求，点浇口痕迹虽较小，但毕竟还是存在着痕迹。为此，可将点浇口放置到注塑件的内表面上，如图 3-2 所示。分型面Ⅰ—Ⅰ开启时，注塑件外形被打开。注塑件脱模时，在推板 10 的作用下推件板 7 将注塑件推落。同时，浇口冷凝料也被拉断。随后由差动顶出机构打开流道板 9，即分型面Ⅱ—Ⅱ开启时，动模型芯 5 与分浇道型芯 6 分离。在推板 10 中的推杆 8 作用下，可将分浇道中的冷凝料顶出。需要注意的是流道板 9 打开的距离应能使浇注系统中的冷凝料自动脱落。由于分浇道的长度长，可采用装有流道板电加热圈 3 的加长型热流道的浇口套。

③ 改变浇口的形式 在模具的浇口形式中，辅助浇口和潜伏浇口设置的位置是很灵活的，应避免浇口设置在注塑件比较敏感的表面上，而要将浇口设置在注塑件较隐蔽的表面上。为了确保注塑件"外观"的美观性，也可以改变浇口的形式，见表 3-11。

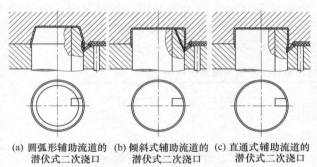

(a) 圆弧形辅助流道的　(b) 倾斜式辅助流道的　(c) 直通式辅助流道的
　潜伏式二次浇口　　　　潜伏式二次浇口　　　　潜伏式二次浇口

图 3-1　以二次浇口改变浇口在注塑件上的位置

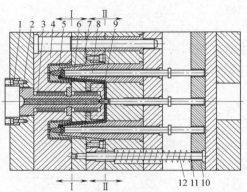

图 3-2　注塑件内表面上设置的点浇口
1—定位圈；2—热浇口套；3—电加热圈；
4—定模板；5—动模型芯；6—分浇道型芯；
7—推件板；8,11—推杆；9—流道板；
10—推板；12—弹簧

表 3-11　改变浇口的形式

类型	简图	说明
潜伏式浇口	1—中模板；2—中模型芯；3—中模镶件； 4—动模镶件；5—动模型芯；6—推件板； 7—推杆；8—弹簧；9—推板	如左图所示,注塑件在具有型孔和加强筋的情况下,模具结构采用了潜伏式浇口,可使塑料熔体从注塑件加强筋处注入。注塑件的脱模依靠推件板6,注塑件外观无痕迹
内环式浇口	1—中模板；2—中模型芯；3—中模镶件； 4—动模镶件；5—推件板；6—推杆； 7—弹簧；8—推板	如左图所示,注塑件在具有内孔的情况下,模具结构采用了内环式浇口,可使塑料熔体从注塑件内孔壁注入。注塑件脱模是依靠推件板5进行脱模,注塑件外观无痕迹

续表

类型	简图	说明
辅助浇道	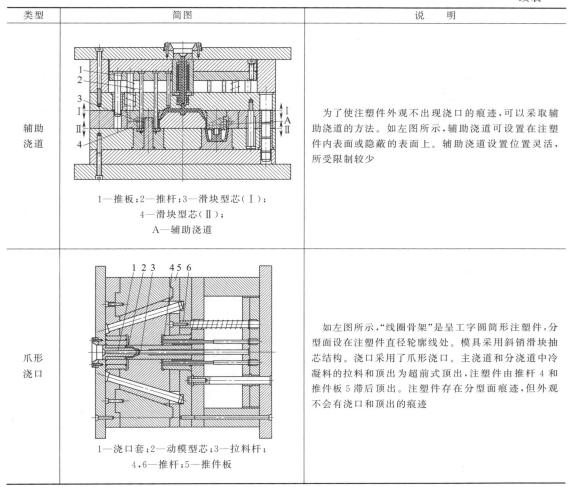 1—推板;2—推杆;3—滑块型芯(Ⅰ); 4—滑块型芯(Ⅱ); A—辅助浇道	为了使注塑件外观不出现浇口的痕迹,可以采取辅助浇道的方法。如左图所示,辅助浇道可设置在注塑件内表面或隐蔽的表面上。辅助浇道设置位置灵活,所受限制较少
爪形浇口	1—浇口套;2—动模型芯;3—拉料杆; 4,6—推杆;5—推件板	如左图所示,"线圈骨架"是呈工字圆筒形注塑件,分型面设在注塑件直径轮廓线处。模具采用斜销滑块抽芯结构。浇口采用了爪形浇口。主浇道和分浇道中冷凝料的拉料和顶出为超前式顶出,注塑件由推杆 4 和推件板 5 滞后顶出。注塑件存在分型面痕迹,但外观不会有浇口和顶出的痕迹

④ 消除注塑件上脱模痕迹的措施　在对注塑件上模具结构成型痕迹进行分析时,有时找不到注塑件上存在的推杆的脱模痕迹。不是注塑模没有脱模机构,而是采用了不会在注塑件上存在脱模痕迹的模具结构。消除注塑件上脱模痕迹的措施如表 3-12 所示。

表 3-12　消除注塑件上脱模痕迹的措施

类型	简图	说明
活块脱模	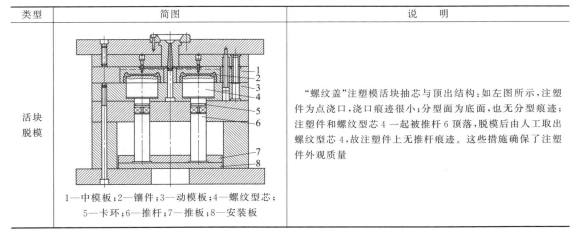 1—中模板;2—镶件;3—动模板;4—螺纹型芯; 5—卡环;6—推杆;7—推板;8—安装板	"螺纹盖"注塑模活块抽芯与顶出结构;如左图所示,注塑件为点浇口,浇口痕迹很小;分型面为底面,也无分型痕迹;注塑件和螺纹型芯 4 一起被推杆 6 顶落,脱模后由人工取出螺纹型芯 4,故注塑件上无推杆痕迹。这些措施确保了注塑件外观质量

类型	简图	说明
型面脱模	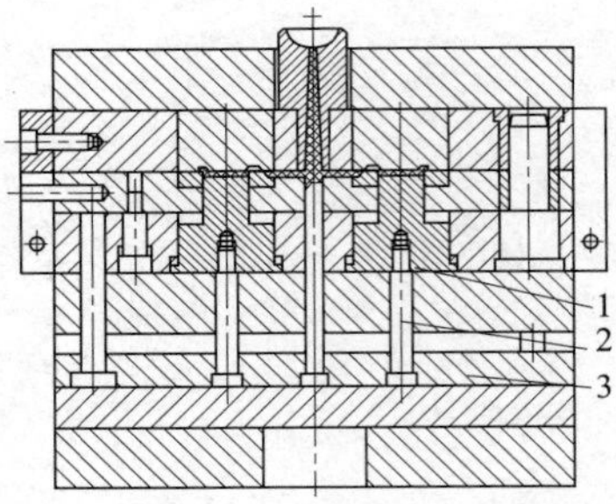 1—动模型芯；2—推杆；3—推板	如左图所示，注塑件为透明件时，为了使注塑件不产生脱模的痕迹，可采用动模型芯1的型面顶出注塑件的方法
顶杆脱模	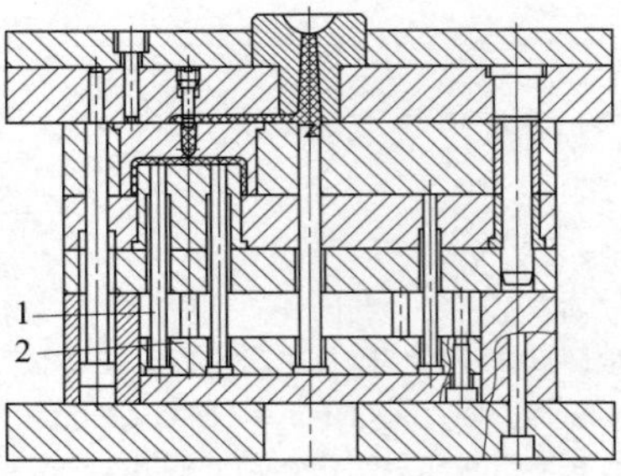 1—顶杆；2—推板	如左图所示，注塑件以底面为分型面，外观无分型痕迹；浇口为点浇口，浇口痕迹较小；顶杆1的位置在注塑件内表面，推杆痕迹也在内表面，不会影响注塑件的外观。而对于透明和薄壁注塑件，就不宜使用推杆脱模，只能采用推板脱模
推件板脱模	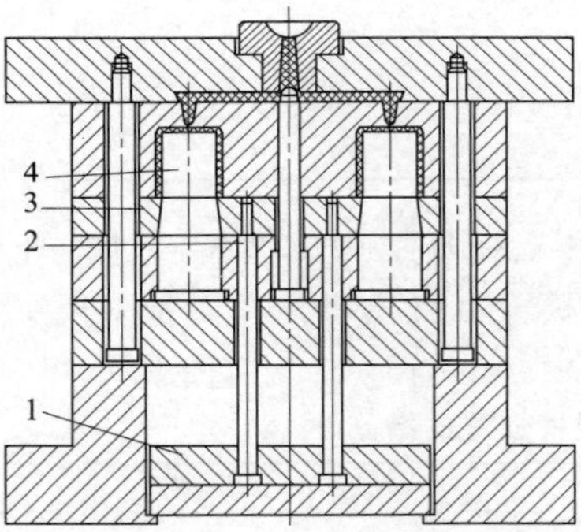 1—推板；2—推杆；3—推件板；4—动模型芯	如左图所示，注塑件为薄壁件时，为了使注塑件不变形及无脱模痕迹，可采用推件板3进行脱模。注塑件以底面为分型面，外观无分型痕迹；浇口为点浇口，浇口痕迹较小
推管脱模	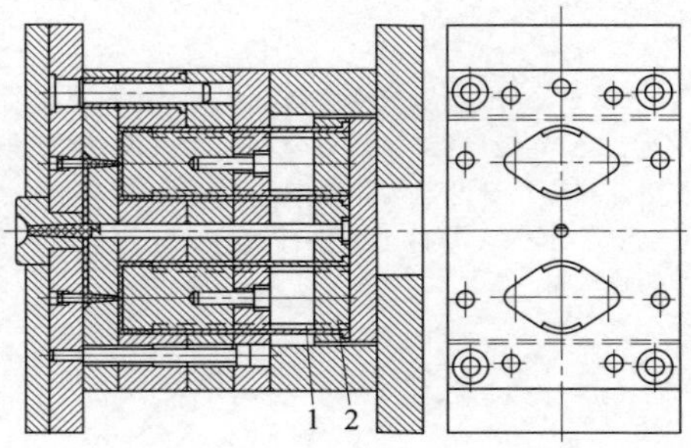 1—推管；2—推板	如左图所示，由于注塑件两侧存在着通槽，因此可以利用两槽壁的推管1将注塑件顶出。注塑件的浇口为点浇口，而分型面又选取底面。如此，注塑件除点浇口留有很小的痕迹之外，外观无其他的痕迹

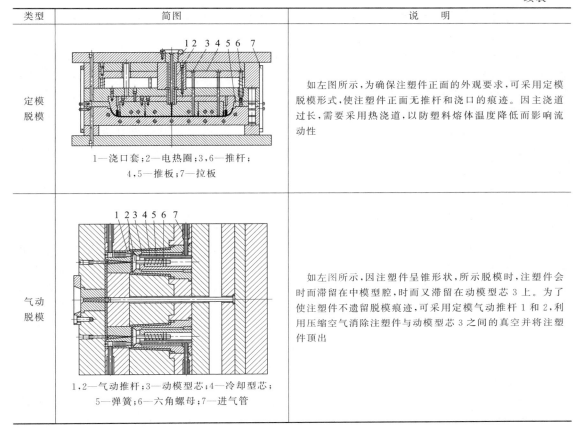

类型	简图	说明
定模脱模	1—浇口套;2—电热圈;3,6—推杆;4,5—推板;7—拉板	如左图所示,为确保注塑件正面的外观要求,可采用定模脱模形式,使注塑件正面无推杆和浇口的痕迹。因主浇道过长,需要采用热浇道,以防塑料熔体温度降低而影响流动性
气动脱模	1,2—气动推杆;3—动模型芯;4—冷却型芯;5—弹簧;6—六角螺母;7—进气管	如左图所示,因注塑件呈锥形状,所示脱模时,注塑件会时而滞留在中模型腔,时而又滞留在动模型芯 3 上。为了使注塑件不遗留脱模痕迹,可采用定模气动推杆 1 和 2,利用压缩空气消除注塑件与动模型芯 3 之间的真空并将注塑件顶出

3.1.7 注塑件上塑料与批量要素的模具结构方案可行性分析法

塑料品种不同,塑料的性能就不同,特别是塑料熔体加热的温度范围、流动充模状态和冷却收缩性能,对模具的结构影响较大。如模具是设置冷却装置,还是设置加热装置。在很多情况下,还可利用塑料的弹性采用强制性脱模的形式。那么,模具是否可以进行强制性脱模,还有模具型腔与型芯尺寸的确定等,这些均取决于注塑件的塑料品种。

注塑件的批量要素取决于注塑件成型加工效率的因素,即决定注塑模结构是采用注塑件的手动抽芯或手动脱模,还是采用自动抽芯或自动脱模。自动抽芯可以是机械形式的抽芯,还可以是气动或液压形式的抽芯。自动脱模可以是机械形式的脱模,也可以是气动形式的脱模。可见注塑件塑料与批量要素是影响模具结构的重要因素。在确定了注塑件塑料与批量要素后,就要根据要素的情况,采用针对要素的措施来确定注塑模的结构方案。

(1) 注塑件的塑料要素

塑料要素分析法是针对注塑件上各品种的塑料要素,制订出适应塑料品种的模具结构方案和模具用钢及热处理的分析方法。对于塑料要素,只要在注塑件的图纸上找到塑料的名称或代号就可以了,然后根据该塑料的收缩率就可计算出模具型腔与型芯的尺寸。至于模具是采用冷却装置还是加热装置,一般来说,模温低于成型工艺要求的塑料品种应设置加热装置,而模温高于成型工艺要求的塑料品种应设置冷却装置。在通常情况下,热塑性塑料,模具常常需要进行冷却;热固性塑料压注成型时则必须加热。有些塑料弹性体如橡胶一样具有弹性，如聚氨酯弹性体（T1190PC），就特别适用于强制性脱模。

① 模温控制系统的设置原则　模具应根据成型不同的塑料品种，设置模具冷却或加热装置的模温控制系统。

a. 对于黏度低与流动好的塑料，如聚苯乙烯（PS）、聚氯乙烯（PVC）、聚乙烯（PE）、聚酰胺（又称尼龙 PA）和聚丙烯（PP）等黏度低的塑料，需对模具加装冷却装置。一般情况下是采用温水冷却；为了缩短冷硬固化的时间，也可采用冷（室温）水冷却。

b. 对于黏度高与流动差的塑料，如聚碳酸酯（PC）、聚砜（PSF）、聚甲醛（POM）、聚苯醚（PPO）和氟塑料等黏度高的塑料，为了提高流动性，需要对模具进行加热。对于热性能和流动性好的塑料，但成型厚壁的注塑件（壁厚在 20mm 以上）时，也必须增设加热装置。

c. 对于热固性塑料，模具工作温度应该是 150～200℃，因此，必须对模具进行加热。

d. 结晶型和非结晶型塑料。由于结晶型塑料具有冷却时施放热量多、冷却速率快、结晶度低、收缩小和透明度高的特点，成型时需要充分冷却。结晶度与注塑件壁厚有关，注塑件壁厚小时冷却快、结晶度低、收缩小和透明度高；反之，注塑件壁厚大时冷却慢、结晶度高、收缩大以及物理性能和力学性能好，所以结晶性塑料必须按照要求控制模温。一般结晶型塑料为不透明或半透明，如聚酰胺（PA）。非结晶型塑料为透明的，如有机玻璃。但也有例外，如结晶型塑料聚（4）甲基戊烯却具有很高透明度，而非结晶型塑料 ABS 却不透明。

e. 对成型注塑件主浇道长的模具，需要采用加深型浇口套和热流道来提高熔体充模的温度，用于改善塑料熔体的流动性。

f. 对于流程长的厚壁或成型面积大的注塑件，为了保证塑料熔体的充分填充，应考虑设置加热装置；而对薄壁注塑件，可依靠模具自身的散热而不需要设置冷却装置。

② 模具冷却装置的设置原则　模具设置冷却装置的目的：一是防止注塑件脱模变形；二是缩短成型周期；三是使结晶性塑料在冷凝时形成较低的结晶度，以得到柔软性、挠曲性和伸长率较好的注塑件。冷却一般是在型腔和型芯的部位设置通入冷却水的水路，并通过调节冷却水的流量及流速来控制模温。冷却水一般为室温，也有采用低于室温的冷却水来加强冷却的效果。

模具设置冷却装置的考虑因素：首先，应根据模具结构形式，如普通模具、细长型芯的模具、复杂型芯的模具及脱模机构多或镶块多的模具，考虑设置冷却系统；其次，应根据模具的大小和冷却面积因素，考虑设置冷却系统；第三，应根据注塑件的形状和壁厚因素，考虑设置冷却系统。

冷却系统的设计对注塑件质量与成型效率有着直接的关系，尤其在高速和自动成型时更为重要。冷却水道的布置方式如表 3-13 所示。

表 3-13　冷却水道的布置方式

类型	简　图	说　明
直通式	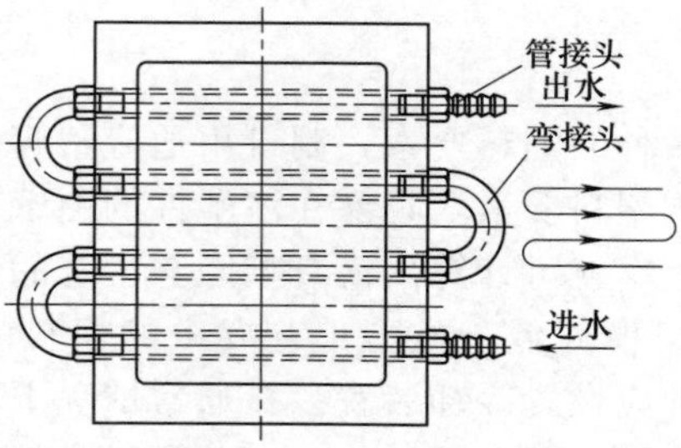	结构最简单。如左图所示，用塑料管和水管接头从外部连接，可以连接成单路循环或多路循环 优点：加工容易，便于检查有无堵塞 缺点：外部连接太多，容易碰坏

类型	简　图	说　明
平面盘旋式	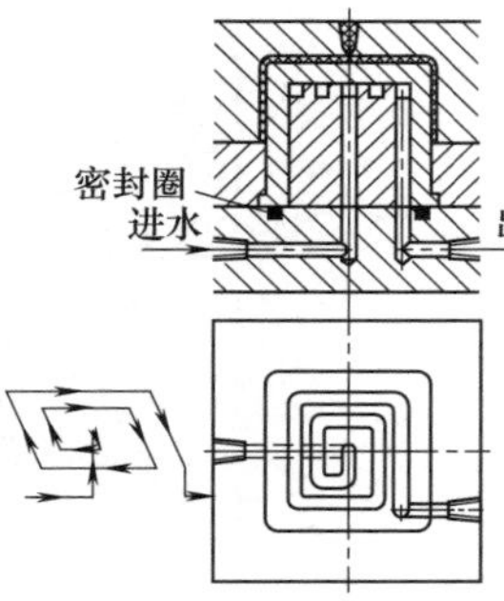	如左图所示,在开放的平面上做出螺旋槽,然后用另一嵌件封堵;适用于大型型芯 优点:冷却效果好 缺点:密封如果不良,容易引起泄漏
用热管导热式	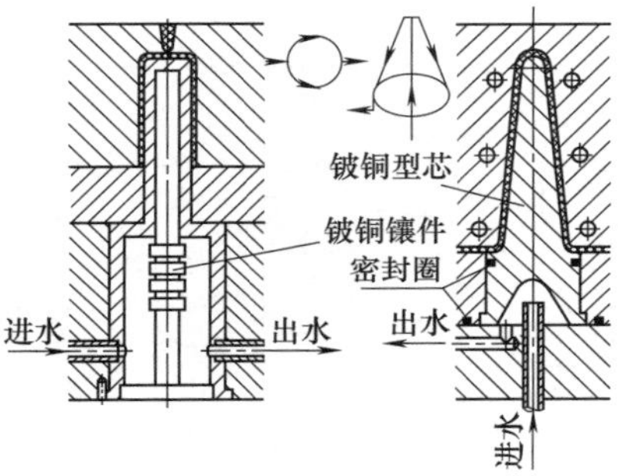	如左图所示,热管是一种特制散热用的标准件,将它的一端插入小直径型芯中吸热,另一端置于循环冷却液中散热。它是一种高效率而容易应用的散热器。热管也可以用铍青铜棒代替,但散热效率要降低 50% 左右
模板上水道设计	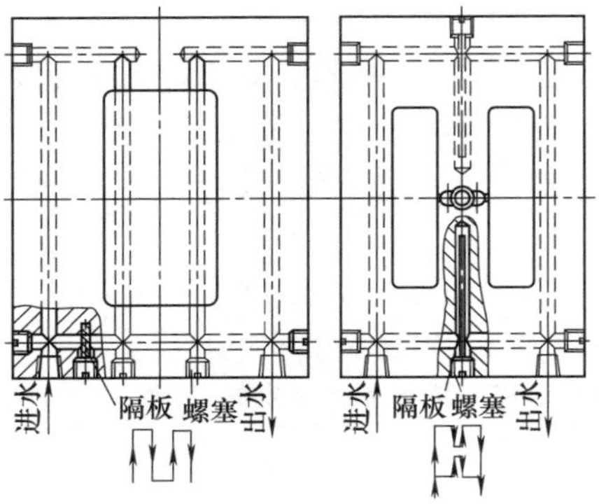	如左图所示,在模板上设计冷却水路时,可用螺塞及螺塞隔板封住水道。在不可制成通道的水道中,可以用螺塞隔板将水道孔分成两半后形成循环回路 优点:在型芯和推杆不可贯通处,采用螺塞隔板可将水道孔分成两半后形成循环回路 缺点:隔开后的水道孔过小,易堵塞、易泄漏
立管喷淋式	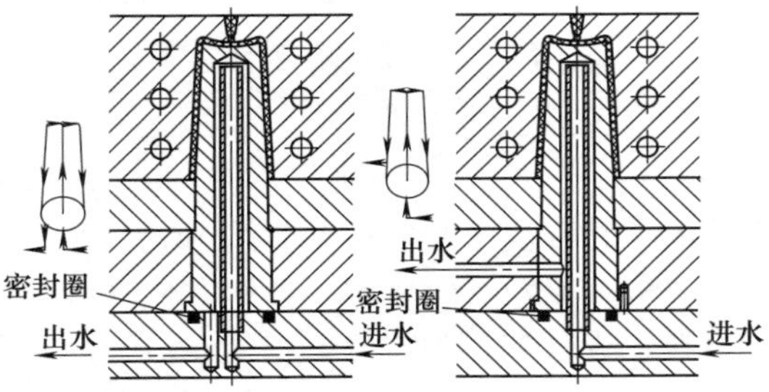	如左图所示,在型芯内用一芯管输进冷却液,冷却液从管中喷出后,可从四周流出,适用于型芯。根据型芯截面积大小,可以设一组或多组 优点:冷却效果好 缺点:制造比较难

续表

类型	简 图	说 明
内循环式	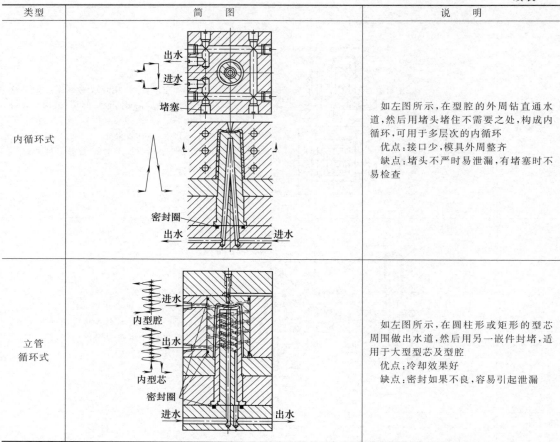	如左图所示,在型腔的外周钻直通水道,然后用堵头堵住不需要之处,构成内循环,可用于多层次的内循环 优点:接口少,模具外周整齐 缺点:堵头不严时易泄漏,有堵塞时不易检查
立管循环式		如左图所示,在圆柱形或矩形的型芯周围做出水道,然后用另一嵌件封堵,适用于大型型芯及型腔 优点:冷却效果好 缺点:密封如果不良,容易引起泄漏

③ 无浇道和热浇道浇注系统的设计原则 节省塑料,有利于高速自动成型并缩短成型周期,提高生产效率和便于操作。在注塑模设计时,可以考虑采用无浇道和热浇道结构,以保证浇注系统的熔体处于常熔融状态。使得在每一次成型注塑件之后,不必再设置用于取出浇道中的冷凝料及清理浇口的工步。

a. 对于能够应用无浇道和热浇道的塑料及其要求。该结构形式很大程度上与塑料成型特性有关。各种塑料适应无浇道和热浇道的情况如表 3-14 所示。

表 3-14 各种塑料适应无浇道和热浇道的情况

方式	聚乙烯 (PE)	聚丙烯 (PP)	聚苯乙烯 (PS)	缩醛树脂	聚氯乙烯 (PVC)	聚碳酸酯 (PC)
井式喷嘴	可	可	较困难	较困难	不可	不可
延长喷嘴	可	可	可	不可	不可	不可
热浇口	可	可	可	可	可	可
绝热浇道	可	可	较困难	较困难	不可	不可
半绝热浇道	可	可	较困难	较困难	不可	不可
热浇道	可	可	可	可	可	可

影响注塑模无浇道和热浇道结构的因素,取决于塑料的热性能和流动性。用于无浇道和热浇道结构的塑料有 PE、PP、PS 和 ABS,而较少采用 PVC、PC 和 POM 等热敏性塑料。对能够适用于无浇道和热浇道结构的塑料,应具有下列要求。

• 成型温度范围广,在低温下也有较好的流动性,而在高温下又有较好的稳定性,即便是在低温下也易成型。

- 熔体在低温时的流动性对压力敏感，即不加压力时不流涎，略加点压力就能够流动。
- 导热性能好，即熔融的塑料能快速地将热量传给注塑模并快速冷却。
- 使成型后的注塑件能够迅速地从注塑模中脱模，塑料的热变形温度要高。
- 塑料比热容低，就是熔融容易而凝固也容易。

b. 无浇道浇注系统的采用。因为过长的浇道在熔体料流接触室温注塑模的距离长，熔体降温过大后，会降低熔体的流动性，同时会造成注塑件的各种缺陷。为了避免注塑件各种缺陷的产生，当主浇道的长度超过 60mm 时，应采用无浇道或热延长喷嘴等措施。

c. 井式喷嘴。井式喷嘴是把进料的浇口制成蓄料井坑的形式，是采用点状浇口的另一种形式。

- 井式喷嘴浇注的特点。蓄料井坑中的塑料在注射时，井坑中心的塑料保持着熔融的状态，而接触到注塑模外层的塑料，由于受到冷却作用成为半熔凝状态。这种半熔凝状态的塑料起到了隔热的作用，使得注塑机的喷嘴在不离开注塑模浇道套的情况下就可以连续进行注射成型。这种喷嘴常用于单型腔注塑模。
- 井式喷嘴的形式。可分成一般形式、延长形式、弹簧形式和扩面积形式四种，见表 3-15。

表 3-15　井式喷嘴的形式

类型	简图	说明
一般形式	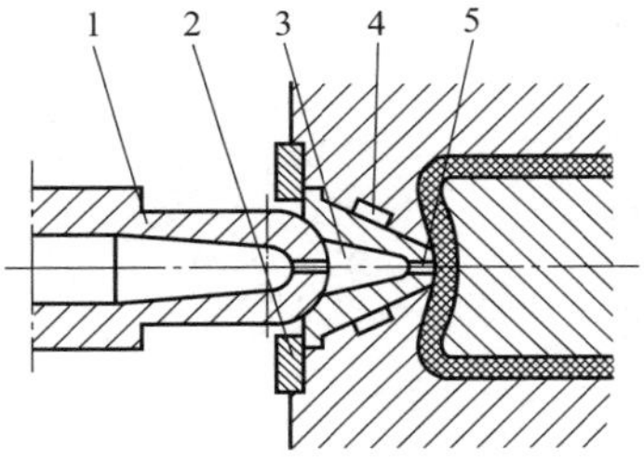 　1—喷嘴；2—井式浇口套；3—蓄料井；4—空气隔热槽；5—点状浇口	如左图所示，为了防止蓄料井中熔体的固化，使蓄料井和注塑模型腔之间存在着必要的温度差，应使井式浇口套的接触面积减小和设置空气隔热槽
延长形式	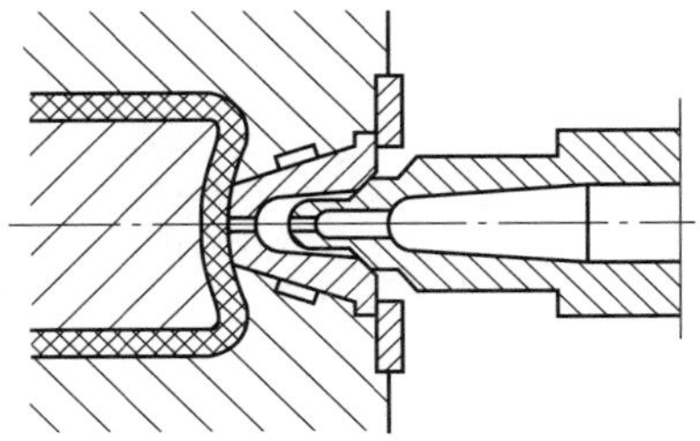	如左图所示，由于注塑模型腔关系，蓄料井为延长形式，应把喷嘴设计成前端凸出在蓄料井中央的形式
弹簧形式	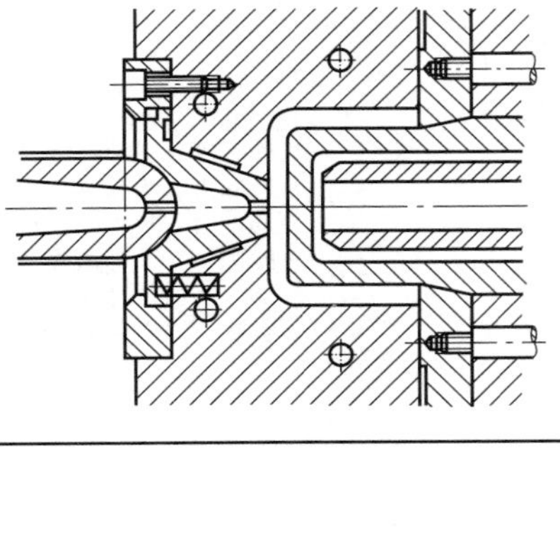	如左图所示，注塑件的成型周期延长时，为了防止喷嘴中浇口熔料的凝固，在浇口套下端装有弹簧，开模初期可利用弹簧把浇口冷凝料切断

类型	简图	说明
扩面积形式	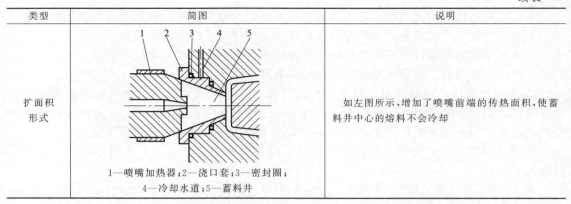 1—喷嘴加热器;2—浇口套;3—密封圈; 4—冷却水道;5—蓄料井	如左图所示,增加了喷嘴前端的传热面积,使蓄料井中心的熔料不会冷却

④ 延长喷嘴的设计　延长喷嘴是为了使注塑机的喷嘴能延长至直接接触到注塑模型腔的一种特殊喷嘴,见表 3-16;其延长部分代替了浇道,对于防止蓄料井熔料的凝固和浇口的堵塞,要优于井式喷嘴。

表 3-16　延长喷嘴

类型	简图	说明
外热式延长喷嘴	1—定模板;2—冷却套;3—电加热器;4—喷嘴;5—隔热;6—浇口套	如左图所示,为了防止浇口熔体的凝固,浇口处制成台阶,使浇口套 6 的喷嘴前端成为型腔浇口,这样喷嘴的热量可以传递到浇口。但是,这部分的配合是滑动配合,注塑件容易产生飞边和喷嘴的痕迹
内热式延长喷嘴	1,3—浇口套;2—分流梭头;4—电加热器;5—喷嘴; 6—金属软管组件;7—分流梭;8—喷嘴接头	如左图所示,浇口套 1 的前端接触面积小,喷嘴锥体的延长是为了防止往注塑模上传热。前端按浇口的直径露出型腔,如此,在注塑件上留下的浇口痕迹较小
单腔用延长喷嘴	1—定模板;2—隔热垫;3—电加热器;4—喷嘴;5—固定板;6—螺钉	如左图所示,注塑模浇口处加了一个外电加热器3,可使浇口处的塑料保持熔融状态。电加热器 3 内孔与喷嘴 4 为滑动配合,外径与定模板 1 之间有一定的间隙,空气起到隔热的作用。在电加热器 3 靠近型腔的一端,用石棉或聚四氟乙烯制成的隔热垫 2 绝热

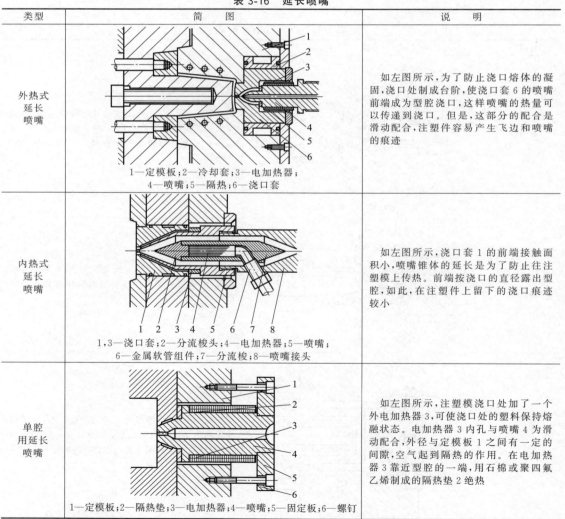

续表

类型	简　图	说　明
双腔 用延长 喷嘴	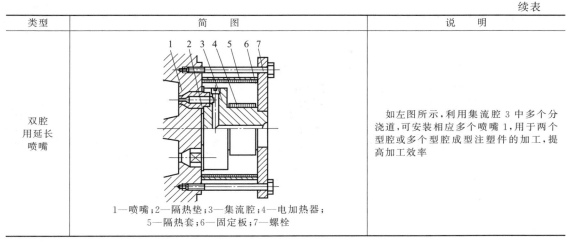 1—喷嘴；2—隔热垫；3—集流腔；4—电加热器； 5—隔热套；6—固定板；7—螺栓	如左图所示，利用集流腔 3 中多个分浇道，可安装相应多个喷嘴 1，用于两个型腔或多个型腔成型注塑件的加工，提高加工效率

（2）注塑件的批量要素

　　批量要素分析法是针对注塑件上各种批量要素，制订出适应注塑件批量模具结构方案的分析方法。注塑件批量要素是影响模具用钢的品种和热处理以及模具结构的因素之一。注塑件批量不同，对模具制造的成本和寿命的要求就不同。因此，对模具用钢的品种和热处理，以及模具结构的生产效率的要求也不同。

　　① 注塑件生产的批量　注塑件生产批量可分成小批量、中批量、大批量和特大批量。对于生产大批量和特大批量注塑件的模具，尽量采用群腔模具及两套动模的群腔模具，以实现高生产效率。生产小批量注塑件模具型腔一般采用单腔，即使是小型注塑件，最多也只采用四腔的模具。注塑件批量与模具用钢、热处理及模具结构之间的关系详见表 3-17。

表 3-17　注塑件批量与模具用钢、热处理及模具结构之间的关系

注塑件的批量	注塑件的件数	模具结构的特点
小批量	<20 万件	模具用钢为 45 钢，可以不热处理，模具结构能简就简
中批量	20 万～50 万件	模具用钢为 45 钢，可调质处理，模具结构为手动与自动相结合
大批量	50 万～100 万件	采用新型专用模具钢，热处理，模具结构为高效和自动结构
特大批量	>100 万件	采用新型专用模具钢，热处理，模具结构为高效、自动和智能结构

　　② 注塑件批量要素与模具结构　注塑件批量不同，模具结构就不同。注塑件批量要素与模具结构之间的关系详见表 3-18。

表 3-18　注塑件批量要素与模具结构之间的关系

类型	简　图	说　明
斜导柱 滑块抽芯 机构	1—斜导柱；2—滑块；3—型芯；4—圆柱销； 5—限位销；6—弹簧；7—螺塞	如左图所示，注塑件的沿周侧面存在着"型孔"时，模具需采用型芯 3 进行抽芯。对于大批量生产成型的注塑件，采用自动化抽芯机构，以实现高效率的注塑件成型与抽芯。注塑模的自动抽芯机构为斜导柱 1 与滑块 2 组成，从而可以实现"型孔"高效率自动成型与抽芯

续表

类型	简图	说明
齿条齿轮副脱螺纹机构	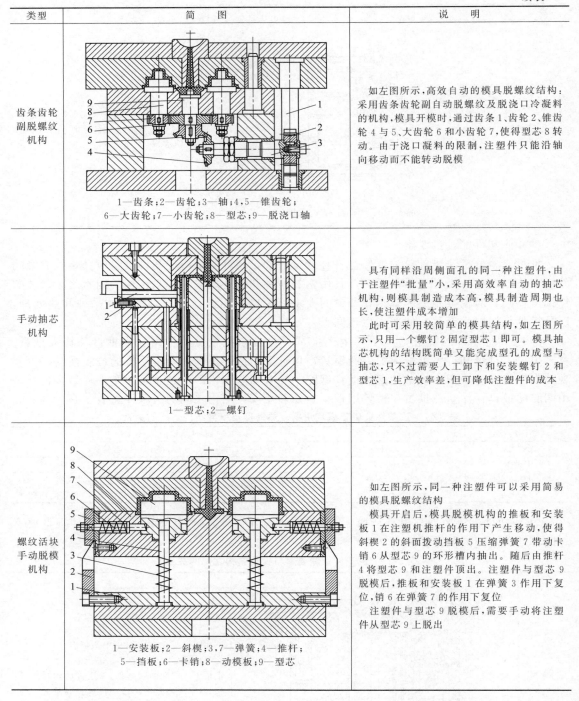1—齿条;2—齿轮;3—轴;4,5—锥齿轮; 6—大齿轮;7—小齿轮;8—型芯;9—脱浇口轴	如左图所示,高效自动的模具脱螺纹结构:采用齿条齿轮副自动脱螺纹及脱浇口冷凝料的机构,模具开模时,通过齿条1、齿轮2、锥齿轮4与5、大齿轮6和小齿轮7,使得型芯8转动。由于浇口凝料的限制,注塑件只能沿轴向移动而不能转动脱模
手动抽芯机构	1—型芯;2—螺钉	具有同样沿周侧面孔的同一种注塑件,由于注塑件"批量"小,采用高效率自动的抽芯机构,则模具制造成本高,模具制造周期也长,使注塑件成本增加 此时可采用较简单的模具结构,如左图所示,只用一个螺钉2固定型芯1即可。模具抽芯机构的结构既简单又能完成型孔的成型与抽芯,只不过需要人工卸下和安装螺钉2和型芯1,生产效率差,但可降低注塑件的成本
螺纹活块手动脱模机构	1—安装板;2—斜楔;3、7—弹簧;4—推杆; 5—挡板;6—卡销;8—动模板;9—型芯	如左图所示,同一种注塑件可以采用简易的模具脱螺纹结构 模具开启时,模具脱模机构的推板和安装板1在注塑机推杆的作用下产生移动,使得斜楔2的斜面拨动挡板5压缩弹簧7带动卡销6从型芯9的环形槽内抽出。随后由推杆4将型芯9和注塑件顶出。注塑件与型芯9脱模后,推板和安装板1在弹簧3作用下复位,销6在弹簧7的作用下复位 注塑件与型芯9脱模后,需要手动将注塑件从型芯9上脱出

　　③ 型腔数量取决于模具的结构和注塑件"批量"要素　有的模具型腔数量因模具抽芯的结构限制,只能是一模一腔或一模两腔。但就注塑件"批量"要素而言,总的原则是:小"批量"的注塑件只能是一模一腔,中等"批量"的注塑件可以是一模两腔到一模四腔,大"批量"的注塑件可以是一模四腔以上。因为模腔越多,所需模架面积就越大,模腔之间的间隔尺寸就越小,制造精度就越高,模具制造成本也就越高。因此采用多模腔的小"批量"

注塑件，其模具制造成本高。

④ 注塑件"批量"要素与模具造价及制造周期　通过对注塑件"六要素"和注塑模结构方案的"三种分析方法"，就可以确定注塑模的结构、模具腔数、模具用钢和热处理。这样注塑模的结构设计、零部件制造工艺及模具材料明细表都能制订出来，模具的造价及制造周期也就能估算出来。模具制造价格的精确计算要在模具的零部件设计和工艺规程编制好之后，根据模具零件的毛坯的体积，计算模具零件重量来确定零件材料的价格；根据零件工艺确定零件的工时和制造价格与工序外协价格，以及标准件采购价格；所有零件价格汇总后，包括模具装配和试模在内的价格就是模具制造的成本。模具制造商就能据此与模具的采购商签订详细的商业合同。当然，模具的造价及制造周期也是影响模具结构方案的因素，但本书不将它们作为影响模具结构方案的要素，其原因是模具的复杂与简易程度可以通过"六要素"和"三种分析方法"确定下来，保证了注塑模结构方案、模具的造价及制造周期制订的科学性与严谨性。若将模具的造价及制造周期定为影响模具结构方案的要素，就容易出现为了利益制假，为了商业利益随便改动模具结构方案和偷工减料的行为。

注塑件的"塑料"要素不同，模具温控系统和喷嘴的结构及模具结构就不同。注塑件的"批量"要素不同，不仅模具的型腔数量和模具的结构不同，模具用钢和热处理也有所不同。所以要设计好注塑模，注塑件的"塑料与批量"要素在注塑件形体分析时，也是不能缺少的内容之一。

3.2　注塑模结构方案综合可行性分析与论证

注塑件由于用途和性能及材料的不同，其形状、尺寸和精度也是千变万化的。但形状可分为简单造型和复杂造型两种。简单造型注塑件的注塑模结构方案，可以运用常规分析法，有时甚至不用任何分析法就可以确定模具结构的方案。而对于复杂造型的注塑件，则一定要运用注塑模结构综合可行性分析方法来确定模具结构方案，才能确保模具结构方案的正确性，从而确保注塑模设计的完整性和正确性。

3.2.1　注塑模结构方案综合分析法

常规要素分析法是指应用"六要素"中某单个要素，对注塑件进行模具结构方案可行性分析的方法。综合要素分析法，是指应用"六要素"中所具有的多种要素或多重要素和多种与多重的混合要素及要素与痕迹所组成的综合分析的方法。

（1）注塑件形体要素的综合分析法

复杂或特复杂的注塑模结构方案的分析方法，一般是应用综合分析法进行方案分析。综合分析法是由若干个常规分析法所组成，它可以分成多重要素综合分析法、多种要素综合分析法和混合要素综合分析法三种。

① 注塑件形体多重要素综合分析法　是在单一要素分析法的基础上，对多重要素（即多个同类型要素）进行的模具结构方案可行性分析的综合方法。

② 注塑件形体多种要素综合分析法　是在单一要素分析法的基础上，对多种要素（即多个不同类型要素）进行的模具结构方案可行性分析的综合方法。

③ 注塑件形体混合要素综合分析法　是在单一要素分析法的基础上，对多重和多种要素进行的模具结构方案可行性分析的综合方法。

严格地讲，综合要素分析法是一种没有固定的格式、具有很大灵活性的分析方法。

但只要遵照注塑件形体"六要素"分析和注塑模结构方案可行性分析的常规分析方法，再通过不同要素模具结构方案的调整，就能够解决任何复杂注塑模的结构方案的制订。换句话说，注塑件形体"六要素"分析和注塑模结构方案可行性的常规分析是综合要素分析法的基础。

（2）注塑件形体要素与模具结构痕迹的综合分析法

这是注塑件形体要素分析与注塑件成型痕迹相结合的一种综合分析方法。注塑件形体分析要素可以是一种，也可以是多种或混合的综合分析方法。有了前面介绍的常规要素分析方法和注塑件成型痕迹的分析方法，就不难进行注塑件要素与痕迹的综合分析法。

① 注塑件要素与痕迹同时进行的注塑模结构综合分析法　同时分析可以相互验证注塑模结构方案的合理性和正确性。如先用注塑件形体要素的分析方法制订模具结构方案，后用注塑件成型痕迹分析法确定模具的结构；也可先用注塑件成型痕迹分析法制订模具结构方案，后用注塑件形体分析要素分析法确定模具的结构。

② 注塑件要素与痕迹分别进行的注塑模结构综合分析法　注塑模的简单结构可以采用注塑件成型痕迹直接进行分析来确定，而对于注塑件上不可确定和模糊的注塑结构则应该采用注塑件形体要素的分析方法。有些注塑件的形体十分复杂，此时仅靠注塑样件成型痕迹还不足以还原注塑模的结构；此时，最可靠的办法是先用要素综合分析的方法进行分析，再用注塑样件成型痕迹进行验证。注塑件要素与痕迹的综合分析法的前提，是在确定注塑模结构方案时，必须有注塑样件，这样才能依照注塑样件成型痕迹进行分析。

3.2.2　注塑模结构方案综合分析法案例

通过套筒和联扣形体综合六要素分析，可以制订出注塑模结构方案，便可以顺利地进行注塑模的设计。

（1）"运动"要素与注塑模结构方案可行性分析

在注塑件成型的过程中，除了要完成注塑模正常的动、定模的开闭模运动，注塑件的抽芯运动和脱模运动，脱浇口冷凝料、抽芯和脱模机构的复位与先复位运动之外，还需要根据注塑件结构完成很多其他形式的运动，如注塑模的二次分型运动、注塑模的二级抽芯运动、注塑模的二次脱模运动以及齿轮副的脱螺纹运动等。

[例3-3]　套筒形体分析如图3-3（a）所示。材料为聚乙烯（PE），收缩率为1.5%～2.6%。该注塑件壁厚仅1mm，可以分析出该注塑件不仅有"错位"和"变形"要素，还要有"外观"的要素，即注塑件不能出现分型和脱模的痕迹，浇口的痕迹也要很小。另外，若存在注塑件分型的痕迹，还将会影响M50mm×1.5mm螺纹尺寸的配合。为了不出现螺纹处的分型面痕迹，需要有脱螺纹运动。故套筒形体分析存在着四种要素，为多重综合要素分析方法。

套筒注塑模设计：如图3-3（b）所示，当分型面Ⅱ—Ⅱ被打启时，中模板2带动齿条13移动，使得齿轮轴上的齿轮11和锥齿轮12转动，继而带动双联齿轮14和螺纹型腔7上的齿轮转动，从而使得套筒上的M50mm×1.5mm螺纹脱模。为了防止套筒与动模型芯6之间产生真空，接头17通入压缩空气，套筒在气动推杆5的作用之下脱模。A和B处的锥体分别与中模板2和支承板（Ⅰ）9中锥孔的无间隙配合，用以实现型腔3与中模板2及支承板（Ⅰ）9之间的精确定位，防止套筒因错位使得壁厚不均匀。

（2）"干涉"要素与注塑模结构方案可行性分析

注塑模机构的运动需要严格地按照注塑模结构方案运动分析的排序进行，还有使得动作

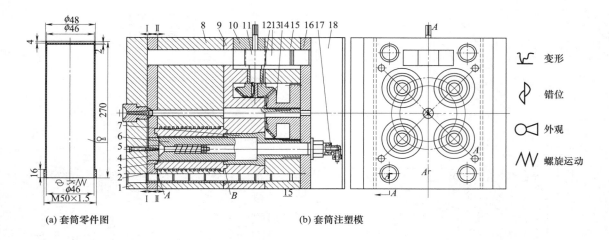

图 3-3　套筒形位分析及其注塑模设计

1—定模板；2—中模板；3—型腔；4—中模型芯；5—气动推杆；6—动模型芯；7—螺纹型腔；
8—动模板；9—支承板（Ⅰ）；10—挡板；11—齿轮；12—锥齿轮；13—齿条；
14—双联齿轮；15—支承板（Ⅱ）；16—动模垫板；17—接头；18—模脚

相互协调，不可无序进行。注塑模的多个抽芯运动有时也应该分成先后次序进行，否则，将会产生运动的干涉现象。

　　[例 3-4]　联扣如图 3-4（a）所示。联扣上存在着四个"型孔"和一个"型槽"以及型孔抽芯与脱模运动"干涉"要素，应该属于混合综合分析。注塑模一般是在顶杆 4 上安装了压缩弹簧进行顶杆 4 的先复位运动，但因弹簧长期使用会产生失效而需要及时更换。因弹簧失效会使抽芯机构的型芯和推杆发生碰撞，一般发生在顶杆 4 与侧型芯 2 相交情况下的注塑模闭模运动。

　　为了避免这种运动"干涉"的现象发生，"联扣"注塑模采用斜销式先复位机构，如图 3-4（b）及图 3-4（c）所示。在动定模开始闭模时，斜销 1 顶着复位杆 5，复位杆 5 推着推板 6、推垫板 7 及顶杆 4 先行复位之后，再是侧型芯 2 在斜销 1 的作用之下复位，方可避免发生运动"干涉"。这样，斜销 1 先是进行脱模机构的先复位，后是进行抽芯机构的复位。

3.2.3　注塑模结构方案的论证方法

　　对于十分复杂的注塑模结构方案分析，为了确保注塑件形体要素分析时不遗漏，保证注塑模结构方案的不缺失和正确性，就必须进行模具结构方案的论证。所谓论证，就是检验要素分析和模具结构方案的完整性和正确性，确保模具设计成功。现在普遍存在着注塑模设计后不进行结构方案论证的现象，这样极易导致注塑模设计的失败。

　　（1）注塑模结构方案的分析与论证

　　注塑件形体"六要素"的分析，是为制订注塑模结构方案提出的先决条件。注塑模结构方案的"三种"分析方法，是为注塑件在成型过程中制订模具结构方案的方法。注塑模结构方案制订出来之后，还需要有一种检验方案的方法，这就是注塑模结构方案的论证，以确定注塑模结构方案是否存在着错误、结构有无遗漏和效率高低、模具构件强度与刚度高低及注塑件成型时会不会产生众多缺陷的状况，从而确保注塑模设计的正确性。

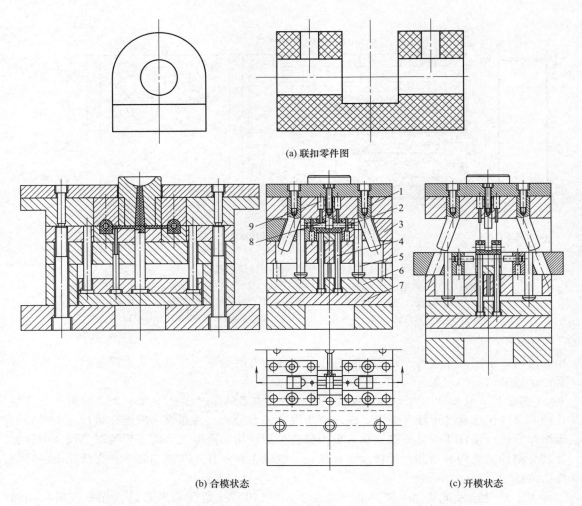

(a) 联扣零件图

(b) 合模状态　　　　　　　　　(c) 开模状态

图 3-4　联扣及其注塑模斜销式先复位机构
1—斜销；2—侧型芯；3—滑块；4—顶杆；5—复位杆；6—推板；
7—推垫板；8—定模大型芯；9—定模小型芯

（2）注塑模结构方案论证的方法

注塑模结构方案的论证，就是通过对方案和机构的论证及构件强度与刚度的校核，以达到注塑模结构方案的正确性和完整性，从而确保注塑模设计的成功。注塑件在模具中只有一种摆放位置，注塑模结构方案论证的方法就只有一种，论证过程如下。

① 检查注塑件形体"六要素"分析的完整性　检查注塑件形体"六要素"分析是否存在着遗漏，分析是否到位。

② 检查注塑模机构合理性　检查注塑模机构能否达到完成"六要素"赋予的任务和功能，检查注塑模机构的合理性和机构的最佳状态及最简化，检查注塑模机构与注塑件形体分析"六要素"是否一一对应。

③ 检查注塑模机构的运动排序和干涉　检查注塑模的运动形式，分析各种运动机构是否存在着干涉现象。

④ 校核模具薄弱构件的强度和刚度　验证模具薄弱构件（动、定模型腔侧壁和底壁的厚度，动模垫板的厚度，抽芯机构长导柱或长斜销）的刚度和强度。

⑤ 注塑模结构方案缺陷的预测 注塑模结构可能是正确的，但有可能在成型加工时注塑件会产生各种形式模具结构类型缺陷；通过缺陷预期分析将注塑件上这些缺陷消灭在萌芽状态。通过对注塑模结构方案论证，找出制订的注塑模结构方案中问题，以确保注塑模结构完整性，确保注塑件成型加工的完美性，杜绝注塑模结构设计的失误和提高试模的合格率。

3.2.4 注塑件形体要素与注塑模结构痕迹相结合综合分析法的特点

注塑样件上的模具结构成型痕迹分析法的最大优点是具有直观性；最大缺点是条理性和逻辑性较差，特别是间接确定模具结构方案的方法时，具有一定的隐蔽性、抽象性和假设性。当然对于简单的注塑模结构方案的制订，是完全可以采用的；对于中等复杂程度的注塑模结构方案的制订，还可以勉强运用；而对于复杂的注塑模结构方案的制订，则存在着不确定性和局限性。但不管在何种情况下，成功的注塑样件不失为模具结构设计的最好参照物，还是具有很大的参考价值的。

3.3 注塑模结构最佳优化方案可行性分析与论证

注塑件在注塑模中有多种摆放位置时，就会有多种模具的结构方案：既有完全不能使用的错误方案，也有可以使用但模具结构十分复杂的方案，还有简单易行的方案。在这种情况下注塑模结构方案的论证，主要应该是放在最佳优化方案的选择上。我们就是要找出这种最佳的优化方案，一是要使模具结构方案选择正确，有利于注塑模的结构设计；二是要使注塑模的结构便于制造。注塑模结构的最佳优化方案，除了与注塑件在注塑模中摆放位置相关，还与注塑模选用机构的复杂性相关，更与注塑件成型的批量、模具制造周期和模具投入的费用相关。所以，注塑模结构的最佳优化方案选用是个综合性的问题。在确定注塑模结构的最佳优化方案之后，还要进行注塑模机构的论证和模具薄弱构件强度与刚度的校核工作。只有如此，才能确保注塑模设计和制造的正确性和可靠性。

对于具有多种模具结构方案的注塑模设计而言，其注塑模结构设计只能够放在模具结构最佳优化方案确定之后。因为在模具结构最佳优化方案确定之前的设计，有可能不是模具的结构最佳优化方案，甚至是错误的模具结构方案。

3.3.1 注塑件形体"六要素"分析与注塑模结构方案分析

这主要针对的即是综合分析法的注塑模结构方案，又是具有多种模具结构方案的形式。对于具有综合要素的注塑模结构方案，我们可以采用综合要素的注塑模结构方案分析法去制订注塑模的结构方案。对于具有多种模具结构方案而言，只能采用最佳优化方案的分析法；否则的话，不是采用了错误的方案就是采用了复杂的方案。

对于每一件注塑件来说，由于它们的用途和作用不相同，它们的性能和用材也就不相同，这就导致它们的形状特征和尺寸精度也不相同，它们的成型规律和成型要求也不相同。对于模具的结构形式来说也不相同。但是只要能把握好注塑件的性能、材料和用途，捕捉到注塑件形状特征、尺寸精度和注塑件形体分析的"六要素"，便可以寻找到注塑件成型的规律性。注塑模结构方案可行性"三种分析方法"，是解决注塑模结构设计的万能工具和钥匙。

3.3.2 注塑模最佳优化方案论证的方法

"六要素"和"三种分析方法"可用于各种类型的型腔模结构方案的可行性分析和论证，

其中也包括注塑模结构方案的可行性分析和论证。

① 注塑模存在着多种结构方案的论证　注塑件在模具中存在着多种摆放位置，模具结构也相应有多种方案。方案中有根本行不通的错误方案，这是应该坚决撤除的方案；有模具结构可行但结构复杂的方案，这是增加制造成本、延长制造周期的方案，也是应该舍弃的方案；还有结构既可行又简单的方案，这就是最佳优化方案。通过模具结构方案的论证，就是要找出这种最佳优化方案作为模具设计的方案。

② 注塑模各种机构的可靠性论证　对于注塑模各种机构的可靠性论证，应先要找出机构的结构是否正确，然后找出其是否能够完成注塑件形体"六要素"分析的要求。可靠性论证过程：由机构—方案—要素的一一对应进行分析比较，直至找到可行最简的机构结构。

③ 检查注塑件形体"六要素"分析的完整性　注塑件形体"六要素"分析如存在着遗漏，注塑模的机构必定会存在着缺失，模具就不能完成注塑件成型加工中的功能和动作，所加工的注塑件就达不到成型和使用的要求。

④ 注塑模薄弱构件强度和刚度的校核　注塑模定模型芯和动模型芯的侧壁与底壁是直接承受注射压力的部位。动模垫板是一简支梁，而长斜导柱或斜销是悬臂梁。这些都是注塑模零件中强度和刚度最薄弱的部分。在设计投影面积较大注塑件的模具时，一定要进行模具强度和刚度的校核。否则这些薄弱的部分会发生变形，如此模具机构所有的运动都无法进行。

3.3.3　注塑模最佳优化方案分析与论证的案例

注塑件在注塑模中有多种摆放形式，相应就有多种注塑模结构形式。根据注塑模的运动形式，对应就有多种注塑模机构形式，这样就使得注塑模具有多种结构方案。这其中有错误的方案；有结构可行但又十分复杂的方案；还有既可行又相对简单的方案，简称最佳优化方案。就是要通过多种注塑模结构方案的分析与论证，找出这种最佳优化方案来进行注塑模的设计。

[例3-5]　五通接管嘴，由筒1和接管嘴2组成。五通接管嘴在注塑模中有多种摆放位置，因此，具有多种注塑模结构形式和多种注塑模机构形式。五通接管嘴在注塑模中摆放位置，有2种有利于注塑模设计的摆置，而注塑模结构方案有四种不同形式，如图3-5所示。

① 方案一　是斜滑块抽芯与推板脱模的结构形式，如图3-5（a）所示。其外形和 $4 \times \phi 9.2$mm 孔采用同一种斜滑块抽芯机构进行抽芯与复位，五通接管嘴脱模是采用推件板脱模。分型面 I—I 处在 $4 \times \phi 9.2$mm 孔对称中心面上，这样在 I—I 分型面处的外圆柱面上存在着分型面痕迹，特别是在 M42mm×1.5mm 螺纹上的分型面痕迹会影响螺纹的配合。如该螺纹具有密封性，是不允许存留分型面痕迹，故该方案是不可行方案。

② 方案二　是斜滑块抽芯与脱螺纹的结构形式，如图3-5（b）所示。外圆柱面采用斜滑块抽芯机构进行分型和复位，$4 \times \phi 9.2$mm 孔采用滑块斜导柱抽芯机构进行抽芯与复位，M42mm×1.5mm 螺纹采用脱螺纹机构脱模。分型面痕迹仅存在于外圆柱面与 $4 \times \phi 14$mm 圆柱面上，M42mm×1.5mm 螺纹上不存在分型面痕迹，这对螺纹的配合十分有利。

③ 方案三　是斜滑块与斜导柱滑块抽芯及推板脱模的结构形式，如图3-5（c）所示。分型面 I—I 通过整个五通接管嘴，在外圆柱面与 $4 \times \phi 14$mm 圆柱面及 M42mm×1.5mm 螺纹上都存在分型面痕迹。外圆柱面和螺纹采用斜滑块进行抽芯，$4 \times \phi 9.2$mm 孔采用斜导柱滑块进行抽芯，五通接管嘴脱模是采用推件板脱模。该方案在五通接管嘴外圆柱面和螺纹上均存留分型面痕迹，还比方案一多了 $4 \times \phi 9.2$mm 孔的斜导柱滑块抽芯机构，显然是不可行的复杂方案。

④ 方案四　是斜滑块抽芯与垂直抽芯兼脱模的结构形式，如图3-5（d）所示。其外形和 $4 \times \phi 9.2$mm 孔是采用同一斜滑块抽芯机构进行抽芯与复位，五通接管嘴型腔采用垂直抽

芯结构兼脱模结构。该注塑模结构方案在外圆柱面和 M42mm×1.5mm 螺纹上都存在分型面痕迹，但垂直抽芯所产出的变形小。

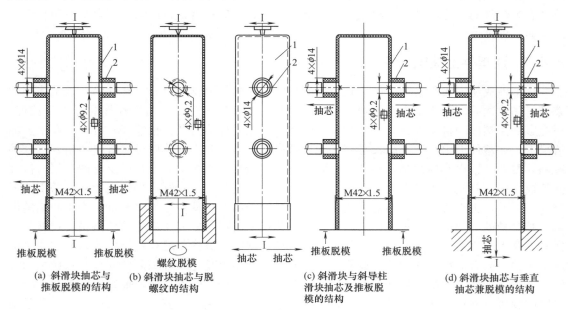

图 3-5 五通接管嘴最佳优化方案可行性分析
1—筒；2—接管嘴

根据上述四种注塑模结构方案的比较，这四个方案均能完成五通接管嘴的成型加工。方案二，因在 M42mm×1.5mm 螺纹上不存在分型面痕迹，具有精密螺纹配合的注塑件应该采用这种方案。方案四，因注塑件成型加工不会产生变形，若对螺纹配合要求不高但对五通接管嘴变形有要求，可采用该方案。如对五通接管嘴螺纹配合要求不高，对变形要求也不高，可以采用方案一。方案三与方案一相同，还比方案一结构复杂，是不能采用的方案。如何选择注塑模结构方案，必须根据注塑件使用要求来决定注塑模结构方案的取舍。

3.4 注塑模最终结构方案的可行性分析

经过对注塑模结构方案与最佳优化方案可行性分析与论证之后，还不能立即着手对注塑模进行设计或造型，这是因为还需要进行注塑件缺陷的预期分析。因为注塑件上一旦有了缺陷，注塑件不合格，会导致注塑模也不能确定是合格的。这样注塑模就必须进行修理，甚至重新设计制造。直至通过试模后，注塑件上再没有缺陷，才能判断注塑模是合格的。众所周知，影响注塑件上缺陷的因素很多，而影响注塑模是否需要修理和重制的因素，主要是注塑模结构不当所产生的缺陷因素。因此，需要对注塑模的结构是否会产生注塑件上出现成型加工缺陷进行分析，即需要对注塑模进行最终结构方案的预期分析。在确保注塑件上不会因注塑模结构原因产生的缺陷，才能进行注塑模的设计或造型。如此，才能确保注塑模不会出现因注塑模结构因素产生的缺陷，而进行注塑模修理和重制的现象。

注塑件成型的目的，不外乎是确保注塑件的形状、尺寸和精度的合格；确保注塑件的性能符合使用的要求；确保注塑件不出现次品和废品。前者主要是依靠注塑模结构和制造精度来保证，中间者主要是依靠高分子材料的性能和质量来保证，而后者主要是依靠注塑件缺陷的综合整治来保证。不管是热塑性塑料还是热固性塑料，也不管是注射成型还是压塑成型。注塑件和压塑件在成型的过程中，都会存在各种各样的缺陷（弊病），这也是不以个人主观的意志为转移的。注塑件上的缺陷综合整治技术，就是应用辩证方法论来综合整治塑料件上缺陷的一种理论。

3.4.1　注塑件上缺陷的综合论治

注塑件成型方法都会产生多达几十种的缺陷，注塑件上哪怕只有一种缺陷，这个注塑件就是废品或次品。因为缺陷会影响注塑件的外观，也会影响注塑件力学性能和非力学性能，还会影响注塑件的机械性能、化学性能、电性能和光学性能以及其他性能。可是，在很多的情况下，注塑件上出现的缺陷又是存在着多种类型，整治起来十分困难。有时整治好了这种缺陷，另外又冒出其他缺陷。还有些缺陷可以称作顽症，在多达几个月的反复的试模与修理注塑模之中，就是得不到有效的根治，甚至就是注塑模多次重新制造仍然是无效。这不仅影响经济效益，更重要的是，不能尽快生产出合格的产品交付使用。而注塑件上产生缺陷的因素又是多种的，如何能够迅速而准确地找到缺陷产生的原因？制定出整治的措施，这就是我们必须要做的事情。因此，寻找这种治理注塑件上缺陷的方法就显得特别重要，而在这之前的书籍中，只有简单的注塑件次废品原因分析，还谈不上是注塑件缺陷的完整和系统整治方法。整治注塑件上的缺陷是个涉及多门学科和多种技术的综合性技术，而缺陷的形成、产生原因的分析及整治方法，更是属于一种科学的辩证论治方法。只有将缺陷的因果关系科学地处理好了之后，才会有完善的缺陷处置方法。有了注塑件缺陷的综合辩证论治，对缺陷的形成就会有清晰的认识，这样就为后面的注塑件缺陷的综合辩证施治创造有利的条件。

整治注塑件上缺陷（弊病）有如医生治疗人的疾病一样，疾病产生的病因和治疗的机理存在着多套的辩证治疗的理论。成型件缺陷的整治，因为成型件有注塑件、压塑件、压铸件和铸锻件等多种形式，同样它们生成的缺陷和整治也存在着多套的辩证整治理论。因为，对应的成型加工缺陷便存在着对应形成的因素，而对应产生的因素就有对应的整治措施，这样整治注塑件上缺陷（弊病）就需要我们用辩证的方法科学地去根治。

（1）注塑件缺陷综合整治方法的分类

注塑件缺陷的综合辩证论治和辩证施治，存在着先期的预防和后期的整治两种方法。先期的预防是在试模之前，或者说是在制订注塑模结构方案的同时，甚至是在注塑件设计的同时，就需要预先进行注塑件缺陷的预期分析。后期的注塑件缺陷的整治，是指在试模后对所发现的注塑件上的缺陷进行整治。

注塑件缺陷预期分析可分成两种：一种是注塑模计算机辅助工程分析（CAE）对注塑件缺陷的预期分析方法，简称 CAE 法；另一种是注塑件缺陷图解预期分析的方法，简称图解法。注塑件的整治是在注塑件试模之后，对形成的缺陷进行整治的方法，也存在着两种，一是排查法或排除法，另一种是痕迹法。

① 注塑件缺陷预测分析的类型　分为 CAE 法和图解法，主要是针对注塑件或成型件进行缺陷的预测分析，通过预测分析可以预先去除注塑件或成型件大部分甚至全部缺陷。进而可以根据分析的结论改进注塑件或成型件的结构，还能影响注塑模浇注系统的形式、尺寸、位置和数量以及注塑模结构方案的制订。

a. CAE 法。注塑模计算机辅助工程分析（CAE）方法，目前只能运用在注塑件翘曲变形、熔接痕、气泡和应力集中的位置分析。目前开发的该类软件较多，使用者应根据自己的条件适当地进行选择。

b. 图解法。缺陷预期图解分析法，可以运用在注塑件、压塑件、压铸件及所有型腔模成型的成型件缺陷分析，还可以分析成型件所有的缺陷。该法是我们新创的方法，还有待于推广和开发，该方法原理与 CAE 法相同，只是没有运用计算机进行软件编程而已。

② 注塑件缺陷整治的类型　分为排查法和痕迹法。是对试模后塑料件上所发现的缺陷进行整治的方法，其目的是去除注塑件上产生的所有缺陷，确保注塑件无缺陷。还可以根据分析的结果，改进注塑模的浇注系统和注塑模结构，改进影响注塑件缺陷的所有其他因素。

a. 排查法或排除法。是根据对注塑件上所出现的缺陷，先列出可能产生缺陷所有的原因，然后进行原因的逐项排查。该方法是通过不断的试模和修模进行排查，因此效果差，过程长。目前常在生产中使用，只是没有人去进行总结。

b. 痕迹法。是利用注塑件上的缺陷痕迹，再通过注塑成型痕迹技术的切入直接找出产生缺陷原因的一种方法，它可以准确而迅速地查找缺陷的成因及确定整治的措施。该法是我们新创的方法，目前该法还不够成熟，特别是在还没有制定出注塑件缺陷规范文本的情况下，会造成读者不能很容易地运用痕迹法。

（2）注塑件上缺陷综合整治辩证的方法

注塑件上的缺陷预期分析方法和试模之后的缺陷整治方法，统称为注塑件缺陷综合辩证整治的方法，也可称为注塑件缺陷综合辩证论治，简称为缺陷综合论治。缺陷综合辩证整治法由 CAE 法、图解法、排查法和痕迹法组成，这样就可以形成系统而全面的整治缺陷方法。

① 注塑件上缺陷的 CAE 预测方法

a. CAE 预测方法定义。简称 CAE 法，CAE 法是通过计算机利用已有的注塑件三维造型，对熔体注射的流动过程进行模拟操作。该法可以很直观地模拟出注射时实际熔体的动态填充、保压和冷却的过程，并定量给出注塑件成型过程中的压力、温度和流速参数，从而为修改注塑件和注塑模结构设计以及设置成型工艺参数提供科学的依据。并可以确定注塑模浇口和浇道的尺寸和位置，冷却管道的尺寸、布置和连接方式。还可以反复变换分型面的形式和浇注系统的形式、尺寸、位置和数量，可以得到不同的熔体流动和充模效果，从而可以找出对应注塑模结构的一种方法。还可以预测注射后注塑件可能出现的翘曲变形、熔接痕、气泡和应力集中的位置等潜在缺陷，并可以代替部分试模工作。由于该种方法存在着某些不足和局限性，并且不能主动调整注塑件在注塑模中的位置、分型面的形式和浇注系统的形式、尺寸、位置和数量，需要人为进行调整，并且该技术还在不断地完善之中。但是，只要掌握了它的操作方法，其运作很简单，当然还需要有一定缺陷分析的具体经验。

计算机技术的应用已经在很大程度上改变了注塑模生产的理念和方式，计算机在注塑模生产领域的应用，已经成为解决设计和制造中很多难题中一种不可代替的手段，在注塑模设计和制造过程中已经发挥出极其有效的作用。注塑模计算机辅助工程（CAE）是指用科学的方法，以计算机软件的形式为制造业提供了一种有效的辅助工具。它使工程技术人员能够应用计算机对注塑件、注塑模结构和成型工艺等进行反复的修改和优化，直至获得最佳结果。但是，由于开发成功的 CAE 软件有限，离系列化和集成化的距离还相差甚远。目前 CAE 软件仅可用作模拟注塑件成型部分缺陷的预测，如模拟注射流动过程、保压过程、冷却过程、气体辅助成型过程、应力分析和翘曲分析等内容的预测。

· 注射流动过程的模拟。通过对注射流动过程的模拟，可以获得注塑件充模过程的注射压力场、温度场、速度场和流场的模型，由此可以分析得到任意时刻和位置塑料熔体料流的压力、温度和流动的状态。通过对大量数据的分析和总结，结合注射实践经验，可以对模拟注塑件的工艺性进行原则性的判断，从而提出优化的工艺方案。

注射流动可以分成一维流动、二维流动和三维流动三种基本流动形式，分别应用于不同的充模过程。并建立各种流动的数学模型，有机地组合运用各种流动模式到实际的注塑件充模过程，借助计算机的手段对实际注塑件的充模流动过程进行模拟。

• 注塑模冷却系统模拟。注塑模冷却系统的设计，直接影响注塑件的质量和生产效率。而影响注塑模冷却系统的因素很多，如注塑件的形状和壁厚、高分子材料、冷却管道类型、尺寸与位置、冷却介质的流速与温度等。目前，可以利用计算机分析影响冷却系统的各个因素，模拟注塑件在注塑模内的冷却过程，找出注塑模存在的缺陷，提高注塑模冷却系统的设计质量。

• 注塑模熔体充模流动模拟 CAE 软件。由于计算机软件技术的开发，编制出的注塑模熔体充模流动模拟 CAE 软件，可以借助有限元法、有限差分法和边界元法等数值计算方法，分析型腔中塑料熔体的流动状况，能够预测注射过程中的压力场、温度场、锁模力、密度场以及剪切速率等物理量，利用这些分析结果，来指导成型工艺参数的选定及浇注系统的设计，分析工艺条件、材料参数及注塑模结构对注塑件质量的影响，以达到优化注塑件和注塑模结构，优化成型工艺参数的目的。目前，注塑模 CAE 软件能够进行注塑件冷却过程模拟、气体辅助成型过程模拟、应力分析和翘曲分析等。相信随着计算机软件技术的不断开发，只要输入注塑件的造型，再输入注塑件材料和浇口及注塑设备的型号，然后，像操作注塑机一样，输入料筒温度、注射压力、注射速度、螺杆转速、注射时间、冷却时间、背压和锁模力等工艺参数，计算机的显示屏上就能够将注塑件整个成型的过程（包括各种缺陷的生成），在输入缺陷分析的指令后，便可立即显现根治缺陷措施。

b. 注塑模计算机辅助工程分析（CAE）内容和功能。注塑模计算机辅助工程（CAE）功能主要有优化注塑件和注塑模的结构设计以及优化成型工艺参数的设置。注塑模计算机辅助工程（CAE）软件包括：前置处理、初始设计、简易流动分析、流动分析、保压分析、冷却分析和后置处理七个模块。

• 前置处理模块。是建立模型并进行有限元网格划分的建模器，包括几何造型拓扑定义网格划分，直接定义浇口、浇道的位置和尺寸功能，其适用于 CAE 分析。

• 初始设计模块。是树脂材料、注塑模材料和成型工艺条件的选择器，用户可选择所需的材料，也可添加自己需要的材料，自动形成分析所需的输入文件。

• 简易流动分析模块。是熔体在型腔内振动过程的快速模拟分析模块，可以迅速预测不同浇口位置的熔体充模状况，以便及早掌握熔接痕的位置和气穴位置。

• 流动分析模块。是一个三维流动模拟分析模块，通过对熔体料流充模过程的模拟，可获得型腔内温度场、压力场和速度场的分布图及所需锁模力等信息。可以帮助工程人员合理设计浇注系统，优化注射工艺参数，发现可能产生的成型加工的缺陷。并提出相应的对策，分析主浇道、分浇道和浇口，可进行浇道平衡计算，优化浇口类型、尺寸和位置，优化浇道布局和截面形状，通过计算出锁模力，可用于选择注射机型号。

• 保压分析模块。是预测熔体在型腔中补料与压实过程的压力场和温度场分布，计算体收缩率和壁切应力，通过观察节点圆和标量圆判断存在的问题，以便改进和优化成型工艺参数。

• 冷却分析模块。是一个三维冷却分析的模块，通过对注塑模冷却过程的模拟，可以优化冷却管道布置，避免产生过热点，减少注塑件残余应力和翘曲变形，缩短循环时间，以达到使注塑件快速均匀冷却的目的。

• 后置处理模块。是将分析的结果以直观的图形显示方式，如用等值线圆、阴影圆和文本报告的形式展现出来，用户可直接在屏幕上看到计算分析的结果显示。

② 注塑件上缺陷的图解预测法　为了对注塑件进行预先的成型加工缺陷的分析，从而

可以避免注塑模设计和制造之后，出现反复试模和修模的现象。虽然 CAE 预测法利用了计算机的科学分析方法，但遗憾的是，受到 CAE 软件的限制，无法对所有成型方法和成型加工缺陷作出分析。因此，只能借助图解法进行分析。图解法只是 CAE 法的一种替代方法，最终还是要被 CAE 法取代。

　　a. 图解法。注塑件缺陷的预期分析图解法是在绘制了注塑件零件二维图的基础上，根据浇口的形式、尺寸、位置和数量，绘制出熔体料流充模和排气的路线、内应力和温度的分布图，据此可以分析出缺陷形成的形式、特征和位置的一种方法，简称为图解法。该法可以进行塑料温度分布预期分析，塑料收缩的预期分析，排气时气体流动状态预期分析，内应力分布的预期分析，从而可以进行各种缺陷的预期分析。其原理与 CAE 法相同，区别只是运用了二维图形进行缺陷的分析。CAE 法不能分析的缺陷和成型加工方法，图解法都能进行有效的分析，当然，CAE 法能分析的缺陷，图解法也能进行有效的分析。故其分析范围宽，不受程序和软件的限制，分析灵活，但需要丰富的分析经验。只有 CAE 分析方法和图解分析法相结合，才是很好的缺陷预案分析方法。

　　b. 注塑件上缺陷图解预测法的原理。注塑件缺陷图解预测法的原理应该说是与 CAE 法一样，也是在注塑件二维图（包括镶嵌件）的基础上，绘制出注塑件熔体充模过程中注射时的压力场、温度场、速度场和流场的图形，可以分析得到塑料熔体料流的压力、温度和流动的状态图。因此，通过分析可以得到注塑件成型加工各种缺陷的结论，进而可以调整注塑模的结构设计和浇注系统的设置，以达到满意的效果为止。

　　c. 注塑件上缺陷图解预测法的分析图。注塑件缺陷图解预测法，是利用二维图形进行分析的。图解法的分析图是以注塑件零件图为基础，绘制有浇口的形式、尺寸、位置和数量；绘制有熔体的流动路线、气体排出型腔的路线；并根据熔体充模的情况绘制有用符号表示的温度、压力和流速分布的一种图形。这样就可以根据这些物理量的变化状况，分析出各种成型的方法和成型加工的缺陷，再根据分析结果来调整注塑模的结构和浇注系统的设置。一般情况是先进行注塑模结构方案的可行性分析，之后才能进行熔体充模的分析。最好两者的分析使用两个图形，一种是注塑模结构方案分析图，另一种是熔体充模的分析图，两者之间的分析应该做到协调一致。

　　图解法与 CAE 法的区别：图解法熔体充模的分析图是用注塑件二维图为基础绘制的，CAE 法是以注塑件三造型为基础，再使用计算机编制的软件绘制的。CAE 法只要有了软件，在对注塑件和浇注系统三维造型之后，便可以进行直接分析，可以自动得到直观的效果模型显示。图解法要在 CAD 二维图的基础上，绘制浇注系统、熔体充模状态和各物理量分布图，分析的结果状态也要由自己进行绘制。

　　[例 3-6]　垫片，材料为 PC，如图 3-6 所示。由于垫片是薄片型注塑件，加上中间存在着三个方形孔成为窄边型的注塑件。这使得垫片脱模后很容易产生变形，如浇口的位置和数量设置不好，会使熔接痕数量过多，并且熔接痕处的熔接强度很差时会出现断裂的现象。

　　(1) 垫片的缺陷预期分析

　　运用注塑模计算机辅助工程分析（CAE）软件，对垫片的缺陷进行预期分析。四处点浇口和六处熔接痕的位置如图 3-6 所示，可以十分清楚地看见六处熔接痕所在的位置。熔接痕均处在周围的窄边上，影响着熔接痕处的强度，对垫片质量的影响十分不利。对垫片的变形，图中还不能表示出来。

　　(2) 有关垫片熔接痕的注塑模结构分析之一

　　为减少熔接痕的数量和提高熔接痕处的强度，可以采用如图 3-7 所示的注塑模结构。将点浇口改成两个，浇口位置分布在垫片中间窄边的两侧。熔体料流汇合处为熔接痕，熔接痕

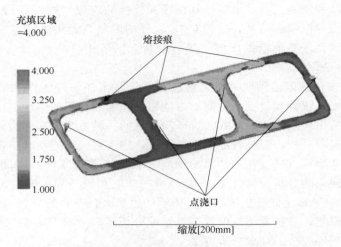

图 3-6　垫片缺陷的注塑模计算机辅助工程（CAE）分析

共有四处，这样减少了两处点浇口后，同时减少了两处熔接痕。在熔接痕处设置冷料穴，料流前锋的冷凝料可进入冷料穴，从而提高熔接状况和改善熔接痕的强度。

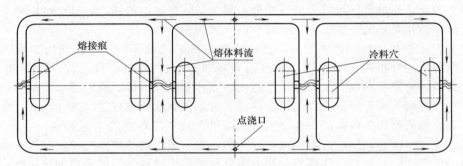

图 3-7　垫片注塑模结构的分析（一）

（3）有关垫片变形的注塑模结构分析

由于垫片是窄边型薄片注塑件，产生变形是必然的。变形主要是在垫片脱模时产生，应从成型加工参数选择和注塑模结构两方面着手去解决。

① 成型加工参数的选择　注射压力要适当减小一些，延长注射成型和冷却时间，延长保压的时间。其目的是使垫片的内应力减少，充分进行冷硬收缩，从而减少垫片的变形。

② 注塑模的结构　最好采用推件板的脱模结构，若采用顶杆脱模，顶杆的面积要大，数量要多。注塑模冷却系统的设计要能使注塑模的冷却均匀，特别是注塑模型腔的温度要均匀。

（4）有关垫片熔接痕的注塑模结构分析之二

如图 3-8 所示，在垫片注塑模的型芯中开制出有骨架的型槽，通过骨架将窄边连接起来。其作用：一是可提高垫片的强度，防止其变形；二是可在骨架的适当位置上设置顶杆，也可防止垫片脱模时的变形。同时，骨架还可起到冷料穴的作用，提高熔接痕的强度。只是因为设置了骨架，增加了塑料的用量和修饰的时间。

［例 3-7］　浇口位置与手机盒成型加工缺陷的分析：由于浇口位置不同，所产生的缺陷也就不同。

① 浇口位置设置之一所产生的缺陷及其原因　热浇道位置如图 3-9 所示。产生的溶接

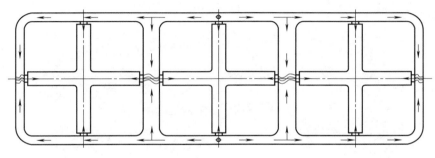

图 3-8　垫片注塑模结构的分析（二）

痕如图 3-9 所示位置。根据料流的流程相等的原则，料流会在箭头所指的位置上汇合形成熔接痕。由于熔接痕的位置在两侧细长框架条的面积很小，而料温下降得较快，会产生明显熔接不良的现象。故两处熔接痕是强度和刚性最差的位置，因此在熔接痕处最容易产生断裂的现象。

采取的措施：浇口的位置不妥，要使两股料流不能在箭头所指的位置上汇合，故应该改变浇口的位置。

② 浇口位置设置之二所产生的缺陷及其原因　浇口位置如图 3-10 所示。为了解决因产生溶接痕在两侧细长框架条后会出现断裂的现象，在溶接痕处增加了两浇口，这样又会使得注塑件在新增的两浇口处出现弯曲变形。因为两侧细长框架条很细，在细长框架条的横向增加两浇口后，细长框架条横向的刚性是最差的。在两浇口的注射压力 P 的作用之下，它们的受力状况犹如是在筷子的中段施加了横向力，自然会使两侧细长框架条产生弯曲变形。若筷子承受同样的纵向力，则不会发生弯曲变形。这就是我们所知道在杆件截面上施加横向力的作用会弯曲，而沿

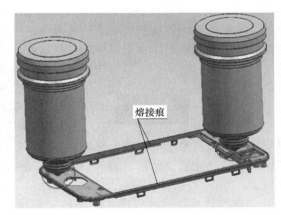

图 3-9　浇口与熔接痕的位置

轴向施加力的作用则不会弯曲的道理。如此箭头所指的位置受到注射压力 P 的作用，手机盒两侧细长框架条肯定是会产生弯曲变形。

采取的措施：取消新增的两浇口，将右端的浇口改到左端。这样的浇口设置在能使料流顺着两侧框条轴向进行填充，两浇口的位置如图 3-10 的箭头所示。同时，为了减缓①处的熔接痕，可在四处①的位置上设置冷料穴，使冷凝料进入冷料穴而改善熔接不良的程度。甚至还可以在注塑件的左端或者右端的位置上，只设置一处浇口，而在出现熔接痕处应设置冷料穴。

缺陷及其原因：如图 3-10 所示，由于在两侧细长框架条镶嵌了金属钢片，增加了它们的刚性。这样需要在模内安装金属钢片，放置钢片时间长了，会导致料流停留在热喷嘴中的时间过长，塑料易产生热分解，热喷嘴头部的塑料炭化而堵住热喷嘴。

应采取的措施：采用一种工具或夹具来提高金属钢片安装的速度，缩短安装的时间。同时，钢片也需要预热，这样塑料就不会因热分解炭化而堵住热喷嘴。另外可以在注射前，安排将已碳化的塑料熔体排空后再注射成型，这样只是浪费一些塑料。自然是采用专用工具或

夹具提高安装金属钢片的速度是比较理想的一种方法。

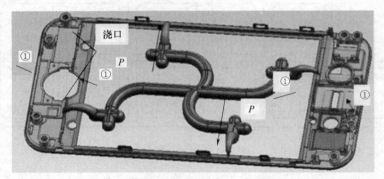

图 3-10　浇口位置与框条变形

③ 注塑件上缺陷排查法　注塑件上存在着几十种成型加工缺陷，影响产生成型加工缺陷的因素可以是单一因素，也可以是多种因素对成型加工痕迹的综合影响。如何能够准确地查找到试模时注塑件上产生缺陷的原因，可以用排查法或排除法对产生缺陷的原因进行梳理，在梳理的过程中，还可应用优选法进行排查。

a. 排查法。缺陷排查法或排除法是先制订出影响缺陷产生的各种因素，然后用排查的方式，一项一项地梳理产生缺陷的因素，最终找出真正产生缺陷的原因的一种方法。因为影响注塑件产生的缺陷因素是多种的，可以通过缺陷的排查法，逐步清除掉不会影响缺陷产生的因素，留下的便是产生影响缺陷的因素。再通过对比的方法，找出真正产生缺陷的因素，从而可以确定整治缺陷的措施。这种方法是应用一项一项的排查和试模，再排查、再试模的方法。其效果缓慢，过程长，对经济和试模周期会产生不良的影响。

b. 注塑件上缺陷排查顺序。具体排查时，可按下列顺序进行：注塑模浇注系统的设置→注塑模温控系统的设计→塑料材质的验收→加工参数的选择→加工工序的安排→注塑件结构的设计→注塑模结构的设计→注塑设备的选用→其他（脱模剂、润滑剂和色母等）的查验。

c. 注塑件上缺陷排查表。注塑件缺陷排查时，常会应用缺陷排查表的方法进行排查，可以根据注塑件上的缺陷所列的表中注明产生缺陷的原因，再逐项地试模和修模进行排查，直到根治注塑件上的缺陷为止。每进行一项排查，应该做一次记录。为了提高排查的效率，还可以采用优选法进行排查。即可以在许多产生缺陷的原因中，选取产生缺陷概率较大的因素先进行排查，然后再逐步向产生缺陷概率较小因素进行排查。只要注塑件上的缺陷得到有效的整治，便可停止排查工作。如能够找到产生缺陷的原因，那么制定整治的措施就较为容易。ABS 在成型加工过程中注塑件产生缺陷的整治处理如表 3-19 所示。

表 3-19　ABS 在成型加工过程中注塑件产生缺陷的整治处理

整治措施	缩痕	流痕	填充不足	熔接痕	银纹	喷射痕	气泡
提高注射压力		√	√	√	√		
降低注射压力						√	
清理送料部位温度		√	√			√	
降低送料部位温度							√
提高保压压力及保压时间	√						
降低保压压力及保压时间							√
提高喷嘴温度	√		√	√			
清理喷嘴			√	√		√	
清理闭合阀			√				

续表

整治措施	缩痕	流痕	填充不足	熔接痕	银纹	喷射痕	气泡
提高螺旋送料部位转速							
降低螺旋送料部位转速							
拧紧喷嘴或闭合阀							
利用螺旋送料部位的旋转注射		✓	✓				
提高成型压力							
推迟注射时间							✓
降低注射速度	✓						✓
增加注射速度		✓	✓	✓			
提高模腔内压		✓	✓				
降低模腔内压	✓						
扩大喷嘴口直径	✓	✓	✓	✓	✓	✓	✓
提高注塑模温度							
降低注塑模温度	✓						
考虑注塑模和问题发生部位							
全面探索注塑模可行性							
研磨填料、送料及浇口型腔面							
扩大喷嘴	✓						✓
在模具上设置排气孔		✓	✓	✓			
扩大冷壁面积							
使用干燥原料		✓			✓	✓	✓
防止原料中混入异物					✓		
填充凹凸或消除障碍部位							
增加注射量	✓	✓	✓				
使用注塑模脱模剂							
调整喷嘴压力							
检查喷嘴和送料口直径							
降低喷嘴温度、延长送料端残留时间							
降低料筒温度(后部)							
调整注射量及送料端大小	✓						
延长冷却及开模时间							

④ 注塑件上缺陷痕迹法 排查的过程越长，经济的损失和试模的周期就越长。为了缩短排查的周期，可以先运用成型加工痕迹分析的方法。即从注塑件的缺陷痕迹辨别入手，对照注塑件缺陷痕迹规范文本。应用缺陷痕迹技术进行分析，找出注塑件缺陷产生的原因和制订出缺陷整治的措施，以达到根治注塑件上缺陷的目的。

a. 痕迹法。缺陷痕迹法是利用注塑件上的缺陷痕迹，再通过注塑成型痕迹技术的切入直接找出产生缺陷原因的一种方法，简称痕迹法。俗话说得好："事出有因"。塑料件上生成的缺陷，不是无缘无故地凭空产生，一定是有其原因的。于是可以追踪这些缺陷痕迹的线索，顺藤摸瓜找出产生缺陷的原因，从而制定出整治的措施。注塑件上缺陷，一般是以痕迹的形式表现出来。故可以根据痕迹的形状特征、色泽、大小和位置上的区别，通过痕迹的准确识别，就可以迅速地找出产生缺陷的原因，进而可以很快地制定整治缺陷的措施。痕迹法的针对性强，准确，并且查找迅速，可以极大地减少试模的次数。但需要掌握大量的丰富缺陷痕迹的经验才能使用痕迹法，为了使缺乏缺陷痕迹经验的人也可以运用痕迹法，就需要制定出注塑成型痕迹技术规范文本或痕迹标准。规范文本中有产生各种缺陷痕迹的图片或彩照，规范出各种缺陷痕迹的定义、形式和特征以及处治的方法，只要人们对照规范文本就能立即识别出注塑件上的缺陷，找出缺陷产生的原因和整治的措施。规范文本有如中医的"本草纲目"一样，根据书中图样便可以识别中草药种类和所能治疗的病症。

b. 注塑件上缺陷痕迹的识别。注塑件上的缺陷都是以痕迹的形式表现出来的，而缺陷痕迹又是与产生相应缺陷的因素相对应。这是因为成型注塑件的因素如果没有与实际成型状况相符合，注塑件上便反映出相应的缺陷痕迹。不同的缺陷具有不同的痕迹，就是同种缺陷，也会因缺陷的性质不同，表现出痕迹的形状、部位、颜色和特征也不同。因此，从注塑件上的缺陷痕迹识别入手，便可以很快确定缺陷的性质，再应用注塑件缺陷痕迹技术的方法来整治缺陷。

c. 注塑件上缺陷痕迹技术。注塑件缺陷痕迹技术包括缺陷痕迹的识别、缺陷痕迹规范文本、缺陷痕迹的分析和缺陷痕迹的整治等内容。注塑件缺陷痕迹技术有着一定技巧，为了提高注塑件缺陷痕迹技术的应用的准确性和效率，应该建立相关缺陷痕迹技术的规范文本或痕迹标准。人们可以对照缺陷痕迹技术的规范文本，找出注塑件上的缺陷痕迹的名称、缺陷的性质和特征、产生的原因和缺陷整治的方法。当然，还可以运用注塑件上的缺陷痕迹分析图进行分析，找出注塑件上的缺陷痕迹产生的原因和缺陷整治的方法。

[例 3-8]　电视机遥控器盒如图 3-11 (a) 所示。遥控器盒上有 26 个长方形孔是安装导电橡皮板用的，导电橡皮板是依靠遥控器盒的长方形孔周边上小圆柱进行定位。注塑模浇口如图 3-11 (a) 所示设置，熔体充模时产生 26 条熔接痕，会影响注塑件外观和强度。并且距离浇口越远的熔接痕，其外观和强度越差。采用了很多的方法都没有消除这些熔接痕。在没有办法的情况下，只好将遥控器盒的内、外表面喷涂上油漆，用以掩盖熔接痕。如此，一是增加了工序，也增加了成本；二是产生了污染，不利于环保；三是使用长时间后，由于手的摩擦作用会将油漆磨掉，重新露出熔接痕。那么，怎样才能消除这些熔接痕呢？

点评：这种处置方法显然是不对的，除了存在上述缺点之外，还有弄虚作假的嫌疑，这样会有损公司的信誉。遥控器盒之类的注塑件在电器上应用十分广泛，如电视机、空调和DVD等的遥控器盒，并且产品的批量大。熔接痕的缺陷是这类注塑件产生的最普遍性的缺陷，也是难以整治的缺陷。注塑件产生的缺陷是事出有因，只要能够正确分析出缺陷产生的原因，便可以采用相应的有效整治措施，也就没有不能根治的缺陷。

（1）熔接痕形成原因的分析

如图 3-11 (b) 所示，造成遥控器盒成型加工的 26 处熔接痕原因是：当熔体的料流充模时，高温的熔料接触到低温的注塑模产生了降温，在每一个成型安装导电橡皮板长方孔的注塑模型芯处产生分流。分流的料流前锋形成了低温薄膜，汇合的低温薄膜熔接性差而形成了熔接痕。并且料流离浇口的距离越远，更低温的薄膜熔接性便越差，熔接痕就越是明显，强度也就越低。

（2）缺陷的论治

根据上述分析，造成熔接痕形成的原因：一是熔体的料流温度的降低；二是分流的低温薄膜熔接性差。因此必须针对熔接痕形成的原因，采取相对应的有效整治措施，这便是注塑件缺陷的辩证论治。

（3）整治方案

如图 3-11 (c) 所示，应从提高熔体的料流温度和消除分流的前锋低温薄膜两方面着手，才能有效地根治遥控器盒的熔接痕。

① 提高熔体的料流温度。料流在充模过程中流程长，熔体不断的降温，温度越低造成分流的前锋薄膜熔接性越差。针对此原因，设置了 17 个点浇口，这样料流的流程短，因而

熔体温降减小，从而可以改善熔接不良的效果。

② 清除分流的前锋低温薄膜。分流后所形成的熔料前锋低温的薄膜不能很好地熔接，是因为前锋低温薄膜的熔体中的杂质含量高并形成了氧化层，这是造成 26 处明显熔接痕的主要因素。为此可在产生熔接痕处设置冷料穴，使得分流的熔料前锋薄膜进入冷料穴，后续高温纯净的熔料的熔接性良好，就不会出现明显的熔接痕。

另外还必须配合注射成型加工的工艺参数，即应延长注射时间和冷却时间。注塑模还应设置加热装置，目的是减缓熔体料流降温的速度。

（4）整治效果

如此整治后，熔接痕只有 15 处，熔接痕数量减少了。由于熔接效果大大地改善，熔接处几乎见不到熔接痕的痕迹。虽然，该方案增加了去除冷料穴的冷凝料和修饰的时间，但可以减轻熔接不良的程度，因此可以省去喷漆工序。

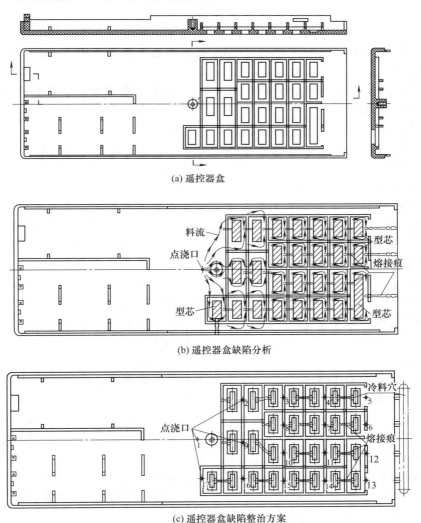

(a) 遥控器盒

(b) 遥控器盒缺陷分析

(c) 遥控器盒缺陷整治方案

图 3-11　遥控器盒及注塑模整治方案

遥控器盒熔接痕整治的辩证论治，对这种类型的注塑件具有普遍性的意义。注塑件的缺陷整治过程就是运用辩证的方法去进行整治，而不是盲目地去整治。具体是要根据缺陷表观，正确而科学地分析缺陷产生的原因，然后再采用适当的措施去整治其缺陷。

3.4.2 注塑件综合缺陷的辩证论治

注塑件上可能会同时出现多种缺陷，而产生缺陷的因素又可能是多种形式。虽然，我们可以在四种整治方法中，单独地采用某一种方法来整治注塑件的缺陷。但是，在应用单一的缺陷整治方法不能奏效的情况下，就有必要采用四种整治方法中两种或四种同时进行综合的整治。

（1）注塑件综合缺陷辩证论治的应用

一般情况下，注塑件缺陷的预期分析，应该采用 CAE 法或图解法。即在注塑件设计时或在进行注塑模结构方案可行性分析时，应用 CAE 法或图解法对注塑件上可能产生的缺陷进行预测分析。对注塑件缺陷进行预测分析的目的是，将注塑件上可能产生的缺陷消除在注塑模设计或 3D 造型之前，这样可以预防注塑模制造好之后，在试模时出现大量的缺陷，否则，就必须进行反复修模和试模，甚至注塑模报废重新制造。注塑件上的缺陷排查法和痕迹法，一般只适用于试模时注塑件上已经出现缺陷的整治，而不能用于注塑件的缺陷预测。

（2）缺陷综合论治的作用和性能

注塑件缺陷 CAE 预测法或图解预测法，可以说是一道像计算机软件中的"防火墙"，可以全面而有效拦截注塑件上各种缺陷的产生。注塑件上的缺陷排查法和痕迹法，又可以说是一道像计算机软件中的"木马"，可以整治注塑件上的缺陷。这种先是预防，后是整治的注塑件缺陷综合整治方法，才是最全面、最完整的科学论治方法。注塑件综合缺陷辩证整治的理论，为塑料件剔除各种缺陷奠定了理论基础和实际操作的方法。CAE 法和图解法，以及排查法与痕迹法，还可以两两互相验证分析的结果，或作为彼此的补充。同时，图解法还可作为 CAE 法软件编程的参考资料。

① 缺陷综合整治法的"防火墙"和"木马"作用　缺陷综合整治法就像是计算机设置的"防火墙"和"木马"的功能一样，"防火墙"是阻挡病毒的入侵，"木马"是消灭已侵入的病毒。缺陷综合整治法中两项注塑件缺陷预测的方法也是一道"防火墙"，可以将大部分或全部注塑件上的缺陷阻挡在"防火墙"之外。因此，在进行注塑件结构设计或造型时，我们就应该使用 CAE 法和图解法进行注塑件缺陷的预测工作。再根据缺陷预测的结果，调整好注塑件和注塑模的结构。这样就可以避免在注塑模试模之后发现大量的缺陷，再来调整注塑件的结构。显然，如此做可以变被动为主动，以避免产生注塑模的报废，所有的工作都得推倒重新再做的后果。

在注塑件进行缺陷预测时，由于人们对注塑件成型过程中的影响因素不可能认识得那么充分和到位，总是会出现一些偏差，就避免不了试模时，注塑件上还会出现少量的缺陷。注塑件上有了缺陷就必须整治，然后，再运用两项注塑件缺陷整治方法，对注塑件现存的缺陷进行有效的根治。这就是注塑件缺陷整治"木马"的设置，"木马"的作用就是将"防火墙"所遗漏的缺陷给予根治。因此，可以说经过"防火墙"的阻挡和"木马"根治作用，总会比通过试模一次次的整治缺陷的效果要好得多。注塑件缺陷整治的"防火墙"和"木马"的设置，特别是对新设计的注塑件结构可以说上了两道保险，以确保注塑件和注塑模结构的合理和完善，CAE 软件的开发也是基于同样的目的。

② 缺陷综合法的互补作用　由于缺陷综合法中四种分析方法都具有各自的特点，因此，它们具有互补的作用。注塑件缺陷预测方法，是运用在注塑件或注塑模浇注系统及其注塑模结构的分析之上，从而可以通过调整注塑件或注塑模浇注系统及其注塑模的结构，以达到预先整治注塑件可能产生缺陷的目的。而两项试模后注塑件缺陷整治分析方法，是对试模后注

塑件上现存的缺陷进行整治的分析方法。这样既有预防，又有整治，并以预防为主，整治为辅的缺陷综合法，应该说是比较完整和系统的缺陷预防与整治的科学方法。

从具体方面来说，由于CAE法的局限性，目前只能用于注塑件的翘曲变形、熔接痕、气泡和应力集中位置的分析，对于其他缺陷就无法进行分析，另外，还只能用于注塑件的分析。在CAE法未完善阶段，为了使注塑件和其他成型件都能够进行缺陷的预测，还应该有另一种缺陷预测分析的方法，可以用于各种成型件的缺陷分析，也可以用于各种缺陷的分析。而CAE法具有十分复杂的编程过程，图解法则可以随意地进行分析，但分析的过程需要丰富经验。因此，CAE法和图解法完全具有互补性。

排查法是通过对造成缺陷的原因进行逐项地排查，从而可以找出造成缺陷的成因和整治的措施，但效率差，并且代价大。痕迹法是以缺陷的痕迹入手，可以直接找出缺陷的成因和整治的措施，效率高，并且代价小。因为两种整治的方法具有同等的分析内容和效果，两者也具有互补性。

（3）缺陷综合整治辩证法运用的技巧

就注塑模设计而言，一般的情况是在注塑模结构分析阶段，应先进行注塑件缺陷的预期分析。其中包括CAE法分析，如因CAE法分析的局限性不能进行分析时，则应该运用图解法进行缺陷预期分析。通过对注塑件缺陷的预期分析，可以排除部分或大部分甚至全部的缺陷。只要能将影响注塑模结构的因素排除掉，就不会有注塑模的修理和重制，对于其他因素产生的缺陷整治起来相对容易一些。

由于人们对注塑件成型加工认识的局限性，不可能做到事事与实际情况相符，这样不免在注塑件实际成型的过程中，还会出现各种形式的缺陷。接下来是通过试模去发现注塑件上现存的缺陷，此时又有两种方法可供分析，一是排查法，二是痕迹法。排查法效率较低，而且容易搞得复杂化。痕迹法可以迅速而准确地确定缺陷产生的原因，这是因为缺陷痕迹都具有其各自的特征，可以根据缺陷痕迹的形状、大小、色泽和位置等特点，并且缺陷痕迹之间总是存在不同和区别，这样就使得痕迹法可以利用这些痕迹的特点，迅速而准确地确定缺陷产生的原因。可见这四种分析方法，可以单独平行的进行分析，也可以两两交叉的进行分析，还可以同时进行分析。

例如缩痕，发生在厚壁反面的一定是因为壁厚不均匀造成的；而发生不规则的凹坑一定是因塑料收缩率过大而产生的；发生在大面积上比较规则的缩痕，一定是壁厚保压补塑不足而产生的；出现浇口对面的缩痕，一定是加料量不足所造成的。又如黑点，塑料因过热发生降解炭化，出现在注塑件上的质点是黑色的；而注塑件上因塑料中含有杂质一定是杂质的颜色，两种颜色是不同的，是有着明显的区别的。因此，通过大量的实践是可以找出这些区别的，这就是痕迹与痕迹技术。当然，痕迹法和排查分析法可以结合在一起应用，也可以分开使用。

（4）缺陷综合整治辩证法的应用和相互验证

由于缺陷综合整治法的四种分析法具有的互补性，在它们的使用过程中需要利用这种互补性，才能发挥最大的效益。由于它们具有某些相同的作用，又可以作为分析结论相互验证的工具，那么就可以利用它们分析的结论来验证这些缺陷产生的结论是否一致，如果一致，则说明分析是正确的。若不一致，说明还存在着问题，需要进一步查清问题所在。

① CAE法和图解法应用顺序 在注塑件结构设计或造型时，应首先使用CAE法进行注塑件的翘曲变形、熔接痕、气泡和应力集中位置的分析。然后，运用图解法进行其他缺陷的分析，这样可以最大量地剔除注塑件上因注塑模结构不当产生的缺陷。若全用图解法进行注塑件的翘曲变形、熔接痕、气泡和应力集中位置的分析，没有CAE法直观和简便。这样

两者互补，可以达到全面和最佳的分析效果。

② 缺陷综合整治辩证法的应用 缺陷综合整治法中，若四种分析法使用不当，则很难发挥它们的作用。如何运用这四种分析法，使之达到最大和最佳的效果，是我们必须面对的问题。

上述四种缺陷整治的方法，显然 CAE 法和图解法是用于缺陷的预测分析，通过预期分析，可以在确定注塑模结构最终方案的同时，就能剔除注塑件上部分或全部的缺陷。一般对注塑件可能出现的翘曲变形、熔接痕、气泡和应力集中的位置等缺陷，可以用 CAE 法进行预测分析，是因为这几种缺陷用 CAE 法分析比较成熟。而其他缺陷就必须运用图解法来进行分析，是因为 CAE 软件没有其他缺陷分析的程序。

由于缺陷的预测分析不可能将所有缺陷都剔除掉，这是因为人们的主观意识和实际情况总是存在着出入。如缺陷预期分析不到塑料颗粒中混有杂质或含水分过多，也分析不到脱模剂型号不符合要求等，这些非注塑模结构、浇注和温控系统所产生的缺陷，只能靠试模去暴露缺陷后加以治理。这样只有通过试模才能发现塑料件上现存的缺陷，有了缺陷就必须整治。因为缺陷痕迹技术分析法就是从注塑件上的缺陷痕迹入手，针对性强，并且准确迅速，因此，应该先使用痕迹技术分析法进行整治。缺陷痕迹技术分析法无法解决的缺陷，才可以使用缺陷排查法。

通过上述分析，可以说综合缺陷分析法是一种全面而科学的技术分析辩证的方法，它们可独立进行缺陷的分析，也能联合进行缺陷的分析和整治，更能相互验证分析的结论。这些分析方法切实可行，并具有实际的可操作性。注塑件上缺陷的问题是十分困扰人们的事情，有些人不是积极主动地解决问题，而是消极被动地掩盖问题，这是不可取的。如注塑件上存在着流痕，先是用砂纸将流痕打掉，再喷上油漆。又如遥控器盒上的熔接痕处治不了，用油漆一喷了事。如此做法，增加了工序，浪费了资源，还污染了环境。喷油漆表面上是掩盖了问题，但由于熔接痕是注塑件强度最薄弱的地方，该处如果正好是受力最大的位置，那注塑件就会出现破裂的现象，没有从根本上解决问题。更重要的是欺骗了消费者，如果产品失去了信誉，还会有市场吗？可见注塑件上的缺陷问题不是一个小问题，解决缺陷问题需要一种切实可行的方法，综合缺陷分析法就是这种方法。

总之，根据物质不灭的定理和能量守恒的原理及熔体充模流量平衡的原则，注塑成型前后的塑料的质量是不变的，注射机产生的能量和注塑成型后消耗的能量是相等的。注塑成型加工时的温度、压力和时间三要素是起主导作用，塑料是被作用的对象，注塑模是工具，制定的成形工艺和参数是手段，注塑件成型是目的。因此，在注塑成型过程中，塑料和注塑模温度的变化、压力的变化造成了注塑件高分子材料密度和形态的变化、熔体充模状态的变化、熔体温度的变化、热胀冷缩的变化、注塑模中气体泄出的变化和注塑件中残余应力分布的变化。这些变化又必须是与高分子材料成型性质相匹配的，这些物理量之间又应该是相互协调和适应的。否则，注塑件的成型加工就会产生相应的缺陷，而缺陷又是以痕迹的形式表现出来。注塑件的缺陷对应着相应的形成机理，这就是整个注塑件缺陷整治辩证方法论的内涵。只要我们遵照上述原则，就能很好地预测和整治注塑件上的缺陷。

本章介绍了针对注塑件形体分析"六要素"所采用的措施、方法和技巧，通过一些案例介绍，让读者知道如何进行注塑模结构方案的可行性分析和论证。如何进行注塑模结构方案的最佳优化和最终方案可行性分析和论证。使读者掌握注塑模设计的程序，如何判断注塑模结构和方案对与错。如何进行注塑件的缺陷预测和整治。以达到正确设计注塑模和提高注塑模设计的成功率的目的。

第**4**章

注塑模结构成型痕迹与综合要素的应用

在第 2 章中介绍了注塑件上注塑模成型痕迹和痕迹技术，本章通过几个利用注塑件上注塑模结构成型痕迹进行注塑模结构设计和论证的具体应用，细致讲解注塑件上注塑模结构的痕迹和痕迹技术的应用。

4.1 豪华客车司机门锁手柄主体注塑模的设计

有了注塑样件，就要遵守注塑件痕迹技术内容，通过注塑样件的注塑模结构成型痕迹的分析来确定注塑模结构方案，再进行注塑模 2D 设计或 3D 造型。先要将已测绘到注塑样件上的注塑模结构成型痕迹移到注塑件的造型上，再按所选材料的收缩率放大注塑件的造型；然后在注塑件的造型上进行分型，并利用三维造型技巧可以得到注塑模整体结构造型和各构件的造型，最后要将注塑模整体结构造型和构件造型转换成 CAD 二维电子版图。

注塑件在注塑模中可能有多种摆放的位置，也就可能有多种注塑模结构的方案；因为有了注塑样件的注塑模结构成型痕迹的提示作用，也就有了与注塑样件上注塑模成型痕迹相对应克隆注塑模结构的方案。对这种由注塑样件所确定的注塑模结构方案如何进行论证呢？在这种情况之下，可以在对注塑样件上的注塑模结构成型痕迹进行分析的基础上，再对克隆注塑模结构的方案进行验证。当然对已经成功注塑样件的注塑模结构成型痕迹的分析，需要找出注塑样件上的注塑模结构的特征；而特别是对失败的注塑样件，一定要找出失败的原因。在这种情况下主要论证工作应该是落实在注塑模机构动作的分析上，即按照所确定的克隆注塑模结构方案，如何选定和设计与注塑模结构方案相关的机构，该设计能否能够完成方案中所规定的动作。没有配套合理的机构和运动形式，再好的注塑模结构方案都可能是空谈和不现实的。然后是对注塑模中薄弱构件进行强度和刚性的校核工作，因为，薄弱构件的变形或失效照样是造成注塑模失败的因素。

在已有注塑样件的情况下，注塑样件就是我们注塑模设计最可靠的依据、最生动的教材和最鲜活的资料。成熟的注塑样件是经历了实际考验的设计，是成功经验的体现；它为我们提供了注塑模设计可靠的保证，可以避免我们设计的失误。只要我们虚心地研究和学习注塑样件，就可以获得最大的成功。研究和学习注塑样件，就是要认真地研究和分析注塑样件的成型痕迹，并用以还原注塑样件注塑模的设计原理、设计结构和设计理念，吸收其精髓；这样才可以有效地避免注塑模设计所走的弯路，甚至是失败。对于中等复杂程度和简单类型的注塑模设计，可以直接按样件上注塑模结构成型痕迹进行设计。对于复杂注塑模结构方案分析，则是在依据注塑模结构成型痕迹分析的基础上，还需要对注塑件进行形体"六要素"分析，结合这两种分析结果制订注塑模结构可行性方案。对注塑样件的形体分析，要找全注塑件上所存在的"六要素"，其中"障碍体"是注塑模的各种运动机构设计的主要决定因素之一，在注塑模设计时，应该完全避开"障碍体"对各种运动机构的阻碍作用。

产品在国内、外进行技术转让时，往往会提供成熟的制品样品。对于注塑模的设计来说，所提供制品的样件就是我们最好的技术资料和设计依据。注塑模的克隆设计就是依据制品样件的注塑模结构成型痕迹来进行的，而"障碍体"是注塑模的各种运动机构设计的主要决定因素之一。

注塑件上的痕迹是客观存在的事实，根据对注塑件上的注塑模结构成型痕迹的识读，再通过对注塑件上注塑模结构成型痕迹的分析，即使在没有见到注塑模和图样的情况下，我们也能够还原该注塑样件的注塑模结构，甚至是克隆或复制出该注塑模，还可以找出注塑样件及其注塑模设计和制造的不足之处。利用注塑样件注塑模结构成型痕迹克隆和复制注塑件，必须是在转让方允许的情况下才能进行，否则属于侵犯知识产权。

4.1.1　手柄主体的形体分析

手柄主体是从国外技术转让的一种豪华旅游客车上司机门锁的注塑件，该产品零件出让方提供了样件和图样。允许由自己来设计和制造手柄主体的注塑模，这样能够节约注塑模转让的费用。需要指出的是，注塑模克隆技术和复制技术，决不能是某些人作为侵犯知识产权的理论和工具。既然转让方提供了手柄主体样件，我们就可以根据样件上注塑模结构成型的痕迹进行分析，来还原样件注塑模的结构；同时，还可以根据手柄主体的形体分析，找出注塑件上所存在的"六要素"。这样便可以根据注塑件上的"六要素"和注塑模结构成型的痕迹同时进行注塑模结构方案的分析，这显然是注塑模结构方案综合的分析方法。手柄主体形体"六要素"分析，如图 4-1 所示。

① "障碍体"要素　手柄主体由手柄 1 和螺钉 2 组成。通过对手柄主体形体"六要素"的分析，存在着如图 4-1 中 A—A 剖视图所示的显性"障碍体"要素，它阻挡了拉手槽的抽芯和手柄主体的脱模。

② "外观"要素　手柄主体的正面和拉手斜槽内，有"外观"的要求。

③ "塑料"要素　材料为 30% 玻璃纤维增强聚酰胺 6（黑色）QYSS08-92，收缩率 1.1%，净重 250g，毛重 260g；对象零件的最大投影面积为 2344mm²；使用 XS-ZY-230 型注射机。

④ "孔槽和螺纹"要素　在 $\phi31.5mm \times \phi25.5mm \times 35.5mm$ 圆筒上存在着水平方向 $13mm \times 4.8mm$ 的长方形"型孔"要素，下端是 $R22mm \times R18.5mm \times 5.5^{+0.1}_{0}mm$ 的半圆环形"型槽"要素；右下侧是 $40mm \times 95mm \times 29mm \times 48° \times 50°$ 的斜向拉手"型槽"要素；长方形型面的背部有 $6 \times M6mm$ 螺钉的"螺纹"要素，五个 $\phi6mm$ 圆柱中都有 $\phi2.6mm$ "型孔"要素。

⑤ "批量"要素　因为是用于豪华型大客车上，故为特大批量。

通过对手柄主体形体"六要素"分析，得知手柄主体上存在着五大要素影响着注塑模结构方案，这显然属于综合要素分析。

4.1.2　手柄主体表面上痕迹的识读与分析

首先应该对手柄主体表面上的注塑模结构成型痕迹进行仔细的观察，并分门别类地做出

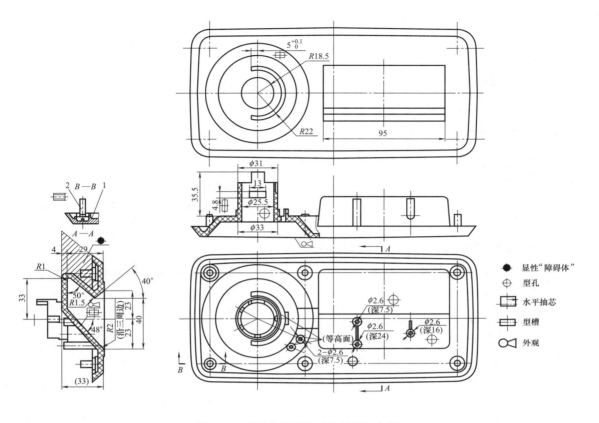

图 4-1 手柄主体形体"六要素"分析

1—手柄；2—螺钉

记录。通过观察和辨认后，找出注塑模结构成型痕迹的属性，即注塑模结构成型痕迹是属于哪种类型的；还需要测量出这些痕迹的形状、大小、位置和方向，并应记录在案。之后应对这些注塑模结构成型痕迹进行分析，除找出与注塑模结构直接相关的注塑模结构成型痕迹之外，还应找出与注塑模结构具有特殊关系的其他注塑模结构成型痕迹。

（1）手柄主体表面上注塑模结构成型痕迹的识读

手柄主体的注塑模定模脱模结构成型痕迹，如图 4-2（a）所示。标注有分型面、水平抽芯、斜向抽芯、镶件、推杆和浇口冷凝料的成型痕迹。提示：由于手柄主体具有"外观"要求，注塑模采用了定模脱模结构，因而注塑模需要三模板的模架。

① 分型面痕迹　它是中模板与动模板在闭模时，中模型腔和动模型腔的分型面在注塑件成型过程中，在注塑件表面上所留下的印痕。

② 抽芯痕迹　它是成型注塑件的内、外表面上拉手槽外侧的锐角外形和长方形孔的型芯在抽芯时，抽芯机构的型芯在手柄主体表面上所遗留下来的印痕。

③ 浇口痕迹　它是注塑件在成型过程中，熔体料流填充型腔时入口处的痕迹。本例浇口的痕迹是一个 $\phi6mm$ 的直接浇口冷凝料，经切除后留在手柄主体背面的痕迹。

④ 脱模痕迹　它是手柄主体在成型冷硬之后脱模时，脱模机构在手柄主体表面上所遗留的印痕。本例脱模痕迹是顶杆的脱模痕迹。需要指出的是，手柄主体样件的顶杆痕迹和浇口痕迹是同处一侧面，也就是说，顶杆痕迹和浇口痕迹都是同时处在注塑模的中、定模

部分。

⑤ 镶件痕迹 它们是成型的注塑件与注塑模开、闭模方向的型孔和螺纹嵌件杆的痕迹。

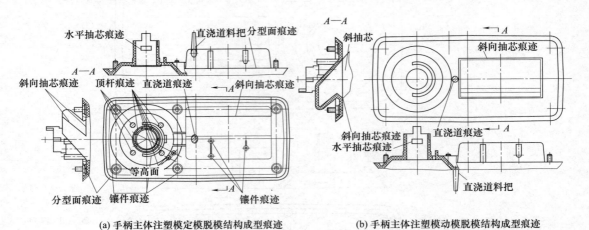

(a) 手柄主体注塑模定模脱模结构成型痕迹   (b) 手柄主体注塑模动模脱模结构成型痕迹

图 4-2 手柄主体注塑模结构成型痕迹识读和注塑模结构分析

（2）手柄主体注塑模脱模机构的分析

手柄主体注塑模动模脱模成型痕迹，如图 4-2（b）所示。此时，手柄主体在注塑模中的脱模形式为动模脱模结构。直接浇口设在手柄主体的正面，经切割直浇口冷凝料的痕迹会遗留在手柄主体的正面，而手柄主体的正面是要面对乘客的，相信每个乘客见到这样大的疤痕一定会感到不舒服的。如果拉手槽的注塑模是采用斜向抽芯成型，如图 4-2（b）所示，在拉手槽的周围不可避免出现抽芯的痕迹。那么司机上车用手拿握拉手槽借力登车时，会有刺痛皮肤的感觉，这样的注塑模结构方案是行不通的。

（3）手柄主体注塑模结构成型痕迹识读的 UG 三维造型

根据图 4-2（a）所示的测绘内容，再进行手柄主体三维造型，便得到了如图 4-3 所示的 UG 手柄主体三维造型与成型痕迹。

如图 4-3 所示，手柄主体正面痕迹除了可以见到分型面的轮廓线之外，可以说光洁无瑕，十分美观；而所有注塑模结构成型的印痕都集中在手柄主体的背面上。十分明显的是：直接浇口冷凝料的断面和所有顶杆的痕迹，也是同处手柄主体背面上。

造型中的线条为手柄主体在成型过程中注塑模结构成型的痕迹。根据手柄主体的三维造型和各种注塑模结构成型痕迹，便可以对注塑模的定、动模型腔，定、动模的分型面，侧向抽芯的分型面，顶杆的形状、尺寸和位置以及浇道的形状、尺寸和位置进行造型，所得到的注塑模一定是样件注塑模的克隆模具，所制得的手柄主体也一定是样件的克隆件。样件与克隆件的差异是很小的，存在的误差主要是测绘尺寸的误差和塑料收缩率的选取时所产生的误差。

（4）手柄主体表面上注塑模结构成型痕迹的分析

对这些注塑模结构成型痕迹进行分析后可以得知，分型面的痕迹较为简单，它是处在注塑件的背面沿周表面的台阶面上；$\phi 31.5mm \times \phi 25.5mm \times 35.5mm$ 圆筒上的 $13mm \times 4.8mm$ 长方形孔的水平抽芯痕迹，$R22mm \times R18.5mm \times 5.5^{+0.1}_{0}mm$ 的环形槽的镶件痕迹，同样都清晰可见。

① 问题的提出 在对手柄主体表面上注塑模结构成型痕迹观察的同时，可以发现两个奇怪的现象：一是去除了直接浇口冷凝料的痕迹和顶杆脱模的痕迹都是处在同一侧面，并且

是处在手柄主体的背面，如图 4-2（a）所示；按常规应该是直接浇口的痕迹在注塑件的定模部分，而顶杆痕迹应在注塑件的动模部分才对，如图 4-2（b）所示。二是手柄主体的拉手槽虽是斜向槽，可是在拉手槽范围内却见不到抽芯的痕迹，而斜向抽芯痕迹却出现在拉手槽外侧的锐角外形处，如图 4-2（a）和图 4-3（a）所示。这样就避免了使用拉手时，手接触着抽芯痕迹产生不舒服的感觉。这些应该是手柄主体样件注塑模抽芯机构滑块的成型痕迹，都违反常规的注塑模结构成型的规则，它们似乎在提示我们克隆注塑模时应该注意的问题。

② 浇口和顶杆痕迹同处一侧的分析　若将浇口设在定模部分，顶杆设在动模部分，该注塑模的结构设计就较为简单了。但是，这样就会在手柄主体的正面留下一个去除了 $\phi6mm$ 浇口冷凝料后的疤痕，严重地影响着注塑件外观的美观性。

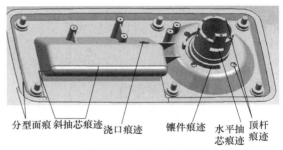

分型面痕　斜抽芯痕迹　浇口痕迹　镶件痕迹　水平抽　顶杆
芯痕迹　痕迹

(a) 手柄主体反面结构与成型痕迹三维造型

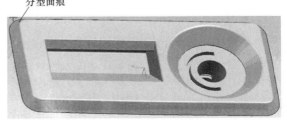

分型面痕

(b) 手柄主体正面结构与成型痕迹三维造型

图 4-3　手柄主体结构与成型痕迹识
读的 UG 三维造型

因此，只有将顶杆与浇口都设置在手柄主体背面时，手柄主体的正面上才不会存在疤痕，由此而来就意味着，顶杆脱模机构也要设置在定模部分。顶杆脱模机构的顶出要由注塑模的开闭模运动转换到定模部位的脱模运动，这就不只是简单地将脱模机构由动模部位移到定模部位就行了，还存在着定模顶杆脱模机构的动作是如何产生、转换和完成的问题，这将使注塑模的脱模结构变得复杂化了。

③ 拉手槽斜向抽芯的分析　40mm×95mm×29mm×48°×50°拉手槽斜向抽芯的痕迹不是直接处在拉手槽范围内，而是处在拉手槽外侧的锐角外形处，这说明了什么呢？手柄主体要实现脱模，首先是要清除注塑模上"障碍体"的阻挡作用。也只有采用了斜向抽芯清除拉手槽处的"障碍体"，如图 4-1 中 A—A 剖视图剖面线阴影部分。腾出较大脱模空间之后，再加上拉手槽斜度为 48°－（90°－50°）＝ 8°脱模角和 40°的让开角的形状，便可以利用手柄主体定模脱模机构的作用力实现手柄主体强制性脱模。

4.1.3　手柄主体注塑模结构方案可行性分析

通过对手柄主体样件表面上注塑模结构成型痕迹的分析，可以得出克隆注塑模的主要结构方案是手柄主体为定模脱模，拉手槽的斜向抽芯为拉手槽外侧的锐角外形斜向抽芯。

（1）手柄主体注塑模拉手槽的斜向抽芯分析

"障碍体"与注塑模设计的关系极为密切，只有把"障碍体"与注塑模运动机构的关系处理好了以后，才可能设计出成功的注塑模来；否则，只能是以失败而告终。注塑模的运动结构设计的方法，主要是针对"障碍体"和"运动干涉"要素来进行的。

抽芯运动避开法：主要是利用斜向抽芯运动，将拉手槽旁边存在着的注塑模"障碍体"进行避让的方法。豪华客车司机门手柄主体的拉手槽，如图 4-4（a）所示。手柄主体阴影线部分为注塑模的"障碍体"，只有将"障碍体"按斜向抽芯方向进行抽芯后，清理掉"障碍

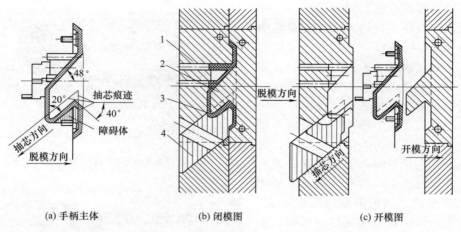

(a) 手柄主体　　　　(b) 闭模图　　　　(c) 开模图

图 4-4　中、动模和斜抽芯运动避让"障碍体"

1—中模型腔；2—动模型芯；3—手柄主体；4—斜滑块

体"并腾出注塑模的空间，手柄主体才能按脱模方向进行脱模。拉手槽可以不需要再进行抽芯，因为拉手槽的形状存在着 $48° - (90° - 50°) = 8°$ 的脱模角和 $40°$ 的让开角。如图 4-4（b）和图 4-4（c）所示，注塑模在开启的同时，手柄主体拉手槽外侧的斜滑块 4 也在进行斜向抽芯，从而使得手柄主体能滞留在中模型腔 1 中，以便实现手柄主体的定模脱模。若无手柄主体拉手槽外侧斜滑块 4 的斜向抽芯来避让"障碍体"，即使成型拉手斜向槽的型芯实现了斜向抽芯。也会因该注塑模"障碍体"阻挡着手柄主体和动模型芯 2，而无法实现手柄主体的定模强制性脱模。

　　如图 4-4（b）所示，根据手柄主体样件的抽芯痕迹在中模型腔 1 中作出的斜滑块 4，闭模后，斜滑块 4 底面须与定模板贴合，这样定模板可以楔紧斜滑块 4 而防止其在大的注射压力的作用下产生位移。

　　如图 4-4（c）所示，中模型腔 1 中的斜滑块 4 沿斜向抽芯的方向进行抽芯后，动模型芯 2 与中模型腔 1 才能分型，手柄主体 3 方可从动模型芯 2 的拉手槽型芯上强制性脱模。

　　（2）手柄主体注塑模结构分析

　　如图 4-5 左剖视图所示，注塑模在开启的同时，手柄主体拉手槽外侧的"障碍体"也在进行着斜向抽芯。这样才能使手柄主体滞留在中模型腔 20 的型腔中，从而实现手柄主体的定模脱模。若没有对手柄主体拉手槽外侧"障碍体"的斜向抽芯用来避开注塑模"障碍体"，该"障碍体"使手柄主体滞留在中模型腔 20 上。不仅不能使中模和动模开启，还无法实现手柄主体的定模强制性脱模。

　　根据手柄主体样件的抽芯痕迹，在中模型腔 20 中制有斜滑块 17。因成型拉手槽斜滑块 17 的表面积大，所承受注射压力也大。闭模后，为防止槽斜滑块 17 在很大注射压力的作用下产生位移，斜滑块 17 的底面须与定模板的表面贴合，这样依靠定模板的表面就可以楔紧斜滑块 17。

　　中模型腔 20 中的斜滑块 17 沿斜向抽芯的方向进行抽芯后，动模型芯 21 与中模型腔 20 的型腔才能开启，手柄主体方可从动模型芯 21 的拉手槽型芯上被强制性脱模；同时，在脱模机构的作用下从中模型腔 20 的型腔中脱模。

　　（3）手柄主体注塑模定模脱模的分析

　　定模推板脱模机构，如图 4-5 所示。该注塑模为三模板标准模架，开模时，首先是动模部分与中模板之间 I—I 分型面处开启；同时，斜滑块 17 在斜导柱 18 的作用下进行抽芯，

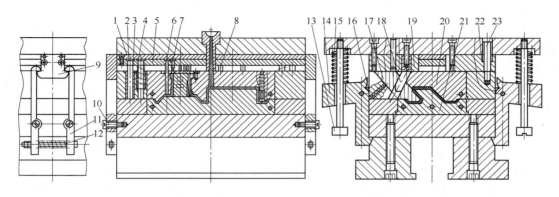

图 4-5 定模推板脱膜机构

1—推垫板；2—推板导柱；3—推板导套；4—回程杆；5—推板；6—大顶杆；7—小顶杆；8—顶杆；9—挂钩；
10—台阶螺钉；11—摆钩；12—支承杆；13,23—限位螺钉；14—Z形摆钩；15—弹簧；16—螺塞；
17—斜滑块；18—斜导柱；19—定模垫板；20—中模型腔；21—动模型芯；22—定模垫块

清除了注塑模拉手槽外侧的"障碍体"对手柄主体的脱模阻挡作用；推板 5 上的大顶杆 6、小顶杆 7 和顶杆 8 在定模推板顶出机构的作用下（运动转换机构和脱模机构：由挂钩 9、台阶螺钉 10、摆钩 11、支承杆 12 及推垫板 1、推板 5 和大顶杆 6、小顶杆 7 和顶杆 8 组成），可以将手柄主体顶出中模型腔 20。限位机构设在定模与中模之间起到限位的作用，限位机构由限位螺钉 13、Z形摆钩 14 和弹簧 15 组成。在开模过程中，当限位螺钉 13 的台阶面碰到 Z 形摆钩 14 时，若继续开模，限位螺钉 13 带动 Z 形摆钩 14 沿圆柱销摆动，Z 形摆钩 14 的下钩脱离动模垫板，分型面 I—I 方可打开。合模后，Z 形摆钩 14 在弹簧 15 的作用下，Z 形摆钩 14 的下钩又可挂住动模垫板。

（4）手柄主体注塑模的镶嵌件和嵌件杆

注塑模的镶嵌件和嵌件杆，如图 4-5 所示。$R22mm \times R18.5mm \times 5.5^{+0.1}_{0}$ mm 的半圆环形槽和五个 $\phi6mm$ 圆柱台中 $\phi2.6mm$ 孔都是沿着开闭模方向的槽和孔，故只需要采用镶嵌件的结构来成型。利用开闭模的运动即可完成镶嵌件的抽芯与复位。手柄主体上的六个 M6mm 的螺钉，则是采用嵌件杆来支承手柄主体的螺钉，手柄主体脱模后才由人工取下嵌件杆。

4.1.4 注塑模的结构设计

先对手柄主体进行三维造型，将测绘的注塑模结构痕迹移植到其三维造型上，并将手柄主体三维造型放大 1.1% 塑料收缩量；再在分型面上应用布尔加减法运算来建立中、动模型芯的造型，并将其放置在中、动模板适合的位置中；然后，完善注塑模的其他各种机构的造型，最后将注塑模及其他构件的三维造型转换成 CAD 二维电子版图。

注塑模的结构设计，如图 4-6 所示，B—B 剖视图为水平抽芯机构，C—C 剖视图为斜向抽芯机构，C—C 剖视图、主剖视图及右断面图为定模推板脱膜机构。由于浇口是设在手柄主体的背面，故手柄主体的正面应设置在动模处，而背面应设置在中模处。根据材料的收缩率，可以确定各型腔面的尺寸和脱模斜度值。

注塑模结构的设计，包括模架的选择，浇注系统、型腔和型芯、抽芯机构、脱模机构和冷却系统的设计。克隆的手柄主体注塑模的分型面、水平抽芯机构、镶件和螺钉嵌件杆等，可直接按照手柄主体上注塑模成型痕迹的位置和尺寸进行设计；成型拉手槽的型芯按图样尺寸进行设计；拉手槽外侧锐角外形抽芯型芯的形状和尺寸按痕迹位置和尺寸进行设计；顶杆也可按痕迹的位置和尺寸进行设计。

　　因为斜向抽芯的型芯成型表面积较大，故需要承受的注射压力也较大。为了防止抽芯机构的型芯受到注射压力的作用产生后移，斜向抽芯机构需要有楔紧块楔紧滑块，可以利用定模垫板作为楔紧块。

　　注塑模为三模板的标准模架；直接浇口；中、动模型芯采用内巡环水冷却系统，需要采用 O 形密封圈以防止水的渗漏。

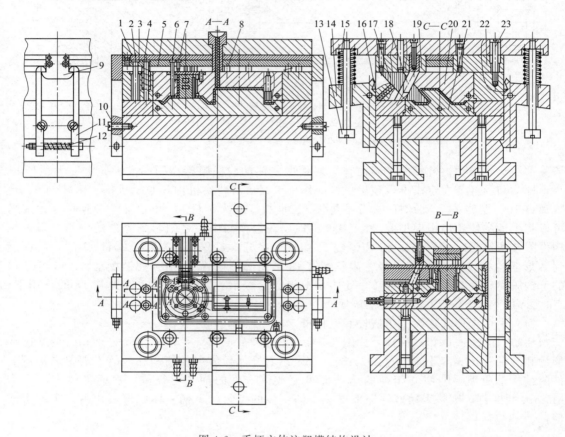

图 4-6　手柄主体注塑模结构设计

1—推垫板；2—推板导柱；3—推板导套；4—回程杆；5—推板；6—大推杆；7—小推杆；8—推杆；9—挂钩；
10—台阶螺钉；11—摆钩；12—支承杆；13,23—限位螺钉；14—Z 形摆钩；15—弹簧；16—螺塞；
17—斜滑块；18—斜导柱；19—定模垫板；20—中模型腔；21—动模型芯；22—定模垫块

4.1.5　注塑模的结构论证

　　注塑模的结构论证包含注塑模结构方案论证、机构论证和强度及刚性的校核等内容。

　　（1）注塑模结构方案的论证

　　根据手柄主体的投影面积，可以确定投影面积最大处应设置在动模板或中模板部分的摆放方法，这样就存在两种注塑模的结构方案；根据注塑模结构痕迹的分析，克隆的注塑模背面应在中模板部分的方案只能有唯一的一种，如图 4-6 所示。

　　（2）注塑模的定模脱模机构和拉手槽斜向脱模机构的论证

　　注塑模机构论证重点应放在定模脱模机构和拉手槽斜向抽芯机构的论证上。因为本来应该是动模脱模的形式，现在要实现定模脱模的形式，就需要利用定、动模的开闭模运动形式，转换成定模脱模机构的脱模运动形式，如图 4-6 主、右剖视图及右断面图所示；否则，手柄主体定模脱模的方案便不可能实现。

① 注塑模的定模脱模机构的论证　如图 4-6 所示，推垫板 1 和推板 5 与挂钩 9 是连接在一起的，摆钩 11 的斜钩与挂钩 9 是以斜钩形式相连接。当动模与中模开启时，在两根摆钩 11 和挂钩 9 的作用下，推板 5 上的大推杆 6、小推杆 7 和推杆 8 可将手柄主体顶出中模型芯 20；当推板 5 接触到中模板限制了位移时，动模则继续移动，在挂钩 9 斜钩的作用下，两根摆钩 11 压缩支承杆 12 上的弹簧而张开。而闭模时，在两根摆钩 11 和挂钩 9 弧面的作用下，两根摆钩 11 再次压缩支承杆 12 上的弹簧张开而钩住挂钩 9。推垫板 1 和推板 5 的先复位先是靠推杆上的弹簧，后是靠回程杆 4 进行复位。

② 注塑模的拉手槽斜向抽芯机构的论证　如图 4-4 所示，由于拉手槽形状存在着 48°－(90°－50°)＝8°的脱模角和 40°让开角的形状特点，就具备了在顶杆作用下实现手柄主体中模强制性脱模的条件。只有将手柄主体阴影线部分"障碍体"按斜向抽芯方向进行抽芯后，清理掉"障碍体"并腾出注塑模的空间，手柄主体才能按脱模方向进行脱模，而拉手槽则可不需要再进行抽芯。

（3）注塑模的强度和刚性的校核

像投影面积如此大的注塑模，需要对注塑模的定模垫板、中模板型腔和动模型芯及斜向抽芯机构的斜导柱等薄弱结构件，进行强度和刚性的校核，以防产生变形，甚至是出现手柄主体无法脱模的严重后果。

以上的内容是从手柄主体样件的注塑模结构成型痕迹观察和分析着手，确认了手柄主体样件的注塑模结构，从而可以确定手柄主体克隆注塑模的结构方案。这种直接按手柄主体样件的注塑模结构成型痕迹来进行克隆注塑模结构设计的方法，除了可避免注塑模设计和制造的败笔之外，还可以克隆出注塑模和手柄主体。手柄主体样件上的注塑模结构成型痕迹，可以说是注塑模和手柄主体克隆技术的主要的依据。这种依据注塑模结构成型痕迹所进行注塑模的设计是最简单、最直接和最有效的方法。只要通过注塑模结构成型痕迹分析的方法，便能够透彻和清晰地剖析手柄主体成型的机理，就可以直接地使用注塑模结构成型痕迹分析法来设计克隆注塑模的结构。如果没有手柄主体样件上注塑模结构成型痕迹的提示作用，就有可能将注塑模设计成动模脱模和拉手槽直接抽芯的结构形式。如此，手柄主体正面上就存在直接浇口冷凝料的疤痕和拉手槽上存在着抽芯的痕迹，即使如此，手柄主体仍然无法从中模型腔中脱模的后果。

4.2　面板注塑模设计

注塑模的设计是从注塑件形体"六要素"分析和注塑模结构方案的可行性分析与论证开始的，通过对形体"六要素"分析找到注塑模结构需要解决的措施，通过对方案的可行性分析和论证找出正确的注塑模结构方案，排除错误的注塑模结构方案，从而可以消除注塑模结构设计的失误。注塑模结构方案的可行性分析，又是从注塑件形体分析"六要素"开始，由注塑模结构方案的三种分析方法着手来确定注塑模的结构方案。在提供了注塑样件的情况之下，还可以借助注塑样件上的注塑模结构成型痕迹来验证注塑模结构方案的正确性。才能对所制订注塑模结构方案的判断做到心中有数，从而减少注塑模设计的盲目性。有的注塑模甚至设计出来了，还是心中无底，不知注塑模设计是对还是错？其原因就是没有对注塑模结构方案进行充分的论证。另外，还可以借助注塑样件上的成型加工痕迹的预期分析来避免注塑件上产生的缺陷。

4.2.1　面板形体六要素分析与注塑模结构方案的分析

面板上总是存在着影响注塑模结构方案的形体要素，从面板 2D 图或三维造型中总是可以提取到形体"六要素"，提取"六要素"的过程就称为注塑件形体"六要素"分析。但是，不是所有的注塑件都存在着"六要素"，就面板而言，只存在着三要素。

（1）面板形体"六要素"分析

面板上存在着显性"障碍体"要素、"型孔与型槽"要素和"外观"要素，如图 4-6 所示，它们都是影响注塑模结构的因素。

① 显性"障碍体"要素。由于"障碍体"轴线与注塑模中心线夹角为15°，显性"障碍体"的存在会影响注塑件的脱模。

② "型孔与型槽"要素。是决定注塑模抽芯机构的形式、结构和方向的因素。

③ "外观"要素。是指在给定的注塑件型面上不能存在着各种类型注塑模结构的痕迹，如浇口痕迹、分型面痕迹、推杆痕迹、抽芯痕迹和镶接痕迹。

（2）注塑模结构方案的分析

注塑模结构方案的分析，如图 4-7 所示。针对面板上的三个要素，需要采用一一对应的

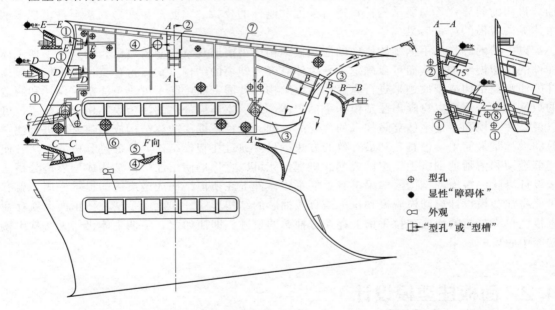

图 4-7　面板形体"六要素"分析与注塑模结构方案的分析及注塑模结构痕迹的识读

①～③—型槽和型孔水平抽芯痕迹；④—辅助浇道痕迹；⑤—潜伏式浇口痕迹；⑥—各种顶杆痕迹；⑦—分型面痕迹；⑧—斜型芯抽芯痕迹；⊕——"型孔"；●——显性"障碍体"；▷○——"外观"；□——"型孔"或"型槽"的抽芯

注：1. 图中粗实线和阴影图形，表示各种痕迹的形状、位置及尺寸；细实线表示面板的形状，引导线和文字为说明痕迹的性质和名称。

2. 面板为橘皮纹。

化解措施之后，再将这些对应的措施联系起来制订出注塑模整体的结构方案，这就是注塑模

结构方案的分析。

① 显性"障碍体"要素 符号：⤜●，实体圆表示显性"障碍体"，有×符号并带箭头的实线，表示在面板预设脱模的方向上存在着显性"障碍体"的阻挡，不能进行正常脱模。有√符号并带箭头的实线，表示改变面板脱模方向之后，显性"障碍体"便不再存在，面板才能够进行正常脱模。由于显性"障碍体"轴线与注塑模中心线夹角为（90°－75°）＝15°，因此，不管面板在注塑模中是何种的摆放位置，都需要进行斜向15°方向的脱模。

② "型槽"抽芯 符号：⊏⊐，长方形线框表示为型槽，带箭头的直线表示抽芯的方向，该符号表示注塑模的水平抽芯。

③ "型孔" 符号：⊕，表示型孔，由于"型孔"在显性"障碍体"之中，两者的轴线又是重合的。成型"型孔"的型芯可以是固定的形式，面板的斜向脱模便可成型这些"型孔"。

④ "外观"要素 符号：⋈，表示为符号所指定的面板型面上不能存在各种类型的注塑模结构的痕迹，如浇口痕迹、分型面痕迹、顶杆痕迹、抽芯痕迹和镶接痕迹。为了能符合面板"外观"上的要求，一般的做法是，将这样痕迹放置在没有"外观"要求的型面上。

4.2.2 面板上注塑模具结构痕迹的识读与分析

首先是要识读出面板样件上注塑模结构的成型痕迹，然后对这些注塑模结构的成型痕迹进行分析，最终确定面板样件的注塑模结构方案。面板样件上的注塑模结构成型痕迹的识读与面板样件上注塑模结构的分析，如图4-7所示。

（1）面板样件上注塑模结构成型痕迹的解读

根据面板样件上注塑模结构成型痕迹的识读和分辨，面板样件上存在着分型面痕迹⑦、水平抽芯痕迹①～③、斜向型芯痕迹⑧、镶件痕迹①③、顶杆痕迹⑥、辅助浇道④和潜伏式点浇口⑤的成型痕迹，这些痕迹的形状、位置及大小，都十分清楚地显现出来。辨认出这些注塑模结构成型痕迹的形状、位置及大小是十分重要的，它们为我们研究面板样件的注塑模结构提供有力的素材和依据，也为克隆与复制面板样件和注塑模提供了全部的资料样本和造型。

（2）面板上注塑模结构成型痕迹的分析

图中的粗线条为面板样件在成型过程中注塑模分型面的痕迹。根据面板样件上的各种注塑模结构成型痕迹的分析，便可以确定注塑模定、动模的分型面，"型槽与型孔"抽芯的侧向分型面，顶杆的形状、尺寸、位置和数量，辅助浇道和潜伏式点浇口的形状、尺寸和位置；进而可以进行注塑模动、定模的分型，确定面板的抽芯和脱模结构；这样所得到的注塑模结构一定是面板样件注塑模结构的克隆注塑模，所成型的面板也一定是面板样件的克隆件。面板样件与面板克隆件的差异很小的，存在的误差主要是因测绘时的偏差和塑料收缩率选取的偏差所产生的。

4.2.3 注塑模结构方案的比较

根据面板形体"六要素"分析与注塑模结构方案的分析，还要结合面板在注塑模中摆放的位置，就可以制定面板注塑模多种的结构方案。再对多种的注塑模结构方案进行比较后，便可确定注塑模的最佳优化方案。设定有"外观"要求的型面为正面，没有"外观"要求的型面为反面。

① 方案一 正面朝着定模方向摆放的方案，这种方案能够实现面板上显性"障碍体"

斜向脱模与斜向"型孔"的成型；也能实现面板"型槽"的水平抽芯；如果浇口选择为点浇口，虽然点浇口的痕迹很小，但还是会影响有"外观"要求的型面。由于是采用点浇口，注塑模要用三模板的模架。

② 方案二　正面朝着动模方向摆放的方案，这种方案必须是面板定模斜向脱模的结构。面板定模脱模的结构虽然是复杂一些，但还是可以实现。而定模斜向脱模却是无法实现，因此这个方案是失败的方案。

③ 方案三　正面朝着定模方向摆放，且是潜伏式浇道的方案。方案一只是因存在着点浇口而影响正面的"外观"要求。若将浇注系统改成潜伏式浇道，浇口设置在面板的反面，使塑料熔体从面板反面的点浇口进入，就能有效地解决这个问题。同时，注塑模的结构也变得更简单了，注塑模只要用二模板的模架。

4.2.4　注塑模结构方案的论证

注塑模结构方案的比较，实际就是注塑模结构方案的论证。现在我们还可以采用另一种面板样件上注塑模结构痕迹的论证方法，这种论证方法更为直观和简单。先要确定面板的脱模形式，再要确定面板的分型面和抽芯等注塑模的结构。

① 面板克隆注塑模的脱模方案。如图 4-7 所示。根据面板背面上 $2×\phi4mm$ 孔的走向和加强筋的走向，得知面板要采用斜向脱模的结构。因为按常规面板的脱模方向，$2×\phi4mm$ 孔和加强筋都会成为"障碍体"，影响着面板的脱模。如图 4-7 的 A—A 与 B—B 剖视图所示，只有采用了与这些"障碍体"成15°斜向脱模的机构，面板才能正常的脱模。

② 面板克隆注塑模脱模方案和浇注系统方案的确定。由于面板有着"外观"的要求，即面板的正面上不能存在着任何形式注塑模结构的成型痕迹，这样便可以采用定模脱模的结构形式。但由于定模脱模的结构形式本身就已经很复杂，如还需要斜向脱模的机构，这样就会使得注塑模脱模的结构形式无法实现；同时，脱模机构所需要的空间高度更大。为了避免定模斜向脱模机构的这些缺点，仍然需要采用动模斜向脱模机构。为了获得面板正面上不能存在着任何注塑模结构成型痕迹的效果，采用了如图 4-8 的 B—B 剖视图所示的辅助浇道与潜伏式浇口相结合的浇注系统设计方案，即在制有潜伏浇口顶杆 3 上加工出辅助浇道，在主浇道旁边上加工出潜伏式浇口。塑料熔体由主浇道流至潜伏式浇道，再流至辅助浇道与浇口，最后流入注塑模的型腔，从而解决了熔体从动模方向流入注塑模型腔的难题。

③ 面板浇注系统的脱模机构。如图 4-8 的 A—A 与 B—B 剖视图所示。开模时，由于拉料杆 2 将主浇道下方冷料穴凸出圆弧槽中的冷凝料拉出主浇道。当注塑机顶杆推动推板 13 和安装板 12，使得斜推板 8 和斜安装板 7 的滚轮 9 在安装板 12 滚动，面板在带潜伏浇口顶杆 3 和顶杆 5 等的共同作用下脱模。在面板脱模的同时，由制有潜伏浇口顶杆 3 将潜伏式浇口中的冷凝料切断，再由拉料杆 2 将动模冷料穴中的冷凝料顶脱模。

④ 面板克隆注塑模的抽芯机构。从面板背面可以看到的抽芯痕迹，注塑模抽芯结构的痕迹，如图 4-7 所示。面板左端三处型槽①的抽芯痕迹，三处型槽①可共用一处抽芯机构；前端有一处型槽②的抽芯痕迹，为一处抽芯机构；右端有两处型槽③和 $2×\phi4mm$ 斜向孔③的抽芯痕迹，两型槽③可共用一处抽芯机构，斜向孔③则可由安装在推件板和安装板之间的固定型芯成型，利用推件板脱模运动进行抽芯。

⑤ 右端 $2×\phi4mm$ 斜向孔的成型与抽芯。如图 4-9 所示，由于这两孔为斜向孔，成型两孔的型芯 19 安装在动模镶件上，利用面板的斜向脱模可以完成 $2×\phi4mm$ 斜向孔的抽芯。

⑥ 动模型芯的面板成型面上需要制作出皮纹。

⑦ 注塑模脱模机构的复位。注塑模脱模机构的先复位是依靠弹簧 10 的作用（图 4-9）。

如图 4-8 所示，精确复位则是依靠回程杆 6 的作用。

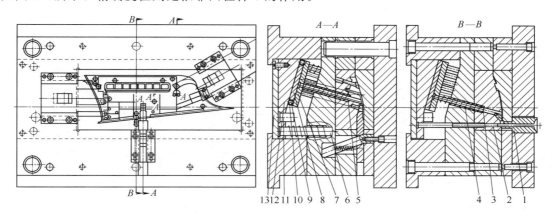

图 4-8 面板克隆注塑模的脱模结构与浇注系统

1—浇口套；2—拉料杆；3—带潜伏浇口顶杆；4—弹簧；5—顶杆；6—回程杆；7—斜安装板；8—斜推板；
9—滚轮；10—圆柱销；11—限位销；12—安装板；13—推板

4.2.5 面板注塑模的设计

面板在注塑模中的摆放位置有两种，这样注塑模结构方案便存在着两种形式。其中一种是简单易行的方案，另一种是复杂而不可行的方案。只有通过注塑模结构方案可行性的分析，才能够找这种简单易行的方案，从而有效地避免失败的方案。一旦注塑模结构方案确定下来了，注塑模的具体设计或造型就相对容易了。

在进行了面板的形体分析，注塑模结构方案可行性分析和论证之后，便可以根据论证的结论进行注塑模的设计。面板注塑模的设计，如图 4-9 所示。面板注塑模共采用了三处水平抽芯机构，成型面板沿周三面的"型槽"；采用了动模斜向脱模机构，成型面板上显性"障碍体"及其上的"型孔"；采用了潜伏式浇道的点浇口，点浇口的位置设置在面板的反面上，从而保证了面板正面上"外观"的要求；由于是潜伏式浇道的点浇口缘故，模架应为二模板的形式。

① 面板左端三处型槽①抽芯机构的设计　如图 4-9 所示，安装在由两块左压板 13 所组成的 T 型槽中左滑块 1，以及由圆柱销 3 固定在左滑块 1 中左上型芯 14、左中型芯 15 和左下型芯 16。当动模板开启时，左弯销 2 拨动左滑块 1 和左上型芯 14、左中型芯 15 及左下型芯 16 进行抽芯和复位运动。

② 右端两型槽③抽芯的设计　如图 4-9 所示，安装在由两块右压板 18 所组成的 T 形槽中右滑块 4 和右型芯 17，当动模板开启时，右弯销 5 拨动右滑块 4 和右型芯 17 进行抽芯和复位运动。

③ 前端型槽②抽芯的设计　如图 4-9 所示，安装在由两块前压板 12 所组成的 T 形槽中的前滑块 9。当动模开启时，前弯销拨动前滑块 9 进行抽芯和复位运动。

④ 前端 $2 \times \phi 4$mm 斜向孔③抽芯的设计　$2 \times \phi 4$mm 斜向孔③成型和抽芯，可由安装在推件板和安装板之间的固定型芯 19 成型，利用推件板脱模运动进行抽芯和复位。

这样所有型孔、型槽的成型和抽芯动作都能正常完成，加上前述的面板脱模和浇注系统及脱浇道冷凝料等机构的设计，该注塑模便能达到面板对外观的要求。

面板注塑模在设计之前，先要通过对面板形体"六要素"的分析，再进行注塑模结构方案的可行性分析与论证之后，才能进行注塑模结构的设计和造型。如果提供有面板样件，一

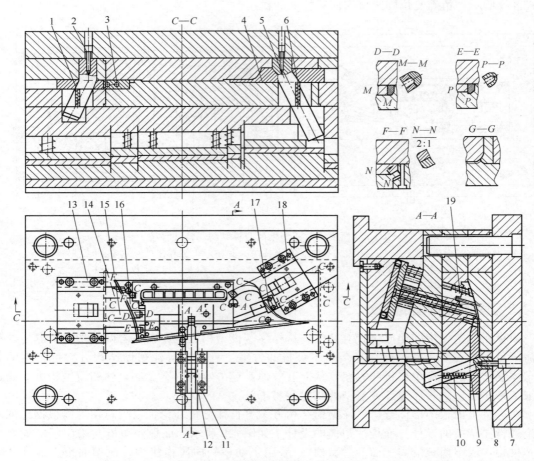

图 4-9　面板克隆注塑模的抽芯机构

1—左滑块；2—左弯销；3,11—圆柱销；4—右滑块；5—右弯销；6—碰珠；7—内六角螺钉；8—前弯销；
9—前滑块；10—弹簧；12—前压板；13—左压板；14—左上型芯；15—左中型芯；16—左下型芯；
17—右型芯；18—右压板；19—型芯

定要对面板样件上注塑模结构成型痕迹进行深入的研究，用以还原面板样件的注塑模结构。这些信息可以帮助我们确定注塑模的结构，还可以进行注塑模结构的校核。如果没有面板样件上注塑模结构痕迹的提示，注塑模的设计不是出现定模斜向脱模错误的结果，就是出现正面没有"外观"要求的结果。这是一套比较完整的注塑模结构方案可行性分析和论证的案例，有了这种分析和论证的方法，方可以避免注塑模设计的盲目性，也可以进行自我判断注塑模结构设计的正确性。

4.3　后备厢锁主体部件注塑模结构方案的分析与论证

在注塑模设计好后，一般都应该进行注塑模结构方案论证。特别是对于大型和复杂的注塑模来说，更是应该如此。一旦制订的注塑模结构方案失败了，将会直接导致注塑模设计和制造的报废，并将导致经济上的损失和开发时间上的延迟。进行注塑模结构方案论证的目的，就是为了防止注塑模结构方案和机构设计的失误。其内容就是要找到满足注塑件形体

"六要素"分析条件下的既简单又切实可行的最佳优化方案；论证注塑模的各种机构运作的可靠性；论证注塑模的强度和刚性能否满足使用的要求。

4.3.1 主体部件的资料和形体分析

主体部件，如图 4-10 所示，由手柄 1 和圆螺母 2 组成。主体部件也是从外国进行技术转让的一种旅游豪华大客车上旅客行李厢锁主体部件，简称主体部件，该产品零件转让方提供了合格的样件。为了节省注塑模的转让费用，接受方需要克隆出主体部件及其注塑模。主体部件材料为 30％玻璃纤维增强聚酰胺 6（黑色）QYSS 08-92，收缩率 1.1％；净重 200g，毛重 210 多克，塑胶的注射量较大；对象零件的最大投影面积为 15114mm²；使用 XS-ZY-230 注射机成型加工。

4.3.2 主体部件形体六要素分析

对主体部件的结构、尺寸和精度的分析是十分重要的，只有对产品的结构、尺寸和精度的分析透彻之后，才能够解决分型面的选用、型孔或型槽的抽芯及主体部件脱模机构等一系列的注塑模结构设计问题。该主体部件具有结构复杂、型面诸多和尺寸繁多的特点。

（1）主体部件形体"六要素"分析的原则

在对产品零件的形体进行分析时，必须先抓主要矛盾，再抓次要矛盾，最后抓一般矛盾；必须由浅及深、由简及繁、由表及里地提取注塑件核心的形状结构、尺寸和技术要求等因素。将复杂的事物分解成若干个简单的事物，再一个一个地去解决这些简单的事物；所有的简单事物解决了，复杂的事物也会随之解决。

① 确定主体部件在注塑模中摆放的位置。盒状零件一般是将投影面积最大的面摆放在动模或定模上，而筋槽较多的面一般放置在定模上。如此，主体部件在注塑模中只有唯一的摆放的位置。

② 找出影响主体部件分型面的形体及其尺寸。注意运用形体回避法去除"障碍体"对动、定模分型面的影响。

③ 找出影响主体部件各种型孔或型槽成型的形体及其尺寸。

a. 找出主体部件侧面方向的型孔或型槽及其尺寸，这是影响主体部件型孔或型槽侧向抽芯机构或活块结构的因素。

b. 找出主体部件与开、闭模方向平行走向的型孔或型槽及其尺寸，这是影响"主体部件采用镶嵌件结构、活块结构和垂直抽芯机构的因素。

（2）主体部件的形体分析

主体部件的形体分析是主体部件形体"六要素"分析。主体部件的正面应放置在动模上，而带加强筋的背面应摆放在定模上。如此，只存在着一种摆放的位置，也就是说只有一种注塑模的结构方案。

① "障碍体"要素"障碍体"存在于注塑模或主体部件上，是起到阻碍注塑模开、闭模和抽芯及主体部件脱模运动的一种实体。如图 4-10 的 $A—A$ 和 $C—C$ 剖视图及 $D—D$ 局部断面图所示，若主体部件沿着正常的开模方向脱模时，便存在着显性"障碍体"的影响；若主体部件沿着开模方向呈 30°角方向脱模，则不存在着显性"障碍体"的影响。

a. 显性"障碍体"。如图 4-10 的 $A—A$ 与 $B—B$ 剖视图所示，值得一提的是正面大、小方槽前面有 3.1mm 的显性"障碍体"（6mm × tan30° ＝ 3.4641mm，由于 60°处存在着 $R0.5$mm，实际该处"障碍体"高度约为 3.1mm），在如图 4-10 的 $D—D$ 断面图所示上有 6×tan10°＝1.06mm 的显性"障碍体"。

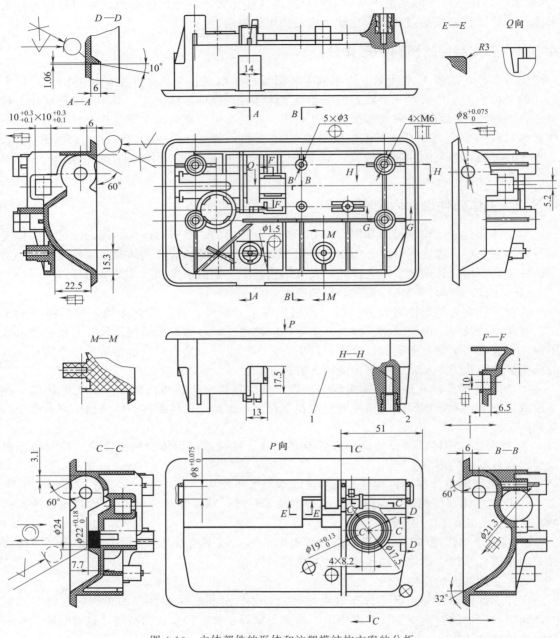

图 4-10　主体部件的形体和注塑模结构方案的分析

1—手柄；2—圆螺母；⊞—型槽；⊕—型孔；▦—螺孔；

⊟—型孔或型槽抽芯；✳—显性"障碍体"注塑模脱模结构

方案分析符号：◄—隐性"障碍体"注塑模脱模结构方案分析符号；

⊟—齿轮齿条抽芯机构去除隐性"障碍体"的注塑模结构方案分析符号

　　按正常的主体部件沿着注塑模中心线方向脱模，发现 $A—A$ 与 $B—B$ 剖视图存在着 3.1mm 的显性"障碍体"；如图 4-10 的 $D—D$ 断面图所示，存在着 1.06mm 的显性"障碍体"。若将正常的主体部件脱模方向，改作沿着显性"障碍体"（90°－60°＝30°）30°的脱模方向，在这种脱模方向上的显性"障碍体"便会消失。

b. 隐性"障碍体"。如图 4-10 的 C—C 剖视图所示，按正常的主体部件脱模方向，成型 7.7mm×$\phi22^{+0.18}_{0}$mm 圆柱孔的型芯原本不是"障碍体"，由于主体部件必须进行 30°的斜向脱模，才成为新的"障碍体"。此时，若不将成型 7.7mm×$\phi22^{+0.18}_{0}$mm 圆柱孔的型芯在主体部件脱模之前，先行完成垂直抽芯，势必会妨碍主体部件的斜向脱模。同理，注塑模闭模时，该型芯必须先行复位才能成型 7.7mm×$\phi22^{+0.18}_{0}$mm 的圆柱孔。

② "孔槽与螺孔"要素　主体部件形体上存在着众多的型孔、型槽与螺孔要素，有正面、背面和沿周侧面的型孔、型槽与螺孔。

a. 正、背面的型孔、型槽与螺孔及其尺寸。如图 4-10 主视图、P 向视图、C—C 剖视图和 F—F 断面图所示。

• 正面小方槽的 $\phi24$mm×60°圆锥台里面有 $\phi22^{+0.18}_{0}$mm 深 7.7mm 的圆柱孔，中间有外径为 $\phi19^{+0.13}_{0}$mm、内径为 $\phi17.5$mm、槽宽为 8.2mm、长为 17mm 的十字形花键孔，下面是 $\phi19^{+0.13}_{0}$mm 的圆柱孔。

• 背面有 4×M6 的螺孔、5×$\phi3$mm 的圆柱孔及 1×$\phi1.5$mm 的圆柱孔。

b. 侧面方向的型孔或型槽及其尺寸。如图 4-10 左、右、仰、俯视图和 B—B 剖视图所示。

• 左侧面有 $\phi8^{+0.075}_{0}$mm×3mm 的圆柱孔及 $\phi21.3$mm×20mm 的圆柱孔。

• 右侧面有 $\phi8^{+0.075}_{0}$mm×43mm 的圆柱孔及 $10^{+0.3}_{+0.1}$mm×$10^{+0.3}_{+0.1}$mm×45mm 的方孔。

• 后侧面有 14mm×22.5mm×15.3mm 三角形槽。

4.3.3　主体部件注塑模结构方案的可行性分析

主体部件注塑模结构方案的可行性分析，首先在找到主体部件形体分析"六要素"的基础上，再找出处置主体部件形体"六要素"的措施。注塑模结构方案分析主要是针对主体部件形体分析的要素，采用与形体要素相对应的注塑模结构来解决主体部件成型加工中出现的各种问题。

（1）成型平行开、闭模方向主体部件背面型孔与螺孔的注塑模结构

如图 4-11 的 A—A 剖视图和 B—B 旋转剖视图所示。

① 成型平行于开、闭模方向主体部件背面型孔的注塑模结构　主体部件背面 5×$\phi3$mm 和 $\phi1.5$mm 的型孔，以及中间外径为 $\phi19^{+0.13}_{0}$mm、内径为 $\phi17.5$mm、槽宽为 8.2mm、长为 17mm 的十字形花键孔与下面是 $\phi19^{+0.13}_{0}$mm 的圆柱孔，可采用镶件型芯成型，抽芯则是利用注塑模的开、闭模运动来实现。

② 成型平行开、闭模方向的主体部件背面螺孔的注塑模结构　背面的 4×M6mm 的螺孔，可采用螺纹嵌件杆上的螺纹成型；嵌件杆随厢锁主体部件一起脱模，再由电动螺钉旋具人工取出嵌件杆。

（2）成型垂直开、闭模方向主体部件沿周侧面型孔的注塑模结构

如图 4-11 的 A—A 剖视图和 B—B 旋转剖视图所示：左侧面有 $\phi8^{+0.075}_{0}$mm×3mm 的圆柱孔及 $\phi21.3$mm×20mm 的圆柱孔，右侧面有 $\phi8^{+0.075}_{0}$mm×43mm 的圆柱孔及 $10^{+0.3}_{+0.1}$mm×$10^{+0.3}_{+0.1}$mm×45mm 的方孔，后侧面有 14mm×22.5mm×15.3mm 三角形槽，均可采用水平方向斜导柱滑块抽芯机构。

（3）避开隐性"障碍体"的方法

主体部件上 $\phi22^{+0.18}_{0}$ mm×7.7mm 型孔型芯应采用垂直抽芯的方法，来避开注塑模上型芯隐性"障碍体"对主体部件脱模阻挡作用；采用改变主体部件脱模机构运动方向的方法，来避开注塑件上显性"障碍体"对主体部件脱模阻挡作用。

① 主体部件脱模运动方向避开法　利用改变主体部件脱模机构的运动方向，避开主体部件上显性"障碍体"对脱模的阻挡作用。因主体部件上存在着显性"障碍体"，如图 4-10 的 A—A 剖视图及 D—D 断面图所示。若主体部件脱模方向是沿注塑模的开、闭模运动方向将主体部件顶出，势必会碰到 3.1mm 的显性"障碍体"及 1.06mm 的显性"障碍体"的阻挡，使得主体部件不能脱模。为了能让主体部件顺利地脱模，脱模机构的顶杆就必须沿着显性"障碍体"的 30° 方向顶出，才能有效地避开显性"障碍体"的阻挡，如图 4-11 所示；同时，$\phi24$mm×60° 锥台的造型也正好符合主体部件斜向脱模的要求。

② 型孔型芯抽芯运动避开法　主体部件存在的隐性"障碍体"，如图 4-11（c）的 C—C 剖视图所示。成型主体部件正面 $\phi24$mm×60° 锥台里的 $\phi22^{+0.18}_{0}$mm 深 7.7mm 圆柱孔的型芯，本来不是"障碍体"，因主体部件脱模方向改为斜向脱模后，才成了隐性"障碍体"。如此，可利用垂直抽芯机构抽芯来消除隐性"障碍体"的阻挡作用，使主体部件能顺利地进行 30° 斜向脱模运动，如图 4-11（b）所示。

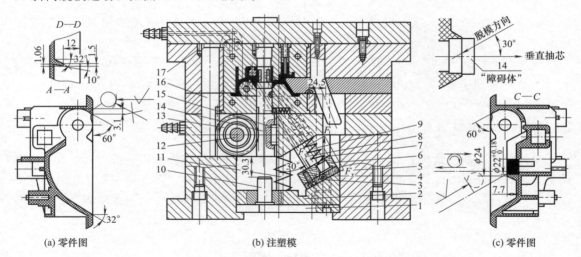

(a) 零件图　　　　　　(b) 注塑模　　　　　　(c) 零件图

图 4-11　注塑模斜向脱模及垂直抽芯机构方案

1—平垫板；2—平推板；3—轴；4—滚轮；5—斜垫板；6—斜推板；7—弹簧；8—小推杆；9—大推杆；
10—限位销；11—顶杆；12—齿轮轴；13—齿轮；14—型芯齿条；15—键；16—齿条；17—圆柱销；

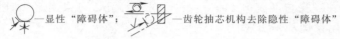—显性"障碍体"；　　—齿轮抽芯机构去除隐性"障碍体"

4.3.4　主体部件注塑模结构和构件的设计

根据所制定的注塑模结构方案，来进行注塑模结构和构件的设计。设计时先根据主体部件的塑料，确定塑料的收缩率和各型面与型腔的尺寸和脱模斜度；根据模腔的数量，选取注塑模的标准模架。选取标准模架的面积和尺寸时应注意两方面的问题：一是根据模腔的数量和分布情况来选用，注意模板周边壁厚的尺寸不得过小而影响其强度和刚度。二是主体部件如有水平抽芯，在满足最长抽芯距离的前提下，抽芯后滑块的长度需要有 2/3 以上部分滞留在模板上，以确保滑块不会因抽芯运动的惯性滑离模板；小于 2/3 的长度就会产生悬空，滑块会从模板上掉落。

（1）分型面的设计

如图 4-12 的 $B-B$ 剖视图所示的Ⅰ—Ⅰ台阶形面为分型面，分型面的一侧为动模部分，另一侧为定模部分。

（2）注塑件侧面抽芯机构的设计

主体部件侧面的型孔或型槽，共采用了三处水平斜销滑块抽芯机构来成型三个侧面的型孔或型槽。

（3）注塑件正面及背面镶件的设计

主体部件正面及背面的型孔走向若是平行于开、闭模方向的，一般采用镶件或嵌件杆来成型，利用注塑模的开、闭模运动进行抽芯和复位；也可以采用垂直抽芯机构进行抽芯。

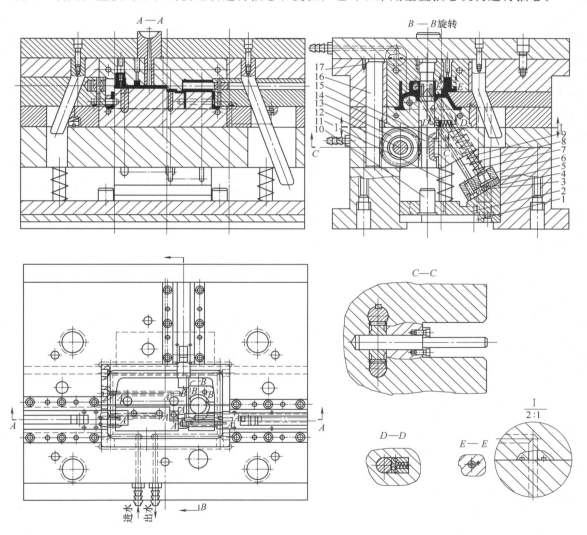

图 4-12　注塑模的结构设计

1—平垫板；2—平推板；3—轴；4—滚轮；5—斜垫板；6—斜推板；7—弹簧；8,11—顶杆；9—大顶杆；
10—限位销；12—轮轴；13—齿轮；14—型芯齿条；15—键；16—齿条；17—圆柱销

（4）注塑模的斜向脱模机构及垂直抽芯机构的设计

注塑模的结构设计如图 4-12 所示。

① 注塑模斜向脱模机构的设计　根据注塑模脱模运动避开法的分析，为了能让主体部件顺利地脱模。脱模机构的顶杆 8、9 和 11 就必须沿着显性"障碍体"的 30°方向进行顶出主体部件，才能有效地避开显性"障碍体"的阻挡，如图 4-12 的 B—B 旋转剖视所示。注塑模的脱模机构采用了平动与斜动的双重脱模机构的结构。为了减少双重脱模机构之间的摩擦，在平推板 2 与斜垫板 5 两端之间装了轴 3 和滚轮 4，变滑动摩擦为滚动摩擦。

② 主体部件垂直抽芯机构的设计　在 $\phi 24\mathrm{mm} \times 60°$ 锥台里面有 $\phi 22^{+0.18}_{0}\mathrm{mm}$ 深 7.7mm 圆孔的型芯，可利用垂直抽芯机构的抽芯来避开隐性"障碍体"，才能进行主体部件的 30° 斜向脱模，如图 4-12 的 B—B 旋转剖视所示。垂直抽芯机构的齿条 16 随着动、定模的开模运动产生向上的直线移动，齿条 16 带着齿轮 13 在齿轮轴 12 上转动，进而带着型芯齿条 14 向下作直线移动，即可完成 $\phi 22^{+0.18}_{0}\mathrm{mm}$ 深 7.7mm 的圆柱孔的型芯垂直抽芯运动。反之，动、定模的合模时，型芯齿条 14 可完成复位运动。键 15 是防止型芯齿条 14 的转动，圆柱销 17 是防止齿条 16 的转动。同时，利用动定模开闭模运动与脱模运动的时间差，注塑模垂直抽芯运动与脱模机构的脱模运动有序进行，可避免两种运动的干涉现象。开模时是先完成型芯齿条 14 垂直抽芯运动，后完成主体部件脱模运动。合模时是先完成脱模机构的复位，后完成型芯齿条 14 的复位。

(5) 注塑模的结构设计

注塑模的结构设计如图 4-12 所示。

① 注塑模为二模板形式的标准模架，注意动模垫板一端厚一端薄，导致模脚一长一短。

② 直接浇口尺寸为 $\phi 6\mathrm{mm} \times 2°$，直径为 $\phi 6\mathrm{mm}$ 的浇口凝料在主体部件脱模后，可用手扳断料把，从而省去切除浇口凝料的机械加工。

③ 根据塑材的收缩率设计动模型腔和定模型芯，应该注意加强筋槽脱模斜度的设定，否则，主体部件容易粘贴在定模型芯上不易脱模。

④ 定模上运用了 7 处镶件和 4 处嵌件杆，以实现主体部件背面方向型孔的成型和抽芯以及用嵌件杆进行圆螺母的定位。嵌件杆随同主体部件一起脱模，脱模后嵌件杆由电动螺钉旋具人工取出。

⑤ 注塑模的左、右和后侧面的型孔或型槽，采用三处斜销滑块水平抽芯机构，以实现主体部件的成型和抽芯，一处齿条、齿轮和型芯齿条的垂直抽芯机构，以实现主体部件 $\phi 22^{+0.18}_{0}\mathrm{mm} \times 7.7\mathrm{mm}$ 圆孔型芯成型和抽芯，可有效避开隐性"障碍体"对主体部件斜向脱模的阻碍。

⑥ 注塑模的脱模机构，是将平动脱模机构的运动转换为斜向脱模机构的运动。其回程运动是靠顶杆上的弹簧作用先行复位，然后是回程杆的精确复位，限位销的作用是限制平动脱模机构运动的行程。

⑦ 定、动模型芯的内循环水冷却系统，采用了 O 形密封圈和螺塞密封，以防止水的渗漏。型芯中不可贯通的流道处采用分流片隔离同一水道，使之分成两半的流道，形成进、出水流通的循环通道的结构。

⑧ 定、动模部分采用导柱和导套的导向构件。

⑨ 动模型芯的主体部件成型面上需要制作出皮纹。

4.3.5　主体部件的注塑模结构成型痕迹对注塑模结构的验证

主体部件注塑模结构成型痕迹的识别如图 4-13 所示。在存在主体部件样件的情况下，可以主体部件样件上注塑模结构成型痕迹为注塑模结构方案的验证的依据。只要主体部件样件上注塑模结构成型痕迹能与注塑模结构方案内容一一对应，就说明注塑模结构方案是正确的。如果不能一一对应，就说明注塑模结构方案存在错误。

如图 4-13（a）和图 4-13（b）中的 A 线为三处水平斜导柱滑块抽芯机构型芯抽芯的成型痕迹，可以透彻和清晰地解读主体部件样件抽芯机构滑块型芯的形状、尺寸、运动起点、方向和行程。如图 4-13（a）中的 C 线为直接浇口的痕迹，可以完整地测量出直接浇口的大小和位置；D 线为浇口套的镶痕，也可直接测量出浇口套的内、外直径。如图 4-13（a）～（d）中的 B 线，为分型面的痕迹。如图 4-13（c）和（d）中的 C 线，则为顶杆成型痕迹，顶杆所在位置、形状、大小一目了然，方向需要进行分析。

① 顶杆痕迹的分析　厢锁主体部件是水平放置的，如图 4-13（c）所示的 C 线为顶杆的痕迹。可以看出，顶杆在曲面上的痕迹是椭圆，在两处水平面上的 C 线涂黑处痕迹也是椭圆，如图 3-6（d）所示。当把厢锁主体部件按两端孔轴线水平面方向顺时针旋转 30°后，顶杆痕迹的椭圆逐渐地由长扁形变成窄宽形，两处涂绿的椭圆最后变成了圆形。这充分地说明了顶杆是沿主体部件中心线斜向 30°方向顶出主体部件的；从顶杆痕迹的识读，可以充分肯定注塑模脱模方向是斜向脱模结构的结论。

② 成型 $\phi22^{+0.18}_{0}$mm×7.7mm 圆孔型芯垂直抽芯分析　从图 4-13（c）和图 4-13（d）所示的 $\phi24$mm×60°锥台中 $\phi22^{+0.18}_{0}$mm×7.7mm 的圆孔的成型型芯来看，若主体部件不是在斜向脱模之前先要完成该型芯抽芯的话，主体部件的斜向脱模是不可能实现的，因为该型芯作为隐性"障碍体"阻挡了主体部件的斜向脱模。说明成型 $\phi22^{+0.18}_{0}$mm×7.7mm 圆孔的型芯，必须要先进行圆孔型芯抽芯，主体部件才能进行脱模运动。

请注意这些注塑模结构成型痕迹不是线就是面，这是因为注塑模结构的构件在主体部件上遗留下印痕是由几何体的线和面组成的。几何体在主体部件上遗留下印痕，就是主体部件注塑模结构成型痕迹的特征。主体部件成型加工痕迹则不具备这种特征，这是两者之间的区别。只要抓住了这种特征，就容易将两者区分开来。

③ 直接确定的注塑模结构方案的注塑模结构成型痕迹　注塑模浇口、分型面和抽芯的痕迹可以直接按注塑模结构成型的痕迹来确定注塑模的结构方案。

④ 间接确定的注塑模结构方案的注塑模结构成型痕迹　对于间接按注塑模结构成型痕迹来确定注塑模结构方案的项目来说，可以根据注塑模成型痕迹的推理来确定注塑模的结构方案。由于注塑模结构成型痕迹缺乏确定性和具有一定局限性，可以采用注塑模结构成型痕迹结合主体部件形体"六要素"分析方法，所确定的注塑模结构方案就会更科学和严谨。

4.3.6　注塑模薄弱构件强度和刚性的校核

主体部件依靠注射机将融溶的能够流动的塑料，以具有一定的温度和压力注射进入注塑模的型腔内。由于注射的塑料都有一定的收缩率，为了控制主体部件的变形量，主体部件注射时，往往需要采取保持一段时间的压力后才开模。这样，型腔内承受着很大的压力。在这一过程中，注塑模的型腔及各承压面必须有足够的强度和刚性。否则，注塑模具的各承压面将会产生变形，甚至于被破坏。故在注塑模设计完成后，还必须对注塑模的强度和刚性进行一次校核，以免造成直接经济损失。对注塑模的强度和刚性的校核，应选取受力最大，强度和刚性最薄弱环节进行，那么，哪些零件是最薄弱的环节呢？

首先是组成注塑模型腔的动、定模型腔或型芯，是直接承压着注射的压力。又由于主体部件注塑模的定模型腔是凹模，而动模型芯是凸模，那么，相比之下，定模的型腔更薄弱，也就是说，应该校核定模型腔的强度和刚性。该注塑模动模部分由动模垫板与模脚的构成，从受力情况分析是一简支梁，容易产生弯曲变形，那么动模垫板也是最薄弱的环节，应该校

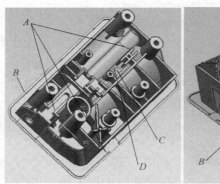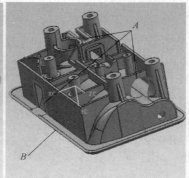

(a) 主体部件背面上注塑模结构成型痕迹　(b) 主体部件背面上注塑模结构成型痕迹

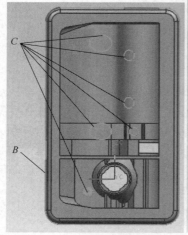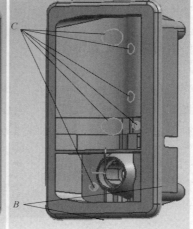

(c) 主体部件正面上注塑模结构成型痕迹　(d) 主体部件正面上注塑模结构成型痕迹

图 4-13　主体部件注塑模结构成型痕迹识别三维图

核其强度和刚性。另外是斜导柱，只有一处支撑点是一悬臂梁，又直接承受着需抽芯的型芯所施加的压力，也是属于最薄弱的环节，应该校核其强度和刚性。由此看来，只需校核定模型腔侧壁和底壁的厚度、动模垫板的厚度和斜导柱的截面尺寸就可以了。只要它们能够满足使用时的强度和刚性要求，其他各零部件也都能够满足使用时的强度和刚性要求。若它们不能满足使用时的强度和刚性要求，只要加大定模型腔侧壁和底壁的厚度、动模垫板的厚度和斜导柱的截面尺寸就可以了。

由此可见，注塑模薄弱构件有：动、定模型腔侧壁和底壁，这是直接承受注射时压力的部位，容易产生变形；动模垫板，这是简支梁，容易产生弯曲变形；抽芯机构长导柱或长斜销，这是悬臂梁，容易产生弯曲变形。对于这些薄弱构件，必须验证它们刚度和强度，以防它们受力变形，影响注塑模机构的运动和注塑件的脱模。

注塑模型腔侧壁、底壁和动模垫板、斜导柱的刚度计算是为了控制其变形量，以保证熔融塑料在填充过程中不产生溢边及保证主体部件的壁厚尺寸，并保证主体部件能够顺利脱模。其最大变形量应小于或等于主体部件壁厚的收缩量，或熔融塑料不产生溢边的最大允许间隙。

注塑模的强度，是指注塑模的塑性变形或永久变形被破坏了。注塑模的强度核算就是检查注塑模在工作过程中所承受的拉伸、剪切、弯曲应力是否超过允许的极限应力。

从上例可知，该主体部件主要是存在两处显性"障碍体"和一处隐性"障碍体"，又有多处的孔槽与螺纹。这是多重要素又是多种要素的混合要素案例，显然进行的注塑模结构方案分析属于混合注塑模结构方案综合分析方法，还是混合要素注塑模结构方案分析方法和注塑模结构痕迹分析的综合分析法。由于痕迹分析法存在不确定性，因此，最好先采用混合要素注塑模结构方案综合分析方法来制订注塑模结构方案，再采用注塑模痕迹分析法验证注塑模的结构方案。如果两种方法能够一一对应作出同样的结论，便可以说明注塑模的结构方案是准确无误的。

通过对豪华客车后备厢锁手柄注塑模结构方案的可行性分析和论证的介绍，我们了解到进行注塑模结构方案的可行性分析和论证的目的和内容。那么，如何进行注塑模结构方案的可行性分析和论证？怎样进行注塑模结构方案的可行性分析和论证？我们知道，零部件尺寸和公差配合的失误只是零部件的报废、注塑模结构方案的失误，注塑模构件的强度和刚性满足不了使用要求，则是造成整副注塑模报废的原因。可是，人们常常疏忽注塑模结构方案的可行性分析和论证，其后果必将是造成注塑模结构设计的失败和复杂烦琐化，可见注塑模结构方案的可行性分析和论证的重要性。即使是偶然设计成功，那也是在注塑模设计人员的大脑中经过注塑模结构方案的可行性分析和论证过了的。

本章介绍的三个复杂注塑件注塑模结构设计案例，都具有"障碍体""型孔与型槽""外观""塑料"和"批量"要素，并且供应商都提供了注塑件样件。因此，注塑件样件上的注塑模结构成型痕迹，可以为克隆注塑模结构提供一切的资料和依据。注塑模结构设计，都遵守着由注塑件形体"六要素"的分析，到采用针对注塑件形体"六要素"所采用的措施，即由三种注塑模结构可行性分析的方法，过渡到制订注塑模结构方案，再通过注塑模结构方案的论证，才能进行注塑模结构的设计或三维造型。说明了在有注塑件样件的情况下，应该如何进行复杂注塑模结构的设计。只要遵循这些注塑模结构设计的程序，注塑模结构设计就不会产生失误，注塑件上就不会出现缺陷。

第**5**章

注塑模孔槽、螺孔、障碍体、运动与干涉综合要素的应用

注塑件上存在着各种形式的型腔、型孔、型槽和螺孔结构，同时还会存在着各种形式的"障碍体"要素。这些型孔、型槽和螺孔轴线，还可能出现相交和相贯的情况。相交和相贯型孔型芯抽芯与复位运动，就必然会发生运动干涉的现象。在对注塑件进行形体"六要素"分析之后，就必须要应用三种注塑模结构可行性分析的方法，进行注塑模结构方案的可行性分析和制订，之后才能进行注塑模的设计和 3D 造型。注塑模形体综合要素分析方法，就是针对复杂注塑模结构方案的一种行之有效的方法。此时，对于注塑模结构如何避让出现注塑件型腔、型孔、型槽、螺孔和"障碍体"的运动干涉现象，也会存在着多种的注塑模结构方案。但只要注塑模结构能够有效地避开这些注塑件要素在加工过程中的运动干涉，这些注塑模结构方案都是可行的。型孔、型槽型芯和螺孔嵌件杆抽芯距离短的，一般采用斜弯销滑块抽芯机构，抽芯距离长的采用变角斜弯销滑块或液压油缸抽芯机构。

5.1 外壳注塑模结构方案可行性分析与设计之一

由于外壳的四周存在着多种形式"型孔""型槽"和带螺孔的铜镶嵌件，且"型孔"又存在着斜交与正交的现象，在对外壳进行形体分析时，必须找出这些影响注塑模"运动与干涉"的形体因素。在对注塑模进行结构方案分析时，就应该制订出注塑模规避运动干涉的可行性方案。而在注塑模设计时，更要制订出正确的注塑模结构方案。外壳注塑模在采用两种时间差抽芯方法后，从而避免了斜交型孔的运动干涉。即斜孔型芯应超前于 $\phi44\text{mm}\times34.4\text{mm}$ 型孔型芯抽芯，应滞后于 $\phi44\text{mm}\times34.4\text{mm}$ 型孔型芯复位。支撑铜镶嵌件螺孔的嵌件杆采用静态和开槽两种避让的方法，避开了与型孔型芯的斜交干涉。这两种避开运动干涉的方法，有效地避免了两种运动的干涉，确保了注塑模顺利进行加工外壳。那么，对于外壳注塑模设计而言，就有两套具有同样效果注塑模结构可行性的方案。

外壳四周存在着多种形式的"型孔"、"型槽"和铜镶嵌件"螺孔"，且"型孔"轴线之间存在斜交与相贯的注塑件。斜孔 $\phi19.2\text{mm}$ 与孔 $\phi44\text{mm}\times34.4\text{mm}$ 在成型加工范围内斜交 $52.9°$，采用两种时间差的抽芯，避开了运动干涉。即 $\phi19.2\text{mm}$ 斜孔型芯应先于 $\phi44\text{mm}\times34.4\text{mm}$ 孔型芯抽芯，后于 $\phi44\text{mm}\times34.4\text{mm}$ 孔型芯复位。

5.1.1 外壳的材料

外壳的材料为 30%玻璃纤维增强聚碳酸酯（简称 PC+GF），是以聚碳酸酯为基料，玻璃纤维为增强体制得的复合材料。PC+GF 分子链中含有碳酸酯基的高分子聚合物，根据酯基的结构可分为脂肪族、芳香族、脂肪族-芳香族等多种类型，目前仅有芳香族聚碳酸酯获得了工业化生产。与纯聚碳酸酯相比，机械强度有很大提高，开裂性有所改善，但韧性和冲击强度大为下降。玻纤含量常为 10%～40%，以含 30%玻璃纤维为例，拉伸强度 125～145MPa，弯曲强度 155～195MPa，压缩强度 118MPa，冲击强度（缺口）7.9kJ/m²，伸长率<5%。30%玻璃纤维增强聚碳酸酯，由长纤维或短纤维与聚碳酸酯树脂均匀混合制得，可用注塑、挤塑或模塑等方法成型加工，能代替有色金属使用。

由于聚碳酸酯结构上的特殊性，现已成为五大工程塑料中增长速度最快、综合性能优越的通用工程塑料。其具有优异的冲击韧性、尺寸稳定性、电气绝缘性、耐蠕变性、耐候性、阻燃 BI 级、透明性和无毒性等优点。当然，也存在一些缺点，如加工流动性差、易于应力开裂、对缺口敏感及耐磨性欠佳等。加入玻璃纤维后，具有高拉伸强度、高弹性系数、吸收冲击能量大、吸水性小、耐热性好，加工性佳、价格低廉等特性。

5.1.2 外壳的形体六要素分析

如图 5-1 所示，外壳由外壳主体 1 和铜制的大接头 2、小接头 3、中接头 4 组成。在外壳的形体"六要素"分析中，外壳上存在着弓形高和凸台"障碍体"、"型孔"、"型槽"、"螺孔"、"运动"与"干涉"等要素，显然是外壳形体混合类型综合要素分析。

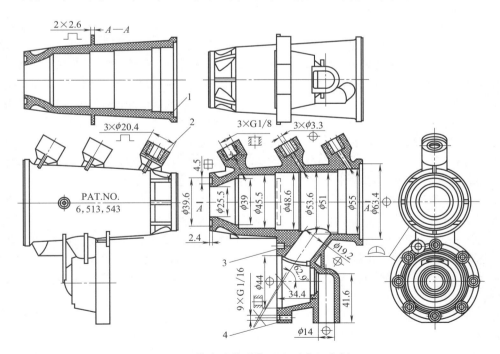

图 5-1 外壳及其形体"六要素"分析

1—外壳主体；2—大接头；3—小接头；4—中接头；⌐—弓形高"障碍体"；

⌐⌐—凸台"障碍体"；⊕—型孔；⊡—型槽；▥—螺孔；╳—运动干涉

5.1.3 外壳注塑模结构方案可行性分析之一

针对所分析到的外壳形体"六要素",便可以制订出注塑模应采取的结构方案。外壳注塑模结构方案可行性分析如图 5-2 所示。

(1)解决"障碍体"要素注塑模结构的方案

由于外壳存在着弓形高和多处凸台"障碍体",为了使外壳便于成型和脱模,可将如图 5-2 右视图的对称中心线 I—I 处作为注塑模分型面,即可解决因外壳上弓形高和多处凸台"障碍体"的成型和脱模问题。

(2)解决"型孔与型槽及螺孔"要素注塑模结构的方案

对于外壳上具有众多的"型孔与型槽及螺孔"要素,应分成不同的类型,采取不同的注塑模结构方案。

① 解决型槽①和型孔①要素注塑模结构方案 如图 5-2 主剖视图所示,应采用斜弯销滑块抽芯机构,便可以解决 $\phi 39.6mm \times 4.5mm \times 2.4mm$ 的型槽、$\phi 44mm \times 34.4mm$ 孔和 $\phi 14mm \times 41.6mm$ 型孔成型和抽芯的问题。

② 解决螺孔⑤和螺孔①要素注塑模结构的方案 如图 5-2 主剖视图所示,以铜镶嵌件的 $3 \times G (1/8)''$ 螺孔底⑤和 $3 \times \phi 3.3mm$ 孔的嵌件杆及 $9 \times G1/16''$ 螺孔①底孔为嵌件杆的斜弯销滑块抽芯机构,便可以解决镶嵌件定位、成型和抽芯的问题。由于 $\phi 39.6mm \times 4.5mm \times 2.4mm$ 型槽①、$\phi 44mm \times 34.4mm$ 型孔①和镶嵌件 $9 \times G1/16''$ 螺孔①的轴线为相同方向(简称多型孔),故三者可以采用同一斜弯销滑块抽芯机构(简称多型孔型芯抽芯机构)进行多型孔成型和抽芯的动作。

(3)解决"运动与干涉"要素注塑模结构的方案

如图 5-2 主剖视图所示,由于 $\phi 19.2mm \times 34mm \times 52.9°$ 斜孔②与 $\phi 51mm$ 锥孔①及 $\phi 44mm \times 34.4mm$ 孔①相互贯通,其中 $9 \times G1/16''$ 螺孔①的下端螺孔轴线又与 $\phi 19.2mm \times 34mm \times 52.9°$ 斜孔②轴线斜交。成型 $\phi 19.2mm \times 57°$ 斜孔②的型芯分别与成型 $\phi 44mm \times 34.4mm$ 孔、$\phi 51mm$ 锥孔的型芯和铜镶嵌件 $9 \times G1/16''$ 下端螺孔①的嵌件杆,在抽芯和复位运动的过程中会产生运动干涉。$3 \times G(1/8)''$ 螺孔⑤、$3 \times \phi 3.3mm$ 型孔⑤嵌件杆分别与 $\phi 45.5mm$、$\phi 53.6mm$、$\phi 55mm$ 型孔④相贯通,它们之间抽芯和复位运动也会产生运动干涉。这四者之间必须要解决运动与干涉,才能完成外壳的成型加工。

① 斜孔②与 $\phi 44mm \times 34.4mm$ 型孔①抽芯运动干涉与注塑模结构方案 斜孔②型芯与型孔①型芯轴线在成型范围内相交于 52.9°,两抽芯运动必然会发生碰撞。

a. 斜孔②型芯与多型孔①型芯轴线斜交抽芯运动分析。如图 5-2 主剖视图所示,为了避开这种运动干涉现象的发生,成型斜孔②型芯应先完成抽芯后,成型 $\phi 44mm \times 34.4mm$ 型孔①、$\phi 39.6mm \times 4.5mm \times 2.4mm$ 型槽①型芯和 $G1/16''$ 螺孔①嵌件杆(简称为多型孔型芯)才能进行抽芯运动,两种抽芯运动应分成先后顺序进行,才能避开运动干涉。对于斜孔②型芯来说,必须超前多型孔型芯抽芯滞后多型孔型芯复位,这便是外壳注塑模结构设计的关键所在。

b. 斜孔②型芯与多型孔①型芯的抽芯运动方案。如图 5-2 主剖视图所示,注塑模的模架需要采用三模板形式,这样注塑模就存在 I—I 和 II—II 两个分型面。将斜孔②型芯抽芯的斜弯销安装在定模部分,其他抽芯机构的斜弯销均安装在中模部分。分型面 I—I 开启时,即可先完成斜孔②型芯的抽芯,然后分型面 II—II 开模时,再完成其他型孔型芯的抽芯。

c. 斜孔②型芯与多型孔①型芯的复位运动方案。如图 5-2 主剖视图所示,要使斜孔②型芯滞后多型孔①型芯复位,其方法是在定模与中模之间安装若干压力弹簧。抽芯机构复位时，由于没有外壳脱模力和抽芯力的作用，复位所需要的作用力极小。在弹簧弹力作用下，分型面Ⅱ—Ⅱ先行闭合，于是除了斜孔②型芯之外，所有孔槽和螺孔①的抽芯机构均能够先复位。之后便是分型面Ⅰ—Ⅰ的闭合，斜孔②型芯才能最后复位，从而可以避免斜孔②型芯与多型孔①型芯在进行复位运动时的运动干涉。

② 斜孔②与 $\phi51mm$ 锥孔贯通抽芯运动干涉与注塑模结构方案　如图5-2主剖视图所示，斜孔②与 $\phi51mm$ 锥孔斜交贯通，斜孔②型芯与组合型孔型芯抽芯时也会发生运动干涉。由于斜孔②型芯抽芯机构的斜弯销安装在定模板上，$\phi51mm$ 组合型孔④型芯抽芯机构的斜弯销安装在中模板上。斜孔②型芯的抽芯先于组合型孔④型芯的抽芯，后于组合型孔④型芯的复位，从而可以避开斜孔②型芯与组合型孔④型芯在进行抽芯和复位运动的运动干涉。

这样的注塑模结构方案，便能够确保斜孔②型芯超前其他型芯抽芯，滞后其他型芯复位，确保不会产生斜交的两孔型芯在抽芯过程中的运动干涉。这就是通过以抽芯机构的空间距离差，实现抽芯机构运动时间差的先后次序安排，来规避运动干涉的方法。

③ 螺孔①与斜孔②抽芯运动干涉与注塑模方案　如图5-2主剖视图所示，此两孔的轴线是在成型范围外斜交，如处置不当，也会产生运动干涉。如果螺孔①嵌件杆全部安装在多型孔①型芯滑块上，只要螺孔①嵌件杆能够让开斜孔②型芯，螺孔①嵌件杆的抽芯和复位就不会与斜孔②型芯发生碰撞。现在问题是下螺孔①嵌件杆与斜孔②型芯斜交通过，肯定也会发生碰撞。

a. 切割避让法。如图5-2主剖视图所示，注塑模结构方案可以采用切割避让的方法，即在斜孔②型芯与螺孔①嵌件杆抽芯过程相交处制成让开槽来进行避让，但又不允许所开的槽会影响斜孔②的成型加工。

b. 斜孔②型芯的结构。如图5-2主剖视图所示，成型斜孔②型芯的长度为36mm，而抽芯的长度应大于80mm，这样需要穿过 $\phi44mm \times 34.4mm$ 型孔①的型芯为44mm。如此，完全可以将成型斜孔②的型芯分成型芯和芯杆两部分。型芯不需要避让下螺孔①嵌件杆的槽，则要将芯杆制成让开槽，以避让螺孔①嵌件杆，让开槽长度为71mm（107－36）。这样就不会因下螺孔①嵌件杆影响斜孔②的型芯抽芯和复位运动。

• 型芯和芯杆结构要求。如图5-2主剖视图所示，由于斜孔②的两端分别与 $\phi51mm$ 锥孔相贯，与 $\phi44mm \times 34.4mm$ 型孔①斜交贯穿。相贯线又为不对称曲面，因此，斜孔②型芯在成型 $\phi44mm \times 34.4mm$ 型孔中不能产生转动，故需要有导向销的引导，并且斜孔②型芯的两端需要有限位实体，以防抽芯和复位时越位。其与芯杆结合部还需要有既能连接，又能分离的结构。

• 型芯和芯杆的运动。如图5-2主剖视图所示，斜孔②型芯与 $\phi44mm \times 24.4mm$ 型孔①型芯在成型加工范围内斜交，需要采用具有两种时间差抽芯运动来避免运动干涉。螺孔①嵌件杆与斜孔②型芯在成型加工范围外斜交，需要采用将斜孔②型芯分成型芯和芯杆两部分。在型芯和芯杆结合部位设计成能够连接和分离的结构，如弹性夹头。这是一种通过将碰撞连接部位的实体进行切割，来避让运动干涉的方法。

④ 螺孔⑤、型孔⑤分别与 $\phi45.5mm$、$\phi53.6mm$、$\phi55mm$ 型孔④抽芯运动干涉与注塑模方案　由于螺孔⑤、型孔⑤分别与 $\phi45.5mm$、$\phi53.6mm$、$\phi55mm$ 型孔④相贯通，它们之间抽芯和复位运动会产生运动干涉。螺孔⑤和型孔⑤抽芯应具有时差运动，即螺孔⑤和型孔⑤要先于型孔④抽芯。后于型孔④复位。

5.1.4　外壳注塑模结构设计之一

根据对外壳的形体"六要素"分析和注塑模结构方案可行性的分析，外壳注塑模的结构

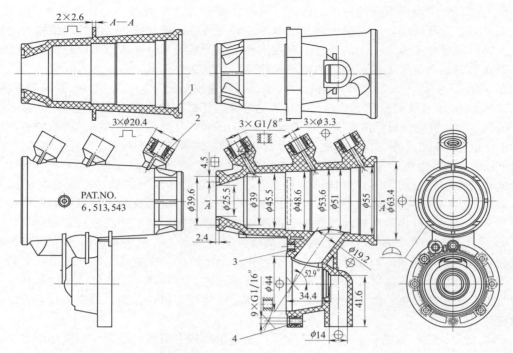

图 5-2　外壳注塑模结构方案可行性分析

━━━型孔或型槽抽芯符号；✕━运动干涉符号；

1—ϕ44mm×34.4mm 型孔、ϕ39.6mm×4.5mm×2.4mm 型槽和 9×G1/16″螺孔（多型孔）；2—ϕ19.2mm×
34mm×52.9°斜孔；3—ϕ14mm×41.6mm 型孔；4—ϕ25.5mm、ϕ39mm、ϕ45.5mm、ϕ48.6mm、
ϕ51mm、ϕ53.6mm 和 ϕ63.4mm 组合型孔

设计如图 5-3 所示。

（1）模架的形式

如图 5-2 所示，由于斜孔②型芯需要先于 ϕ44mm×24.4mm 型孔①型芯抽芯，后于 ϕ44mm×34.4mm 型孔①型芯复位，模架采用三模板的结构如图 5-3 所示，模架由定模垫板 3、定模板 4、中模垫板 5、中模板 9、动模板 15、动模垫板 17、限位螺栓 23、模脚和导柱、导套零部件等组成。

（2）注塑模抽芯机构的设计

它是指注塑模中成型外壳上存在着多种型孔、型槽和铜镶嵌件螺孔的抽芯机构，可分不同类型进行设计。

① 右端型孔的抽芯机构　如图 5-2 所示，成型右端的 ϕ63.4mm、ϕ55mm、ϕ53.6mm、ϕ51mm、ϕ48.6mm、ϕ45.5mm 和 ϕ39mm 锥形台阶型孔及 ϕ25.5mm 组合型孔④。如图5-3所示，采用衬套 6、中长型芯 7、中长斜弯销 10、中模滑块 11、中模楔紧块 12、滑块导板 13 和压板 14 等构件组成的抽芯机构。

② 左端型槽的抽芯机构　如图 5-2 所示，成型左端 ϕ39.6mm×4.5mm×2.4mm 的型槽、ϕ44mm×34.4mm 型孔和铜镶嵌件的 9×G1/16″螺孔底孔（简称多型孔①）。如图5-3所示，采用中短型芯 19、多型芯斜弯销 35、螺孔小嵌件杆 36、圆柱销 37、下中型芯 38、多型芯滑块 39、多型芯楔紧块 40 和螺孔中嵌件杆 41 等构件组成的抽芯机构（简称多型孔型芯抽芯机构）。

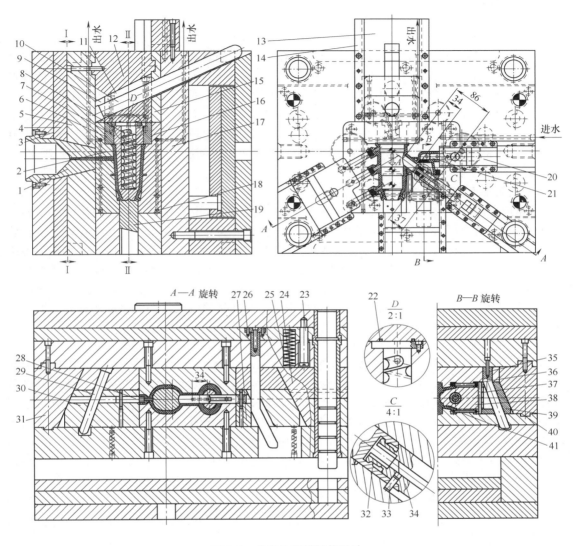

图 5-3　外壳注塑模结构设计

1—浇口套；2—中模镶件；3—定模垫板；4—定模板；5—中模垫板；6—衬套；7—中长型芯；8—冷却螺杆；9—中模板；
10—中长斜弯销；11—中模滑块；12—中模楔紧块；13—滑块导板；14—压板；15—动模板；16—动模镶件；
17—动模垫板；18—堵头；19—中短型芯；20—右滑块；21—右型芯；22—O形密封圈；
23—限位螺栓；24—右斜楔紧块；25—弹簧；26—右斜弯销；27—右斜滑块；28—螺孔大嵌件杆；
29—左斜弯销；30—左斜滑块；31—左斜楔紧块；32—斜孔型芯；33—导向销；34—斜孔芯杆；
35—多型芯斜弯销；36—螺孔小嵌件杆；37—圆柱销；38—下中型芯；39—多型芯滑块；
40—多型芯楔紧块；41—螺孔中嵌件杆

③ 上端铜镶嵌件螺孔的抽芯机构　如图 5-2 所示，成型上端 3×G1/8″螺孔底孔⑤及3×ϕ3.3mm 型孔⑤。如图 5-3 所示，采用了螺孔底孔大嵌件杆 28、左斜弯销 29、左斜滑块 30 和左斜楔紧块 31 等构件组成的抽芯机构。左斜弯销 29 安装在定模板 4 上，使得大嵌件杆 28 先于其他抽芯机构抽芯，后于其他抽芯机构复位，从而避开螺孔⑤和型孔⑤与组合型孔④型芯相贯干涉。

④ 下端型孔的抽芯机构　如图 5-2 所示，成型下端 ϕ14mm×41.6mm 孔。如图 5-3 所

示，采用右滑块 20 和右型芯 21 等构件组成的抽芯机构。

（3）注塑模时差抽芯机构的设计

如图 5-2 所示，成型 ϕ19.2mm×34mm×52.9°斜孔②。如图 5-3 所示，应用安装在定模板 4 上的右斜弯销 26 先行开启，带动右斜滑块 27 中的斜孔芯杆 34 与斜孔型芯 32，以弹性夹头的连接方式并推动斜孔型芯 32 和导向销 33 沿着下中型芯 38 中的键槽移动。键槽两端的实体可以限制斜孔型芯 32 移动范围，使斜孔型芯 32 只能在下中型芯 38 孔内移动。斜孔型芯 32 与斜孔芯杆 34 连接和分离，是依靠结合部的弹性夹头实现的，如图 5-2 的 I 放大图所示。而斜孔芯杆 34 复位是由于弹簧 25 的作用，使得定模板 4 滞后于中模板 9 闭模。并使得右斜弯销 26 滞后于其他抽芯机构运动，从而可实现斜孔芯杆 34 滞后于下中型芯 38 复位。

（4）注塑模抽芯干涉避让结构设计

如图 5-2 所示，为了避让支撑 9×G1/16″中下面的螺孔①嵌件杆与成型 ϕ19.2mm×34mm×52.9°斜孔②型芯的运动干涉。如图 5-3 所示，可在斜孔芯杆 34 上制有让开槽。将整体斜孔型芯分成斜孔芯杆 34 与斜孔型芯 32 两部分的目的：一是斜孔型芯 32 实际抽芯距离只要 34mm，若要抽出下中型芯 38 则只需要 46mm，分成两部分后，可有效地减少抽芯距离和模架的面积。二是型芯不能开槽，一旦开了槽，在外壳加工时，熔料会进入槽的空间，从而会增添外壳的实体槽。这个槽的实体会影响外壳的脱模，即便是能脱模，也要用机械加工方法去除这个槽的实体。

（5）注塑模温控系统

30%玻璃纤维增强聚碳酸酯成型加工时，料筒温度为 260～320℃，注塑模温度为 80～120℃，热变形温度大约为 130℃。在连续加工过程中，注塑模温度会逐渐不断地上升，以致使外壳产生变性和塑料出现过热炭化现象。因此，注塑模需要采用冷却系统。如图 5-3 所示，水从进水口注入，经注塑模中的管道从出水口将热量带走，以实现注塑模的降温。为了防止漏水，管道的端头以堵头 18 封闭，在与中模镶块 2 和动模镶块 16 的结合处采用 O 形密封圈 22 防止渗漏。中长型芯 7 的冷却是采用了冷却螺杆 8，冷却水从进水口进入螺纹槽，再从出水口流出。

（6）注塑模浇注系统的设计

注塑模采用的是三模板的标准模架，而浇道又是采用直接浇口，这样浇口道长度过长，会导致塑料熔体进入模腔中的温度降低，从而产生一些加工中的缺陷。如图 5-3 所示，为此，浇口套 1 采用了大型加深型浇口套，有效地缩短了浇口道的长度。

（7）其他注塑模的结构

如图 5-3 所示，限位螺栓 23 是限制中模垫板 5 和中模板 9 的开启距离；导柱要安装在定模部分，以支持中模部分不脱离定模部分；注塑模的脱模机构、复位机构、滑块限位机构、模脚和底板等省略阐述。

对于外壳这种具有多种形式的"型孔""型槽"和带螺孔铜镶嵌件的注塑件，设计斜弯销滑块抽芯机构不是很难的事情。难的是要注意到这些"型孔""型槽"和"螺孔"的轴线是否存在着相交的状况，如果存在着相交的状态，就必定会产生抽芯运动的碰撞，以及型孔型芯出现相贯时抽芯和复位运动也存在运动干涉的状况。这种运动干涉不仅具有隐蔽性，还具有破坏性。在外壳形体分析中，如不能发现"运动与干涉"的因素，就不可能制订出规避运动干涉的措施，也就不能设计好解决运动干涉的注塑模结构方法。该案例重点，就是如何避开运动干涉的注塑模结构设计。由于该注塑模采用了成型两斜交型孔具有时间差的抽芯运动，有效地化解了斜交抽芯的运动干涉，而成型斜孔的型芯与支撑铜镶嵌件螺孔嵌件杆的斜交，又采用了先将成型斜孔型芯分成型芯与芯杆两部分，在芯杆上制有让开槽，以避让支撑铜镶嵌件螺孔嵌件杆的方法。型芯和型杆结合部采用了弹性夹头的措施，便能实现型芯与型杆的连接和分离。只有这些措施的实施，才能确保外壳注塑模顺利完成外壳成型加工的动作。

5.2　外壳注塑模结构方案可行性分析与设计之二

在外壳注塑模其他结构与方案一相同的情况下，对于下支撑铜镶嵌件螺孔①嵌件杆与斜孔②型芯干涉。除了采用开槽避让下支撑铜镶嵌件螺孔①嵌件杆的方案之外，还可采用跨越避让法，也能有效地避开支撑铜镶嵌件螺孔①嵌件杆与斜孔②型芯斜交的运动干涉，这种外壳注塑模结构较方案一更为简单。

5.2.1　外壳抽芯机构的注塑模方案类型分析

由于外壳斜孔②型芯抽芯机构与支撑铜镶嵌件下螺孔①嵌件杆避让方式不同，存在着三种外壳注塑模方案。

① 外壳注塑模结构方案之一　ϕ19.2mm 斜孔②与 9 个嵌件中的一个下螺孔①嵌件杆，在成型加工范围外斜交。为此，将斜孔②型芯分成型芯和芯杆两部分，型芯采用带导向圆柱销和限位结构抽芯后，可藏于 ϕ44mm×34.4mm 型芯孔中 34mm，利用与芯杆对接而进行抽芯和复位运动。斜孔②型芯抽芯距离 80mm 太长，会导致注塑模面积过大。这样芯杆部分只要抽芯大于 46mm 就可以了，抽芯和复位运动可以依靠芯杆来完成。芯杆上开有避让支撑螺孔①嵌件杆的槽，在型芯和芯杆结合部位设计了能对接和分离的弹性夹头。如此设计的注塑模，能确保外壳顺利地成型加工。

② 外壳注塑模结构方案之二　由于注塑模除了采用成型两斜交型孔具有时间差的抽芯运动，可有效地化解斜交抽芯和相贯抽芯的运动干涉。采用跨越避让法，能有效地避开支撑铜镶嵌件螺孔①嵌件杆与斜孔②型芯斜交的运动干涉，也能确保壳体注塑模的顺利成型加工。具体跨越避让法，就是将与斜孔②型芯斜交的支撑铜镶嵌件下螺孔①嵌件杆，制成与斜孔②型芯为一整体，来避让斜孔②型芯抽芯干涉。

③ 外壳注塑模结构方案之三　由于斜孔型芯抽芯距离 107mm 太长，可以采用液压油缸抽芯机构完成，其他结构与方案二相同。

5.2.2　外壳注塑模结构方案可行性分析之二

在壳体形体"六要素"分析中，只要将壳体所具有的"六要素"全部分析出来，并且分析到位就可以了。至于如何根据形体"六要素"的分析制定注塑模的结构可行性方案和注塑模设计，那是后面的工作。针对所分析的外壳形体"六要素"，便可以制订出注塑模应采取相应的结构方案。

（1）外壳形体"六要素"分析

如图 5-4（a）所示，下螺孔①嵌件杆与斜孔②型芯斜交，ϕ44mm×34.4mm 型孔①与斜孔②斜交，它们之间会产生静态与抽芯及复位运动干涉，外壳形体分析与方案一相同。

（2）外壳注塑模结构方案之二分析

根据上述外壳注塑模存在一处为静态构件干涉，需要采用静态避让法。一处为动态干涉，需要采用时差抽芯避让法。

① 静态避让法　如图 5-4（a）所示，支撑铜镶嵌件 G1/16″下螺孔①嵌件杆 6 如和型孔①型芯 2 组装在一起，在静态下就与斜孔②型芯 4 发生了干涉。如图 5-4（a）所示，为此，将下螺孔①嵌件 6 安装在型孔①型芯 2 的 5.4mm 凸台孔中，并以圆柱销 7 固定，可以避开斜孔②型芯 4 的干涉，如图 5-4（b）所示，此法称为静态避让法。

② 时差抽芯避让法　如图 5-4（a）所示，$\phi44mm\times34.4mm$ 型孔①型芯 2 与斜孔②型芯 4 抽芯与复位时会产生运动干涉。如图 5-4（b）所示，采用斜孔②型芯 4 先于 $\phi44mm\times34.4mm$ 型孔①型芯 2 抽芯，后于 $\phi44mm\times34.4mm$ 型孔①型芯 2 复位，就可以避开运动干涉。

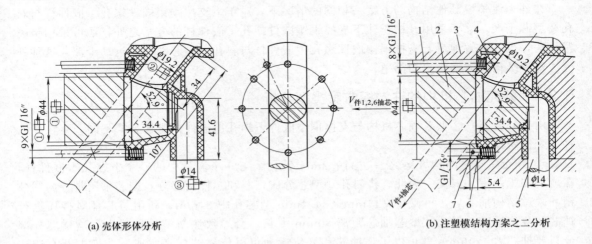

(a) 壳体形体分析　　　　　　　　　　　　　　　　(b) 注塑模结构方案之二分析

图 5-4　壳体形体和注塑模结构方案之二分析

1—螺孔①嵌件杆；2—型孔①型芯；3—动模嵌件；4—斜孔②型芯；5—右型芯；6—下螺孔①嵌件杆；7—圆柱销；

⊞—型孔或型槽抽芯符号；※—运动干涉符号；①—$\phi44mm\times34.4mm$ 孔和

$9\times G1/16″$ 螺孔；②—$\phi19.2mm\times34mm\times52.9°$ 斜孔；③—$\phi14mm\times41.6mm$ 型孔；

$V_{件4抽芯}$—斜孔②型芯抽芯运动；$V_{件1,2,6抽芯}$—螺孔①嵌件杆与型孔①型芯滑块抽芯运动

由于方案之二采用了静态避让法，解决了 G1/16″下螺孔①嵌件杆静态干涉，使得方案之二注塑模结构更简单。

5.2.3　外壳注塑模结构设计之二

外壳注塑模结构设计之二，主要介绍与外壳注塑模结构设计之一的不同之处，相同部分就不再介绍。

注塑模抽芯干涉避让结构的设计：如图 5-4 所示，为了避让支撑镶嵌件 $9\times G1/16″$ 下螺孔①型芯与成型 $\phi19.2mm\times34mm\times52.9°$ 斜孔②型芯运动干涉，如剖视图 5-5 的 $C—C$ 所示，下螺孔①嵌件杆 34 安装在下中型芯 38 的 5.4mm 凸台孔中，以圆柱销 33 固定，从而可以避开斜孔型芯 32 的静态构件干涉。

对于多型孔、型槽和带螺孔嵌件杆外壳的注塑模设计，关键之处是对这些抽芯机构运动和干涉的分析。一旦出现抽芯机构相交的运动，就一定会产生抽芯运动的干涉。由于运动干涉极具破坏性，在进行外壳形体分析时，需要按照注塑件形体分析"六要素"进行。因为注塑件形体分析"六要素"已经量化了，只要根据"六要素"分析的项目将要素分析全和到位就可以了。该案例只要能分析出三种运动干涉，就能找出解决三种运动干涉的对策。如果三

种运动干涉要素都不能够发现，那就不可能有解决的措施。

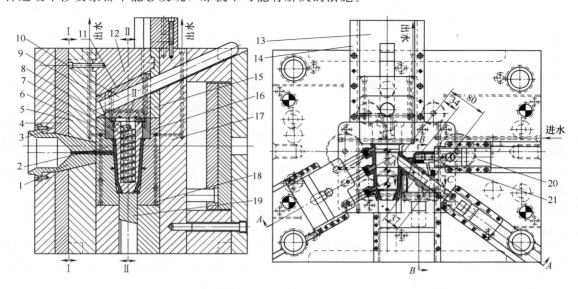

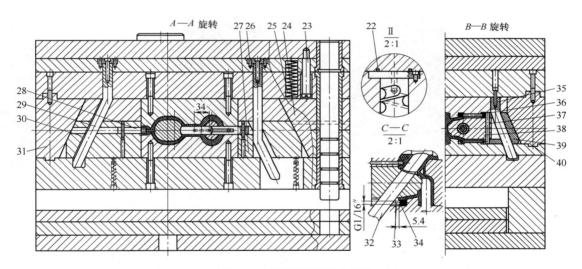

图 5-5　壳体注塑模结构设计

1—浇口套；2—中模镶块；3—定模垫板；4—定模板；5—中模垫板；6—衬套；7—中长型芯；8—冷却螺杆；
9—中模板；10—中长斜销；11—中模滑块；12—中模楔紧块；13—滑块导板；14—压板；15—动模板；
16—动模镶块；17—动模垫板；18—堵头；19—中短型芯；20—右滑块；21—右型芯；22—O形密
封圈；23—限位螺栓；24—右斜楔块；25—弹簧；26—右斜弯销；27—右斜滑块；28—左斜型芯；
29—左斜弯销；30—左斜滑块；31—左斜楔块；32—斜孔型芯；33—圆柱销；34—下螺孔嵌件杆；
35—多型芯斜弯销；36—多嵌件型芯；37—圆柱销；38—下中型芯；39—多型芯滑块；
40—多型芯楔紧块

5.3　吸气管嘴注塑模设计

吸气管嘴是一种带台阶圆形弯管状长薄壁注塑件。经过了对吸气管嘴形体分析和注塑模结构方案可行性分析，注塑模采用了中模型芯和动模型芯所组成的型腔来成型吸气管嘴的外形；采用了液压油缸抽芯机构抽取 $\phi 10.5^{+0.70}_{0}$ mm×80mm 孔的型芯；采用了斜弯销滑块抽芯机构抽取 $\phi 10.5^{+0.70}_{0}$ mm×13.5mm 孔的型芯。这些措施的实施使得注塑模结构紧凑合理，加工的吸气管嘴质量优良。

5.3.1 吸气管嘴形体六要素分析

吸气管嘴，如图 5-6 所示。吸气管嘴的主要功能是给救生船或救生背心等水上救生类型产品充放气，并维持气囊充气后的密封，是个体防护类产品的关键零部件。对吸气管嘴成型的尺寸、均匀性等成型质量有较高的要求。

① 吹气管嘴材质 聚氨酯弹性体（PU Elastomer），聚氨酯弹性体是聚氨酯合成材料中的一个品种。由于其结构具有软、硬两个链段，可以对其分子进行分子设计而赋予材料高强度、好韧性、耐磨、耐油等优异性能，它既具有橡胶的高弹性又具有塑料的刚性，被称为"耐磨橡胶"。

② 吸气管嘴形体分析 吹气管嘴为中空细长管状注塑件，孔深与孔径比大于 5，属于典型深孔薄壁注塑件。因此，吸气管嘴注射成型加工时脱模困难，易变形。为此，在注塑模设计过程中，分型面的选择、型芯的抽芯和脱模方式选择是关键。

(a) 吸气管嘴

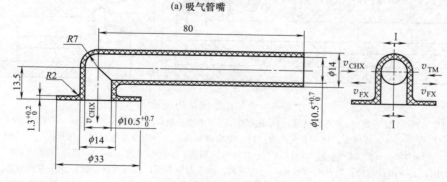

(b) 吸气管嘴形体分析

图 5-6 吸气管嘴与形体分析

v_{FX}—分型运动；v_{CHX}—抽芯运动；v_{TM}—脱模运动；Ⅰ—Ⅰ—分型面

5.3.2 吸气管嘴注塑模结构方案分析

针对吸气管嘴形体特点，需要采取相应注塑模的结构，才能顺利地确保吸气管嘴成型、抽芯和脱模。

（1）分型面的选取

如图 5-6（b）所示，由于吸气管嘴是带台阶圆形弯管状长薄壁注塑件，取 I—I 为定动模分型面来成型吸气管嘴的外形。如此，有利于吸气管嘴外形的分型，并且由于定动模闭模后具有大的锁紧力，成型注塑模构件无需采用楔紧机构。为了提高生产效率，注塑模采用一模二腔。

（2）二型孔的抽芯

吸气管嘴存在着二个相互垂直的 $\phi 10.5^{+0.70}_{0}$ mm 型孔，由于型孔的深度不同，所采用的抽芯机构就不同。

① $\phi 10.5^{+0.70}_{0}$ mm×13.5mm 型孔的抽芯　该型孔的深度较短，可采用斜弯销滑块抽芯机构进行抽芯。

② $\phi 10.5^{+0.70}_{0}$ mm×80mm 型孔的抽芯　考虑到该型孔的深度深，采用斜弯销滑块抽芯机构时，斜弯销的长度要很长，会降低斜弯销的刚性。同时，滑块移动的距离也很长，会导致注塑模面积和高度过大。因此，采用 MOB-ϕ50-S100 型的液压油缸抽芯机构，不仅可以克服上述不足，还可以使得整副注塑模结构和尺寸十分紧凑。

由于两型孔的型芯在交接处需要贴合在一起，如此需要严格地控制抽芯和复位的距离。如果两型芯复位距离过头了，会造成两型芯的碰撞。如两型芯复位距离不到位，又会造成两孔成型后不能贯通。

5.3.3　吸气管嘴注塑模结构设计

吸气管嘴注塑模如图 5-7 所示。该注塑模由中模型芯和动模型芯的型腔组成分型构件、液压油缸和斜弯销滑块抽芯机构，以及制品脱模和脱浇口料机构组成，注塑模为一模两腔。

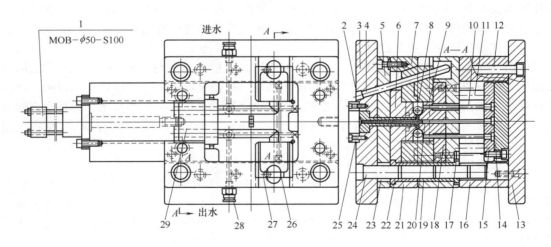

图 5-7　吸气管嘴注塑模

1—液压油缸；2—浇口套；3—定垫板；4—斜弯销；5—定模板；6—中模型芯；7—楔紧块；8—长型芯；9—型芯滑块；
10—顶杆；11—回程杆；12—内六角螺钉；13—底板；14—安装板；15—推板；16—模脚；17—动模板；
18—动模型芯；19—动模导套；20—拉料杆；21—中模板；22—中模导套；23—定模导套；
24—导柱；25—定位圈；26—堵头；27—圆柱销；28—接头；29—滑块

（1）注塑模型腔分型的设计

吸气管嘴的成型由中模型芯 6 和动模型芯 18 所组成的型腔成型，如图 5-7 所示。中模型芯 6 安装在中模板 21 中，动模型芯 18 安装在动模板 17 中。中模板 21 和动模板 17 开启后，可由安装在安装板 14 和推板 15 之间的顶杆 10 顶出成型固化在动模型芯 18 型腔的吸气管嘴。

（2）注塑模的抽芯机构设计

吸气管嘴注塑模外形的成型和两孔抽芯三维造型如图 5-8 所示。

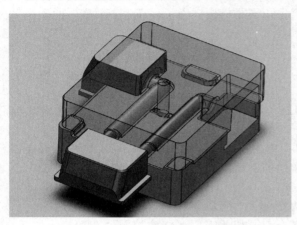

图 5-8　吸气管嘴成型三维造型

① 斜弯销滑块抽芯机构　如图 5-7 所示，由斜弯销 4、型芯滑块 9、楔紧块 7 和限位机构组成。开模时，当斜弯销 4 插入型芯滑块 9 的斜孔中，可迫使型芯滑块 9 复位，用以成型吸气管嘴。注塑模开启时，斜弯销 4 又可迫使型芯滑块 9 进行抽芯，退出中模型芯 6 和动模型芯 18 所组成的型腔，以便吸气管嘴的脱模。楔紧块 7 用于防止斜弯销 4 翘曲变形，抽芯限位机构一是可保证斜弯销 4 能准确地插入型芯滑块 9 的斜孔中，二是可防止型芯滑块 9 脱离注塑模。

② 深孔抽芯机构　如图 5-7 所示，液压油缸 1 的活塞带动着安装在滑块 29 上的长型芯 8 进行抽芯和复位运动。复位是为了成型 $\phi 10.5^{+0.70}_{0}$ mm×80mm 型孔，抽芯是为了使长型芯 8 退出中模型芯 6 和动模型芯 18 所组成的型腔，以便吸气管嘴的脱模。

（3）注塑模的脱模及脱浇口冷凝料设计

如图 5-7 所示，注塑模开启时，由拉料杆 20 将浇口套 2 主浇道中冷凝料拉出，注塑机顶杆推动安装板 14 和推板 15 上的拉料杆 20，可将动模型芯 18 型腔冷料穴中的冷凝料顶出。最后，清理浇注系统的冷凝料，以便下一次吸气管嘴的连续成型加工。

（4）注塑模浇注系统的设计

如图 5-7 所示，浇注系统由浇口套 2 中主浇道、中模型芯 6 与动模型芯 18 型腔之间的分流道、浇口和冷料穴组成。浇注系统的设计参数，可按设计手册进行选取。浇口的尺寸一般可取小一些，待试模后再根据制品成型的状况相应修理浇口的深度和宽度。如果浇口的尺寸一开始就加工大了，要使尺寸变小，就得要补焊再加工浇口的尺寸。定位圈 25 是将注塑模安装在注塑机定模板定位孔中的构件。

（5）注塑模冷却系统的设计

如图 5-7 所示，冷却系统是由中模板 21、动模板 17 和中模型芯 6、动模型芯 18 中加工的水道组成，水道出口处要用堵头 26 密封，进出水处用接头 28 与注塑模外水管接头相连接。输进水后在注塑模中形成回路，可将注塑模加工时的热量带走而降低模温。凡是有水道接缝处，均需要安装 O 型密封圈，以防止水的泄漏，使得注塑模锈蚀。

（6）注塑模的模架

如图 5-7 所示，注塑模的模架由浇口套 2、定垫板 3、定模板 5、回程杆 11、底板 13、安装板 14、模脚 16、动模板 17、动模导套 19、拉料杆 20、中模板 21、中模导套 22、定模导套 23 和导柱 24 组成。

注塑模还需要采购一些外购件，如 MOB-ϕ50-S100 的液压油缸 1、拉料杆 20、顶杆 10、螺钉、螺母、圆柱销、O 型密封圈和弹簧等。

吸气管嘴注塑模的设计，由于在注塑模设计之前进行了认真的注塑件形体分析和注塑模结构方案的可行性分析，所采用措施得当，各种机构的选取又适当，使得该注塑模结构十分紧凑和合理。所加工的吸气管嘴质量优良，加工效率较高。现注塑模为一模二腔，如果要求加工效率更高一些，还可以制成一模四腔。

5.4 带灯后备厢锁主体部件注塑模结构方案可行性分析与论证

带灯后备厢锁主体部件，简称为厢锁主体部件。厢锁主体部件是一个很复杂的注塑件，成型它的注塑模更是一套十分复杂的模具。注塑模存在着四处水平抽芯和一处垂直抽芯机构，厢锁主体部件的斜向脱模机构，超前抽芯机构与以活块避开型芯抽芯运动干涉的结构以及镶嵌件人工抽芯构件等，可以说其结构几乎就是注塑模结构的大全。根据厢锁主体部件的形体分析的结果，它存在着两处显性"障碍体"要素和三处隐性"障碍体"要素；存在着四处沿周的孔槽与螺纹要素和多处与注塑模开闭模方向一致的孔槽与螺纹要素；存在着与开、闭模方向一致型芯垂直抽芯与复位运动；存在着水平抽芯与垂直抽芯运动的干涉要素。由于厢锁主体部件是豪华客车带灯后备厢锁的主体部件，每辆车上有多个后备厢锁，因此又是特大"批量"要素；"塑料"要素是 30％玻璃纤维增强聚酰胺 6。根据注塑模结构方案中三种可行性分析方法与论证所确定的注塑模结构方案为：厢锁主体部件采用斜向脱模；成型 $\phi24\text{mm}\times60°$ 锥台里面的 $\phi22^{+0.18}_{0}\text{mm}$ 深 7.7mm 孔的型芯采用垂直抽芯机构；成型长方形台阶槽和螺孔嵌件杆采用活块构件；四处沿周的"型孔型槽"采用水平斜弯销滑块抽芯机构；可利用二次分型的时间差进行抽芯来避免运动"干涉"的方案。由此，便使得注塑模运动机构的动作既协调且注塑模的结构又十分紧凑。

衡量注塑模设计成功的标准是：要求试模后不能调整注塑模的结构，或者较少地修理注塑模，就能获得很高的试模合格率。为此，特别是对于复杂和价值高的注塑模来说，在注塑模设计之前，都必须对注塑件进行形体分析，对注塑模结构方案进行充分的分析和论证，对引起注塑件缺陷的注塑模结构设计进行预期分析和评估。只有如此，才可以确保注塑模设计的成功，以规避注塑模设计的盲目性和风险性。而要能够做到这一点，唯有熟练地应用注塑件形体分析的"六要素"和注塑模结构方案可行性的"三种分析方法"。注塑模设计的大敌是不加分析、论证和评估，拍一下脑壳就动手设计，如此设计，十有八九会以失败告终。

5.4.1 厢锁主体部件的资料与形体分析

带灯厢锁主体部件，由厢锁主体部件 1 和圆螺母 2 组成，如图 5-9 所示。

（1）厢锁主体部件的资料

材料为 30％玻璃纤维增强聚酰胺 6（黑色）QYSS08-92，收缩率为 1％；厢锁主体部件的最大投影面积 23034mm^2；净重 310g，毛重 320g，塑胶的注射量大；使用 XS-ZY-230 型注射机。

（2）厢锁主体部件形体分析

根据注塑件形体分析"六要素"中 12 个子要素的内容，从厢锁主体部件 CAD 图形、尺寸、精度、技术要求和性能中，可找出厢锁主体部件上所有形体要素。

① 确定摆放位置　首先要确定厢锁主体部件在注塑模中摆放的位置，盒状零件一般是将投影面积最大的面放置在动模上或定模上，而筋槽较多的面一般是放置在定模上。如此，厢锁主体部件只有一种的摆放位置，在不考虑注塑模机构的情况下，相应注塑模只有一种模具结构方案。

② 找出影响分型面的形体及尺寸　找出影响厢锁主体部件分型面的形体及其尺寸，注

意运用形体回避法去除"障碍体"对动、定模分型面的影响。

③ 找出各种形式"障碍体"　"障碍体"是存在于注塑模或产品零件上，起到阻碍注塑模开闭模、抽芯和厢锁主体部件脱模运动及注塑模型面与型腔加工的一种实体。

a. 显性"障碍体"。如图 5-9 的 $A—A$ 剖视图及 $D—D$ 断面图所示。如果厢锁主体部件沿着开、闭模方向脱模，存在着 6mm×60°处 3.1mm 和 6mm×tan10°=1.06mm 显性"障碍体"的阻挡作用。此时，则需要改变厢锁主体部件脱模方向，使之与厢锁主体部件显性"障碍体"具有相同的方向脱模，即厢锁主体部件应沿着与开模方向呈 30°角脱模。如此，便不存在着显性"障碍体"影响作用。

b. 隐性"障碍体"。隐性"障碍体"是原先本不是"障碍体"，由于注塑模开闭模、抽芯和脱模方向的改变后才成为的"障碍体"。由于厢锁主体部件脱模方向的改变，还要检查动模型芯上有无影响厢锁主体部件斜向脱模的型芯，如果有，则需要在厢锁主体部件斜向脱模之前去除该型芯对其脱模的影响。如图 5-9 的 $C—C$ 剖视图成型 $\phi24$mm×60°锥台中型孔 $\phi22^{+0.18}_{0}$mm×7.7mm 的型芯，如果厢锁主体部件是正常脱模，该型芯本不是"障碍体"。现在为了避开 3.1mm 和 1.06mm 显性"障碍体"阻挡作用，需要对厢锁主体部件进行斜向脱模。该型芯成为新的"障碍体"，将这种"障碍体"称为隐性"障碍体"。同样，如图 5-9 俯视图和 $B—B$ 剖视图中成型 115.5mm×46mm×1mm 型槽和 111.5mm×42mm×7.5mm 型槽的型芯，也会成为阻挡注塑件进行斜向脱模的隐性"障碍体"。如图 5-9 的 $A—A$ 剖视图所示，成型 2×ST4.8mm 螺孔底孔的型芯也是隐性"障碍体"。

④ 找出影响各种"型孔与型槽"成型的形体及其尺寸　厢锁主体部件上存在着各种形状、尺寸、精度和方向的"型孔与型槽"，对这些"型孔与型槽"需要按照方向进行分类。

a. 找出厢锁主体部件侧面方向的"型孔与型槽"要素及其尺寸。这是影响厢锁主体部件"型孔与型槽"侧向抽芯结构或活块结构的因素。

• 左侧面有 $\phi8^{+0.075}_{0}$mm×3mm 的孔及 $\phi21.3$mm×20mm 的型孔。

• 右侧面有 $\phi8^{+0.075}_{0}$mm×43mm 的孔及 $10^{+0.3}_{0.1}$mm×$10^{+0.3}_{0.1}$mm×45mm 的方孔。

• 前侧面有 2×10mm×6mm×51mm 的长方形孔。

• 后侧面有 14mm×22.5mm×15.3mm 三角形型槽。

b. 找出对象零件与开闭模方向平行走向的"型孔与型槽"要素及其尺寸。这是影响厢锁主体部件采用镶嵌件、活块和垂直抽芯等结构的因素。

• 正面的"型孔与型槽"。如图 5-7 的 $C—C$ 剖视图所示。在 $\phi24$mm×60°锥台里面有着 $\phi22^{+0.18}_{0}$mm 深 7.7mm 的圆柱孔；中间是外径为 $\phi19^{+0.13}_{0}$mm，内径为 $\phi17.5$mm，槽宽为 8.2mm，长为 17mm 的十字形花键孔；下面是 $\phi19^{+0.13}_{0}$mm 的圆柱孔。正面有 115.5mm×46mm×7.5mm 或 111.5mm×42mm×1mm 的长方形台阶型槽中，带有四个圆弧角的 36.5mm×33.5mm 方孔，两旁是 2×ST4.8×15mm 的自攻螺孔。

• 背面的"型孔与型槽"。有着 6×M6mm 螺孔、5×$\phi3$mm 的型孔及 $\phi1.5$mm 的型孔；还有 80mm×46mm×37.5mm 及 32.5mm×46mm×37.5mm 型槽。

⑤ 找出运动"干涉"要素　找出影响厢锁主体部件"型孔与型槽"抽芯机构之间、抽芯机构与开闭模运动之间及抽芯机构与厢锁主体部件脱模之间运动轨迹中有无运动"干涉"的现象，若有则要去除运动"干涉"要素的影响。如图 5-9 的 $P—P$ 局部断面图所示，46mm×37.5mm 型孔与 4×6mm×10mm 型孔相互垂直，而 4×6mm×10mm 型孔型芯 4 要向上抽芯距离大于 51mm，46mm×37.5mm 型孔镶件 5 要水平抽芯，两相交抽芯运动必然会产生运动干涉。那么，4×6mm×10mm 型孔型芯 4 一定要先于 46mm×37.5mm 型孔镶件 5 完成抽芯，后于 46mm×37.5mm 型孔镶件 5 完成复位，才能避开运动干涉。

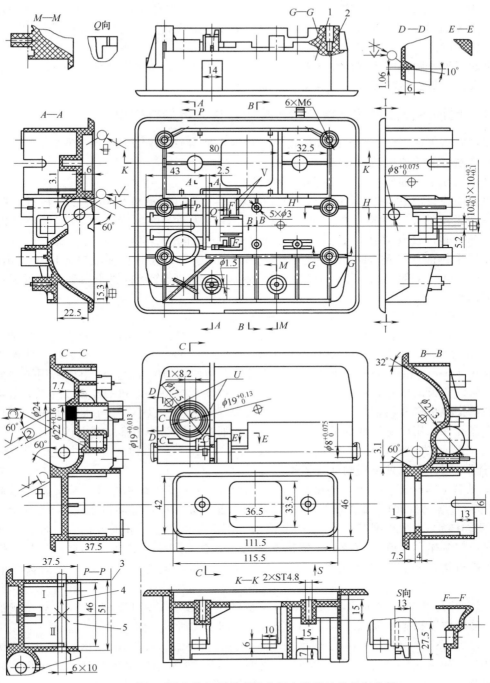

图 5-9　带灯厢锁主体部件的形体分析和模具结构方案分析
1—主体部件；2—圆螺母；3—定模板；4—型芯；5—镶件；

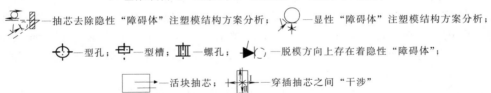

⑥ 找出"批量"和"塑料"要素　由于厢锁主体部件为特大批量，厢锁主体部件材料为30％玻璃纤维增强聚酰胺6，注塑模结构方案要考虑模具用钢与热处理的选用及注塑模机构自动化程度。

由此可见，厢锁主体部件存在着五种不同的形体要素，每种形体要素中又存在多个不同样的要素，这显然是注塑件的混合类型的综合要素。

5.4.2　厢锁主体部件注塑模结构方案可行性分析与机构设计

在对厢锁主体部件进行形体分析之后，就需要对相关形体要素找到其解决的措施，这些措施就是制订的注塑模结构方案。

（1）厢锁主体部件浇注系统的分析和设计

注塑模设计时往往只会注意到分型面、抽芯机构、脱模机构和型腔的设计，时常会忽视浇注系统的设计。殊不知浇注系统的设计是极为重要的一环，厢锁主体部件的成型缺陷大部分是因浇注系统的设计不到位而产生的。如填充不满、缩痕、流痕……该案例因为厢锁主体部件净重310g，毛重320g以上，故用ϕ6mm的直接浇口才能填充满型腔，如图5-9的$A—A$剖视图所示。直接浇口所形成ϕ6mm的冷凝料便于用手人工扳断，可省去铣削的加工。

（2）"障碍体"要素与注塑模结构方案的分析和设计

厢锁主体部件存在着多种形式的"障碍体"要素，对注塑模结构都存在着的影响作用。

① 处置显性"障碍体"注塑模结构方案　如图5-9的$A—A$剖视图及$D—D$断面图所示，存在3.1mm和1.06mm两处显性"障碍体"。如图5-10所示，注塑模采用了对厢锁主体部件斜向脱模的措施，在注塑机顶杆作用下，推动平推垫板1和平推板2移动，继而推动安装在斜推垫板5和斜推板6上小顶杆8和大顶杆9移动。以小顶杆8和大顶杆9斜向顶出厢锁主体部件，用以避开两处显性"障碍体"对厢锁主体部件正常脱模阻挡作用。

② 处置隐性"障碍体"注塑模方案　如图5-9所示，厢锁主体部件存在着三处隐性"障碍体"，存在着三种不同的处置措施。

a. 处置ϕ24mm×60°锥台中ϕ22$_{0}^{+0.18}$mm×7.7mm型孔型芯隐性"障碍体"措施，如图5-9的$C—C$剖视图。如图5-10所示，分型面Ⅱ—Ⅱ开启，带动齿条17向上移动，通过齿轮20和惰轮21带动型芯齿条19向下移动。由于分型面Ⅱ—Ⅱ的开启先于厢锁主体部件的脱模，故ϕ22$_{0}^{+0.18}$mm×7.7mm型孔型芯的垂直抽芯先于厢锁主体部件的脱模，后于注塑模脱模机构的复位，故可避开ϕ22$_{0}^{+0.18}$mm×7.7mm型孔型芯隐性"障碍体"的运动干涉。

b. 处置成型115.5mm×46mm×1mm型槽和111.5mm×42mm×7.5mm型槽的型芯隐性"障碍体"措施，如图5-9俯视图和$B—B$剖视图所示。由于厢锁主体部件脱模方向的改变，115.5mm×46mm×1mm型槽和111.5mm×42mm×7.5mm型槽的型芯才成为隐性"障碍体"。如图5-10所示，采用活块26成型，活块26与厢锁主体部件一起脱模。脱模后人工卸取活块26，故可避开活块26隐性"障碍体"对厢锁主体部件脱模的影响。当然，也可以采用垂直抽芯的方法去除隐性"障碍体"对厢锁主体部件脱模的影响作用。

c. 处置成型2×ST4.8mm螺孔型芯隐性"障碍体"措施，如图5-9的$K—K$剖视图所示。为了简化注塑模结构，只在2×ST4.8mm螺孔中心的位置上制作锥形窝。厢锁主体部件脱模后，以手电钻加工出螺孔底孔，厢锁主体部件装配时，再用自攻螺钉与后备厢门灯具连接。

厢锁主体部件上三种"障碍体"要素，对注塑模结构的影响作用最大，因为是影响注塑

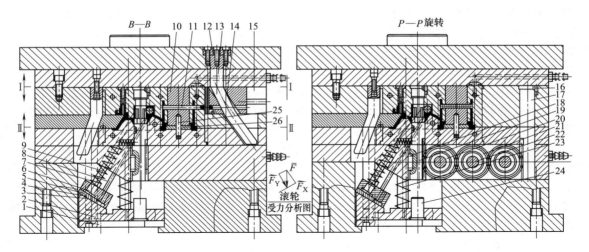

图 5-10 厢锁主体部件斜向脱模机构与注塑模垂直抽芯机构、活块抽芯分析及结构

1—平推垫板；2—平推板；3,22—轴；4—滚轮；5—斜推垫板；6—斜推板；7—弹簧；8—小顶杆；9—大顶杆；10—镶件；11—长型芯；12—垫板；13—变角斜导柱；14—变角滑块；15—压块；16—圆柱销；17—齿条；18—键；19—型芯齿条；20—齿轮；21—惰轮；23—回程杆；24—限位销；25—定位销；26—活块

模脱模运动的因素，如果厢锁主体部件不能正常脱模，注塑模就是一副失败的模具。

（3）厢锁主体部件型孔与型槽要素与注塑模抽芯方案分析和设计

厢锁主体部件存在着多种形式和方向的"型孔与型槽"要素，对注塑模结构产生影响。厢锁主体部件四个侧面的"型孔与型槽"，共采用四处水平斜导柱滑块抽芯机构来进行型孔与型槽的成型与抽芯。

① 水平斜导柱滑块抽芯机构　如图 5-11 的 $A—A$ 剖视图所示，A 处及 B 处均为双型芯水平斜导柱滑块抽芯机构；如图 5-11 的 $B—B$ 剖视图所示，C 处也是水平斜导柱滑块抽芯机构。当开闭模运动 v_{KBM} 在中模板与动模部分的分型面 Ⅱ—Ⅱ 之间进行时，可以同时完成 A 处、B 处与 C 处抽芯机构型芯的抽芯及复位运动 v_{CHFW}。

② 水平变角斜导柱滑块抽芯机构　如图 5-11 的 $B—B$ 剖视图所示，D 处是水平变角斜导柱滑块抽芯机构，其特点是：变角斜导柱 13 设置在定模部分，变角滑块 14 安置在中模板上变角滑块压板 15 所组成的 T 形滑槽中，型芯 11 是直接插入中模镶块 10 的型槽中。当开闭模运动 v_{KBM} 在定模部分与中模板的分型面 Ⅰ—Ⅰ 之间进行时，可以完成 D 处抽芯机构 $4×6mm×10mm$ 型孔型芯 11 的抽芯及复位运动 v_{CHFW}。值得注意的是分型面 Ⅰ—Ⅰ 与分型面 Ⅱ—Ⅱ 之间存在着空间距离差，注塑模的开闭模运动 v_{KBM} 在分型面 Ⅰ—Ⅰ 与分型面 Ⅱ—Ⅱ 之间发生时，便出现了时间差，从而可避开两处垂直抽芯运动干涉。

（4）水平变角斜导柱滑块抽芯机构与另三处水平斜导柱滑块抽芯机构运动先后排序

注塑模开闭模运动与垂直抽芯及水平变角抽芯运动分析如图 5-9 与图 5-11 所示，D 处为水平变角抽芯机构，成型厢锁主体部件 $80mm×46mm×37.5mm$ 和 $32.5mm×46mm×37.5mm$ 深槽的镶块 10，以及成型 $2×10mm×6mm×51mm$ 长方形孔的型芯 11，如果厢锁主体部件注塑模的这 2 处垂直抽芯和水平抽芯是同时进行的话，在型芯 11 刚开始移动时，镶块 10 就会与型芯 11 产生运动"干涉"现象，从而导致型芯 11 的折断。需要指出的是，注塑模开启时，分型面 Ⅰ—Ⅰ 是先于分型面 Ⅱ—Ⅱ 被开启，闭模时是后于分型面 Ⅱ—Ⅱ 闭合。这是因为分型面 Ⅰ—Ⅰ 与分型面 Ⅱ—Ⅱ 之间存在着空间位置距离差，可以转换成时间差。为了避开这种"运动干涉"的现象，如图 5-11 所示，水平变角斜导柱滑块抽芯机构设置在定模部分，镶块 10 是安装在中模部分。分型面Ⅰ—Ⅰ的开启时，变角斜导柱滑块抽芯机构先完成型芯 11 的抽芯运动，分型面Ⅰ—Ⅰ闭合时使得型芯 11 滞后镶块 10 复位。即型芯 11 抽芯后，镶块 10 才能进行垂直抽芯。注塑模分型面Ⅱ—Ⅱ闭合，中动模闭合才使镶块 10 复位。之后是分型面Ⅰ—Ⅰ闭合，使得型芯 11 复位。利用分型面Ⅰ—Ⅰ和分型面Ⅱ—Ⅱ先后开启和闭合的空间距离差，转换成镶块 10 和型芯 11 抽芯与复位运动的时间差来避开镶块 10 垂直抽芯和型芯 11 水平抽芯的运动干涉，使镶块 10 和型芯 11 抽芯与复位运动分别有序进行。

图 5-11 所示的 A、B 和 C 三处水平抽芯机构都是设置在分型面Ⅱ—Ⅱ之间。同样，由于分型面Ⅰ—Ⅰ与分型面Ⅱ—Ⅱ之间存在着时间差，又由于变角斜导柱滑块抽芯机构与三处水平斜导柱滑块抽芯机构的抽芯运动都是独立有序进行的，所以这四处水平抽芯运动也就存在着先后顺序，即 D 处先完成抽芯运动，A、B 和 C 三处后完成水平抽芯运动；A、B 和 C 三处先完成复位运动，D 处后完成复位运动。

（5）水平变角斜导柱滑块抽芯机构的特点

采用水平变角斜导柱与变角滑块，是因为该处所需要的抽芯距离长达 75mm。倾斜角较小处的抽芯速度较慢，但其楔紧滑块时能够自锁。倾斜角较大处，则抽芯速度较快，但对滑块的楔紧力小。在同样的抽芯距离时，采用普通斜导柱的长度要长，而采用变角斜导柱的长度可以短一些。由于抽芯距离很长，不管倾斜角大还是小，斜导柱的长度较变角斜导柱的长度还是长一些，将会导柱注塑模的面积和高度尺寸都会大一些。

成型厢锁主体部件 2×10mm×6mm×75mm 长方形孔的抽芯机构，为什么只是采用如图 5-11 所示水平变角外抽芯机构呢？那是因为厢锁主体部件需要斜向脱模，所以不可以在分型面Ⅱ—Ⅱ之间采取内抽芯机构的结构。因为采用了两个分型面，故应采用三模板结构的模架。

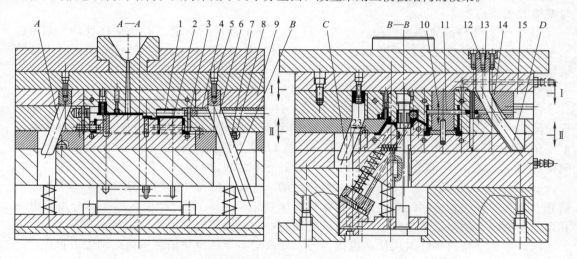

图 5-11　注塑模侧向型孔的抽芯机构分析及结构

1,2—型芯；3—圆柱销；4—滑块；5—内六角螺钉；6—斜导柱；7—限位销；8—弹簧；9—滑块压板；10—镶块；11—长型芯；12—垫板；13—变角斜导柱；14—变角滑块；15—变角滑块压板；A—左侧双型芯水平斜导柱滑块抽芯机构；B—右侧双型芯水平斜导柱滑块抽芯机构；C—后侧水平斜导柱滑块抽芯机构；D—前侧水平变角斜导柱滑块抽芯机构

（6）分型面的分析与设计

如图 5-11 所示，分型面Ⅱ—Ⅱ开启与闭合时，水平变角斜导柱滑块抽芯机构的型芯 11，需要有镶块 10 垂直抽芯超前水平抽芯和滞后复位的要求。分型面需要分成两处：分型面

Ⅰ—Ⅰ的设置，是在定模部分和中模板之间；而分型面Ⅱ—Ⅱ为台阶形面，分型面Ⅱ—Ⅱ设置在为动模和中模之间。

（7）厢锁主体部件的正面及背面镶件的设计

厢锁主体部件正面及背面的型孔和螺孔的走向是平行于开闭模方向，一般是采用镶件或螺孔嵌件杆来成型。可以利用注塑模的开闭模运动进行抽芯和复位，也可以采用垂直抽芯机构抽芯或活块用人工取出。

① 背面的型孔的型芯抽芯。如图 5-9 所示，厢锁主体部件的背面的 $5 \times \phi 3$mm 和 $\phi 1.5$mm 的型孔，可采用镶件成型与抽芯。

② 中间花键孔和背面型孔的型芯抽芯。中间外径为 $\phi 19^{+0.13}_{0}$mm、内径为 $\phi 17.5$mm、槽宽为 8.2mm、长为 17mm 的十字形花键孔，背面是 $\phi 19^{+0.13}_{0}$mm 的圆柱孔及型孔，也可以采用镶件成型与抽芯。四个 M6 螺孔的圆螺母可以用螺纹嵌件杆来支承，嵌件杆可在厢锁主体部件脱模后，再用气动或电动取杆器取出。

③ 正面型孔的型芯抽芯。如图 5-9 所示，$\phi 24$mm$\times 60°$锥台里面的 $\phi 22^{+0.18}_{0}$mm 深 7.7mm 的圆孔型芯，若采用镶件成型与抽芯，固定的型芯必将会成为 30°斜向厢锁主体部件脱模的隐性"障碍体"，因此，只能采用垂直抽芯机构来避开这种隐性"障碍体"的阻挡作用。

（8）厢锁主体部件斜向脱模与注塑模垂直抽芯机构及活块抽芯构件的分析和设计

厢锁主体部件的斜向脱模与注塑模的垂直抽芯机构和活块抽芯构件的设计，是相互影响和相互关联的，分析它们的结构时，应相互联系和辩证地去分析，切不可孤立地去分析。

① 厢锁主体部件的 30°斜向脱模分析　如图 5-9 的 $A—A$ 剖视图及 $D—D$ 剖视图所示，厢锁主体部件沿着注塑模中心线进行脱模的话，势必存在着 6mm$\times \tan 30° = 3.1$mm 及 6mm$\times \tan 10° = 1.06$mm 显性"障碍体"的阻碍作用。为了避开这两处显性"障碍体"的阻碍作用，如图 5-10 的 $B—B$ 剖视图及 $P—P$ 剖视图所示，对注塑件采用 30°斜向脱模方案。如此，便不会存在这种显性"障碍体"对厢锁主体部件脱模的阻碍作用；同时，如图 5-9 的 $C—C$ 剖视图所示 $\phi 24$mm$\times 60°$锥台，也正好适合采用 30°斜向脱模的形式。

② 注塑模斜向脱模机构的结构　如图 5-10 的 $B—B$ 剖视图及 $P—P$ 剖视图所示，注塑模的脱模机构是采用平动与斜动双重脱模机构的结构。为了减少双重脱模机构之间的摩擦，在平推板 2 与斜推垫板 5 两端之间安装了轴 3 和滚轮 4，这样可变滑动摩擦为滚动摩擦。

③ 注塑模的垂直抽芯机构的分析和设计　成型如图 5-9 的 $C—C$ 剖视图所示的 $\phi 24$mm$\times 60°$锥台里面的 $\phi 22^{+0.18}_{0}$mm 深 7.7mm 圆柱孔的型芯齿条 19，此刻却变成了厢锁主体部件斜向脱模的隐性"障碍体"，它的存在会阻碍厢锁主体部件斜向脱模。此时，可以利用垂直抽芯机构的抽芯来避开该隐性"障碍体"阻挡作用，以便顺利地进行注塑件的 30°斜向脱模运动。

垂直抽芯机构的齿条 17 随着动、定模的开模运动产生向上的直线移动，齿条 17 带着齿轮 20 在轴 22 上转动，进而带着型芯齿条 19 做向下的直线移动，即可完成 $\phi 22^{+0.18}_{0}$mm 深 7.7mm 圆孔型芯齿条 19 的垂直抽芯运动。反之，动、定模合模时，型芯齿条 19 可以产生复位。键 18 是防止型芯齿条 19 的转动，圆柱销 16 是防止齿条 17 的转动，惰轮 21 用于改变型芯齿条 19 移动方向。

④ 注塑模活块抽芯构件的分析　成型 80mm$\times 46$mm$\times 37.5$mm 及 32.5mm$\times 46$mm$\times 37.5mm 槽的型芯，因为该型芯也会成为厢锁主体部件斜向脱模的隐性"障碍体"，阻碍着厢锁主体部件的斜向脱模。其可以利用垂直抽芯机构的抽芯或活块人工抽取，来避开隐性"障碍体"对厢锁主体部件斜向脱模的阻碍作用。由于再度采用垂直抽芯机构抽芯，将会使注塑模结构过于复杂，以及由于注塑模的空间限制不能实现，则该注塑模结构方案选用了活

块 26 构件成型。只是每次厢锁主体部件脱模后需要人工取出活块 26，注塑模合模前需要人工安装好活块 26，由于装取活块 26 需要一定的时间而会影响生产的效率，可以备制三块活块 26 同时使用。如图 5-10 的 B—B 剖视图及 P—P 剖视图所示，活块 26 是以镶件 10 上的两个定位销 25 进行安装和定位的，两个定位销 25 与镶件 10 是过盈配合，而与活块 26 则是间隙配合，随着镶件 10 的开启运动，两个定位销 25 便可脱离活块 26。两端 2×ST4.8×15mm 的自攻螺孔是采用锥形头销成型锥形钻头引导孔，然后由人工在钻床上加工出螺孔的底孔。背面的 6×M6mm 螺孔成型，可采用螺纹嵌件杆的结构，在厢锁主体部件脱模后退出活块 26，然后再用气动取杆器旋出螺纹嵌件杆。需要提醒读者的是：两定位销 25 是安装在镶件 10 上，千万不能安装在动模板上；否则，又会成为新的隐性"障碍体"，阻挡厢锁主体部件的斜向脱模运动。

⑤ 水平变角斜导柱滑块抽芯机构的抽芯运动与定模型芯开、闭模运动的"运动干涉"如图 5-11 所示，成型厢锁主体部件背面 80mm×46mm×37.5mm 及 32.5mm×46mm×37.5mm 深槽，是随着分型面 Ⅱ—Ⅱ 的开启和闭合而进行抽芯和复位。成型厢锁主体部件两处 10mm×6mm 型孔的长型芯 11 的抽芯运动，是要在分型面 Ⅱ—Ⅱ 开启前，退出镶块 10 的横向型孔；而在分型面 Ⅱ—Ⅱ 闭合后，就要插进镶块 10 的横向型孔内。否则，这样长的型芯 11 必定会与镶件 10 的横向型孔产生由两种抽芯运动方向上的"运动干涉"现象。

为了避开这种"运动干涉"的现象，如图 5-11 的 B—B 剖视图所示，变角斜导柱滑块抽芯机构设在分型面 Ⅰ—Ⅰ 开闭模时，完成其抽芯与复位运动，而其他三处的斜导柱滑块抽芯机构的抽芯与复位运动是在分型面 Ⅱ—Ⅱ 开闭模时完成的。分型面 Ⅰ—Ⅰ 与分型面 Ⅱ—Ⅱ 之间存在着空间差，定、中模和动模部分的开闭模运动也就存在着时间差，于是变角斜导柱滑块抽芯机构与三处斜导柱滑块抽芯机构的抽芯运动都是独立进行的，并且存在先后顺序。

5.4.3　注塑模结构的设计

注塑模的结构设计如图 5-12 所示。

① 注塑模采用三模板式的模架。

② 直接浇口为 $\phi6mm×4°$，直径为 $\phi6mm$ 浇口的凝料在厢锁主体部件脱模后，可以用人手扳断冷凝料而省去切除浇口冷凝料的机械加工工序。

③ 根据塑材的收缩率设计动模型腔和定模型芯，应该注意脱模斜度的设定，否则厢锁主体部件容易粘贴在定模型芯上。由于定模型芯的型面上需要制作皮纹，脱模斜度要适当大一点，否则，模型芯的型面上皮纹会成为阻碍厢锁主体部件脱模无数的"障碍体"。

④ 定模上运用了 12 处镶件和 6 处螺纹嵌件杆，以实现厢锁主体部件背面方向型孔和铜镶嵌件螺孔的成型和抽芯。

⑤ 注塑模的左、右和前、后侧面及正面的型孔和型槽，采用了三处水平斜导柱滑块抽芯机构和一处变角斜导柱滑块抽芯机构，以实现厢锁主体部件侧向型孔和型槽的成型和抽芯。一处采用了齿条、齿轮和型芯齿条的垂直抽芯机构，以实现主体部件 $\phi22^{+0.18}_{0}mm$ 深7.7mm 圆柱孔的成型和垂直抽芯，有效地避开了隐性"障碍体"对厢锁主体部件斜向脱模的阻挡作用；一处采用了成型 80mm×46mm×37.5mm 及 32.5mm×46mm×37.5mm 槽的活块构件；成型 2×ST4.8×15mm 的自攻螺孔采用人工补充加工的方法。

⑥ 注塑模的脱模机构由平动脱模机构的运动转换为斜向脱模机构的运动，其回程运动是先靠小顶杆 8 和大顶杆 9 上的弹簧 7 作用使脱模机构先行复位，如图 5-10 的 B—B 剖视图所示。然后，如图 5-12 所示，在回程杆 17 推动下，脱模机构精确复位。限位销 13 用于限制平动脱模机构运动的行程。

⑦ 定、动模型芯的内循环水冷却系统，采用 O 形密封圈 11 和螺塞 16 进行密封，防止水渗漏。型芯中不通的流道处采用了分流片 10 隔离同一水道，使之分成为两半的流道，而形成进、出水流通的循环通道结构。

⑧ 定、动模部分采用导柱 14 和导套 15 的导向构件和回程杆 17 的复位构件。

5.4.4　注塑模结构方案的论证与薄弱构件刚性和强度的校核

如图 5-10 所示，注塑模结构方案的论证，主要应该落实注塑模四个主要的方案上：厢锁主体部件斜向脱模的方案；成型 $\phi 22^{+0.18}_{0}$ mm 深 7.7mm 圆柱孔的型芯齿条 19 垂直抽芯运动的方案；成型 80mm×46mm×37.5mm 及 32.5mm×46mm×37.5mm 型槽的活块 26 构件的方案；避开长型芯 11 水平抽芯与镶件 10 垂直抽芯"运动干涉"的方案。只要这四个主要的方案没有问题，注塑模结构方案就不会出现大的问题。

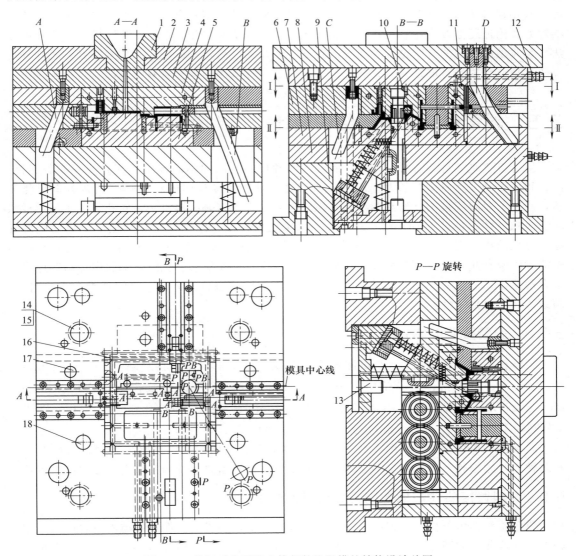

图 5-12　带灯后备厢锁主体部件注塑模的结构设计总图

1—浇口套；2—定模垫板；3—定模板；4—中模镶块；5—动模镶块；6—中模板；7—动模板；8—动模垫板；9—模脚；10—分流片；11—O 形密封圈；12—水嘴；13—限位销；14—导柱；15—导套；16—螺塞；17—回程杆；18—内六角螺钉

　　注塑模的模脚 9 与动模垫板 8 组成简支梁，变角斜导柱为悬臂梁，注塑模中模镶块 4 型腔的侧壁和底壁是直接承受注射机施加和保压时的压力。像投影面积如此之大的注塑模，注射机施加的压力较大会产生变形，这就需要对注塑模动模垫板 8、中模镶块 4 型腔和图 5-12 的 C 处及 D 处抽芯机构的斜导柱（抽芯距离长，则斜导柱的长度也就长）等薄弱的结构件，进行刚性和强度的校核，以防它们产生变形，甚至会使厢锁主体部件无法脱模的严重后果。只有进行注塑模结构方案的论证与薄弱构件刚性和强度的校核之后，才能进行具体的注塑模结构设计工作。

　　注塑模结构方案可行性分析与论证，可以说是注塑模结构设计战略方案的选择。方案选择得好，将会使注塑模结构简单易行而成本低；方案选择得差，将使注塑模结构复杂难以制造而且成本高，甚至是注塑模结构设计的失败。注塑件形体分析的"六要素"主要是战术分析的方法，用以确定注塑模具体的结构。当然，在注塑模结构方案论证的过程中，还需要运用"六要素"，"六要素"的分析是贯穿注塑模结构设计和结构方案论证的全过程中。注塑模结构方案论证还需要应用各种机构运动简图来进行分析和论证。"六要素"和"三种分析方法"是对型腔模结构方案论证和设计的科学、系统的总结，可以说"六要素"和"三种分析方法"是注塑模设计的最有效工具，也是注塑模设计成功的唯一有效的方法、技巧和手段。

5.5　斜管接头注塑模结构设计

　　斜管接头是一种具有多种型孔、斜孔、两种偏心且同向不同螺距的螺孔及存在着凹槽、凸台和弓形高"障碍体"的大批量注塑件。通过对斜管接头形体和注塑模结构方案反复分析，确定了对斜管接头外形和凹槽，采用斜滑块二次分型兼脱模机构；斜孔采用了斜导柱滑块二次超前抽芯；对于 M10mm 螺孔，采用了定模齿条、圆锥齿轮和圆柱齿轮超前脱螺孔滞后复位结构；而对于 M45mm 螺孔，采用了安装在推板上动模齿条、圆锥齿轮和圆柱齿轮滞后脱螺孔超前复位的二型腔注塑模结构。由于对型孔抽芯、脱螺孔和脱模运动顺序进行了合理排序，故这些机构运动虽然复杂，但均能有序的进行。因此，该注塑模具有全自动、高效、高质量加工性能。

5.5.1　斜管接头形体分析

　　斜管接头如图 5-13 所示。该注塑件外形为 $\phi 50^{+0.02}_{-0.072}$ mm 圆柱体；中部有 $\phi 40$ mm× $3.7^{+0.12}_{0}$ mm×5°凹槽；左端有 M45mm×1.5mm-6H×11.6mm 螺纹孔；中端在 $R18$ mm× $R7.2$ mm× $R4$ mm 弧形凸台中有 M10mm×1.0mm-6H×8mm 螺纹孔和 $\phi 6^{+0.25}_{0}$ mm×60°± 30′的斜孔；右端为 $\phi 36^{+0.3}_{0}$ mm×20.4$^{+0.052}_{0}$ mm 的型孔；总长为 54$^{0}_{-0.21}$ mm。

　　斜管接头形体分析：如图 5-13 所示，存在着凸台、凹坑和弓形高形式"障碍体"要素及多种形式"型孔"要素和多种"运动"要素形式，还需要进行两"螺孔"要素的脱螺孔。

5.5.2　斜管接头注塑模结构方案可行性分析

　　斜管接头形体分析与注塑模结构方案可行性分析：斜管接头在注塑模中位置以两个螺孔朝下方向摆放，如图 5-13 所示。成型 $\phi 36^{+0.3}_{0}$ mm×20.4$^{+0.052}_{0}$ mm 型孔的型芯安装在定模中，利用注塑模开闭运动即可实现该型芯抽芯和复位。斜管接头外形 $\phi 50^{+0.02}_{-0.072}$ mm 弓形高"障碍体"与 $\phi 40$ mm×3.7$^{+0.12}_{0}$ mm×5°凹坑"障碍体"，以Ⅰ—Ⅰ为分型面，采用斜滑块抽

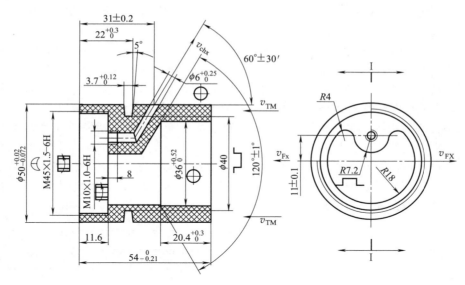

图 5-13　斜管接头与形体分析

⊓—凸台形式"障碍体"；⊔—凹坑形式"障碍体"；⌐—弓形高形式"障碍体"；⊕—型孔；▥—脱螺孔；

v_{chx}—抽芯运动；v_{Fx}—分型运动；v_{TM}—脱模运动；Ⅰ—Ⅰ—分型面

芯机构进行成型和抽芯；对于成型 M10mm×1.0mm-6H 螺孔的型芯，应采用定模齿条、圆锥齿轮和圆柱齿轮系进行超前脱螺孔。对于成型 M45mm×1.5mm-6H 螺孔型芯、应采用推板脱模机构的齿条、圆锥齿轮和圆柱齿轮脱螺孔的机构进行滞后脱螺孔；成型 $\phi36^{+0.25}_{0}$mm×$20.4^{+0.052}_{0}$mm 型孔型芯、$\phi6^{+0.25}_{0}$mm 斜孔型芯应采用定模斜导柱滑块抽芯机构超前抽芯；斜管接头还应采用二次脱模机构的脱模形式。斜管接头在加工过程中的各种机构运动排序如表 5-1 所示。

表 5-1　斜管接头在加工过程中的各种机构运动排序

序号	名称	机构	说　明
1	$\phi6^{+0.25}_{0}$mm 斜孔抽芯	斜导柱滑块抽芯机构	斜导柱安装在定模中，滑块安装在中模中，利用注塑模开闭模运动即可先实现斜孔的斜向抽芯和复位运动
2	M10mm 脱螺孔	齿条锥齿轮和圆柱齿轮系脱螺孔机构	齿条安装在定模上，锥齿轮和圆柱齿轮系安装动模部分。利用注塑模开闭模运动，可先实现 M10mm 型芯旋入和退出底板脱螺孔和复位运动
3	M45mm 脱螺孔	齿条锥齿轮和圆柱齿轮系脱螺孔机构	齿条安装在动模部分的推板上，锥齿轮和圆柱齿轮系安装动模部分。只有注塑机顶杆推动推板时，成型 M45mm 型芯才能进行脱螺孔和复位成型运动
4	脱模	二次脱模机构	推板(一)推动推杆(一)，推杆(一)推动推杆(二)，推杆(二)推动 2 斜滑块，2 斜滑块可沿着斜滑槽实现斜管接头分型和脱模
5	复位	复位机构	斜管接头脱模后，在顶杆上弹簧作用下，脱模机构先行复位，带动着 M45mm 螺孔型芯复位。动模闭合，斜导柱插入滑块斜孔中迫使滑块复位，同时迫使斜滑块复位，安装在定模中齿条带动锥齿轮和圆柱齿轮系使成型 M10mm 的型芯复位

5.5.3　斜管接头注塑模相关机构的结构分析与论证

斜管接头注塑模，主要由斜孔的斜导柱滑块抽芯机构、外形与凹槽斜滑块抽芯机构、

M10mm 螺孔先脱螺孔机构、M45mm 螺孔滞后脱螺孔机构和二次脱模机构组成。

（1）斜孔的斜导柱滑块抽芯机构设计

$\phi6^{+0.25}_0$mm 斜孔的斜导柱滑块二次抽芯机构。如图 5-14（a）所示。斜孔型芯 5 以圆柱销 12 安装在斜滑块 6 中，斜滑块 6 以 T 形斜凸台与滑块 2 的 T 形斜槽配合连接在一起，斜滑块 6 可在滑块 2 的 T 形槽中滑动。闭模时，在斜导柱 3 作用下，滑块 2 复位后导致斜滑块 6 复位，与此同时也导致斜孔型芯 5 复位，注塑模可以处于成型加工阶段。如图 5-14（b）所示，安装在定模板 1 上的斜导柱 3、型芯 7 和定模齿条 9 随着注塑模的开启离开了动模部分。斜孔型芯 5 安装在斜滑块 6 方孔中，斜滑块 6 又安装在滑块 2 的 T 形斜槽中。由于斜导柱 3 作用滑块 2 迫使其向左移动，使得斜滑块 6 沿着滑块 2 的 T 形斜槽向左向上移动，可完成斜孔型芯 5 的二次复合抽芯。限位器 10 是限制滑块 2 移动距离，限位螺钉 11 是限制斜滑块 6 移动距离，以防止它们脱离注塑模。

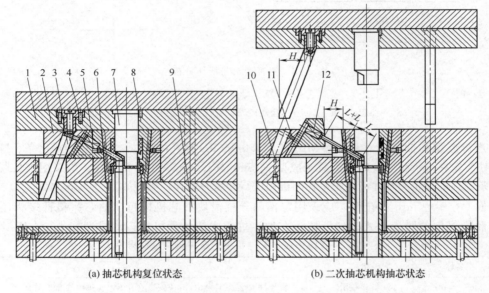

(a) 抽芯机构复位状态　　　　　　(b) 二次抽芯机构抽芯状态

图 5-14　斜孔斜导柱滑块二次复合抽芯机构

1—定模板；2—滑块；3—斜导柱；4—垫板；5—斜孔型芯；6—斜滑块；
7—型芯；8,12—圆柱销；9—定模齿条；10—限位器；11—限位螺钉

（2）螺孔型芯脱螺孔与复位运动分析

如图 5-15 所示，由于斜管接头上存在着 M45×1.5-6H 和 M10×1.0-6H 两种右螺纹孔。M10 螺孔与 M45 螺孔中心偏置了（11±0.1）mm，并且螺距也不相同。因此，二螺孔需要分成先后顺序进行脱螺孔和复位成型运动，故二螺孔初始传动的齿条应分别安装在定模和动模部分，依靠定模和动模之间距离差转化成时间差进行二次脱螺孔运动。脱螺孔运动时，两齿条均为向上运动，复位运动时则向下运动。

① 同向偏心两种螺孔型芯脱螺孔与复位成型原理　由于 M10×1.0-6H 螺孔与 M45×1.5-6H 螺孔均为右螺纹孔，脱螺孔时都需要逆时针方向旋转螺孔型芯。螺孔型芯的复位成型时，则都需要顺时针复位。

a. 脱两螺孔与复位传动的前体条件。开模时，如图 5-15 所示，动模齿条 1 和定模齿条 13 均应向上移动，由于 M45 型芯 6 和 M10 型芯 8 脱螺孔均需要逆时针转动，因此，与 M45 型芯 6 相连接的大齿轮 5 应逆时针转动，与 M10 型芯 8 相连接的齿轮 9 也应该逆时针转动。

由于圆锥双联齿轮是用于改变传动转向、转速与角度，所以圆柱齿轮只能改变传动转向和转速。脱螺孔和复位成型运动是依靠齿条和圆锥齿轮及圆柱齿轮副进行，这样便可以据此设计出两处螺孔型芯的传动路线。

b. 避开两种偏心同向螺孔型芯脱螺孔与复位运动干涉的方法。先要完成 M10 型芯 8 脱螺孔，之后完成 M45 型芯 6 脱螺孔，才不会发生两种脱螺孔的运动干涉，并且 M10 型芯 8 长度要全部抽离 M10 螺孔端面。

② M10 与 M45 型芯脱螺孔运动分析　如图 5-15（a）所示，M10 型芯应先于 M45 型芯脱螺孔。

a. M10 脱螺孔运动分析。如图 5-15（a）所示，M10 脱螺孔运动路线如下：定模开启时，定模齿条 13 向上运动→双联齿轮 12 顺时针转动→双联齿 11 逆时针转动→圆柱齿轮 10 顺时针转动→齿轮 9 逆时针转动。齿轮 9 和 M10 型芯 8 通过花键连接在一起，M10 型芯 8 也跟着逆时针转动。M10 型芯 8 下端外螺纹逆时针转动并向下移动，使得斜管接头 M10 脱螺孔。这是依靠 M10 型芯 8 下端外螺纹旋入与旋出，安装在底板衬套螺孔中的运动。由于 M10 螺孔末端存在着通气孔，M10 型芯 8 除了需要退出螺纹长度外，还需要退出通气孔长度。因此，需要借助 M10 型芯 8 下端外螺纹的旋入与旋出运动。

b. M45 脱螺孔运动分析。如图 5-15（b）所示，M45 脱螺孔运动路线如下：动模推板带动动模齿条 1 向上运动→双联齿轮 2 顺时针转动→双联齿轮 3 逆时针转动→小齿轮 4 顺时针转动→大齿轮 5 逆时针转动。由于大齿轮 5 和 M45 型芯 6 是通过键 7 连接，于是 M45 型芯 6 也随着逆时针转动，在浇口冷凝料的限制下，斜管接头向上作脱螺孔运动。

③ M10 与 M45 型芯复位成型运动分析　如图 5-15（b）所示，M45 型芯应先于 M10 型芯复位成型运动。

a. M45 型芯的复位运动分析。对于 M45 型芯 6 复位成型运动而言，只需要径向复位。使得 M45 型芯 6 能通过偏心的过孔。如图 5-15（b）所示，M45 型芯 6 复位成型运动路线如下：动模推板先复位使得动模齿条 1 向下运动→双联齿轮 2 逆时针转动→双联齿轮 3 顺时针转动→小齿轮 4 逆时针转动→大齿轮 5 顺时针转动。大齿轮 5 通过键 7 与 M45 型芯 6 连接，于是 M45 型芯 6 也随着顺时针转动进行径向复位。

b. M10 型芯的复位运动分析。对于 M10 型芯 8 复位而言，既要有径向复位，又要有轴向复位。要使 M10 型芯 8 与成型 $\phi 6^{+0.25}_{0}$ mm 孔的型芯相吻合。如图 5-15（b）所示，M10 型芯复位成型运动路线如下：定动模合模时，定模齿条 13 向下运动→双联齿轮 12 逆时针转动→双联齿轮 11 顺时针转动→圆柱齿轮 10 逆时针转动→齿轮 9 顺时针转动，齿轮 9 通过花键连接在一起，使得 M10 型芯 8 下端外螺纹退出底板衬套螺孔，进行径向和轴向复位运动。

④ M10 与 M45 螺孔型芯脱螺孔与复位成型运动距离的控制　两螺孔的型芯转动一圈，脱螺孔和复位运动便移动一个螺距，以此进行脱螺孔与复位成型运动距离的控制。

（3）螺纹孔型芯脱螺孔与复位结构设计

在 M10 与 M45 螺孔型芯脱螺孔与复位成型运动方案制订后，运动机构的结构设计如图 5-16 所示。

① M10 螺孔型芯先脱螺孔与复位成型运动机构的设计　如图 5-16（a）所示，定动模开启时，定模齿条 1 向上移动，带动双联齿轮 9、双联齿轮 6、圆柱齿轮 8 和小齿轮 11 逆时针转动。小齿轮 11 花键孔带动 M10 型芯 12 花键轴逆时针转动，最终使得 M10 型芯 12 下端的外螺纹不断地旋入安装在底板衬套 17 的螺孔中，而使得 M10 型芯 12 上端的型芯退出斜管接头螺孔。M10 型芯 12 上端为右螺纹，下端为左螺纹，衬套 17 螺孔为左螺纹。当 M10

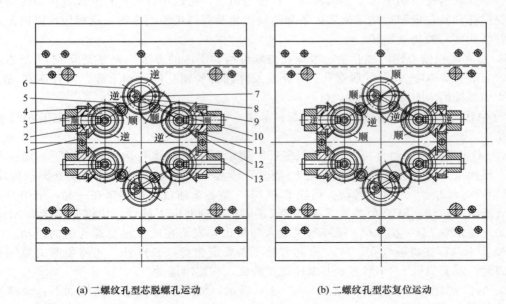

(a) 二螺纹孔型芯脱螺孔运动   (b) 二螺纹孔型芯复位运动

图 5-15　二螺纹孔型芯脱螺孔与复位运动

1—动模齿条；2,3—双联齿轮；4—小齿轮；5—大齿轮；6—M45 型芯；7—键；
8—M10 型芯；9—齿轮；10—圆柱齿轮；11,12—双联齿轮；13—定模齿条；
⊙—动模齿条向上移动；⊗—动模齿条向下移动

型芯 12 逆时针转动，下端螺纹不断旋入衬套 17 螺孔中，上端螺纹便退出斜管接头的螺孔。

　　M10 型芯 12 的复位：当定动模闭合时，定模齿条 1 向下移动，带动双联齿轮 9、双联齿轮 6、圆柱齿轮 8、小齿轮 11 顺时针转动。小齿轮 11 通过花键带动 M10 型芯 12 顺时针时针转动而退出衬套 17 螺孔，从而完成 M10 型芯 12 的复位运动。

　　② M45 螺孔型芯脱螺孔与复位成型运动机构的设计　　如图 5-16（b）所示，安装在推板 15 上的动模齿条 18 在注塑机顶杆的推动下向上移动，从而带动双联齿轮 19、双联齿轮 20、齿轮 21 和大齿轮 22 逆时针转动。M45 型芯 24 是通过键 23 与大齿轮 22 连接在一起，M45 型芯 24 逆时针转动。在浇口冷凝料止动的作用下，斜管接头便会从 M45 型芯 24 上退出。

　　M45 型芯 24 的复位：推板 15 先复位，是依靠安装在推板 15 上动模齿条 18 的下移，带动双联齿轮 19、双联齿轮 20、齿轮 21 和大齿轮 22 顺时针转动，大齿轮 22 通过键 23 使得 M45 型芯 24 顺时针转动而进行复位运动。

　　M10 型芯 12 的运动，是依靠安装在定模板上定模齿条 1 推动。带动 M10 型芯 12 向下移动而完成脱螺孔，M10 型芯 12 复位是依靠定动摸闭合而实现的。M45 型芯 24 是安装在推板 15 上，由推板 15 先复位运动来实现。注塑模开闭模运动是先于推板 15 的脱模运动，于是 M10 型芯 12 先于 M45 型芯 24 完成脱螺孔运动。在注塑模还没有闭模时，注塑机顶杆退回，在长顶杆 14 上的弹簧 13 的作用下，推板 15 便先回位。因此，M45 型芯 24 先复位，然后是 M10 型芯 12 的复位。这种两种不同运动源头的安排，充分确保了两种螺纹孔脱螺孔和复位运动有序进行。

　　（4）斜管接头的二次分型与脱模

　　斜管接头的二次分型与脱模运动，是由 M45 型芯进行第一次脱螺孔和分型运动及脱模机构进行第二次脱模运动所组成的。

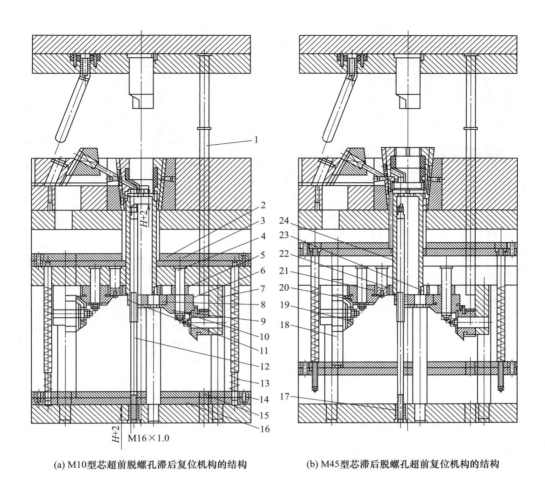

(a) M10型芯超前脱螺孔滞后复位机构的结构　　(b) M45型芯滞后脱螺孔超前复位机构的结构

图 5-16　M10 与 M45 型芯脱螺孔及复位机构的结构

1—定模齿条；2—推板；3—安装板；4—齿轮轴；5—垫圈；6,9,19,20—双联齿轮；7—齿轮座；8—圆柱齿轮；
10—托板；11—小齿轮；12—M10 型芯；13—弹簧；14—长顶杆；15—推板；16—安装板；
17—衬套；18—动模齿条；21—齿轮；22—大齿轮；23—键；24—M45 型芯

① 斜管接头第一次分型与脱模运动　注塑模开模时，斜滑块抽芯机构已经使得斜孔型芯抽离了斜管接头 $\phi 6^{+0.25}_{0}$ mm 斜孔，如图 5-17（a）所示。如图 5-17（b）所示，在 M45 型芯脱 M45 螺孔的同时，已经将斜管接头往上移了，M45 螺孔的深度加大了，并导致斜滑块分型了一段距离，但斜管接头还是停留在两斜滑块的型腔之中。在注塑机顶杆作用下，推板7 和安装板8 顶至图 5-17（b）所示的位置，是为了让动模齿条先进行斜管接头一次分型与脱模运动。由于长顶杆4 下端直径小，该直径与推板7 和安装板8 为间隙配合。因此，推板7 和安装板8 的上移只能导致动模齿条向上移运动，从而带动齿轮系的转动，使得 M45 型芯进行脱螺孔运动。而第二套推板2、安装板3 和顶杆1 是无法运动的，也不会使第二斜滑块继续分型和作脱模运动。

② 斜管接头第二次分型与脱模运动　如图 5-17（b）所示，注塑机顶杆继续顶出，长顶杆4 端面接触到推板7，推板7 和安装板8 通过长顶杆4 的作用，推动推板2 和安装板3 上的顶杆1，使第二斜滑块沿着斜槽斜向移动，并使得斜管接头脱离第二斜滑块型腔。

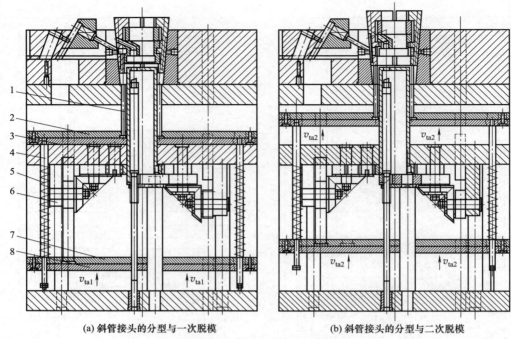

(a) 斜管接头的分型与一次脱模   (b) 斜管接头的分型与二次脱模

图 5-17　斜管接头的分型与二次脱模

1—顶杆；2,7—推板；3,8—安装板；4—长顶杆；5—弹簧；6—导柱

③ 脱模机构和第二斜滑块型腔的复位运动　注塑机顶杆退回后，使得作用在推板 7 和安装板 8 上的外力消除，脱模机构在长顶杆 4 上弹簧 5 的作用下复位。第二斜滑块型腔的复位则是在注塑模合模时，由定模板推动复位。

只有采用对斜管接头二次分型与脱模运动，才能使得分型与脱模运动有序的进行，不会出运动的干涉现象。采用二次分型与脱模的原因是：斜管接头必须先脱螺纹孔，才能用顶杆脱模，否则的话，未能脱螺孔便顶出，就会将螺纹孔的牙齿顶掉，可见注塑模运动顺序设计是十分巧妙和重要的。

斜管接头注塑模的运动主要是由斜孔的斜抽芯运动，外形和凹槽的分型运动，2 螺孔的脱螺孔运动和注塑件的二次脱模运动组成。只要这些运动能选择好对应的机构和运动排序，就能有序进行注塑模的各种机构运动。

5.5.4　斜管接头注塑模结构设计

该注塑模为一模二腔，通过定模齿条和动模齿条带动两套齿轮系，分别使 M10 型芯和 M45 型芯能进行脱螺孔和复位成型运动，如图 5-18 所示。

① 斜孔二次抽芯机构　斜孔二次抽芯机构由斜导柱 1、滑块 2、垫板 3、斜孔型芯 4、斜滑块 5、型芯 6 和限位机构及限位螺钉 9 组成。

② M10 脱螺孔机构　M10 脱螺孔机构由定模齿条 42、双联齿轮 41、双联齿轮 40、圆柱齿轮 39、M10 型芯 38、小齿轮 37 和衬套 21 组成，圆柱齿轮 39 安装在支撑柱 17 上，并以托板 14 支撑小齿轮 27，双联齿轮均用六角螺母和垫圈安装在轴 15 上。小齿轮 37 与 M10 型芯 38 以花键相连接，以便 M10 型芯 38 下端左螺纹可以在衬套 21 左螺纹孔中上下移动。M10 型芯 38 复位是依靠注塑模闭模时，定模齿条 42 带动 M10 型芯 38 退出衬套 21 螺孔。

③ M45 脱螺孔机构　M45 脱螺孔机构由安装板 23、推板 24、动模齿条 43、双联齿轮

44、双联齿轮 45、齿轮 46、大齿轮 47 和 M45 型芯 10 组成，大齿轮 47 和 M45 型芯 10 以键 12 连接，双联齿轮均用六角螺母和垫圈安装在轴 15 上，M45 型芯 10 依靠长顶杆 20 上的弹簧 19 使得安装板 23、推板 24 和动模齿条 43 复位。

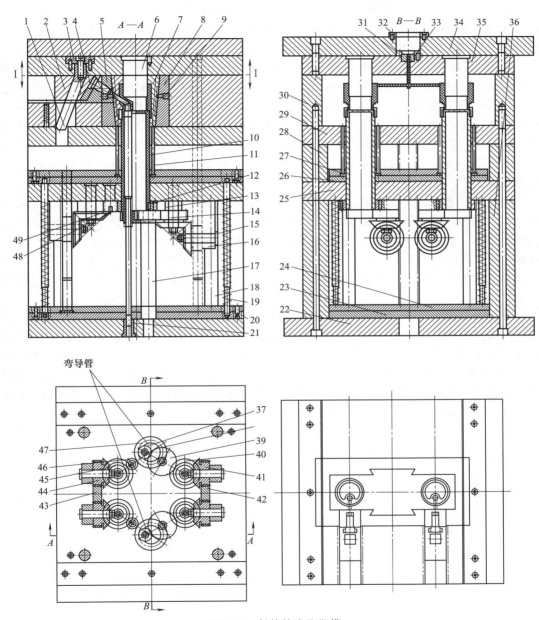

图 5-18　斜管接头注塑模

1—斜导柱；2—滑块；3—垫板；4—斜孔型芯；5,7—斜滑块；6—型芯；8—镶嵌件；9—限位螺钉；
10—M45mm 型芯；11—顶杆；12—键；13,49—垫圈；14—托板；15—轴；16—齿轮支座；17—支撑柱；
18—导柱；19—弹簧；20—长顶杆；21—衬套；22—底板；23,26—安装板；24,27—推板；25—推垫板；
28,36—垫块；29—动模垫板；30—动模板；31—压圈；32—定位圈；33—浇口套；34—定垫板；
35—定模板；37—小齿轮；38—M10mm 型芯；39—圆柱齿轮；40,41,44,45—双联齿轮；42—定模齿条；
43—动模齿条；46—齿轮；47—大齿轮；48—圆柱头螺钉

④ 外形分型与脱模机构　分型机构由斜滑块 7、镶嵌件 8、限位螺钉 9、顶杆 11、安装板 23、推板 24、安装板 26、推板 27、长顶杆 20 和弹簧 19 组成。

⑤ 浇注系统　浇注系统由压圈 31、定位圈 32、浇口套 33 主浇道和镶嵌件 8 分浇道与浇口组成。

⑥ 模架　模架由定垫板 34、定模板 35、垫块 36、动模板 30、动模垫板 29、垫块 28、推板 27、安装板 26、推垫板 25、推板 24、安装板 23 和底板 22 组成。

⑦ 斜管接头注塑模结构动作顺序　动模开启→斜孔型芯 4 二次抽芯→定模齿条 42 上移带动右组齿轮系转动，再带动 M10 型芯 38 逆时针转动，使下端左螺纹旋入衬套 21 左螺孔，上端右螺纹脱 M10 螺孔。注射机顶杆推动推板 24 和推垫板 25→动模齿条 43 上移→带动左组齿轮系转动，再带动 M45 型芯 10 逆时针转动→使在斜滑块 7 型腔中斜管接头上移→长顶杆 20 台阶接触到推板 24，在推板 24 推动下，长顶杆 20→推动安装板 26 和推板 27 上的顶杆 11→使斜滑块 7 上移分型至斜管接头脱模。反之，斜孔型芯 4、斜滑块 7 和 M10 型芯 38、M45 型芯 10 复位至待成型加工。

斜管接头注塑模结构是针对具有多种型孔、两种偏心同向不同螺距的大批量斜管接头的成型加工，注塑模采用斜孔二次抽芯、外形分型与脱模的方案。特别是对于两种螺纹孔的脱螺孔和复位运动的安排，利用了注塑模开启和闭模运动与推板的脱模和先复位运动的时差，巧妙地利用了圆柱齿轮和圆锥齿轮的传递运动的特点，完成了两种螺纹孔分成先后顺序的脱螺孔运动。使得斜管接头注塑模具备了全自动高效加工的性能，确保了斜管接头大批量高质量的生产。

本章主要是通过具有"型腔""型槽""螺孔""障碍体""型孔"和斜交抽芯"干涉"要素外壳的注塑模两种结构设计；通过对带台阶圆形弯管状长短型孔正交长薄壁吸气管嘴注塑模设计；通过具有多处显性和隐性"障碍体"、多种"孔槽与螺孔"、抽芯"干涉"和特大"批量"要素锁厢主体部件注塑模设计；以及通过对具有多种型孔、斜孔、两种偏心且同向不同螺距的螺孔及存在着凹槽、凸台和弓形高"障碍体"的大批量斜管接头注塑模设计的介绍，让读者能够掌握这些复杂注塑件注塑模设计的方法和技巧。

第6章

注塑模障碍体与批量综合要素的应用

在注塑模设计时，要充分考虑注塑件形体"六要素"中"障碍体"与"批量"要素对注塑模结构的影响。"障碍体"是主要影响注塑模所有的结构和运动形式的要素，"批量"要素主要是影响注塑模自动化程度、模腔数量和模具用钢的要素。对于试制性质和小批量注塑件的注塑模而言，注塑模的结构能简单就简单，能手动的不自动，能单模腔不多模腔。对于中等批量的注塑件的注塑模而言，注塑模结构可以是手动与自动结构并存。对于大批量和特大批量注塑件的注塑模而言，必须采用自动化和高度自动化及智能化注塑模结构，模腔数量要多。

6.1 连接环试制注塑模结构方案可行性分析与设计

针对塑料试制件加工数量极少，试制件在定型过程中还将会出现不断改进和完善的过程，因此，试制注塑模必须做到结构越简单越好，费用越低越好，制造过程越容易越好。不允许追求高效率、高自动化。通过对连接环试制注塑模设计的介绍，说明这类注塑模只要能够加工出合格制品就可以了。连接环内外形的成型、抽芯、脱模和脱浇口冷凝料的动作，全部是通过手工装模和拆模来实现的。目前，塑料试制件，虽可采用 3D 打印技术进行加工。

3D 打印价格是根据制品数量、重量和复杂程度来确定的，数量超过 10 件大型试制品，采用试制注塑模加工还是比 3D 打印更经济一些。可见试制注塑模的设计，现今仍是一种常用的制造技术，故设计好试制注塑模还是十分必要的。

6.1.1 连接环形状和材料要素

连接环如图 6-1 所示。材料为聚氨酯弹性体。技术要求：①一般公差按 HB 5800—1999；②去毛刺和飞边。

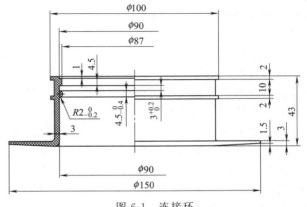

图 6-1 连接环

6.1.2　连接环形体分析

连接环的形体分析如图 6-2 所示。连接环从整体上看，是一种带内外凸台形式的圆筒形状的塑料件。外形上存在着 $\phi100mm$、$\phi96mm$ 和 $\phi150mm$ 弓形高"障碍体"和一处（$\phi150-\phi96$）$/2\times3=27mm\times3mm$ 凸台"障碍体"和二处（$100-\phi96$）$/2\times2=2mm\times2mm$ 凸台"障碍体"，内形中存在着一处（$90-87$）$\div2\times4.5mm=1.5mm\times4.5mm$ 和一处 $R2_{-0.2}^{0}mm$ 凸台"障碍体"。由于内形中存在着的凸台"障碍体"高度分别为 1.5mm 和 2mm，加之两处外形凸台"障碍体"对内形凸台"障碍体"刚性的影响，因此，仅凭连接环是聚氨酯弹性体材料的弹性，是不足以使连接环从成型的内型芯上强制脱模。在制订注塑模结构方案分析时，一定要避免连接环利用聚氨酯弹性体的弹性进行强制脱模。注塑模应该采用二处分型面，即 Ⅰ—Ⅰ 和 Ⅱ—Ⅱ 分型面。分型面 Ⅰ—Ⅰ 开启后，连接环外形注塑模型面被敞开，分型面 Ⅱ—Ⅱ 是为脱浇道与脱浇口冷凝料而设置。

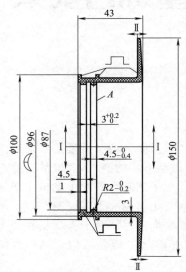

图 6-2　连接环形体分析
⊓—凸台形式"障碍体"；
（—弓形高"障碍体"

6.1.3　连接环试制注塑模结构方案可行性分析

塑料试制件的目的是：为了验证制品形状及其在产品中装配关系和性能，在试制过程中试制品一定会发生一些形状、结构、尺寸和材料的调整。试制件在新产品研制过程中，试制注塑模的设计和制造既是一种不可缺失的手段，也是经常会遇到的课题。目前，这种试制件虽然可采用 3D 打印技术来加工，但 3D 打印件成本高，价钱又是按试制件数量、大小和复杂程度计价的。因此，3D 打印不能代替试制注塑模进行小批量加工。这种试制注塑模，一般只能够生产几件或十几件制品后便要废弃。试制注塑模设计原则是：试制注塑模只要能顺利地进行加工即可，不需要考虑加工的高效率和高自动化。故注塑模结构越简单越好；费用越低越好；制造过程越容易越好。试制品抽芯和脱模要求全部采用手动，注塑模用钢全部采用通用模具钢，且不作任何热表面处理。

连接环试制注塑模结构方案可行性的分析，一是要解决连接环内形二处凸台"障碍体"对其脱模的影响，二是要解决对连接环外形弓形高和三处凸台"障碍体"对其脱模的影响。只有能解决这两个问题，注塑模的结构方案才是可行的。否则，连接环将会以无法脱模而失败告终。

（1）连接环外形弓形高和凸台"障碍体"解决方案

连接环在注塑模中卧立放置，如图 6-2 所示。分型面 Ⅰ—Ⅰ 在注塑模开闭模时，能够解决连接环外形弓形高和三处凸台"障碍体"对试制品脱模的阻挡作用。其优点是不需要为解决外形弓形高和三处凸台"障碍体"对脱模的影响而专门设计注塑模相应的机构。分型面 Ⅱ—Ⅱ，是为了设计浇注系统和脱浇口冷凝料之用。

（2）连接环内形凸台"障碍体"解决方案

既然连接环内形不能依靠材料的弹性强制脱模，那就必须将成型连接环内形二处凸台"障碍体"的型块分成若干个部分。先抽取出中心部分以腾出足够的空间，再使得四块独立内型芯的成型块能够自由地移动和抽取，从而消除二处凸台"障碍体"对连接环脱模的影响。

①　五块内成型块的设置　　如图 6-3（a）所示，成型连接环内形二处凸台的型芯是由上成型块 1、下成型块 2、左成型块 3、右成型块 4 和中成型块 5 组成，并通过带螺孔的定位销 6 组装在一起。各成型块之间的接触面均以斜面配合，目的是为了防止熔胶进入成型块之间的缝隙中。拆卸五块成型块时，以螺杆拧进带螺孔的定位销 6 螺孔中，便可取出定位销 6，继而移动和抽取出各个成型块。

②　抽取中成型块后移出上下成型块　　如图 6-3（b）所示，用螺钉拧进定位销 6 的螺孔中取出中成型块 5。以同样的方法再取出上下成型块的定位销 6，手动移出和抽取上成型块 1 和下成型块 2。

③　抽取上下成型块后移出左右成型块　　如图 6-3（c）所示，抽取上、下成型块后，再用螺钉拧进定位销 6 的螺孔中，手动移出左成型块 3 和右成型块 4 后，并抽取出左成型块 3 和右成型块 4。

通过上述手动移动和抽取出五块内型芯的成型块后，即能解决连接环内形二处凸台"障碍体"对连接环脱模的阻碍作用，并可使连接环顺利脱模。但这种手动移动和抽取成型块的方法，只能适应于小数量试制连接环的成型加工。

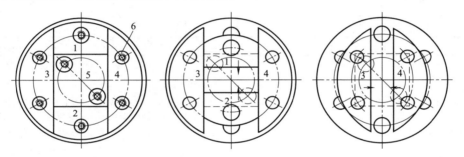

(a) 五块内成型块的布置　　(b) 抽取中成型块后移动上下成型块　　(c) 抽取上下成型块移动左右成型块

图 6-3　连接环内形凸台"障碍体"解决方案

1—上成型块；2—下成型块；3—左成型块；4—右成型块；5—中成型块；6—定位销；←→—成型块抽取方向

6.1.4　连接环试制注塑模结构设计

连接环试制注塑模结构设计如图 6-4 所示。定侧模板 19 通过内六角螺钉 21、圆柱销 22 与定模板 18 相连，动侧模板 14 也是通过内六角螺钉 21、圆柱销 22 与动模板 13 相连。上成型块 1、下成型块 2、左成型块 3、右成型块 4 和中成型块 5，通过限位销 6 固定在左模芯 10 上。左模芯 10、开口垫圈 11 通过限位板 9 以内六角螺钉 21、圆柱销 22 固定在支撑板 12 上。同理，右型芯 23、开口垫圈 11 也是通过限位板 9 以内六角螺钉 21、圆柱销 22 固定在支撑板 12 上。

①　连接环外形的成型　　注塑模分别固定在注射机动定模板上，连接环试制注塑模闭合后，注射机的喷嘴从浇口中注入熔胶，并充满注塑模的型腔后冷却硬化收缩成型。

②　成型连接环外形注塑模的开启与脱浇口冷凝料　　在注塑模动模开启后，连接环处于分型面Ⅰ—Ⅰ部分的外形便被打开。再分别松开定模板 18 与定侧模板 19 以及动模板 13 与动侧模板 14 之间的内六角螺钉 21，便可以打开处于分型面Ⅱ—Ⅱ的连接环外形。同时，由于拉料杆 17 的作用，使得脱浇口冷凝料。

③　连接环内形的成型　　依靠安装在左右两端支撑板 12 和左右限位板 9 之间，由上成型

块 1、下成型块 2、左成型块 3、右成型块 4 和中成型块 5 组成左模芯 10 和右型芯 23 成型连接环的内形。

　　④ 连接环内形的脱模　松开左右限位板 9 上的紧定螺钉 8，抽取开口垫圈 11 和厚开口垫圈 20。卸下左右限位板 9，先取出右型芯 23，再取出左模芯 10，最后分别取出上成型块 1、下成型块 2、左成型块 3、右成型块 4 和中成型块 5，即可取出连接环。

　　上述连接环成型、抽芯、脱模和脱浇口冷凝料的动作，全部是采用手动进行操作。加工效率特别低下，但是，确实能够成型加工出合格的连接环，这种简单低效价格便宜的注塑模，特别能适应塑料试制件的成型加工。

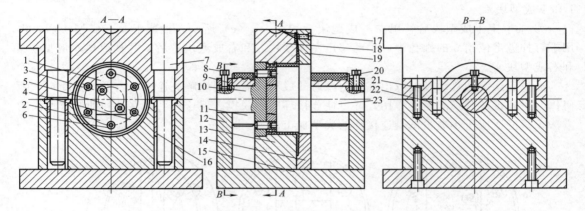

图 6-4　连接环试制注塑模结构设计

1—上成型块；2—下成型块；3—左成型块；4—右成型块；5—中成型块；6—限位销；7—导柱；8—紧定螺钉；
9—限位板；10—左模芯；11—开口垫圈；12—支撑板；13—动模板；14—动侧模板；15—支撑板；16—导套；
17—拉料杆；18—定模板；19—定侧模板；20—厚开口垫圈；21—内六角螺钉；22—圆柱销；23—右型芯

　　塑料试制件的加工有 3D 打印技术和试制注塑模加工的两种方法。连接环试制件的成型加工，就是采用试制注塑模进行加工的一个案例。这种试制注塑模结构能够成型加工试制件，只是注塑模结构特别简单。因为，试制注塑模只要完成了少量的试制件之后，注塑模便废弃了。所以，注塑模的结构是越简单越好，不需要片面追求加工的效率和自动化。连接环试制注塑模对连接环内外形的成型、抽芯、脱模和脱浇口料的动作，全部利用手工进行装模和拆模来实现。这种注塑模既能成型合格的试制件，又能节省试制成本。

6.2　连接环低效注塑模结构方案可行性分析与设计

　　通过对连接环形体分析，找到了其外形上有弓形高和三处凸台与内形中有两处凸台"障碍体"要素。由于连接环产量较少，只能采用低效的注塑模结构方案。经过充分的分析和论证，连接环以放在注塑模中倒置位置方案为最佳优化方案。成型连接环外形，采用了斜弯销滑块抽芯机构。成型连接环内形的型芯，是以 $R2_{-0.2}^{0}$ mm 凸台 A 面为分型面，将 A 面内凸台分成五个独立部分。抽取中间部分可腾出足够空间，再分别抽取其他四部分，用以避让内形二处凸台"障碍体"对连接环脱模的阻挡作用，以达到连接环脱模的目的。该注塑模结构方案，能使连接环顺利的成型和脱模。但手工抽取五块内形的型芯模块毕竟效率低下，故只能适应小批量产品的加工。若要实现大批量加工，要将手工抽取五块内形的型芯模块改成自动化抽芯才行。

6.2.1 连接环形体分析

连接环的形体分析如图 6-5 所示。连接环外形上存在着 $\phi100$mm、$\phi96$mm 和 $\phi150$mm 弓形高"障碍体"、二处 $(\phi100 - \phi96)/2 \times 2 = 2mm\times 2$mm 凸台"障碍体"和一处 $(\phi150 - \phi96)/2 \times 3 = 27mm\times 3$mm 凸台"障碍体",内形中存在着一处 $(\phi90 - \phi87)/2 \times 4.5 = 1.5mm\times 4.5$mm 和一处 $R2_{-0.2}^{0}$mm 凸台"障碍体"。由于内形中存在着的凸台"障碍体"高度分别为 1.5mm 和 $R2_{-0.2}^{0}$mm,加之两处外形 2mm$\times$2mm 凸台"障碍体"对内形凸台

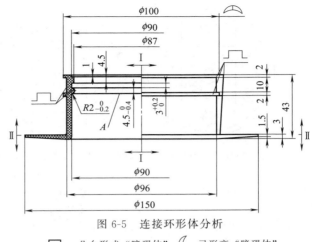

图 6-5 连接环形体分析

⌐_⌐ —凸台形式"障碍体";(—弓形高"障碍体"

"障碍体"刚性的影响,因此,仅凭连接环是聚氨酯弹性体材料的弹性,是不足以使连接环从成型的内型芯上强制脱模。

6.2.2 连接环低效注塑模结构方案可行性分析

连接环注塑模结构方案可行性的分析,应该从解决内形二处凸台"障碍体"对连接环脱模的影响和解决外形弓形高"障碍体"及三处凸台"障碍体"对连接环脱模的影响着手。解决了这两个问题,注塑模的结构方案才是成功的。

(1)连接环内形凸台"障碍体"解决方案

既然连接环内形不能依靠材料的弹性强制脱模,那就必须将成型连接环内形二处凸台"障碍体"的型块分成若干个部分。先抽取出中间部分以腾出足够的空间,再使得四个独立内型芯的型块能够自由的移动和抽取,从而消除二处内形凸台"障碍体"对连接环脱模的影响。

① 五块内成型块的设置 如图 6-6(a)所示,成型连接环内形的二处凸台型芯,是由上成型块 1、下成型块 2、左成型块 3、右成型块 4 和中成型块 5 组成,并通过带螺孔定位销 7 组装在一起。各成型块之间接触面均以斜面相互配合,目的是为了防止熔胶进入成型块之间缝隙中。以螺钉拧进带螺孔定位销 7 中,便可取出定位销 7,继而移动和抽取出各个成型块。

② 抽取中成型块后移动上下成型块 如图 6-6(b)所示,用螺钉分别拧进模芯 6 和上成型块 1 和下成型块 2 中的 2 个定位销 7 的螺孔中取出中成型块 5,再取出上下成型块的定位销 7,手动移出并抽取上成型块 1 和下成型块 2。

③ 抽取上下成型块后移动左右成型块 如图 6-6(c)所示,抽取上下成型块后,再用螺钉分别拧进左成型块 3 和右成型块 4 上定位销 7 的螺孔中,手动移出左成型块 3 和右成型块 4 后,手动抽取左成型块 3 和右成型块 4。

通过上述手动移动和抽取出五块内型芯的成型块后,即能解决连接环内形脱模的阻碍因素,并可使连接环顺利脱模。但这种手动移动和抽取成型块的方法,只能适应于小批量连接环的加工,大批量加工必须使这个移动和抽取成型块的过程实现自动化抽芯才行。

(2)连接环外形的弓形高和三处凸台"障碍体"解决方案

(a) 五块内成型块的布置　(b) 抽取中成型块后移动上下成型块　(c) 抽取上下成型块后移动左右成型块

图 6-6　连接环内形凸台"障碍体"解决方案

1—上成型块；2—下成型块；3—左成型块；4—右成型块；5—中成型块；6—模芯；7—定位销；◄—►—成型块抽取方向

连接环在注塑模中有平卧放置、正立放置和倒立放置三种形式，这样就存在着三种形式的形体分析，如图 6-7 所示。

① 连接环平卧放置形体分析：连接环在注塑模中平卧放置如图 6-7（a）所示。

• 连接环外形三处凸台"障碍体"的处置方案。分型面Ⅰ—Ⅰ在注塑模的开闭模时，能够解决连接环外形弓形高和三处凸台"障碍体"对连接环脱模的阻挡作用。其优点是不需要为解决外形三处凸台"障碍体"对脱模的影响而专门设计注塑模相应的分型机构。

• 连接环内形二处凸台"障碍体"的处置方案。连接环内形因存在着二处凸台"障碍体"对内形分型阻挡作用，注塑模型芯需要在内形面 A 处左右进行分型。并且需要将 A 处的左端分割成 1～5 共 5 块成型块，如图 6-7（a）所示。

a. 连接环内形 A 处左端成型块的抽取　先要进行右端型芯抽芯。在连接环内形 A 处左端型芯抽取之前，先要进行成型块 1 和成型块 2 的抽芯，再进行成型块 3 和成型块 4 的抽芯，以实现整个左端内型芯手动抽芯，连接环才能够顺利地脱模。

b. 连接环内形左右端型芯的复位　在注塑模动模合模之前，先要完成左端分割成上成型块 1、下成型块 2、左成型块 3 和右成型块 4 的手动复位，再完成整个左右端内型芯的复位。

因此，注塑模内型芯左右端型芯的抽芯，需要先进行右端抽芯，后进行左端型芯抽芯，在右端型芯抽芯之后再完成 4 块内成型块的手动抽芯。这样，虽然节省了为解决连接环外形弓形高和三处凸台"障碍体"分型的注塑模结构，但是增加了解决连接环内形二处凸台"障碍体"处置的难度。如果连接环仅是试制件，该注塑模的内型芯中二处凸台"障碍体"，全部都可采用手动抽取的方法。连接环在注塑模中平卧放置，采用这种更简易的注塑模结构确实还是可行的。但是，平卧放置方法的左右端内型芯自动抽芯的注塑模结构方案，是具有一定的难度并存在着风险的方案，是应该舍去的方案。

② 连接环正立放置形体分析　连接环在注塑模中正立放置如图 6-7（b）所示。

a. 连接环外形三处凸台"障碍体"的处置方案。注塑模分型面Ⅰ—Ⅰ和Ⅱ—Ⅱ如图 6-7（b）所示。注塑模在分型面Ⅰ—Ⅰ处可以采用斜弯销滑块或斜滑块抽芯机构，以便解决连接环外形三处凸台"障碍体"对脱模的阻挡作用。在注塑模定动模之间可采用分型面Ⅱ—Ⅱ，使用斜弯销滑块与斜滑块抽芯机构的抽芯距离，只要大于（$\phi100-\phi96$）÷2＝2mm 就可以解决高效率外形分型和连接环脱模阻挡作用。注塑模开启后，连接环的外形便被打开了。由于连接环内形二处凸台"障碍体"对连接环脱模阻挡作用，使得连接环和浇口套中冷凝料会滞留在定模型芯上。

　　b. 连接环内形二处凸台"障碍体"的处置方案。连接环内形因存在着二处凸台"障碍体"对连接环脱模阻挡作用，需要在内型芯 A 处进行上下端型芯分型。并且需要将 A 处凸台"障碍体"分割成 1~5 共 5 块成型块，如图 6-7（b）所示。

　　• 抽取中模块。用螺钉拧进中成型块 5 上定位销 7 的螺孔中，取出定位销 7，抽取出中成型块 5。

　　• A 处凸台上下端型芯的处置方法。用螺钉拧进上成型块 1 和下成型块 2 上定位销 7 的螺孔中，取出定位销 7，移动和抽取出上成型块 1 和下成型块 2。

　　• A 处凸台左右端型芯的处置方法。用螺钉拧进左成型块 3 和右成型块 4 上定位销 7 的螺孔中，取出定位销 7，移动和抽取出左成型块 3 和右成型块 4。

　　根据对连接环正立放置注塑模结构方案的分析，可知该方案只存在外形的注塑模斜弯销滑块与斜滑块抽芯机构，并且抽芯距离很小。A 分型面上端型芯中的 1、2、3 和 4 成型块是采用手工抽取的方法实现的，方法简单，并且还可省去连接环的脱模机构。

　　③ 连接环倒立放置形体分析　　连接环在注塑模倒立放位置如图 6-7（c）所示。该注塑模结构方案与正立放置大部分内容大致相同，主要区别在于对连接环外形的抽芯距应大约为 $(150-96)\div2=27mm$。如此，注塑模外形和高度尺寸大于连接环正立放置。由于注塑模内型芯 A 处位于动模部分，开模后连接环会滞留在注塑模的动模型芯上。同时，连接环在注塑模倒立放置也会使浇口套中冷凝料很容易被拉料杆拉脱，而连接环正立放置注塑模所产生冷凝料就不能完全被拉脱。因此相比较，连接环倒立放置的注塑模结构方案优于正立放置注塑模结构方案。

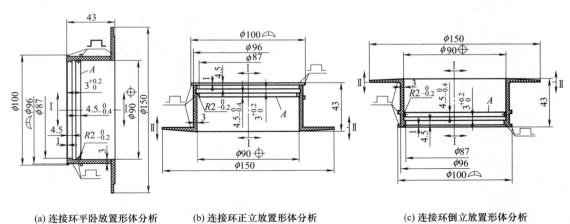

(a) 连接环平卧放置形体分析　　　(b) 连接环正立放置形体分析　　　(c) 连接环倒立放置形体分析

图 6-7　连接环形体分析

⌐¬—凸台形式"障碍体"；⸤—弓形高"障碍体"；⊕—"型孔"

6.2.3　连接环低效注塑模结构设计

　　根据连接环形体分析和注塑模结构方案可行性分析，选择连接环倒立放置为注塑模最佳优化结构设计方案。连接环注塑模结构设计如图 6-8 所示。

　　① 连接环外形的成型与抽芯及脱浇口冷凝料　　注塑模闭合时，可通过斜弯销 17 的作用使滑块 18 复位，成型连接环外形。由于连接环外形面积较大，为了防止斜弯销 17 在大的注射压力作用产生变形，在斜弯销 17 外端增设了斜楔紧块 15。开模时，斜弯销 17 作用会使滑块 18 抽芯，在动模垫块 19 上的 1、2、3、4 和 5 成型块等"障碍体"作用下，连接环会

滞留在由 1、2、3、4 和 5 成型块组成动模内型芯上。同时，在拉料杆 8 的作用下，可以脱浇口套 9 中的浇口冷凝料。

② 连接环内形五成型块的抽取与复位 以 M6 螺钉拧进中成型块 5 上插销 6 中螺孔中，先取出中成型块 5，腾出足够空间。以同样方法抽取出左成型块 1 和右成型块 2 上的插销 6 后，再向注塑成型中心移动和抽取左成型块 1 和右成型块 2，同法移出和抽取下成型块 3 和上成型块 4。此时，用手工便可轻松地抽取连接环。手工以插销 6 分别安装好动模垫块 19 上的 1、2、3、4 和 5 成型块后，注塑模闭合，在斜弯销 17 作用下滑块 18 复位。

③ 注塑模的浇口设置 浇口设置在以 $R2_{-0.2}^{0}$ mm 凸台 A 处为分型面上，因此，浇道和分浇道的长度较长。为了不使浇道和分浇道中的熔料过早地降低温度，使成型加工的连接环产生诸多的缺陷，可在浇口套 9 外面增设电热器 12。

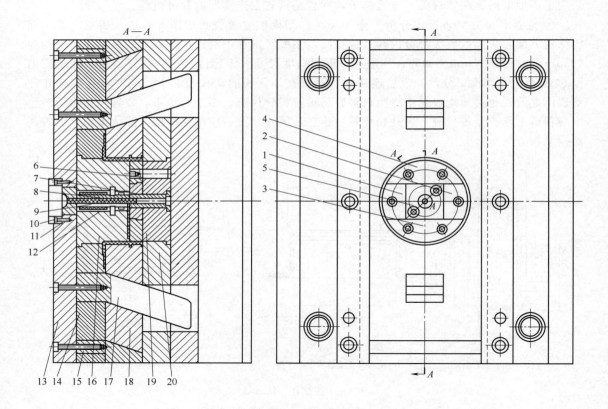

图 6-8 连接环注塑模设计

1—左成型块；2—右成型块；3—下成型块；4—上成型块；5—中成型块；6—插销；7—拉料套；
8—拉料杆；9—浇口套；10—内六角螺钉；11—浇口垫；12—电热器；13—定模垫板；14—定模板；
15—斜楔紧块；16—定模型芯；17—斜弯销；18—滑块；19—动模垫块；20—动模板

连接环加工的顺利成型和脱模，一是依靠斜弯销与滑块抽芯机构，用以避开连接环外形弓形高和三处凸台"障碍体"对其脱模的影响；二是依靠注塑模内型芯五块成型块的抽取，解决了连接环内形二处凸台"障碍体"对脱模的影响。虽然，这种注塑模结构方案能够实现连接环成型加工和脱模，但生产效率还是较低，需要改手动抽取五块成型块为自动抽芯，才能实现连接环高效率成型加工。

6.3 连接环高效注塑模结构方案可行性分析与设计

连接环高效注塑模结构设计，通过采用三种不同自动抽芯的注塑模结构，能够适应连接环大批量成型加工。而要实现注塑模自动抽芯，就必须安排好注塑模中三种六处抽芯运动的先后顺序，这样才能避免抽芯运动干涉现象。通过采用斜弯销滑块外抽芯机构、斜弯销滑块内抽芯机构和单滚轮式斜推杆内抽芯机构，从而实现了避开连接环外形弓形高和三处凸台及内形二处凸台"障碍体"对连接环脱模的阻挡作用。又通过采用了复位杆完成推板和前后外滑块的先复位，使得三种六处抽芯运动有序进行。如此，连接环外形和内形左右凸台成型块成型和抽芯是同时进行。并使得它们先于内形前后凸台成型块抽芯，后于前后凸台成型块复位，这些动作的严格安排，避免了抽芯运动产生的运动干涉，从而实现了连接环的顺利成型和脱模。

6.3.1 连接环高效注塑模结构方案可行性分析

连接环注塑模结构方案可行性的分析，应该从两方面进行：一是要解决内形二处凸台"障碍体"对连接环脱模的影响；二是要解决对外形弓形高和三凸台"障碍体"对连接环脱模的影响。只有解决了这两个问题，注塑模的结构方案才是可行的。否则，连接环会以无法脱模而失败告终。

（1）连接环内形二处凸台"障碍体"解决方案

既然连接环内形不能依靠材料的弹性强制脱模，那就必须将成型连接环内形二处凸台"障碍体"的型芯分成4块。中间部分实体应空置，为两种四处内抽芯预留足够的空间，并使得四个独立内型芯的成型块能够自由进行抽芯和复位，从而可消除内形二处凸台"障碍体"对连接环脱模的阻挡作用。

① 成型连接环内形二处凸台"障碍体"成型块的布置 如图6-9（a）所示，成型连接环内形二处凸台"障碍体"的成型块，可分成为上成型块1、下成型块2、左成型块3和右成型块4，中间实体应空置为48mm×46mm空间，是为上成型块1、下成型块2、左成型块3和右成型块4抽芯和复位预留的空间。左成型块3和右成型块4制有4mm凹槽的目的，是为了能让开上成型块1和下成型块2抽芯距离。

② 上下成型块的抽芯 如图6-9（b）所示，上成型块1和下成型块2可同时向中心抽芯。因此，便避让了连接环内形上下部位的二处凸台"障碍体"对连接环脱模的阻挡作用，也可向外进行复位运动。

③ 左右成型块的抽芯 如图6-9（c）所示，左成型块3和右成型块4可同时向中心抽芯，因此，便避让了连接环内形左右部位的二处凸台"障碍体"对连接环脱模的阻挡作用，也可向外进行复位运动。

由于上下成型块和左右成型块先后实现了抽芯，这样就可完全避让连接环内形二处凸台"障碍体"对连接环脱模的影响，才能够完全实现连接环内形的脱模。必须指出上下成型块和左右成型块的抽芯是不能同时进行的，这样会产生抽芯运动的干涉。只能是先完成上下成型块的抽芯，腾出了空间后，才能进行左右成型块的抽芯。复位运动是左右成型块先复位，然后是上下成型块的复位，如不能这样，就会产生运动干涉现象。如此，便要在左右成型块的抽芯运动之中设置先复位机构。

（2）连接环在注塑模中的摆放位置与注塑模结构方案分析

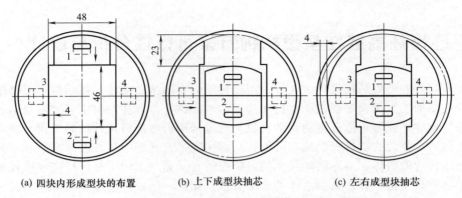

(a) 四块内形成型块的布置　　(b) 上下成型块抽芯　　(c) 左右成型块抽芯

图 6-9　连接环内形凸台"障碍体"解决方案

1—上成型块；2—下成型块；3—左成型块；4—右成型块；←→—成型块抽取方向

连接环在注塑模中有平卧放置、正立放置和倒立放置三种形式，这样就存在着三种形式的形体分析，如图 6-7 所示。根据上节连接环三种摆放位置形体分析和注塑模结构方案可行性分析的结论，应该选择连接环倒立放置为注塑模结构设计方案。

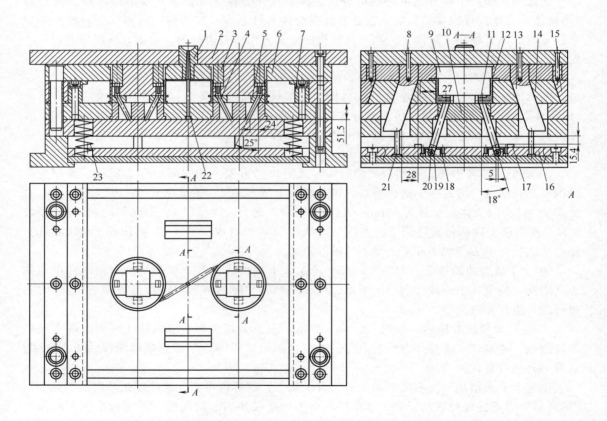

图 6-10　连接环高效注塑模结构设计

1—浇口套；2—定垫板；3—垫块；4—左右内斜弯销；5—左右内滑块；6—定模板；7—压块；8—内六角螺钉；9—定模型芯；10—动模板；11—圆柱销；12—前后内滑块；13—前后外斜弯销；14—前后外滑块；15—斜楔紧块；16—推板；17—限位销；18—压板；19—滚轮；20—斜推杆；21—复位杆；22—拉料杆；23—弹簧

6.3.2　连接环高效注塑模结构设计

根据连接环在注塑模中的摆放位置与注塑模结构方案分析的结果，以连接环倒立放置为连接环高效注塑模结构设计方案。连接环高效注塑模结构设计如图6-10所示。

① 连接环的外形成型与抽芯　注塑模闭合时，可以通过前后外斜弯销13作用，迫使在两压块7所组成T形槽中的前后外滑块14复位后成型连接环外形。由于连接环外形面积较大，为了防止前后外斜弯销13在大的注射压力作用下产生变形而改变了连接环的尺寸，在前后外斜弯销13外端增设了斜楔紧块15。注塑模开启时，由于前后外斜弯销13的作用，使得前后外滑块14完成抽芯，以便于连接环的脱模。

② 连接环左右内形成型与抽芯　注塑模开启时，左右内斜弯销4带动左右内滑块5进行抽芯运动，从而避开了连接环内形的左右部分二处凸台"障碍体"对脱模阻挡作用。注塑模合模时，左右内斜弯销4带动左右内滑块5复位，用以成型连接环内形左右部分的二凸台。同时，由于连接环内形左右部分二处凸台"障碍体"作用，使得连接环滞留在动模型芯上。

③ 脱浇口冷凝料　拉料杆22可将浇口套1流道中冷凝料拉出后，再随同连接环一起脱浇口冷凝料。

④ 连接环前后内形的成型与抽芯　在注塑机顶杆作用下，安装在推板16的槽中，以压板18限制的滚轮19迫使斜推杆20带动前后内滑块12进行抽芯运动。合模时，当前后内斜弯销13接触到复位杆21的端面后，加上弹簧23弹力的作用，会推着推板16和斜推杆20、前后内滑块12进行先复位运动，从而实现连接环前后内形的成型。

⑤ 浇道的设计　为了避免出现熔料直接冲击模芯产生熔接痕等缺陷，浇道从连接环大端的切线方向进入模腔。

根据上述，注塑模开启时，前后外斜弯销13带动前后外滑块14完成连接环外形的抽芯。同时，左右内斜弯销4带动左右内滑块5完成连接环左右内形二处凸台部分形体的抽芯。当注塑机顶杆推动左右推板16时，使得斜推杆20带动前后内滑块12完成抽芯运动。注塑模合模时，复位杆21和弹簧23同时作用，带动斜推杆20和前后内滑块12先行复位。然后是前后外斜弯销13带动前后外滑块14和左右内斜弯销4带动左右内滑块5的复位运动，从而不会发生抽芯运动的干涉现象。

连接环高效注塑模结构的设计，在采用了斜弯销滑块外抽芯机构、斜弯销滑块内抽芯机构和单滚轮式斜推杆内抽芯机构，以及采用复位杆和弹簧完成推板和前后外滑块的先行复位后，使得在这三种六处的抽芯运动中，连接环的外形外滑块和内形左右二处凸台内滑块的成型和抽芯是同时进行。它们是先于内形前后二处凸台内滑块的抽芯，后于前后二处凸台内滑块的复位。这些措施的实施，避免了三种抽芯运动的干涉现象，又使得连接环能高效进行成型加工和脱模，从而实现了制品大批量的成型加工要求。这种注塑模的结构特别适宜针对成型件在同一内形中需要具有两种时差内抽芯的注塑模结构，可见该注塑模结构方案具有普遍的指导性作用。

6.4　滑移端密封罩精密注塑模设计

该注塑件为汽车换挡机构配套的滑移端密封罩（简称密封罩），它的两端分别安装在换挡杆和转向柱上，要求配合紧密，并需要保证密封，以防止灰尘和油污的进入。从密封罩的使用性能上分析，还必须具备一定的综合机械性能，包括优良的耐油性、耐候性和耐水性；良好的机械强度和弹性；具有一定的化学稳定性和电绝缘性能；并且还应具有一定的寿命。

密封罩材料采用了聚氯丁二烯，俗称氯丁橡胶。其具有优良的耐油性、耐候性和耐臭氧老化性，对多种化学药品稳定，抗拉强度高，在工业上广泛应用于耐水防燃电缆、耐热运输带以及胶粘剂和密封材料等，其性能要能够满足密封罩的使用要求。

6.4.1　密封罩形体与工艺分析

（1）密封罩形体分析

密封罩几何模型如图 6-11 所示。密封罩如图 6-12 所示。密封罩为弹性回转体，最大直

图 6-11　密封罩三维造型

径为 $\phi83$mm，长度为 96.5mm，罩体为中空结构，罩体上设有波浪状褶皱层，褶皱层为不均等层级结构，除转折处，其余褶皱层壁厚度要求均为 2mm，该结构上层为圆柱梯形密封设计，下层为花瓣梯形密封设计，材料为聚氯丁二烯，收缩率为 1.8%。密封罩外在圆表面指定位置上有商标和图号，在内型面指定位置上要求有日期标识。

（2）注塑件工艺分析

按照采购方提供的制品图纸，对密封罩进行三维造型，建立了几何模型，如图 6-12 所示。核实尺寸之后，对密封罩进行工艺分析。

① 密封罩尺寸精度要求　密封罩公差尺寸要求，按 GB/T 3672 M3 级 F 标准。由于与换挡杆和转向柱需要严密的密封，并且换挡时主要运动在褶皱部位，该部位在长期力的作用下容易产生裂纹。因此，密封罩精度主要为梯形密封处尺寸精度及褶皱层 2mm 壁厚的均匀性，这两处尺寸的精度要求需要确保。

② 密封罩表面要求　密封罩表面与一般注塑件要求不同，要求亚光，体现一种磨砂质感，同时不能有裂纹、气泡、叠层、杂质、缺胶和剪损等缺陷。这就要求对型腔加工工艺提出很高要求，密封罩表面亚光意味着不能采用抛光工序，只能用电火花加工一次成型。

③ 密封罩批量　由于密封罩批量大，需要一模多腔，这就需要根据注射机的最大注射量及注射压力来确定，以确保密封罩能够充满，防止出现气泡和缺胶等缺陷。每种注射机安装注塑模部位的尺寸各不相同，安装尺寸及注射主流道需要与厂家注射机相配套。

④ 分型面　一般选择在注塑件外形最大轮廓处，密封罩外形为回转体，分型面可以确定为过轴心水平的平面。

⑤ 密封罩脱模　密封罩内腔褶皱层呈波浪状，密封罩成型被开启之后，密封罩不可能直接脱模。可利用聚氯丁二烯橡胶比较柔软，具有弹性大的特性。在注塑模刚开启时，从型芯小端充气，将密封罩充满鼓起呈球形之后，只剩下两端 1mm×15mm 的槽和 1mm×0.5mm 的浅槽镶嵌的密封罩，如图 6-12 的 Ⅰ 与 Ⅱ 放大图所示。故可强制将密封罩退出型芯，不至于损伤密封罩的内表面。

6.4.2　注塑模结构方案分析与工作过程

注塑模结构方案，需要考虑多型腔塑料熔体充模平衡和型芯二次精确定位，以及利用密封罩聚氯丁二烯材料弹性充入压缩空气脱模等结构。

① 注塑模结构方案分析　如图 6-13 所示，经过分析，密封罩注塑模设计难点主要在于：一是由于多腔注射，浇注系统设计要能保证塑料熔体同时均匀充满每个型腔，使各型腔

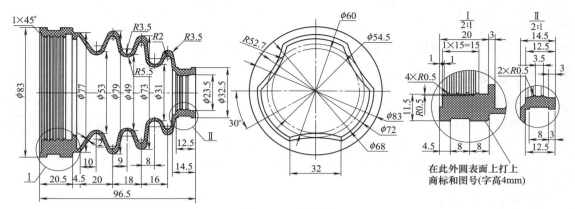

图 6-12　密封罩

密封罩的内在质量均一稳定；二是型芯需要二次定位和精确定位组件，除了注塑模原有上模板 5、下模板 2 的导柱 3、导套 6 导向之外，为了保证型芯在工作过程中与上模板 5、下模板 2 的相对位置，采用中间导柱 14 和中间导套 15 的二次定位及上模板 5、下模板 2 与型芯 12 梯形键槽的精确定位系统。使得密封罩脱模既稳定又方便，同时可保证密封罩 2mm 壁厚均匀的要求；三是综合设计浇注系统与型芯精确定位系统，使得这两个系统既能有效结合在一起又不发生冲突，确保密封罩注射成型。因密封罩成型后包裹在型芯 12 上，注塑模不需要脱模装置。根据注塑模结构方案的分析，确定了如图 6-13 所示的注塑模整体结构方案。

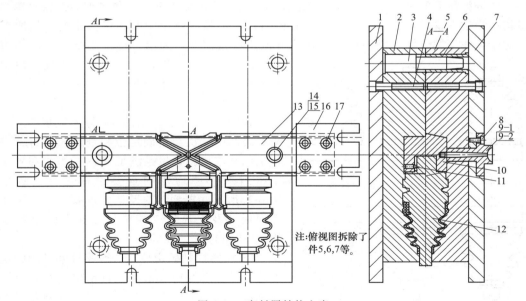

图 6-13　密封罩结构方案

1—下安装板；2—下模板；3—导柱；4—内六角螺钉；5—上模板；6—导套；7—上安装板；8—内六角螺钉；
9-1,9-2—浇口套；10—紧定螺钉；11—定位环；12—型芯；13—左右安装板；
14—中间导柱；15—中间导套；16—定位板；17—内六角螺钉

注：浇口套 9-1 和浇口套 9-2 为采用不同注塑机型号时使用。

　　② 注塑模工作过程　如图 6-13 所示，塑料熔体经喷嘴、浇口套 9 进入注塑模型腔，完成注射、保压、冷却成型凝固。注塑模开启时，密封罩包裹在型芯 12 之上，并与定位板 16 一起跟随机床中板向下运动脱模。因刚开启时密封罩温度较高，聚氯丁二烯橡胶材质柔软，

弹性较大，迅速用气嘴从型芯小端充入压缩空气，密封罩充满气体鼓起呈球形后，再将密封罩从型芯 12 脱模。密封罩取下之后，下模板、定位板随机床向上抬起合模。左右安装板 13 的腰字形槽可用六角螺钉与注射机定、动模板的 T 形槽相连接。

6.4.3　注塑模主要组件设计

（1）型腔配置

① 型腔数量的确定　因密封罩批量较大，厂家要求一副注塑模尽可能是多腔，以提高生产效率，降低成本。注塑模型腔数量要根据注射机的最大注射量及锁模力来确定。

厂家使用的注射机为 HYZ-100Y 系列注射机，该注射机为立式注射机，其注射参数为：

注射容积：$1000cm^3$；

锁模力：1000kN；

热板尺寸：500mm×500mm。

通过密封罩的几何模型，利用 Solid Works 软件测量出密封罩的单件容积为 $88.25cm^3$，六腔总容积为 $6×88.25=529.5cm^3$；八腔总容积为 $8×88.25=706cm^3$；因此，不论六腔还是八腔，加上浇注系统流道冷凝料的容积，都不会超过注射机额定注射容积。

但如果选择一模八腔，注塑模外形尺寸较大，分流道尺寸过长，流道内压力损失较大，温度会降低，不利于注射成型。因此，综合考虑，选定一模六腔。

② 型腔的排布　型腔的排布是注塑模结构总体方案的规划和设计的重要内容之一。型腔布置完毕，浇注系统的走向和类型便可以确定下来。型腔排布应使每个型腔都能从总压力中均等地分得所需的足够压力，以保证熔体同时均匀充满每个型腔，使各型腔的密封罩内在质量均一稳定。最重要的是：各腔的分流道的长度不相等时，应保证熔体充模流量的平衡性。对于该注塑模，结合浇注系统平衡式分流道布置需要，采取对称中心配置，每侧边三

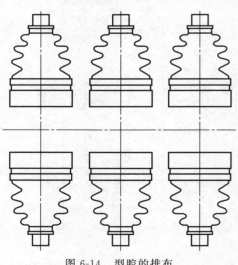

图 6-14　型腔的排布

腔。通过修整浇口的深度和宽度，可确保熔融塑料能够同时充满每个型腔，如图 6-14 所示。

（2）型芯二次与精确定位组件设计

如图 6-13 所示，型芯 12 与上模板 5、下模板 2 之间的二次与精确定位，是保证密封罩质量稳定的基本措施，也是满足图 6-14 型腔布置所要求密封罩壁厚均匀的重要条件之一。型芯如图 6-15所示，该型芯的设计要点有：带 * 尺寸与下模板 2 及上模板 5 相应尺寸配合的单边间隙为 0.01mm。

① 注塑模精确定位　一般零件间常用的定位方式都是采取导销或槽来进行定位，而对于回转体来说，这种定位方式并不适用。该型芯与上模板 5、下模板 2 通过20°梯形键槽无隙精确定位方式，能够确保重复定位精度。并通过对定位环与型芯间较高的相对位置尺寸精度，从而可保证密封罩壁厚均匀性，而20°梯形面的设计，既有利于注塑模的开闭模，其严密的贴合又能防止漏料。20°梯形键槽配合，还可保证型芯 12 的径向和轴向的精确定位。

② 型芯的设计　6 个型芯均要安装在定位板 16 上，为了方便总装修配和注塑模使用过程中清理缝隙中夹杂的废料，型芯与定位板采用了圆柱面 H7/h6 间隙配合，并且在型芯斜

面 K 面上与定位板上均一一对应刻上 1～6 的序号。若密封罩出现问题，可以通过查找相对应的型腔和型芯的问题加以解决。

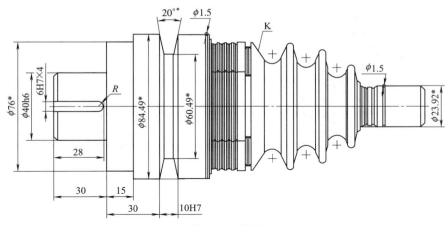

图 6-15　型芯

③ 解决型芯轴向蹿动措施　如图 6-13 所示，因型芯与定位板 16 为间隙配合，如果没有采取措施，注塑模开启后，型芯 12 将会有少量的轴向蹿动。于是型芯 12 装入定位板 16 后，在定位板 16 上安装圆柱端紧定螺钉 10，嵌入型芯上 6H7 槽顶紧来保证安装牢固，防止轴向蹿动。

④ 型芯两端的配合　如图 6-13 所示，型芯自重比较大，大约有 4.4kg，上模板 5、下模板 2 与型芯 12 通过 $\phi 84.49^*$ mm、$\phi 23.92^*$ mm 两端的配合，可以起到辅助支撑的作用，防止合模时型芯的倾斜。

（3）浇注系统设计

浇注系统是注塑模设计中最重要的问题之一。浇注系统是引导塑料熔体从注射机喷嘴到注塑模型腔的进料通道，具有传质、传压和传热的功能，对密封罩质量影响很大。

① 主流道的设计　如图 6-16（a）所示。主流道垂直于分型面，成圆锥形，小端直径大于注射机喷嘴直径 0.5～1mm，以便补偿与喷嘴对中的误差。因厂家要求有可能更换机床，所以浇口套设计了与喷嘴平面接触和球面接触两种方式，并且是可拆卸更换衬套式的结构。

② 分流道设计　如图 6-16（b）所示。本注塑模由于是多型腔模具，为保证每个型腔接受相同熔融状态的物料，设计时浇注系统采用了平衡式分流道系统，从主流道末端到各型腔的分流道断面面积都对应相等，熔料注入型腔时的压力也就相同。

如图 6-13 所示，为了安装型芯 12，中间部位必须要有定位板 16，那么从中心部位主流道下来后的分流道就只有开在定位板 16 上，分流道沿定位板顶面、侧面至下模型腔侧浇口。分流道截面采用常用的梯形截面，其加工起来较为简单，熔料的流动也较好。

③ 浇口设计　注塑模浇口采用侧浇口，侧浇口从密封罩的侧面进料。侧浇口适用于成型各种形状的注塑件，广泛用于一模多腔的模具中。如图 6-16（c）所示，侧浇口设在分型面上，其截面为矩形，矩形的扁平形状可以大大缩短浇口的冷却时间，缩短成型周期。浇口截面形状简单，容易加工，并能随时调整浇口尺寸，较为方便地使流经各型腔浇口的熔体达到平衡，改善了注射条件。由于型腔布置为六个，对于中间两个型腔，有两个浇口同时进料，左、右四个型腔只有一个浇口进料，浇口如果一样，熔料就不能同时充满型腔。因此把左、右四个型腔的浇口加深，深度为中间型腔浇口的一倍，这样熔料进入型腔时压力、容积相同，可保证各型腔同时充满熔料，各型腔的密封罩内在质量均一稳定。

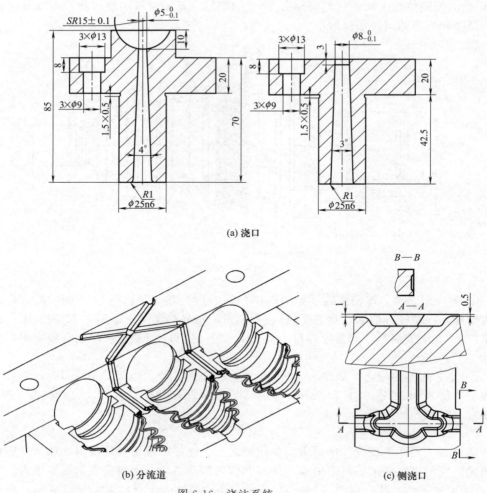

(a) 浇口

(b) 分流道

(c) 侧浇口

图 6-16　浇注系统

6.4.4　注塑模制造工艺

　　如图 6-14 所示，密封罩注塑模为一模多腔，加工精度主要集中在两个方面：一是密封罩公差尺寸要求按 GB/T 3672 的 M3 级 F 标准，本身尺寸精度不算很高。但因该密封罩需要两端梯形密封槽与换挡杆和转向柱形成严密的密封，并且要求褶皱层 2mm 壁厚均匀。型芯与上、下模板还有定位配合要求；因此，型芯 12 整体尺寸精度必须提高。二是要多型腔，而且浇道是从浇口套 9→定位板 16→上模板 5、下模板 2，这就意味着定位板 16 与型芯 12 之间，型芯 12 与上、下模板之间的导向精度、相对位置精度都要求很高。

　　为保证精确定位的导向，顺利闭模，定位板的导柱、型腔安装孔、分流道一起由加工中心一次装夹加工到位；对上模板 5、下模板 2 来说，因密封罩外表面与一般注塑件要求不同，要求亚光，以体现一种磨砂质感。上、下模型腔不能采用加工中心精铣—钳工抛光工艺方案，只能加工中心一次装夹加工导柱孔、分流道并粗铣型腔。型腔留少量余量后，电火花严格找正导柱孔，用电极一次装夹加工六个型腔。上模板 5、下模板 2 的型腔共 12 个，电极损耗很大，为节约成本，电火花所用电极由数控车床加工后，利用型腔为回转体的特性，将电极沿轴心线切割一分为二。既可保证型腔一致性，又能有效降低成本。对型芯 12 来说，由于型面呈波浪状，数控车深加工是唯一的选择。型芯 12 上还有三处呈花瓣样梯形密封槽，同样需要电火花加工。该注塑模型面复杂，采用了大量的精密设备加工，生产周期较长，但有效保证了注塑模精度，使密封罩质量有了可靠保障。

　　密封罩一模六腔精密注塑模的设计和制造，通过对型腔的配置，型芯二次定位和精确定位组件的设计，浇注系统设计，以及注塑模制造工艺制订，该注塑模经生产实践验证，注塑模结构设计合理，开闭模顺利，动作平稳可靠，完全能够满足密封罩成型工艺要求及生产进度，生产的密封罩质量良好，也充分体现了为大批量注塑件成型加工的需要，多型腔注塑模设计的要点。

　　本章通过对连接环试制件、小批量和大批量成型加工注塑模结构的设计，以及密封罩大批量成型加工注塑模结构设计的介绍，说明了注塑件成型加工的批量不同，注塑模设计的结构就不同。试制注塑模应以手工操作结构为主，模腔为单模腔；小批量注塑模应以手工操＋自动操作相结合的结构，模腔为 1～2 腔；大批量注塑模应以自动操作结构为主，模腔为 2～4 腔，甚至是更多的模腔。主要是从成型加工效率、加工成本和注塑模制造周期上综合性考虑从而进行注塑模结构设计。

第 7 章

注塑模障碍体、型孔、变形和外观综合要素的应用

注塑件形体上会存在着"型孔"和"障碍体"要素，注塑件还存在着"变形"和"外观"上技术要求的要素。这些要素都是影响注塑模结构的重要因素，只有处理好了这些因素，才能设计好注塑模。注塑件形体上可能是以多种或多重或多种多重混合形式的因素表现出来，而各种注塑件形体要素表现的形式又各不相同。因此，处置注塑件上形体要素的措施也就各不相同。但是，注塑模的结构总是根据注塑件的形体要素来进行设计的。这说明了从注塑件形状、尺寸、精度、技术要求和性能到注塑模的结构设计和制造，在这个过程中，总是要遵守一定的原则或规律。注塑件形体"六要素"分析和三种注塑模结构方案可行性分析方法，就是从注塑件到注塑模设计和制造过程中必须遵守的原则或规律。

7.1 外光栅精密注塑模可行性分析与设计

外光栅是电动自行车光电传感器中一个关键性的注塑件，其壁厚为 $1\sim1.5\text{mm}$，在 $\phi66\text{mm}$ 与 $\phi64^{+0.19}_{0}\text{mm}$ 内圆柱壁上有着 $30\times6^{+5'}_{0}$ 的矩形齿。外光栅不允许存在着变形和错位的现象，齿槽间不允许有飞边和毛刺的存在，否则会影响光电的信号传输与接受。在采用了内、外脱件板双重脱模机构的结构之后，确保了外光栅不变形的技术要求。通过注塑模动模内型芯和动模外型芯之间精密的配合组装成一体，以及它们与定模型芯精密内、外形的加工，可以解决外光栅飞边、毛刺和错位的问题。

7.1.1 外光栅工作原理

骑电动自行车在负重或爬坡时，骑车人会感到十分吃力。此时，骑车人自然而然会用力踩脚蹬以增加助力进行负重或爬坡。为了减轻骑车人负重或爬坡时的负担，于是发明了一种光电传感器。它是以光电传感器中通过光快慢信号转换成电压的强弱，以便使电动自行车的电机输出的电功率随之增大或减小，让骑车人感觉更为轻松一些。

外光栅内圆柱壁上制有 $30\times6^{+5'}_{0}$ 矩形齿槽，内光栅外圆柱壁上也制有 $30\times(6^{\circ}\pm5')$ 矩形齿，并且内光栅 30 个齿槽与外光栅 30 个齿之间错位的角度是 $2^{\circ}\pm5'$。飞轮制成外盘和内盘两个部分，其中外光栅是固定在外盘上，内光栅是固定在内盘上。随着脚蹬曲柄上脚踏的转动，带动着外、内盘上内、外光栅作相对的转动，从而使得内、外光栅之间的齿与齿槽间光隙时而增大、时而减少。如此，光电管发出和接收光的信号也就发生了时而开启、时而关闭，以及时强时弱的变化。电路将这种光的信号转换成电压信号，电压信号输入经控制器转变成电机输出的功率，可以使电机的功率增大或减弱。从而使得骑车人在负重或爬坡时，感觉到如同在平地上骑车一般轻松。

内、外光栅是电动自行车光电传感器中的两个关键性注塑件。外光栅壁薄，不允许有变形和错位的现象。外光栅的飞边和毛刺及矩形齿错位的存在，会影响到光线的通过，继而影响电压脉冲信号。如此30个矩形齿脱模时，所产生的脱模力非常之大。如注塑模脱模机构设计不当，容易造成外光栅的变形，甚至是被顶破裂。

7.1.2　外光栅形体分析和技术要求

外光栅是电动自行车光电传感器中的一个重要注塑件，其质量的优劣直接影响着光电传感器的性能。而外光栅形体上总是会存在着决定注塑模结构的要素，只要将这些要素提取出来，再找到解决这些要素的方案，就能够制订出注塑模的结构可行性方案。

（1）外光栅的资料

材料为ABS，其流动性好，有利于塑料熔体的填充。收缩率为0.7%，注射机型号为SZ-63/500A。

（2）外光栅的形体分析

如图7-1所示，外光栅外径为$\phi 87mm\pm 0.11mm$的底壁厚度为1.5mm，内、外圆柱壁厚仅为1mm。在$\phi 66mm$与$\phi 64^{+0.19}_{0}mm$内圆柱壁上有着$30\times 6°^{+5'}_{0}$的矩形齿。

（3）外光栅的技术要求

只有从外光栅形体分析中找出影响它的技术要求之后，才能找到处置外光栅技术要求的注塑模结构方案，这种技术要求就是决定外光栅注塑模结构方案的要素。

① 外光栅矩形齿槽　不允许有飞边和毛刺的存在，因为30个齿槽的内圆柱壁处的脱模力很大，若脱模结构设计不当，将会使外光栅产生严重的变形，甚至脱模时会将外光栅顶破裂。

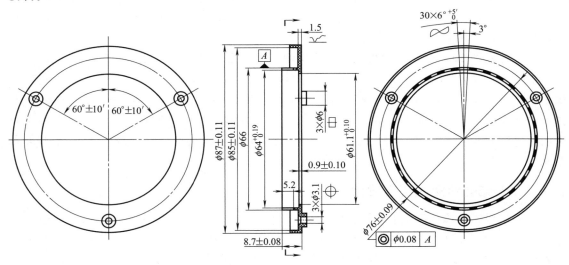

图7-1　外光栅形体分析

⌣—注塑件的变形要素；ℓ—注塑件的错位要素；⊕—"型孔"要素；⊡—圆柱体"形状"要素

② 外光栅的"变形与错位"要素 由于外光栅直径较大而壁厚仅有 $1\sim1.5\text{mm}$，是属于薄壁型注塑件，加上内、外光栅装配后的间隙很小，因此，它是不能有丝毫"变形与错位"的缺陷。因为这不仅影响外光栅的强度，还影响内、外光栅的转动、性能及装配。

③ "型孔"和"形状"要素 如图 7-1 所示，图中 ⌖ 符号为"型孔"要素，⌗ 符号为圆柱体"形状"要素，它们的存在都会影响注塑模的结构。

7.1.3 外光栅注塑模结构方案可行性分析

根据外光栅上不允许存在"变形与错位"的技术要求，首先是要解决 $30\times6°^{+5'}_{0}$ 矩形齿槽脱模时，需要有较大脱模力而出现变形问题；再是要解决外光栅内、外形错位的问题，最后是要解决外光栅齿槽间毛刺和飞边的问题。只有这些问题得到了妥善的解决，才能制订好注塑模的结构方案。在注塑模的结构方案制订好之后，才可以着手注塑模的设计。

（1）浇口的设置

由于外光栅是典型的薄壁型注塑件，为了防止外光栅出现填充不足的缺陷，在动模内型芯的内圆周上设置了三个侧浇口，如图 7-2（a）所示。

（2）处置外光栅"变形"要素的注塑模结构方案

如图 7-2～图 7-4 所示，动模内型芯 2 上制有 $30\times6°^{0}_{-2'}$ 矩形齿，内下脱件板 4 上制有 $30\times6°^{+2'}_{0}$ 矩形齿槽，矩形齿安装在矩形齿槽之内。动模内型芯 2 是固定不动的，内下脱件板 4 在顶杆 6 作用下可以产生脱模运动，从而可使内下脱件板 4 将动模内型芯 2 齿槽中外光栅的 30 个齿同时顶脱模，这样就不会出现因 30 个齿没有同时被顶脱模而破裂的现象。

如图 7-3 与图 7-4 所示，采用了内上脱件板 3 和内下脱件板 4 组合脱件板及外脱件板 7 进行外光栅的双重脱模。这样可以大面积进行双重外光栅整体脱模的形式，确保了外光栅脱模时的不变形。

（3）处置外光栅"错位"要素的注塑模结构方案

主要是通过如图 7-2（a）所示的动模内型芯和图 7-3（a）所示的动模外型芯之间 $\phi60\text{H7/h6}$ 精密配合组装成一体。如图 7-4（Ⅰ）放大图所示，动模内型芯 2、动模外型芯 5 与定模型芯 1 型腔精密加工，用以确保注塑模成型件相对位置的精度而不会产生外光栅 30 个齿的"错位"现象。

（4）外光栅 $30\times6°^{+5'}_{0}$ 矩形齿之间不能出现飞边和毛刺的处置工艺方法

如图 7-3 所示，动模外型芯 5 和内下脱件板 4 采用 $\phi84^{+0.09}_{0}\text{mm}\times(12°\pm30')$ 无间隙锥体配合，以防止外光栅内底面出现飞边和毛刺。如图 7-4 所示，动模内型芯 2 上 $30\times6°^{+2'}_{0}$ 矩形齿槽和内下脱件板 4 上 $30\times6°^{0}_{-2'}$ 矩形齿的加工，可以采用慢走丝线切割加工。齿槽和齿的单边间隙保证在 0.01mm 之内，便可以确保外光栅成型时 30 个齿间不出现飞边和毛刺。

7.1.4 外光栅精密注塑模设计

外光栅脱模结构如图 7-4 所示。如图 7-4（Ⅰ）放大图所示，塑料熔体在填充动模内型芯 2 的 $30\times6°^{+5'}_{0}$ 矩形齿槽之后，内下脱件板 4 的 30 个齿在脱模时，是同时将矩形齿槽中的外光栅的 30 个齿顶出。这就解决了外光栅 30 个矩形齿因脱模力太大，不同时顶出时所造成外光栅严重的变形，甚至有被撕裂的可能性。内上脱件板 3 又以外光栅的 79.38% 的脱模面积将其整体同时顶脱模，这就确保了外光栅不会产生脱模变形的缺陷。注塑模开模时，定模小型芯 12 与外光栅的内孔产生分离，外光栅必定会滞留在动模外型芯 5 上。内上脱件板 3

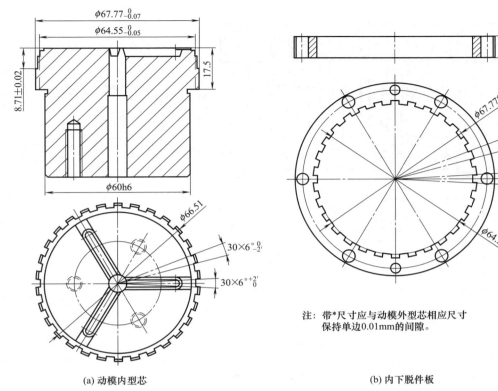

(a) 动模内型芯

(b) 内下脱件板

注：带*尺寸应与动模外型芯相应尺寸
保持单边0.01mm的间隙。

图 7-2　动模内型芯与内下脱件板

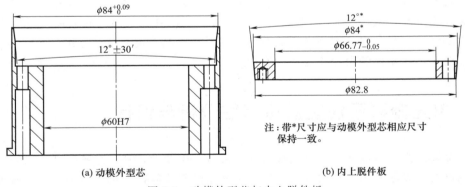

(a) 动模外型芯

(b) 内上脱件板

注：带*尺寸应与动模外型芯相应尺寸
保持一致。

图 7-3　动模外型芯与内上脱件板

和内下脱件板 4 在顶杆 6 的作用下，外光栅脱离动模外型芯 5 （动模外型芯 5 是固定不动）时，只存在着 0.83mm 的径向单边间隙，从而可以使外光栅能顺利的整体脱模。动模内型芯 2 与动模外型芯 5 之间，是采用 $\phi 84^{+0.09}_{0}$ mm×（$12°±30'$）圆锥形孔与圆锥柱无间隙的密合，因而不会由于产生间隙而出现毛刺的现象。

由于内上脱件板 3 和内下脱件板 4 以顶杆 6 连接成整体，定模型芯 1 开启之后，在注射机顶杆作用下，安装在推板 11 中顶杆 6 带动着内上脱件板 3 和内下脱件板 4 将外光栅 30 个齿和外光栅内型同时顶脱模。与此同时，外光栅 $\phi 87$mm±0.11mm 外圆柱在外脱件板 7 的作用之下整体脱模。

外光栅齿的变形，可通过内下脱件板的齿进行外光栅齿的同时脱模，从而解决了外光栅

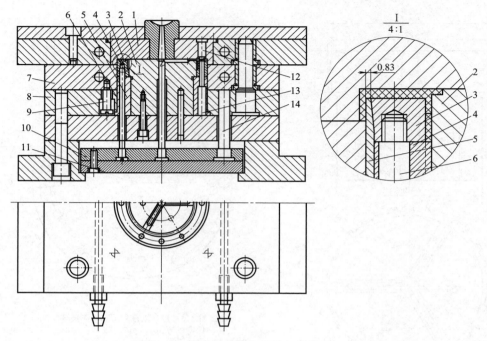

图 7-4 外光栅精密注塑模的结构设计

1—定模型芯；2—动模内型芯；3—内上脱件板；4—内下脱件板；5—动模外型芯；6—顶杆；7—外脱件板；
8—动模板；9—限位销；10—安装板；11—推板；12—定模小型芯；13—动模型芯；14—回程杆

30 个齿因需较大脱模力使制品脱模变形的问题。内、外脱件板双重脱模机构，解决了外光栅变形和破裂的问题。成型件精密定位和精密加工工艺方法，解决了外光栅的错位问题。动模内型芯与内下脱件板 30 个齿慢走丝线切割精密加工，解决了因外光栅齿与槽间隙出现毛刺和飞边的问题。只有将影响外光栅成型的所有因素找准、找全，并且找对了影响这些因素的措施和机构，注塑模的设计才能获得成功。

7.2 内光栅精密注塑模可行性分析与设计

薄壁多齿的内光栅注塑成型是极容易在脱模时产生变形，甚至是被撕裂。采用脱件板上多齿结构进行内光栅的多齿和摆杆联合进行内光栅的整体脱模，可以避免内光栅脱模时的变形和被撕裂。而内光栅形体上带凹坑式"障碍体"，需要采用摆杆形式的内抽芯机构完成其复位成型与抽芯脱模的动作。薄壁件最忌讳出现形体错位的现象，只有采用注塑模成型内光栅构件的精密加工和精密装配的工艺方法，才能使形体错位和毛刺、飞边的问题得到圆满解决。因此，内光栅注塑成型问题要依靠注塑模结构方案制订、合理注塑模设计和采用正确制造工艺方法才能妥善的得到解决。

7.2.1 内光栅工作原理

内光栅外圆柱壁上制有 $30 \times (6° \pm 5')$ 矩形齿，并且内光栅 30 个齿与外光栅 30 个齿槽错位的角度是 $2° \pm 5'$。这便意味着全开启和全关闭只是瞬间，而大部分时间处于三分之一开启和关闭的状态。由于内光栅壁薄和需要通过光电管发出光线的作用，是不允许内光栅有变形和错位的现象。在 $\phi 63.8_{-0.19}^{0}$ mm 与 $\phi(62\pm0.1)$ mm 外圆柱壁上有着 $30\times(6°\pm5')$ 的矩形齿，齿槽间不允许有飞边和毛刺的存在。内光栅齿间的飞边和毛刺及矩形齿错位的存在，会影响光线的通过，继而影响电流脉冲信号。如此 30 个矩形齿脱模时，所产生的脱模力很大。如注塑模脱模机构设计不当，容易造成内光栅的变形，甚至是破裂。

7.2.2　内光栅形体分析和技术要求

注塑模设计之前，首先要从内光栅的形体、尺寸、精度和技术要求中找出决定其注塑模结构的要素。因此，只要能找到这些要素，注塑模的结构方案才能够制订出来。

（1）内光栅的资料

材料为 ABS，其流动性好，有利于塑料熔体的填充。收缩率为 0.7%，注射机型号为 SZ-63/500A。

（2）内光栅形体特点

如图 7-5 所示，在 $\phi 63.8_{-0.19}^{0}$ mm 外圆柱与 $\phi(62\pm0.1)$ mm 孔壁上有着 $30\times(6°\pm5')$ 的矩形齿，内光栅壁厚为 0.9~1.5mm，属于薄壁型注塑件。

（3）内光栅矩形齿槽成型要求

由于光电传感器功能上的要求，内光栅矩形齿槽不允许有飞边和毛刺的存在。

（4）内光栅形体要素分析

形体要素的分析，主要是从内光栅的形状、尺寸、精度、技术要求和性能中提取。

① "变形与错位"要素　如图 7-5 所示，由于内光栅直径较大而壁厚仅有 0.9~1.5mm，是属于薄壁型注塑件，加上内、外光栅装配后的间隙很小，因此，它不能存在丝毫"变形与错位"的缺陷，这便是"变形与错位"要素的由来。因为"变形与错位"不仅是影响着内光栅的强度，还影响着内、外光栅的转动和性能及装配。

② 凹坑式"障碍体"要素　如图 7-5 的 B—B 所示，图中 ⊐⎍ 符号为凹坑"障碍体"，由于它的存在，影响内光栅的脱模。

③ "型孔"和"形状"要素　如图 7-5 所示，图中 ⊕ 符号为"型孔"要素，⊡ 符号为圆柱体"形状"要素，它们的存在都会影响注塑模的结构形式。

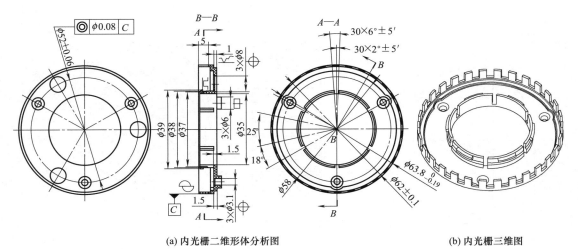

(a) 内光栅二维形体分析图　　　　　　　　　　　　　(b) 内光栅三维图

图 7-5　内光栅形体分析

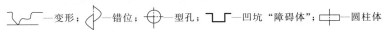

7.2.3　内光栅注塑模结构方案可行性分析

　　注塑模结构方案是依据解决内光栅的形体分析要素所采用的措施制订的，而注塑件形体分析归结起来可分成六大要素中的 12 子要素，即"形状与障碍体"要素、"孔槽与螺孔"要素、"运动与干涉"要素、"变形与错位"要素、"塑料与批量"要素和"外观与缺陷"要素。只要能够完整无缺地提取影响注塑模结构的注塑件上的要素，并能针对这 12 子要素采取合理的措施，注塑模的结构方案便可顺利地制订出来。需要说明的是：不是每一个注塑件都会存在 12 子要素，一件注塑件只不过是或多或少存在着其中几个和几种要素而已。

　　① 处置六处凹坑式"障碍体"要素方案　由于六处凹坑式"障碍体"存在于内光栅注塑模型腔之内，阻碍着内光栅的脱模。所以要在内光栅脱模之前，采用内抽芯的机构，先将成型六处凹坑式"障碍体"的注塑模构件完成抽芯，在内光栅脱模之后要先行复位。

　　② 处置内光栅"型孔"和圆柱体"形状"要素方案　内光栅底壁上存在着 $3 \times \phi 3.1mm$ 和 $3 \times \phi 8mm$ 的"型孔"要素，以及 $3 \times \phi 6mm$ 的圆柱体"形状"要素。由于"型孔"和圆柱体"形状"要素的轴线平行于注塑模开、闭方向，所以可以动、定模的型芯成型这些"型孔"，以注塑模成型构件中加工出型孔成型内光栅上的圆柱体"形状"。利用动模的开启和闭合运动，完成这些"型孔"和圆柱体"形状"的抽芯和复位。

　　③ 处置内光栅的"变形"要素方案　由于 30 个齿槽的存在，造成内光栅的外圆柱壁处的脱模力很大。若脱模结构设计得不当，将会使内光栅产生严重的变形，甚至脱模时会将内光栅顶裂。如图 7-6 和图 7-7（b）所示，动模型芯上的 30 个矩形齿与脱件板的 30 个矩形齿槽能相互配合，可利用推杆与脱件板连接所传递的脱模运动。将内光栅 30 个矩形齿进行脱模，从而可避开内光栅因矩形齿所产生的大的脱模力而变形，甚至是被撕裂。如此，仅仅是解决了 30 个矩形齿脱模变形还是不够的，还需要在内光栅底壁上设置若干推杆才能确保内光栅整体脱模不会变形。如图 7-8（b）所示，可以利用六个摆杆的端面 A，在进行内抽芯的同时完成内光栅整体脱模。

　　④ 处置内光栅的"错位"要素方案　如图 7-6 所示，主要是通过动模型芯 3 和脱件板 4 精密加工后的精密配合，用以确保注塑模成型件相对位置的精度，而不会产生内光栅"错位"的现象。

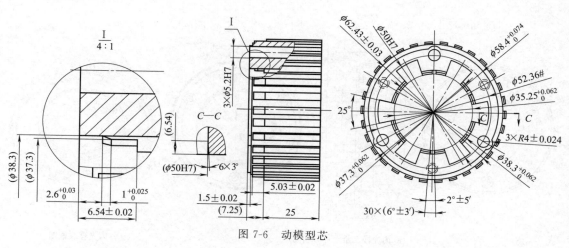

图 7-6　动模型芯

　　⑤ 内光栅 $30 \times (6° \pm 5')$ 矩形齿之间不能出现飞边和毛刺的处置方法　动模型芯上 $30 \times (6° \pm 5')$ 矩形齿和脱件板上 $30 \times (6° \pm 5')$ 矩形齿槽的加工，可以采用慢走丝线切割加工的

工艺方法。齿槽和齿的单边间隙应保证在 0.01mm 之内，这样可以确保内光栅 30 个齿间不出现飞边和毛刺的现象。

⑥ 内光栅的成型　如图 7-7（a）所示的定模板是成型内光栅的外形；如图 7-6 所示的动模型芯安装在如图 7-7（b）所示脱件板的矩形齿孔之中；如图 7-7（c）所示的动模垫板中安装有如图 7-8 所示动模大型芯与摆杆。

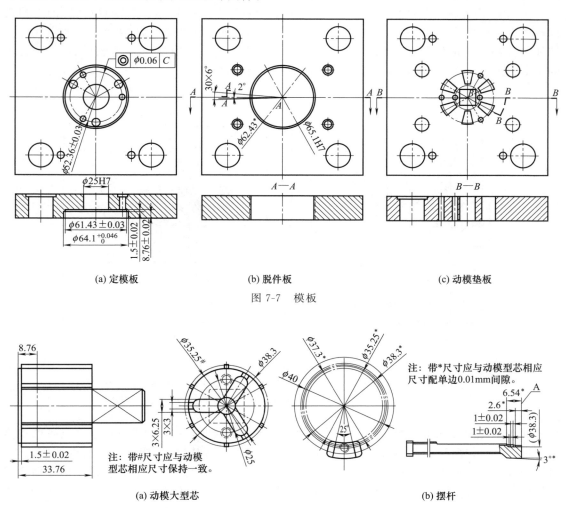

(a) 定模板　　　　　(b) 脱件板　　　　　(c) 动模垫板

图 7-7　模板

图 7-8　动模大型芯与摆杆

(a) 动模大型芯　　　　　(b) 摆杆

7.2.4　内光栅精密注塑模设计

内光栅注塑模是采用简易三模板模架，其中省略了动模板。内光栅注塑模设计如图 7-9 所示。

① 浇口的设置　由于内光栅是典型的薄壁型注塑件，为了防止内光栅出现填充不足的缺陷，在动模大型芯上设置了三个侧浇口，如图 7-8（a）所示。

② 内光栅矩形 30 个齿同时脱模的注塑模结构　在动模型芯 3 上制有 30×（6°±5'）矩形齿，如图 7-6 所示。在脱件板 4 上制有 30×（6°±5'）矩形齿槽，如图 7-7（b）所示。如图 7-9 所示，矩形齿安装在矩形齿槽之内，动模型芯 3 是固定不动的，脱件板 4 在顶杆 7 的

作用下可以产生脱模运动，从而可使脱件板 4 中的矩形齿将动模内型芯 3 矩形齿槽中的内光栅 30 个矩形齿同时顶脱模。

③ 内光栅的整体脱模的注塑模结构　如图 7-9 所示，脱件板 4 可将内光栅外圆柱壁上的 30 个矩形齿同时顶脱模。而六根摆杆 12 可以在完成内光栅的 6 处凹坑式"障碍体"内抽芯的同时，完成内光栅其余部分的整体脱模。

④ 解决内光栅六处凹坑式"障碍体"的注塑模结构　成型凹坑式"障碍体"的注塑模构件如图 7-9 所示。采用摆杆 12 进行内光栅六处凹坑式"障碍体"的内抽芯，其原理是当摆杆 12 两端 45°角分别接触到动模垫板 5 和动模型芯 3 时，利用摆杆 12 在安装板 10 中移动的 1mm 距离完成 6 处凹坑式"障碍体"内抽芯和复位动作。

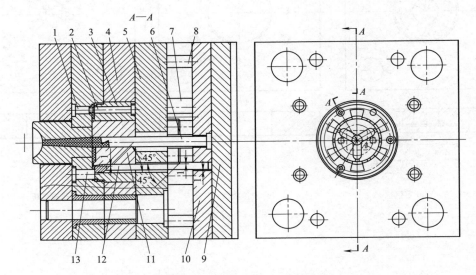

图 7-9　内光栅精密注塑模的结构

1,13—定模型芯；2—动模小型芯；3—动模型芯；4—脱件板；5—动模垫板；6—拉料杆；
7—顶杆；8—回程杆；9—推板；10—安装板；11—动模大型芯；12—摆杆

通过采用脱件板上多齿结构，进行内光栅的多齿槽同时脱模，以及摆杆联合进行的整体脱模形式，可以解决内光栅脱模时的变形和被撕裂问题。通过采用摆杆形式的内抽芯机构，可以完成内光栅六处凹坑式"障碍体"复位成型与抽芯脱模的动作。注塑模成型内光栅注塑模构件的精密加工和精密装配的工艺方法，是解决薄壁内光栅错位的最好的途径。所谓注塑模设计的经验，就是要能够准确和完整地找出注塑件上影响注塑模结构的因素，并且能根据这些因素找到解决的办法，这样才能够制订出正确的注塑模结构方案。注塑模结构不是凭空得来的，它是依据注塑件形体分析六大要素得来的，另外还需要有正确解决要素的措施和机构的结构。

7.3　分流管注塑模设计

当注塑件在注塑模中有多种摆放位置时，就有多种注塑模的结构方案：既有完全不能使用的错误方案，也有能够使用、但结构十分复杂的方案，还有简单易行的方案。在这种情况下，注塑模结构方案的论证，主要是应该放在最佳优化方案的选择上。我们就是要找出这种最佳的优化方案，一是要使注塑模结构方案选择正确，有利于注塑模的结构设计；二是要使注塑模的结构便于制造。注塑模结构的最佳优化方案，除了与注塑件在注塑模中摆放位置相关，还与注塑模选用机构的复杂性相关，更与注塑件成型的批量、注塑模制造周期和注塑模投入的费用相关。所以，注塑模结构的最佳优化方案选用是个综合性的问题。在确定注塑模结构的最佳优化方案之后，还要进行注塑模机构的论证和注塑模薄弱构件强度与刚性的校核工作。只有如此，才能确保注塑模设计和制造的正确性和可靠性。

对于具有多种注塑模结构方案的注塑模设计而言，其注塑模结构设计，只能放在注塑模结构最佳优化方案确定之后。因为，在注塑模结构最佳优化方案确定之前的设计，有可能不是注塑模的结构最佳优化方案，甚至是错误的注塑模结构方案。

分流管二维图样，是在其形体分析的基础上绘制的。分流管的形体分析，又是其注塑模结构方案可行性分析和论证的依据。而注塑模结构方案，还是注塑模结构和构件设计的指南。

① 分流管注塑模设计程序　分流管图样或造型→形体分析→最佳优化方案可行性分析→分流管注塑模结构方案论证→注塑模结构和构件设计或造型。可见分流管注塑模设计是一环扣一环的有机联系的过程。

② 分流管注塑模设计的论证程序　注塑模结构和构件设计→最佳优化方案可行性分析→形体分析→注塑模薄弱构件的强度和刚性校核。即注塑模结构方案的论证，是以注塑模结构和构件设计为起点，验证注塑模结构最佳优化方案，再通过检查注塑模结构方案对应于分流管形体分析的适应性。可见分流管注塑模设计论证的过程，是分流管注塑模结构设计逆过程。验证也是一扣一扣地解开，直到所有环扣被解开为止的过程。注塑模设计程序和论证程序是一种正反的可逆过程，通过可逆过程可以发现注塑模结构分析过程中遗漏、缺失和不符合的项目，从而达到相互验证的目的。

对于每一件注塑件来说，由于它们的用途和作用各不相同，它们的性能、批量和用材也就各不相同，这样便导致它们的形状特征和尺寸精度也各不相同，它们的成型规律和成型要求也就各不相同；由此而来，对于注塑模的结构形式也就各不相同。但是，只要能把握好注塑件的性能、材料和用途，捕捉到注塑件形状特征、尺寸和精度等因素，通过注塑件形体"六要素"分析，便可以寻找到注塑件成型的规律。注塑模结构方案可行性的"三种分析方法"，是解决注塑模结构设计的万能工具和钥匙。"六要素"和"三种分析方法"还可用于各种类型的型腔模结构方案的可行性分析和论证，其中也包括注塑模结构方案的可行性分析和论证。

7.3.1　分流管的资料和形体分析

只有从分流管零件图样中，提取出与注塑模结构方案相关的技术资料后，才能够进行分流管的形体分析。分流管形体分析的实质，就是在分流管的零件图样中寻找其形体分析的"六要素"。

（1）分流管资料

如图 7-10 所示，材料为增强尼龙 6，黑色无光亮细皮纹，收缩率为 1%。

（2）分流管的形体分析

分流管的右件如图 7-10 所示，左件对称。分流管的主体是一个前、后方向呈圆弧形状梯形底座，而上、下方向为左窄右宽呈梯形的薄壁弯舌状型腔的注塑件；其壁薄厚仅为 1mm。具体地讲，分流管左端是双圆弧形的顶部，而中段是弧形状梯形，右端为长方形底座的壳体。在分流管主体壳体的上、下方向，是具有上 6 下 5 共 11 根相连的斜向接管嘴。

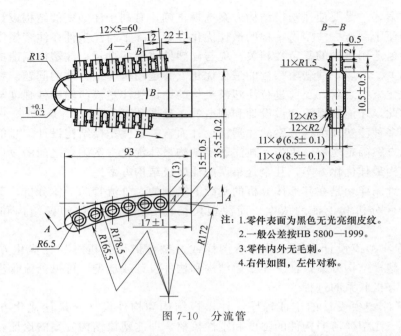

图 7-10　分流管

11 根接管嘴同时垂直分流管主体壳体的梯形两侧腰，而与分流管主体壳体的对称平面是倾斜的。

　　分流管是一典型的具有多处"障碍体"与侧面有多个斜向型孔的注塑件，另外又是容易产生变形的弯舌状型腔的薄壁注塑件。那么，这些斜向接管嘴孔是怎样成型和抽芯的呢？分流管的薄壁弯舌状型腔又是怎样成型和抽芯的呢？分流管脱模后是否会变形？这些问题都是考验分流管注塑模结构设计的难题。如何处理好这些难题，既是设计者必须要经受的考验，也是设计者智慧的体现。

7.3.2　分流管注塑模的结构方案论证

　　注塑模的结构方案与分流管在注塑模中的摆放位置有关，不同的摆放位置就有不同的结构方案；不同的注塑模结构方案具有不同的分型面、抽芯和脱模的方式，就是浇注系统也是不相同的。有的摆放位置会使注塑模的结构变得非常复杂，有的摆放位置会使注塑模的结构相对简单些，有的摆放位置会使注塑模的结构完全处于失败的境地。对注塑模结构方案论证的目的，就是让我们避免注塑模结构方案产生的失败和复杂化的后果，从而寻找到简单易行的注塑模结构方案，即最佳优化结构方案。这一点在注塑模的结构设计中是十分重要的，千万不可忽视。

　　（1）分流管注塑模结构方案之一

　　如图 7-11 所示，该方案是将分流管弯舌状的凹面朝下、凸面朝上的平卧式放置，其分型面由弧形线加折线组成，为什么分型面要在管嘴处变成折线呢？其主要原因是要避开分型面管嘴处的暗角形式"障碍体"，该暗角形式"障碍体"会影响成型后分流管的开闭模运动。前、后的斜向抽芯是为了成型分流管前 5 后 6 共 11 个 $\phi6.5mm\pm0.1mm$ 的管嘴孔。右向的弧形抽芯是要将成型分流管弯舌状内腔的型芯进行抽芯，抽芯的距离要大于弯舌内腔的深度 92mm，才可将分流管脱模。浇道和浇口设置在分流管弯舌状的凸面上，熔体料流的冲击力会造成悬臂状成型分流管弯舌状内腔的型芯低头，而导致分流管壁厚不均匀，甚至破损。三处型孔型芯抽芯后的分流管仍然会滞留在动模型腔中，这时需要脱模机构将分流管顶出动模

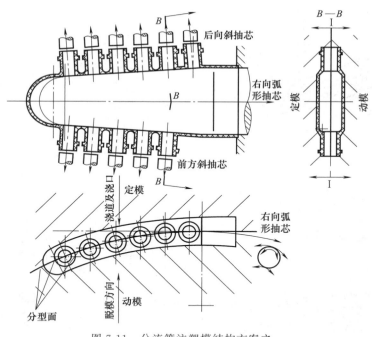

图 7-11 分流管注塑模结构方案之一

—弧形抽芯

型腔。

① 方案的特点 分型的定、动模型腔成型分流管的外形，三处型孔型芯抽芯成型分流管 11 个 $\phi 6.5mm \pm 0.1mm$ 的管嘴孔和分流管的弯舌内腔。

② 方案的优点 对分流管成型的结构十分紧凑，并且注塑模的闭合高度最低；分型面的选取正确无误；分流管上点浇口的痕迹较小。

③ 方案的缺点 由于分流管的壁厚仅 1mm，属于薄壁件，脱模机构用顶杆将"分流管"从动模型腔中顶出时，也会因顶杆的面积小而将分流管顶变形，甚至于顶破裂；右向弧形抽芯距离太长，并且在熔体料流的冲击力下，型芯容易向下低头，导致分流管壁厚不均匀，甚至破损。要将成型后在分流管弯舌内腔的型芯进行抽芯，可采用齿轮与齿条副的向下方作弧形运动的抽芯机构。

④ 结论 该方案影响着分流管成型质量，这显然不是最佳优化方案，需谨慎地使用分流管在注塑模中平卧式放置方案。

（2）分流管注塑模结构方案之二

如图 7-12 所示，该方案是将分流管弯舌状的凹面朝前、凸面朝后的侧立式放置。该方案是以六个管嘴台阶端面为定模，定模之下为动模。动、定模内的型腔以弧形线加折线组成的侧向分型面为前、后的抽芯。其上、下斜向抽芯是为了成型分流管上 6 下 5 共 11 个管嘴 $\phi 6.5mm \pm 0.1mm$ 的圆柱孔。将成型分流管弯舌状内腔的型芯进行右向弧形抽芯与脱模，并采用右向的弧形抽芯兼脱模机构。注塑模的浇口可放置在六个管嘴中间一个管嘴的端面上，采用倾斜式流道和潜伏式点浇口的形式。

① 方案的优点 分型面的选取正确无误，有效地避免了分型面在管嘴处抽芯时所产生的暗角形式"障碍体"；动模的前、后的抽芯成型，可获得分流管正确的外形；以分流管的

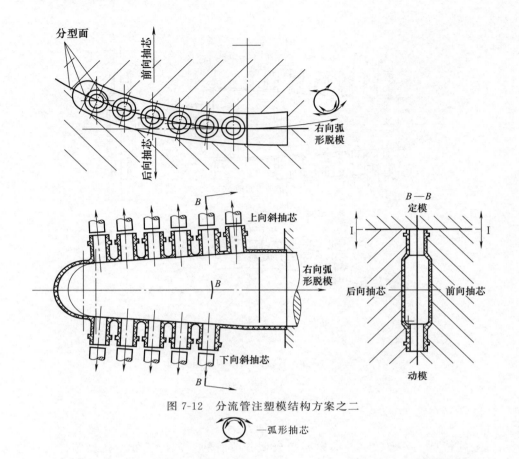

图 7-12　分流管注塑模结构方案之二

⟲—弧形抽芯

弯舌内腔成型的型芯为抽芯兼脱模机构，既可成型分流管的内形，又可使分流管脱模时不会产生变形。该注塑模的闭合高度，只是较方案一的闭合高度高出了少许。

② 方案的缺点　成型分流管的 11 个 $\phi6.5mm\pm0.1mm$ 管嘴圆柱孔的抽芯是上、下斜向抽芯的动作。因为管嘴的抽芯方向与开闭模方向是倾斜的，这样也就很难实现管嘴孔的上、下斜向抽芯，特别是定模斜向抽芯难以实现。若这 11 个 $\phi6.5mm\pm0.1mm$ 管嘴圆柱孔的轴线是垂直于分流管的对称平面，抽芯的动作便易于实现。问题是这 11 个 $\phi6.5mm\pm0.1mm$ 管嘴圆柱孔的轴线是垂直于分流管主体的梯形两侧腰，并且分流管脱模后还需用手取出。

③ 结论　由于难以实现 11 个 $\phi6.5mm\pm0.1mm$ 管嘴圆柱孔的斜向抽芯，这是应该坚决舍弃的方案，也是将会导致注塑模结构失败的方案。

（3）分流管注塑模结构方案之三

如图 7-13 所示，该方案是将分流管弯舌状凹面朝左、凸面朝右边的竖立式放置；动模内的型腔以弧形线加折线组成的分型面为左、右方向的抽芯；其前、后方向斜向抽芯是为了成型分流管前 6 后 5 共 11 个管嘴 $\phi6.5mm\pm0.1mm$ 的圆柱孔；将分流管在成型其弯舌内腔的型芯上进行抽芯兼脱模，采用了向下方向作弧形运动抽芯兼脱模机构；注塑模的点浇口可设置在上端双圆弧形面的顶端上。

① 方案的优点　分型面的选取正确无误，有效地避免了分型面在管嘴处抽芯时所产生的暗角形式"障碍体"；动模左、右的抽芯成型可获得分流管正确的外形；动模前、后的抽芯成型可获得分流管 11 个 $\phi6.5mm\pm0.1mm$ 的管嘴圆柱孔；以分流管弯舌内腔成型的型芯为抽芯兼脱模机构，既可成型分流管的内形，又可使分流管脱模时不会产生变形；注塑模抽

芯和脱模机构十分紧凑。

　　② 方案的缺点　该注塑模的闭合高度较方案一或方案二的闭合高度高出1～2倍。闭合高度高的原因主要是竖立式放置的结果，不过注塑模的闭合高度仍在设备的最大允许的闭合高度范围之内。适当降低闭合高度，还是留有余地的。

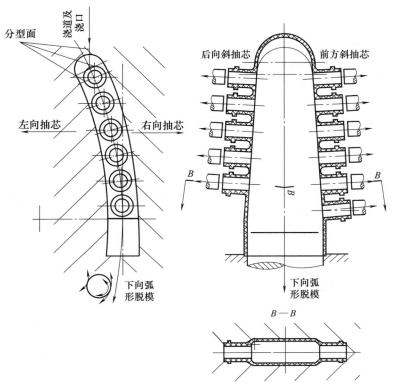

图 7-13　分流管注塑模结构方案之三

—弧形抽芯

　　（4）分流管注塑模结构最佳优化方案

　　比较上述三个方案后，显而易见，方案一存在着顶杆的面积不可能制作得太大而会将分流管顶变形，甚至有顶破的风险。再者分流管安装在服装之内，分流管圆弧形面上顶杆的痕迹会磨破衣服也是不可取的；方案二有成型分流管 11 个 $\phi 6.5\text{mm} \pm 0.1\text{mm}$ 管嘴孔的抽芯是上、下斜向抽芯的动作难以实现的问题，方案二肯定是不能使用。那么，只有方案三才能确保分流管内、外形的正确成型和脱模不变形，方案三的唯一不足是闭合高度高了一些，但还是在注射机最大允许的范围之内。故通过对上述三个方案比较后，方案三是合理和正确的选择。

7.3.3　注塑模的浇注系统分析和设计

　　注塑模的浇注系统设计是影响分流管能否成型的问题，还会影响分流管的成型变形和成型加工缺陷的问题。

　　如图 7-14（a）所示，该注塑模的浇注系统由直流道 2、拉料结 3 和点浇口 4 组成，点浇口 4 所留下的痕迹很小，可使得分流管外形美观。直流道是在浇道套中加工而成，为了使注塑后所形成直流道的冷凝料，能够随着动模开模运动将其拉出浇道套锥孔，即脱浇口冷凝料采用拉料结的形式。一般直流道应制成锥度为 $2°\sim4°$ 锥孔，表面粗糙度 $Ra=0.4\mu m$。拉料结 3 和点浇口 4 分别设置在左、右滑块上。当分流管注射结束后，动、定模的开模运动既可将浇道套中的冷凝料拉出来；又可随着左、右滑块的抽芯运动与分流管一起脱模。左、右滑块上点浇口 4 是高温和高压的熔体进入注塑模型腔的入口，点浇口 4 又会使进入注塑模型腔熔体的温度进一步提高而改善其流动性；分流管上点浇口 4 所遗留的痕迹很小。拉料结 3 是为拉出浇道套中的冷凝料而设置的，若每次注射结束后，不将冷凝料拉出浇道套，浇道套中的直流道就会被冷凝料堵塞，不能进行下一次注射。这种浇注系统形式的设计省去了冷凝料的拉料杆，同时也无法设置拉料杆。点浇口 4 应设置在分流管双曲面最高的母线处，才可避开暗角形式"障碍体"的影响。但千万不能设置在分流管中心弧形线处，这种设置会造成在右滑块 6 上形成暗角形式"障碍体"，影响右滑块 6 的抽芯运动。

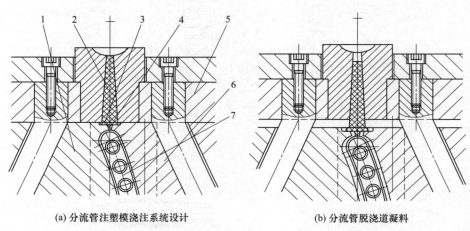

(a) 分流管注塑模浇注系统设计　　　　(b) 分流管脱浇道凝料

图 7-14　分流管注塑模浇注系统的分析和设计

1—左滑块；2—直浇道；3—拉料结；4—点浇口；5—定模板；6—右滑块；7—分型面

7.3.4　障碍体与注塑模的结构设计分析

注塑模结构与"障碍体"是密切相关的，注塑模结构会因"障碍体"的存在而具有不同的结构形式。"障碍体"是注塑模结构设计主要的要素之一，注塑模的结构设计也会因"障碍体"而使其内容变得更加丰富多彩。

（1）"障碍体"的分析

分流管共有三处"障碍体"影响着注塑模分型面的选取及点浇口位置的设置。

① 管嘴处分型面暗角形式"障碍体"处置方法　分流管注塑模分型面种类的选择如图 7-15 所示。取如图 7-15（a）所示的弯舌对称中心弧面为分型面时，分型面与左、右抽芯运动方向上存在着阻碍左、右滑块移动的暗角形式"障碍体"。如图 7-15（a）的 I 放大图所示，这种暗角形式"障碍体"是由下而上呈逐渐增大，即由 0.03mm 增至 0.5mm。如图 7-15（b）所示，这种暗角形式"障碍体"，是因为弯舌弧形状分型面与左、右抽芯运动方向之间存在的暗角形式"障碍体"。避开暗角形式"障碍体"的方法，是采用弯舌对称中心弧形线及折线所组成的分型面，如图 7-15（b）所示。另一种方法是将存在着暗角形式"障碍体"的实体修理掉，如图 7-15（c）所示。

分流管左、右两侧方向有前 6 后 5 共 11 根管嘴，其圆柱孔为 $\phi6.5mm\pm0.1mm$，管嘴

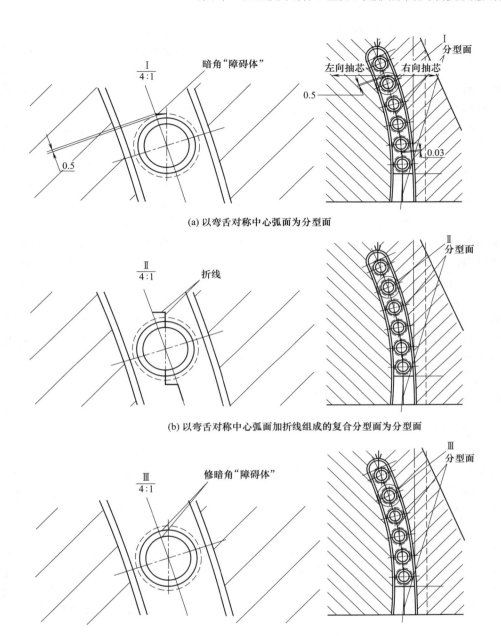

(a) 以弯舌对称中心弧面为分型面

(b) 以弯舌对称中心弧面加折线组成的复合分型面为分型面

(c) 以弯舌对称中心弧面和修去暗角形式"障碍体"为分型面

图 7-15　"障碍体"与分型面的选择

外端的台阶圆为 $\phi 8.5\text{mm}\pm 0.1\text{mm}$，台阶圆也是分型面处的凸台式"障碍体"，因采用对开抽芯的注塑模结构，才避免了凸台式"障碍体"的阻挡作用。

②　点浇口处暗角形式"障碍体"处置方法　点浇口若设在弯舌对称中心弧面上也会形成暗角"障碍体"，影响分流管的分型；为避免点浇口在左、右模抽芯时的暗角形式"障碍体"影响，可将点浇口设置在分流管最高母线处。

（2）"障碍体"体与分型面的设计

分流管注塑模分型面设置在左、右滑块之间，是为了避开图 7-15（a）中的暗角"障碍体"，将分型面设计成弯舌对称的中心弧形线加折线所组成的分型面，这种分型面虽然成功地避开了暗角"障碍体"，但经过线切割加工的两个分型面很难做到一致，只要存在着间隙，就会在注射时产生溢漏而产生毛刺的现象。将分型面设计成如图 7-15（c）所示的经过修理后的弯舌对称中心弧面的分型面，即为了避开暗角"障碍体"，可将"障碍体"修理掉。因为这些管嘴是与软管相连接，还需用绳子将管嘴和软管捆扎紧，所以存在着一定的管嘴圆柱度精度是允许的。这种分型面的加工简单，又不影响使用；既避开了暗角形式"障碍体"的影响，又较弯舌对称中心弧形线加折线所组成的分型面更为简单。

7.3.5　障碍体与抽芯机构的设计

分流管注塑模分型面上的六个管嘴处存在 0.03～0.5mm 的暗角形式"障碍体"，如图7-15（a）所示。这些暗角"障碍体"会严重地影响分流管注塑模左、右方向的抽芯。只有采用如图 7-15（c）所示的经过修理后的弯舌对称中心弧面的分型面，才能有效地避让暗角形式"障碍体"对抽芯的影响。11 个管嘴的台阶实际上也是凸台式"障碍体"，这些凸台式"障碍体"可以弯舌对称中心弧面为分型面进行避让。为了能使 11 个管嘴的圆柱孔与弯舌状内腔的连接处不产生毛刺，在分流管脱模之后，弯舌状的型芯需先复位，11 个管嘴孔的成型销再插入弯舌状的型芯之内；反之，先进行 11 个管嘴圆柱孔的成型销的抽芯，再进行分流管弯舌状型芯的抽芯兼脱模。脱模和抽芯的运动要十分精准，运动先后要有序进行；否则，将会产生管嘴圆柱孔的成型销的抽芯与弯舌状型芯的抽芯兼脱模运动干涉现象。如此，注塑模采用了前、后两处抽芯和左、右两处抽芯，四处抽芯使得成型分流管四面的型腔全都敞开，分流管只能是滞留在弯舌状的型芯上。

7.3.6　障碍体与脱模机构的设计

由于分流管的弯舌状的内腔是圆弧形状，若分流管的脱模是沿着注塑模的开、闭模方向，则在分流管的开、闭模方向上，弯舌的内、外圆弧面处也存在着弓形高"障碍体"，分流管的脱模就不可能顺利地进行。现采用齿条、齿轮与扇形齿条兼弯舌状型芯组成的弧形抽芯兼分流管脱模的传动机构，可使弯舌状型芯进行弧形的抽芯兼分流管的脱模运动。分流管注塑模的脱模机构如图 7-16 所示。机床的顶杆推动着推板 13、安装板 12 和直齿条 8 的移动，直齿条 8 带动着齿轮 9 顺时针转动，齿轮 9 又带动着扇形齿条兼弯舌状型芯 7 顺时针转动，从而在动模板 28 对分流管的底端面 100％支撑作用下，使得扇形齿条兼弯舌状型芯 7从分流管型腔内完成抽芯兼分流管的脱模。由于动模板对分流管底端面 100％支撑作用，分流管的脱模不会产生任何变形。在左滑块 5、右滑块 6 和前、后滑块 17 的分流管成型面上需要制作出皮纹。

7.3.7　分流管注塑模的结构设计

分流管注塑模结构如图 7-16 所示。

① 分流管注塑模抽芯机构的设计。左、右抽芯运动可完成以分流管弯舌对称中心弧形线加折线所组成分型面的抽芯，前、后斜抽芯运动可完成分流管前 6 后 5 共 11 个管嘴 $\phi 6.5mm \pm 0.1mm$ 圆柱孔圆型芯 18 的斜向抽芯。

② 分流管型腔抽芯兼脱模机构的设计。直齿条 8、齿轮 9 和扇形齿条兼弯舌状型芯 7 组成的抽芯兼脱模机构，可完成分流管的抽芯兼注塑件的脱模，从而有效避让了对暗角"障碍体"抽芯、11 个管嘴的斜向抽芯和分流管脱模的影响。

③ 降低注塑模闭合高度的措施。为了减少注塑模的闭合高度，采用齿轮 9 埋入动模垫

板 29 之内及扇形齿条兼弯舌状型芯 7 抽芯时可以穿入安装板 12、推板 13 和垫板 14 之内。

④ 脱浇口冷凝料的措施。采用点浇口和拉料结，省去用拉料杆拉出主浇道中料把的结构，实际上该注塑模结构也无法设置拉料杆。

⑤ 分流管型腔抽芯兼脱模机构的复位。扇形齿条兼弯舌状型芯 7 的精确回位是靠回程杆 25 复位实现的。

7.3.8　注塑模刚性和强度的计算

如图 7-16 所示，分流管注塑模动模垫板 29 和左、右斜导柱 4 及前、后斜导柱 16 的刚性和强度的计算，是为了控制它们的变形量。以保证熔体在填充过程中不产生溢料飞边及保证产品的壁厚尺寸，并保证分流管能够顺利脱模。对注塑模刚性和强度的校核应取受力最大，刚性和强度最薄弱的环节进行校核。分流管左、右方向的投影展开面积大，所受到的作用力也最大，为防止分流管产生溢料飞边及保证产品的壁厚尺寸，应该加装楔紧块 15 楔紧左滑块 5 和右滑块 6。

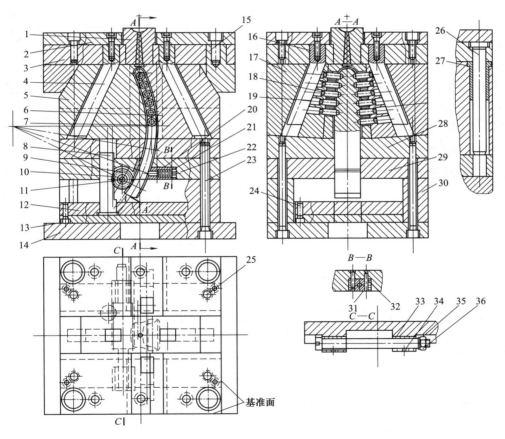

图 7-16　分流管注塑模

1—浇套道；2—定模垫板；3—定模板；4—左、右斜导柱；5—左滑块；6—右滑块；7—扇形齿条兼弯舌状型芯；8—直齿条；9—齿轮；10—轴；11—限位板；12—安装板；13—推板；14—垫板；15—楔紧块；16—前、后斜导柱；17—前、后滑块；18—圆型芯；19—圆柱销；20—限位销；21—弹簧；22—螺塞；23—长内六角螺钉；24—内六角螺钉；25—回程杆；26—导柱；27—导套；28—动模板；29—动模垫板；30—模脚；31—套筒；32—沉头螺钉；33—圆柱头；34—止动螺钉；35—弹簧垫圈；36—六角螺母分流管是一种典型的具有多处"障碍体"与侧面多个斜向"型孔"以及有"外观"要求的注塑件，另外又是容易产生"变形"的弯舌状型腔的薄壁注塑件。只要能把握好分流管的性能、材料和用途，捕捉到注塑件形状特征、尺寸精度和分流管形体分析的"六要素"，便可以寻找到注塑件成型的规律性，也就不难确定分流管注塑模的工作原理和结构。应用注塑模结构方案可行性"三种分析方法"，就是解决注塑模结构方案可行性分析的万能工具和钥匙。由于分流管在注塑模中有三种摆放的位置，因此，就存在着三种注塑模结构的方案。而三种方案只有一种结构方案是最佳优化方案，只有通过最佳优化方案的分析与论证才能够找到，否则，所制订的方案有可能是失败的方案，如出现这情况，其代价就太大了。"六要素"和"三种分析方法"可用于所有各种类型的型腔模结构方案可行性分析和论证之中。

7.4　带螺纹孔的扇形三通接头注塑模结构设计

左右扇形三通接头，是一种上端具有"螺孔"与"型孔"、下端和侧向具有多种形式"型孔"的扇形圆柱"形状""特大批量"要素注塑件。通过对扇形三通接头形体分析和注塑模结构方案的可行性分析，制订出了采用液压油缸超前脱螺孔和液压油缸超前侧向抽芯，滞后扇形三通接头外形分型与脱模的注塑模方案；左右扇形三通接头外形和 $2\times\phi4.2$mm 型孔，采用了斜导柱滑块分型与抽芯；扇形三通接头还采用了推管脱模兼下端型孔抽芯的措施；设置成四组左右扇形三通接头成型的注塑模结构。并采用了完善的注塑模温控系统和浇注系统的设计，从而使得扇形三通接头注塑模具备了多组高效自动化加工的能力，确保了左右扇形三通接头高质量、大批量的生产。

7.4.1　扇形三通接头形体分析

左右扇形三通接头如图 7-17 所示。扇形三通接头为圆柱扇形，上端有 M8mm×0.75mm-6H 螺孔和 $\phi10.2$mm 与 $\phi5$mm 型孔；下端有 $\phi18.3$mm、$\phi16.4$mm 和 $\phi15.1$mm 型孔；侧端有 $\phi18.3$mm 和 $\phi15.1$mm 型孔；$2\times\phi4.2$mm 型孔贯穿了 $2\times\phi18.3$mm 型孔。侧向与下端圆柱体为 $2\times\phi21.6$mm，两者相交呈 45°角。

扇形三通接头形体分析：呈圆柱形状的扇形三通接头，具有弓形高和凸台"障碍体"。如此，需要以Ⅰ—Ⅰ为分型面，才能对扇形三通接头注塑模进行分型来避开"障碍体"对制品脱模的阻挡作用；在扇形三通接头脱模之前，需要先进行成型 M8mm×0.75mm-6H 螺孔型芯的脱螺孔；侧向型孔型芯的抽芯；下端型孔可利用固定的型芯成型，并利用推管脱模；利用分型面Ⅰ—Ⅰ的开启和闭合，$2\times\phi4.2$mm 型孔可利用安装在Ⅰ—Ⅰ为分型面型芯进行该孔的成型和抽芯。由于扇形三通接头为特大批量，注塑模要能够同时成型加工多组左右扇形三通接头。

7.4.2　扇形三通接头注塑模结构方案可行性分析

扇形三通接头在注塑模中成型加工的摆放位置，有竖直正置摆放、竖直倒置摆放、平置摆放和侧立摆放四种位置，如图 7-18 所示。

① 竖直正置摆放位置　如图 7-18（a）所示，为螺孔朝上的竖直摆放。注塑模的闭合，斜滑块抽芯机构可完成多组扇形三通接头外形的成型和分型运动。上端螺孔可以先采用液压油缸齿条和齿轮系传动进行脱螺孔；接着进行注塑模动模的开启，以Ⅰ—Ⅰ为分型面，由斜滑块抽芯机构完成多组扇形三通接头外形和 $2\times\phi4.2$mm 型孔的抽芯，可以实现多组扇形三通接头外形的成型和分型运动；侧向型孔采用液压油缸抽芯机构进行抽芯和成型；下端型孔

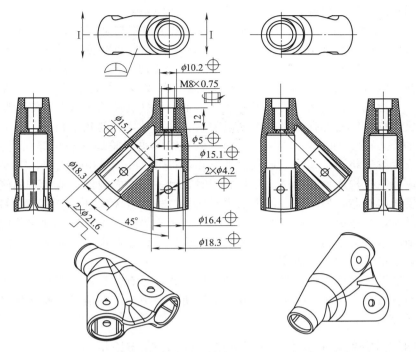

图 7-17　扇形三通接头及其形体分析

⎍—凸台形式"障碍体"要素；⊃—弓形高"障碍体"要素；⊕—型孔要素；⊟—脱螺孔要素

可以采用底板上固定型芯成型；扇形三通接头的脱模，可以通过下端型孔型芯中的推管脱模；在Ⅰ—Ⅰ分型面之间制作浇注系统。脱螺孔运动和侧向抽芯运动均采用油缸液压进行，油缸液压应具有超前和滞后运动的可操作性。这是因为脱螺孔运动和侧向抽芯要超前Ⅰ—Ⅰ分型面分型运动，滞后推管复位运动。

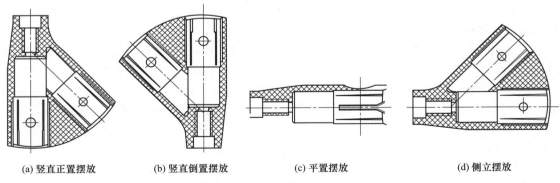

(a) 竖直正置摆放　　(b) 竖直倒置摆放　　(c) 平置摆放　　(d) 侧立摆放

图 7-18　扇形三通接头在注塑模中摆放形式及其模具结构方案分析

②　**竖直倒置摆放位置**　如图 7-18（b）所示，为螺孔朝下的竖直摆放，即是 φ18.3mm、φ16.4mm 和 φ15.1mm 型孔朝上摆放。采用液压齿条与齿轮系传动脱螺孔兼脱模机构；上端型孔安装在定模部分，可以利用注塑模的开闭模运动，完成扇形三通接头上端型孔型芯的抽芯和复位；这样可以省去注塑模脱模机构，并且上端型孔的抽芯和复位构件也简单了。由于侧向斜孔的斜向定模抽芯机构是朝上布置，并且长度过长，造成无法进行定模斜向抽芯，

故这种竖直倒置摆放注塑模方案是错误方案，应该删除。

③ 平置摆放位置　如图 7-18（c）所示，该方案可以根据动定模开启和闭合，用于解决扇形三通接头外形成型和分型，以及 $2 \times \phi 4.2 \mathrm{mm}$ 型孔成型和抽芯。可利用齿条和齿轮传动解决脱螺孔；采用斜导柱滑块或液压油缸抽芯机构，解决 $\phi 18.3 \mathrm{mm}$、$\phi 16.4 \mathrm{mm}$ 和 $\phi 15.1 \mathrm{mm}$ 型孔和斜向型孔的抽芯。但该方案只能一次成型一组左右扇形三通接头，成型加工效率较低，不适应大批量制品的加工。另外，不容易处理超前脱螺孔和滞后脱螺孔复位运动。平置摆放位置可以是螺孔朝左，也可以朝右，这两种摆放的效果相同。

④ 侧立摆放位置　如图 7-18（d）所示，该方案解决了脱螺孔和与螺孔同轴型孔抽芯，与平置摆放位置方案相同。扇形三通接头外形和 $2 \times \phi 4.2 \mathrm{mm}$ 型孔的成型，需要采用斜导柱滑块或斜滑块抽芯机构成型和抽芯。只是要同时成型一组左右扇形三通接头的侧向斜孔，需要一侧为定模斜向抽芯，另一件一侧为动模斜向抽芯，并且无法进行定模斜向斜孔抽芯。由于抽芯距离过长，会造成闭合高度过高，且浇道过长。另外，不容易处理超前脱螺孔和滞后螺孔复位运动。该方案结构复杂，并且只能一次成型一组左右扇形三通接头。故这种侧立摆放注塑模方案是错误方案，应该删除。

比较左右扇形三通接头在注塑模中四种摆放方案，只有竖直正置摆放位置可以同时加工多组左右扇形三通接头。从大批量制品成型加工角度考虑，左右扇形三通接头采用竖直正置摆放位置方案为宜。

7.4.3　扇形三通接头注塑模相关机构的结构分析与论证

注塑模为一次能成型四组左右扇形三通接头，根据左右扇形三通接头注塑模结构方案可行性分析的结论，采用竖直正置摆放位置方案，为了适应大批量左右扇形三通接头生产，各机构需要能实现高度自动化运作。为了能解决注塑模结构方案的可行性，需要对注塑模脱螺孔机构、扇形三通接头外形和 $2 \times \phi 4.2 \mathrm{mm}$ 型孔的成型和抽芯机构、侧向型孔抽芯机构和制品脱模机构的结构进行分析和论证。

（1）脱螺纹孔机构的可行性分析和论证

脱螺纹孔机构如图 7-19 所示。液压油缸 1 安装在两定模垫板之间的侧面，齿条 2 以四块导向板 6 进行导向，齿轮型芯 3 安装在螺纹衬套 7 和衬套 8 之间，小齿轮 4 和大齿轮 5 安装在两定模垫板之间。

① 脱螺孔机构的复位运动　如图 7-19（a）所示，HOB-40×100 型液压油缸 1 带动齿条 2 向右作直线移动 v_{CTZ}，齿条 2 带动小齿轮 4 和安装在同轴上的大齿轮 5 作逆时针转动，大齿轮 5 又带动四个齿轮型芯 3 顺时针转动，再使得四个齿轮型芯 3 沿着螺纹衬套 7 的 M16×0.75-6H 螺孔向下移动 v_{CL3Z} 大于 12mm 距离后，即可完成齿轮型芯 3 的脱螺孔复位运动。

② 脱螺孔机构的脱螺孔运动　如图 7-19（b）所示，HOB-40×100 液压油缸 1 带动齿条 2 向左作直线移动 v_{CTZ}，齿条 2 带动小齿轮 4 和安装在同轴上的大齿轮 5 作顺时针转动，大齿轮 5 又带动四个齿轮型芯 3 逆时针转动 v_{CL3S}。然后，使四个齿轮型芯 3 沿着螺纹衬套 7 的 M16×0.75-6H 螺孔向上移动大于 12mm 距离后，即可完成齿轮型芯 3 的脱螺孔运动。

螺孔脱模运动需要在动模开启之前完成，否则注塑模开启会将螺孔的齿拉掉。螺孔脱模复位运动，则应在动模闭合后进行。

（2）扇形三通接头外形和 $2 \times \phi 4.2 \mathrm{mm}$ 型孔的成型与分型

如图 7-20 所示，为了防止斜导柱 2 位移，斜导柱 2 底面均安装有硬度较高的垫块 1。由于扇形三通接头两侧面积较大，为了防止大注射力使得斜导柱 2 产生弯翘变形，从而影响扇形三通接头成型后的尺寸，在左右滑块 3 的旁边装有楔紧块 4。

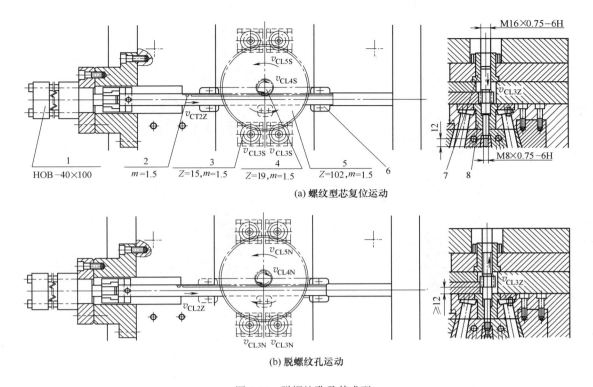

(a) 螺纹型芯复位运动

(b) 脱螺纹孔运动

图 7-19　脱螺纹孔及其成型

1—液压油缸；2—齿条；3—齿轮型芯；4—小齿轮；5—大齿轮；6—导向板；7—螺纹衬套；8—衬套；v_{CT2Z}—齿条 2 直
线运动；v_{CL3S}—齿轮型芯 3 顺时针转动；v_{CL3N}—齿轮型芯 3 逆时针转动；v_{CLAN}—小齿轮 4 逆时针转动；
v_{CL4S}—小齿轮 4 顺时针转动；v_{CL5N}—大齿轮 5 逆时针转动；v_{CL5S}—大齿轮 5 顺时针转动；v_{CL3Z}—齿轮型芯直线运动

① 扇形三通接头的成型　如图 7-20（a）所示，注塑模闭模时，两斜导柱 2 插入左右滑块 3 斜孔中，迫使左右滑块 3 闭合形成扇形三通接头外形的型腔，只要塑料熔体进入型腔，即可成型扇形三通接头的外形，为了防止斜导柱 2 外张，而用楔紧块 4 楔紧左右滑块 3。

② 成型扇形三通接头左右滑块的开启　如图 7-20（b）所示，注塑模开启时，斜导柱 2 和楔紧块 4 离开左右滑块 3。斜导柱 2 便可迫使左右滑块 3 在 T 形槽中向左右开启，以腾出足够的空间，让脱模机构将扇形三通接头顶脱注塑模型腔。

由于在扇形三通接头分型之前，已经进行了脱螺孔和侧向斜孔型芯的抽芯，成型螺孔的型芯和侧向斜型芯不会成为扇形三通接头脱模障碍体，使得扇形三通接头能顺利进行脱模。脱螺孔的型芯和侧向斜孔型芯抽芯应滞后下端型孔的型芯复位，不会出现多处脱螺孔和型孔抽芯运动干涉的现象。

（3）扇形三通接头的脱模

如图 7-21 所示，在三通接头脱螺孔和侧向斜孔型芯抽芯，注塑模开启时，实现三通接头外形和 $2\times\phi4.2mm$ 型孔型芯的分型和抽芯之后，便可以进行三通接头的脱模。

① 扇形三通接头待脱模状态　螺孔型芯 1 和侧向斜孔型芯复位后，注塑模合模在斜导柱作用下左右滑块 2 复位和脱模机构复位。塑料熔体充模，经保压补塑冷却硬化后，扇形三通接头处于待脱模状态，如图 7-21（a）所示。

② 扇形三通接头脱模状态　如图 7-21（b）所示，扇形三通接头脱螺孔与注塑模开启及左右滑块 2 抽芯之后，内型芯 3 是固定在动模板 6 中不动的。在注射机顶杆作用下，安装在

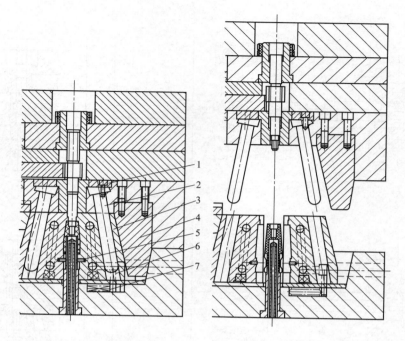

(a) 扇形三通接头外形成型　　　　　　(b) 扇形三通接头外形抽芯

图 7-20　扇形三通接头外形与 $2\times\phi4.2$mm 型孔抽芯机构

1—垫块；2—斜导柱；3—左右滑块；4—楔紧块；5—小圆型芯；6—圆柱销；7—弹簧

推板 7 与安装板 8 之间的推管 4 作直线运动，将扇形三通接头顶离内型芯 3，以实现扇形三通接头脱模。

③ 注塑模冷却系统的设计　如图 7-21（b）所示，水管 5 用于注入冷却水，O 形密封圈 9 用于防止水的渗漏。

④ 脱模系统的复位　如图 7-21 所示，推管 4、推板 7 和安装板 8 的回位是依靠注塑模

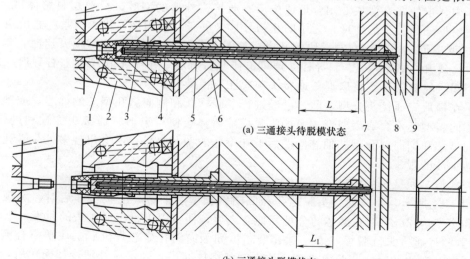

(a) 三通接头待脱模状态

(b) 三通接头脱模状态

图 7-21　扇形三通接头脱模机构

1—螺孔型芯；2—左右滑块；3—内型芯；4—推管；5—水管；6—动模板；7—推板；8—安装板；9—O 形密封圈

合模时支承杆 27 上弹簧 28 的推动实现的，如图 7-22 所示。

（4）扇形三通接头侧向型孔的抽芯

如图 7-22 的 $A—A$ 剖视图所示，通过 HOB-40×50 型液压油缸将侧型芯 10、套筒 12 和水嘴 13 对侧向型孔进行抽芯。由于侧向型孔需要与下端型孔贯通，要求侧型芯 10 与内型芯 26 贴合。否则，侧向型孔与下端型孔便会存在飞边难以去除。同时，为了防止侧型芯 10 与内型芯 26 发生碰撞，侧型芯 10 应先于内型芯 26 抽芯，滞后内型芯 26 复位。

7.4.4 扇形三通接头注塑模结构设计

如图 7-22 所示，在解决了超前脱螺孔和侧向斜孔型芯抽芯，并解决了三通接头外形和 2×ϕ4.2mm 型孔型芯的分型和抽芯及脱模等问题后，还应该就扇形三通接头大批量问题，确定设计注塑模的型腔数量。考虑浇注系统的设计，本注塑模采用可同时成型四组左右扇形三通接头的结构。

① 扇形三通接头脱螺孔机构的设计　由 HOB-40×100 型液压油缸 15、$m=1.5$mm 齿条 31、$Z=15$、$m=1.5$mm 齿轮螺纹型芯 7，$Z=19$，$m=1.5$mm 小齿轮 29，$Z=102$，$m=1.5$mm 大齿轮 30 和 M16mm×0.75mm-6H 螺孔下衬套 6 组成，齿条 31 安装在四块导向块 32 槽中。

② 侧向斜孔型芯抽芯机构　由侧型芯 10、支撑块 11、套筒 12、水嘴 13 和 HOB-40×50 液压油缸 14 组成，水嘴 13 分成进水和出水两种水嘴。

③ 扇形三通接头外形和 2×ϕ4.2mm 型孔型芯的分型和抽芯机构　由左右滑块 40、小圆型芯 47、斜导柱垫块 41、斜导柱 42、楔紧块 33 和双面楔紧块 45 组成。

④ 扇形三通接头脱模和复位机构　脱模机构由安装板 19、导柱 20、推板 21、推管 22、内型芯 26 组成，脱模机构的复位由支承杆 27 和弹簧 28 组成。

⑤ 浇注系统的设计　如图 7-22 的 $B—B$ 视图所示，由于增加了垫板 2 和垫板 3，导致浇口距离和分流道距离过长，需要采用衬套 37 和浇口套 38 深埋形式的浇注系统。大衬套 39 是与注射机定模板的注塑模定位孔连接之用。如图 7-22 的 C 向视图所示，分流道是由两分流道构成，每一分流道再次分成两分流道，通过垂直分流道、水平分流道和侧浇口进入同组左右注塑模型腔。左右滑块 40 抽芯时，浇注系统的冷凝料会随同扇形三通接头一起脱模，故可省去脱浇口料结构。

⑥ 温控系统的设计　由于注塑模同时成型四组共八个左右扇形三通接头，为了保证注塑模温度的均匀性，需要设置温控系统。注塑模的型腔部分、下端型孔型芯中和侧向斜孔型芯中都应该设置冷却水的进水和出水通道，通道转角处装有螺塞，进水和出水口还装有水嘴 13。水管 23 与模板连接处还装有 O 形密封圈 24，以防水的渗漏。

⑦ 多种运动程序的控制　这种带液压油缸的注塑模需要使用具有液压类型的注射机，利用设备的计算机设置自动控制程序并严格控制扇形三通接头加工工艺参数和机构运动编制的程序。

扇形三通接头运动程序：脱螺孔和侧向斜孔型芯抽芯运动→注塑模开模与左右滑块抽芯运动→注塑模脱模和脱模机构复位运动→注塑模闭模与左右滑块复位运动→脱螺孔和侧向型孔复位运动。

⑧ 模架的选取　模架采用国标 GB/T 12555—2006 中 A 型，因为要安装液压油缸 15 脱螺孔传动系统，在定模垫板 1 与定模板 4 之间，需要增加垫板 2 和垫板 3。

在注塑模主要结构设计确定之后，还需要注意其余机构和构件的设计，如限位块、限位螺钉和滑块限位机构的设计，上述机构和构件的设计叙述省略。

扇形三通接头注塑模，通过了对液压油缸超前脱螺孔机构，侧向斜孔型芯液压油缸超前

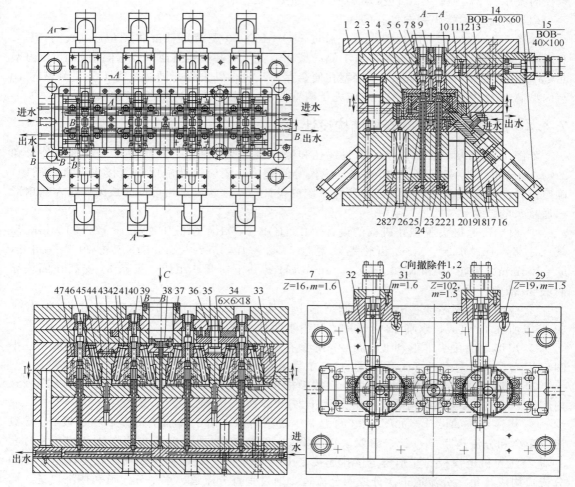

图 7-22　扇形三通接头注塑模

1—定模垫板；2,3—垫板；4—定模板；5—动模板；6—下衬套；7—齿轮螺纹型芯；8—圆螺母；9—上衬套；
10—侧型芯；11—支撑块；12—套筒；13—水嘴；14,15—液压油缸；16—垫块；17—动模垫板；18—底板；
19—安装板；20—导柱；21—推板；22—推管；23—水管；24—O形密封圈；25—定位块；26—内型芯；
27—支承杆；28—弹簧；29—小齿轮；30—大齿轮；31—齿条；32—导向块；33—楔紧块；
34—键；35—轴承；36—齿轮轴；37—衬套；38—浇口套；39—大衬套；40—左右滑块；41—斜导柱垫板；
42—斜导柱；43—垫板；44—限位块；45—双面楔紧块；46—限位螺钉；47—小圆型芯

抽芯机构，扇形三通接头外形和 $2 \times \phi 4.2mm$ 型孔型芯斜导柱滑块成型与抽芯及推管脱模机构的设计，并对各种机构运动的顺序进行合理的安排，从而实现了注塑模各个机构运动协调有序的进行，确保了四组左右扇形三通接头高效顺利成型和加工。该注塑模的结构，可以对类似塑料制品注塑模结构设计提供参考作用。

本章通过对内外光栅注塑模设计和分流管注塑模设计案例，介绍了一些薄壁注塑件如何解决变形和错位注塑模结构设计的方法和技巧。通过分流管和扇形三通接头注塑模的设计案例，详细介绍了对于多种注塑模方案，如何进行注塑模结构最佳优化方案的分析与论证，如何避免使用注塑模失败和复杂可行性的方案。这些注塑模设计案例，也是注塑件障碍体、型孔、变形和外观综合要素应用的案例。

第**8**章

注塑模结构最佳优化可行性方案的应用

注塑模的结构一般具有多种的方案，有错误的方案，有复杂的方案，还有既能够达到顺利地成型加工注塑件，又是结构相对简单的方案，简称最佳优化方案。通过对各种注塑模结构方案的分析和比较，就能够找出最佳优化结构方案。最佳优化结构方案判断标准：第一是能够获得最优注塑件成型加工的质量和加工效率；第二是具有较简单的注塑模结构；第三是便于注塑模构件的加工和装配及较低成本。

8.1 三通接头在注塑模中竖直摆放位置注塑模设计

三通接头是一种具有多种"型孔""型槽""锥孔""外螺纹"和"螺孔"要素，且具有两种正交相贯穿锥孔的注塑件。通过正确地选择三通接头在注塑模中竖直摆放的位置，采用了斜滑块抽芯机构和链轮与链条脱螺孔机构，以及具有时间差的两种正交相贯穿锥孔抽芯机构。实现了成型三通接头外形和外螺纹的成型加工；实现了对多种型孔、型槽、锥孔的抽芯和复位，螺孔的脱模（兼三通接头的脱模）；规避了两种正交相贯穿锥孔抽芯运动的干涉。通过三通接头注塑模方案的实施，说明了只要认真进行注塑件的形体"六要素"和注塑模结构方案的可行性分析，并能够找到正确注塑模各种执行的机构和构件，才能确保注塑模设计的正确，从而实现三通接头的顺利成型加工。

8.1.1 三通接头的材料和性能

三通接头的材料是 30％玻纤聚碳酸酯，该塑料是以聚碳酸酯为基料，玻璃纤维为增强体所制得的复合材料，简称 PC/GF。PC/GF 是一种热塑性树脂，无毒、无臭、无色至淡黄色透明的固体。其种类很多，最具实用价值的是双酚 A（$4,4'$-二羟基二苯基丙烷）型聚碳酸酯、玻璃化温度149℃，密度约 $1.2g/cm^3$。结晶熔点 $220\sim230$℃。溶于二氯甲烷和对二噁烷，稍溶于芳烃和酮等。耐盐类、酸类、脂肪烃类溶剂，但不耐碱，在甲醇中溶胀。有优异的冲击韧性，是最好的工程塑料之一。具有优良的高温电性能，耐燃自熄性。拉伸强度＞60MPa，伸长率＞60％，弯曲强度＞95MPa。介电性、耐热耐寒性和成型加工性良好，可加工成板、管、棒等型材及薄膜等，模制品的成型精度较高。可用于制造齿轮等机械零件、电气仪表零件，也可作防弹玻璃、安全头盔、防护罩、医疗器械、食品或药品包装薄膜的材料，近年来又用于塑料光导纤维的研制等。

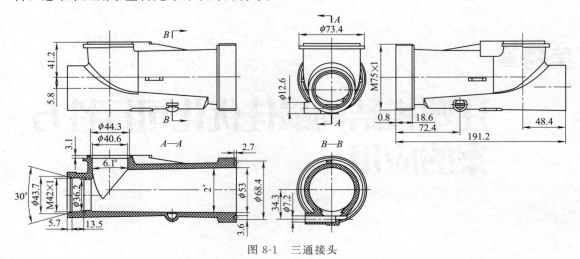

图 8-1 三通接头

8.1.2 三通接头形体六要素分析

三通接头如图 8-1 所示。大端有 M75mm×1mm 外螺纹、ϕ53mm×2° 锥孔和 ϕ68.4mm× 3.6mm× 2.7mm 型槽；小端有 M42mm × 1mm × 13.5mm 螺孔、ϕ36.2mm 型孔和 ϕ43.7mm×30°×5.7mm 锥孔；上端有 ϕ40.6mm×6.1° 锥孔和 ϕ44.3mm×3.1mm 型孔；上端 ϕ40.6mm×6.1° 锥孔与右端 ϕ53mm×2° 锥孔正交相贯穿；下端型孔 ϕ7.2mm 与外形相贯穿；外形为圆柱形状的注塑件。说明三通接头具有多种"型孔""型槽""锥孔""外螺纹"和"螺孔"要素，以及锥孔正交相贯穿的需要抽芯的"干涉"要素。

8.1.3 三通接头竖直方向摆放注塑模结构方案的可行性分析

针对所分析到的三通接头形体"六要素"，便可制订出注塑模相应采取的模具结构方案。三通接头注塑模结构方案可行性分析如图 8-2 所示。三通接头在注塑模中竖直方向摆放位置为外螺纹朝上、螺孔朝下，侧向孔朝左或朝右。外形与外螺纹可采用斜滑块抽芯机构或斜弯销滑块抽芯机构成型和抽芯，螺孔可以采用链轮与链条脱螺纹。如果是调头竖直摆放，则不能使用链轮与链条脱螺纹，这是一个注定失败的注塑模方案。

（1）解决"障碍体"要素的注塑模结构

如图 8-2 所示，对于具有圆外形与外螺纹①的弓形高"障碍体"和凸台"障碍体"的三通接头，应在三通接头Ⅰ—Ⅰ处设置分型面。可采用斜滑块抽芯机构进行成型和抽芯，具有圆外形与外螺纹①型腔的斜滑块，在斜 T 形槽或斜 V 形槽中滑动。这种斜滑块抽芯过程，使斜滑块能同时向上和向左右方向进行移动，以达到三通接头在左右滑块中成型和抽芯的目的，也可以采用斜弯销滑块抽芯机构成型和抽芯。但由于是竖直摆放三通接头的高度为 198mm，滑块高度应为 230mm。滑块在斜 T 形槽或斜 V 形槽的深度应该在 160mm 以上，目的是要防止滑块不能完全闭合而造成三通接头外形和外螺纹出现较大的斜度。因此，斜弯销滑块抽芯不如斜滑块抽芯。

（2）解决"孔槽与螺孔"要素的注塑模结构

如图 8-2 所示，对于成型 ϕ68.4mm×3.6mm×2.7mm 型槽①和 ϕ53mm×2° 锥孔①的型芯，可以利用注塑模开闭模运动完成型槽①和锥孔①的抽芯和复位；对于成型锥孔③

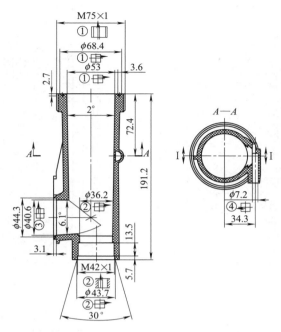

图 8-2　三通接头竖直摆放注塑模结构方案可行性分析

╒─弓形高"障碍体"要素；┌┐─凸台"障碍体"要素；⊕─型孔要素；

⊞─型槽要素；▥─螺孔要素；┄┄┄─外螺纹要素；✳─干涉要素

①—M75mm×1mm 外螺纹、φ68.4mm×3.6mm×2.7mm 型槽和 φ53mm×2° 锥孔；

②—M42mm×1mm×13.5mm 螺孔、φ36.2mm 型孔和 φ43.7mm×30°×5.7mm 锥孔；

③—φ40.6mm×6.1° 锥孔和 φ44.3mm×3.1mm 型孔；④—φ7.2mm 型孔

φ40.6mm×6.1° 的型芯，可采用斜弯销滑块抽芯机构完成锥孔③的抽芯和复位；对于成型螺孔②M42mm×1mm 和型孔②φ36.2mm 的型芯，可以采用链轮链条脱螺孔机构。对于成型型孔④φ7.2mm 的型芯，可以安装在斜滑块中，利用斜滑块左右方向的移动来完成抽芯和复位运动。

（3）解决"运动与干涉"要素注塑模结构

如图 8-2 所示，由于成型锥孔③φ40.6mm×6.1° 的型芯与成型锥孔①φ53mm×2° 的型芯相互正交贯穿。成型 φ40.6mm×6.1° 锥孔③的型芯必须先于成型 φ53mm×2° 锥孔①的型芯抽芯，后于成型 φ53mm×2° 锥孔①的型芯复位，才能避免这两种相互正交贯穿的型芯在抽芯与复位时所产生的运动干涉。

（4）解决三通接头的脱模

在利用斜 T 形槽或斜 V 形槽中斜滑块抽芯机构打开了三通接头外形和外螺纹，以及锥孔③φ40.6mm×6.1° 和锥孔①φ53mm×2° 的型芯完成抽芯之后。便可以采用链轮与链条脱螺孔，与此同时，也完成三通接头的脱模。

由此可见，对于三通接头注塑模结构方案制订的重点，应该是如何制定成型 φ40.6mm×6.1° 锥孔③型芯与成型 φ53mm×2° 锥孔①型芯的抽芯运动干涉和脱螺孔②M42mm×1mm 的措施上。

8.1.4　三通接头注塑模设计

根据对三通接头的形体"六要素"分析和注塑模结构方案可行性的分析，三通接头注塑

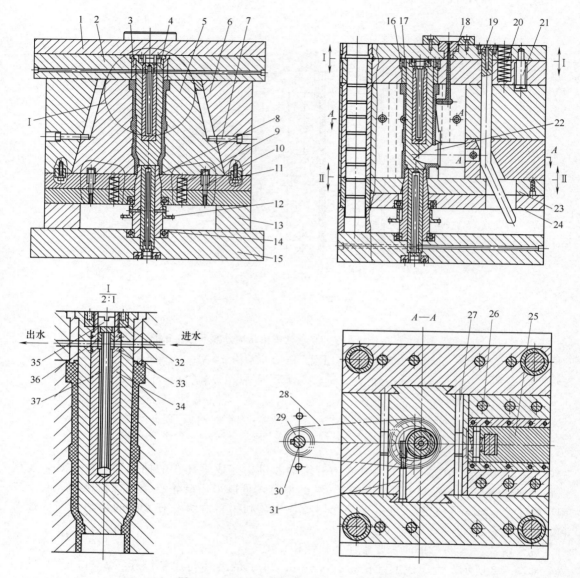

图 8-3　三通接头竖直摆放注塑模结构设计

1—定模板；2—中模板；3—型槽型芯；4—长锥孔型芯；5—斜滑块；6—斜滑块座；7—止动螺钉；8—螺孔型芯；
9—弹簧；10—下限位螺钉；11—定位块；12—大链轮；13—模脚；14—轴承；15—底板；16—圆柱销；17—紧定螺钉；
18—浇口套；19—斜弯销；20—压力弹簧；21—上限位螺钉；22—侧型芯；23—动模板；24—动模垫板；25—滑块；
26—滑槽板；27—导正销；28—链条；29—小链轮；30—轴；31—小型芯；32—螺旋；
33—O形密封圈；34—冷却基体；35—螺塞；36—基座；37—输水管

模的结构设计如图 8-3 所示。

（1）模架形式

由于成型锥孔③ϕ40.6mm×6.1°侧型芯 22 与成型锥孔①ϕ53mm×2°长锥孔型芯 4 在抽芯时会产生运动干涉，需要成型锥孔③侧型芯 22 必须先于成型锥孔①的长锥孔型芯 4 进行抽芯，后于成型锥孔①的长锥孔型芯 4 复位。于是模架采用了三模板的形式，模架是由定模板 1、中模板 2、斜滑块 5、斜滑块座 6、模脚 13、动模板 23 和动模垫板 24 组成。

（2）注塑模抽芯机构的设计

注塑模抽芯机构是指注塑模中成型三通接头上存在着多种型孔、型槽和锥孔的抽芯机构，抽芯机构可分不同类型进行设计。

① 锥孔③的抽芯和复位机构设计　如图 8-3 所示，成型锥孔③$\phi40.6$mm×6.1°的侧型芯 22，是由安装在定模板 1 中的斜弯销 19 带动安装在滑块 25 中侧型芯 22，侧型芯 22 通过圆柱销安装在滑块 25 中，它们可在由两块滑槽板 26 所组成的 T 形槽中完成锥孔③侧型芯 22 的抽芯和复位运动。

② 型槽①和锥孔①的抽芯和复位机构设计　将成型 $\phi68.4$mm×3.6mm×2.7mm 型槽①的型槽型芯 3 和成型 $\phi53$mm×2°锥孔①的长锥孔型芯 4，通过它们的圆柱体和台阶面安装在中模板 2 中，并以圆柱销 16 和紧定螺钉 17 防止它们转动和移动。利用分型面Ⅰ—Ⅰ的开闭模运动完成型槽型芯 3 和长锥孔型芯 4 的抽芯和复位。

③ 螺孔②和型孔②的成型和脱螺孔机构及三通接头脱模形式设计　成型 $\phi36.2$mm 型孔②和螺孔②M42mm×1mm 的螺孔型芯 8，可通过安装在注塑模外面的小链轮 29 和链条 28 的带动安装在螺孔型芯 8 上大链轮 12，使安装在底板 15 和动模垫板 24 上两个轴承 14 间的螺孔型芯 8 按退出螺孔②螺旋运动方向的转动。于是三通接头便产生脱螺孔运动，脱螺孔的同时也是三通接头的脱模。为了不让三通接头脱螺孔时，使三通接头与成型螺孔型芯 8 一起转动而无法脱螺孔，动模垫板 24 在弹簧 9 的作用下，使动模垫板 24 端面一直抵紧三通接头螺孔处的端面，从而实现三通接头脱螺孔。下限位螺钉 10 用于限制动模板 23 的移动距离，定位块 11 用于保证斜滑块座 6 闭模时与动模板 23 的位置。

（3）避免注塑模抽芯机构运动干涉的设计

由于锥孔③与锥孔①的相互正交贯穿，锥孔③的侧型芯 22 既要超前锥孔①的长锥孔型芯 4 进行抽芯，又要滞后锥孔①的长锥孔型芯 4 复位。那么，如何才能实现这种具有时间差的抽芯和复位运动呢？

由于模架是三模板的形式，而斜弯销 19 又是安装在定模板 1 中，注塑模开闭模时，分型面Ⅰ—Ⅰ是先于分型面Ⅱ—Ⅱ开模。在定模板 1 和中模板 2 之间安装了一定数量的压力弹簧 20 的作用下，分型面Ⅰ—Ⅰ后于分型面Ⅱ—Ⅱ闭模，上限位螺钉 21 是限制分型面Ⅰ—Ⅰ开启的距离。分型面Ⅰ—Ⅰ先开启时，斜弯销 19 带动安装在滑块 25 中侧型芯 22、滑块 25 在由两块滑槽板 26 所组成的 T 形槽中滑动，先行完成锥孔③侧型芯 22 的抽芯和成型。分型面Ⅱ—Ⅱ后开启，两斜滑块 5 的抽芯再完成三通接头外形、外螺纹和型孔④$\phi7.2$mm 小型芯 31 的抽芯和成型。由于分型面Ⅰ—Ⅰ后于分型面Ⅱ—Ⅱ闭模，成型锥孔③侧型芯 22 后于成型锥孔①长锥孔型芯 4 复位。如此安排锥孔③侧型芯 22 和锥孔①长锥孔型芯 4 抽芯和复位时间的顺序，方可规避两相贯穿锥孔的抽芯运动干涉。

（4）注塑模冷却系统的设计

30%玻璃纤维增强聚碳酸酯成型加工时，料筒温度应是 260～320℃，注塑模温度应是 80～120℃，热变形温度大约为 130℃。在连续加工过程中，注塑模温度会逐渐不断地上升，以致使注塑件产生变性和塑料出现过热炭化现象。因此，注塑模需要采用冷却系统。如图 8-3 的Ⅰ放大图所示，由于成型三通接头的外形的斜滑块 5 是可以滑动的构件，不可能安装冷却系统，能够安装冷却系统是长锥孔型芯 4 和螺孔型芯 8。水从进水口注入，经注塑模中的输水管 37、冷却基体 34 以及输水管 37 和基座 36 之间空间，从出水口将热量带走，以实现注塑模的降温。

（5）注塑模的浇注系统和脱浇口冷凝料的设计

由于注塑模为三模板的模架，浇道较长，又因定模部分只有一块定模板 1，故需要设计成带压板的浇口套 18。主浇道为偏置的直浇道，侧浇道为点浇口。为了不影响外螺纹配合，点浇口设置在外螺纹的下端处。

浇道中的冷凝料是通过分型面Ⅰ—Ⅰ的开启，从浇口套 18 脱离。然后，随着斜滑块 5 的抽芯，整个浇注系统的冷凝料随着脱模，这是因为进入型腔的是点浇口。

三通接头注塑模的设计重点是：型孔和型槽抽芯机构的设计；脱螺纹机构的设计；斜滑块抽芯机构的设计和为了避免抽芯运动干涉的两种时间差抽芯机构的设计。其他方面需要注意的是，要确保这些机构定位的准确性，抽芯距离的到位和不允许抽芯后滑块脱离滑槽的现象发生。由于该注塑模成型加工的三通接头，除了外形和外螺纹处具有分型痕迹之外，再没有其他痕迹，包括没有脱模痕迹，外形和外螺纹上还没有拔模斜度。三通接头外观漂亮，尺寸精度高。因注塑模只要一个型腔，生产效率不是太高。脱螺孔是依靠链条和链轮完成，而小链轮依靠的是注射机外的电机、减速器和控制器进行操纵，并且控制器要与设备的加工程序协调一致。如此，该注塑模结构并不复杂，但注塑模之外的传动和控制设备较为复杂。

8.2 三通接头在注塑模中平卧摆放位置的模具设计 ::::::::::

三通接头是具有多种型孔、型槽、锥孔、外螺纹和螺孔，且有两正交型孔相互贯穿的注塑件。三通接头在注塑模中动模板之间，存在着两种平卧摆放方法，都可进行注塑模的设计。通过采用 $\phi40.6mm \times 6.1°$ 锥孔具有时间差的抽芯机构，可以成功地化解两种正交相互贯穿锥孔型芯的抽芯运动干涉。即 $\phi40.6mm \times 6.1°$ 锥孔型芯超前 $\phi53mm \times 2°$ 锥孔型芯抽芯，滞后 $\phi53mm \times 2°$ 锥孔型芯复位。对于 $M42mm \times 1mm \times 13.5mm$ 螺孔和外端 $\phi43.7mm \times 30° \times 5.7mm$ 锥孔，仅能实现螺孔型芯抽芯还不够，还需要有锥孔型芯二次抽芯才能实现三通接头脱模。因此，采用螺孔型芯和锥孔型芯二次抽芯，就可以避免螺孔型芯和锥孔型芯对注三通接头脱模的阻挡作用。两相互贯穿型孔型芯采用时差抽芯，可以规避抽芯运动干涉，使得三通接头能够顺利地进行成型加工。

在现实设备、机械制造和生活中，有许多像三通接头那样，存在着两孔或多孔相交贯穿，并且存在着内外螺纹结构这样的注塑件。而螺孔为了能够与外螺纹较好地配合，一般都会设计有引导部分的型孔。对于这种注塑件的注塑模结构设计，通常对相互正交贯穿型孔型芯的抽芯，都需要考虑型芯抽芯运动干涉的问题。只有处理好型芯抽芯运动干涉的问题，注塑模才能顺利地完成相互正交贯穿型孔型芯的抽芯。

注塑件采用在注塑模中平卧摆放位置时，对于具有引导型孔的螺孔结构，不仅要考虑螺孔型芯抽芯的问题，更要考虑引导孔型芯的二次抽芯的注塑模结构，这样设计的注塑模才能顺利地进行注塑件成型加工。该案例为解决像三通接头类型注塑件的注塑模结构设计，提供了可行性的注塑模结构方案。

8.2.1 三通接头平卧摆放位置形体六要素分析

三通接头如图 8-1 所示。三通接头在注塑模中平卧位置摆放的形状"六要素"分析如图 8-4 所示。

（1）三通接头"障碍体"要素

如图 8-4 所示，三通接头是存在多种的凸台的圆柱形注塑件。

① 弓形高"障碍体"要素　三通接头是圆柱形注塑件，那么，必然存在着弓形高"障碍体"要素。

② 凸台"障碍体"要素 三通接头形体上存在着 φ12.6mm、φ73.4mm 和 M75mm×1mm 三处凸台"障碍体"要素。

（2）三通接头"孔槽与螺纹"要素

三通接头形体上存在着多种锥孔、型槽、型孔和螺纹要素。

① 锥孔要素 三通接头形体上存在着 φ43.7mm×30°、φ53mm×2°和 φ40.6mm×6°锥孔要素。

② 型孔和型槽要素 三通接头形体上存在着 φ36.2mm×13.5mm、φ44.3mm×3.1mm、φ7.2mm 型孔要素和 φ68.4mm×3.6mm×2.7mm 型槽要素。

③ 螺纹要素 三通接头形体上存在着 M75mm×1mm 外螺纹要素和 M42mm×1mm 螺孔要素。

（3）三通接头运动"干涉"要素

如图 8-4 所示，由于 φ40.6mm×6°锥孔和 φ53mm×2°相互贯穿，φ40.6mm×6°锥孔型芯和 φ53mm×2°锥孔型在抽芯和复位运动过程会发生运动干涉。

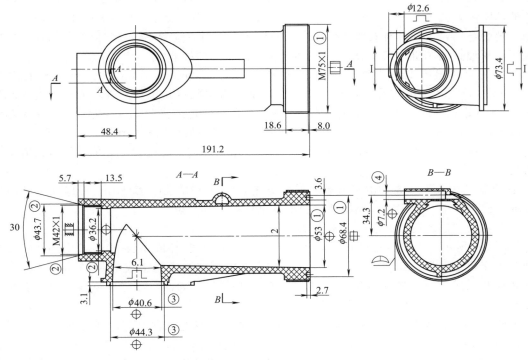

图 8-4 三通接头在注塑模中平卧位置摆放形体"六要素"分析

⊂—弓形高"障碍体"；⊓—凸台"障碍体"；⊕—型孔；⊞—型槽；

▥—螺孔；▤—外螺纹；✕—干涉；

①—M75mm×1mm 外螺纹、φ68.4mm×3.6mm×2.7mm 型槽和 φ53mm×2°锥孔；

②—M42mm×1mm×13.5mm 螺孔、φ36.2mm 型孔和 φ43.7mm×30°×5.7mm 锥孔；

③—φ40.6mm×6.1°锥孔和 φ44.3mm×3.1mm 型孔；④—φ7.2mm 型孔

8.2.2 三通接头在注塑模中平卧摆放位置模具结构方案的可行性分析

针对三通接头形体"六要素"，可制订出注塑模应采取相应的模具结构方案。在制定注塑模结构方案之前，首先是要确定注塑件在注塑模中的摆放位置和方向，三通接头在注塑模中是平卧摆放。由于内外型基本对称，区别是下端 $\phi12.6mm$ 凸台及其中的 $\phi7.2mm$ 型孔不对称。三通接头注塑模结构方案可行性分析如图 8-5 所示。

（1）解决"障碍体"要素方案

如图 8-5 所示，由于三通接头形体上具有弓形高和凸台"障碍体"要素，为了使三通接头能正常地脱模。采用左视图中的Ⅰ—Ⅰ分型面，以该分型面为中动模型腔成型三通接头的外形和外螺纹 M75mm×1mm。这样可以利用中动模型腔的开启与闭合，成型及脱三通接头。通过分型面Ⅰ—Ⅰ开启与闭合，全面地解决三通接头形体上具有弓形高和凸台"障碍体"对注塑件成型和脱模的影响。

（2）解决"孔槽与螺孔"要素方案

如图 8-5 所示，三通接头形体的"孔槽与螺孔"要素的内容较多，应该分成不同类型进行区别对待。

① 右端"型孔与型槽"要素的解决方案　右端 $\phi68.4mm×3.6mm×2.7mm$ 的型槽① 和 $\phi53mm×2°$ 锥孔①，可以采用变角斜弯销滑块抽芯机构加以解决。由于 $\phi53mm×2°$ 锥孔① 的抽芯距离要大于 $191.2-5.7-13.5=172mm$，抽芯距离长。为了减少斜弯销的长度，采用变角斜弯销，这样可有效地减少斜弯销的长度，进而可减少注塑模的面积和高度。也可以采用液压油缸抽芯机构来完成 $\phi53mm×2°$ 锥孔①型芯的抽芯。

② 左端"型孔与螺孔"要素的解决方案　左端 M42mm×1mm×13.5mm 螺孔② 及 $\phi43.7mm×30°×5.7mm$ 锥孔②，除了要采用齿条与齿轮脱螺孔机构之外，成型 $\phi43.7mm×30°×5.7mm$ 锥孔②的型芯，为了不影响三通接头的脱模，还需要脱螺机构能具有二次抽芯性质，以避开 $\phi43.7mm×30°×5.7mm$ 锥孔②型芯对三通接头脱模的阻挡作用。

③ 上端"型孔"要素的解决方案　上端 $\phi40.6mm×6.1°$ 锥孔③，可采用斜弯销滑块抽芯机构。

④ 下端"型孔"要素的解决方案　成型下端 $\phi7.2mm$ 型孔④的型芯，可以安装在中模型腔或动模型腔中，利用中动模的开启和闭合进行抽芯和复位。

（3）解决"抽芯运动干涉"要素方案

如图 8-5 所示，由于成型锥孔③ $\phi40.6mm×6.1°$ 的型芯与成型锥孔① $\phi53mm×2°$ 锥孔的型芯正交相互贯穿。成型 $\phi40.6mm×6.1°$ 锥孔③的型芯必须先于成型 $\phi53mm×2°$ 锥孔① 的型芯抽芯，滞后于成型 $\phi53mm×2°$ 锥孔① 的型芯复位。如此，才能避免这两种正交相互贯穿的型芯在抽芯与复位时所产生的运动干涉。

由此可见，三通接头注塑模结构方案制订的重点，应该是如何制定避开成型 $\phi40.6mm×6.1°$ 锥孔③型芯与成型 $\phi53mm×2°$ 锥孔①型芯的抽芯运动干涉，以及螺孔②M42mm×1mm型芯和 43.7mm×30°×5.7mm 锥孔②型芯二次抽芯的措施上。三通接头在注塑模中平卧形式的两种摆放位置，无非是 $\phi7.2mm$ 型孔④朝上还是朝下，这两种摆放形式都具有同等的注塑模结构方案的效果。

8.2.3　三通接头注塑模设计

根据对三通接头的形体"六要素"分析和注塑模结构方案可行性的分析，三通接头注塑模的结构设计如图 8-6 所示。

（1）模架形式

由于成型锥孔③ $\phi40.6mm×6.1°$ 侧型芯 27 与成型锥孔① $\phi53mm×2°$ 长锥孔型芯 5 在抽芯时会产生运动干涉，需要成型锥孔③侧型芯 27 必须先于成型锥孔①的长锥孔型芯 5 进行

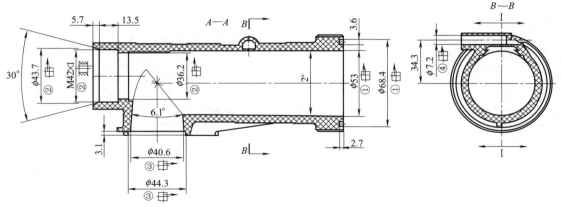

图 8-5　三通接头平卧摆放注塑模结构方案可行性分析

⊞——型孔或型槽抽芯符号；　✕——运动干涉符号；▨——螺孔抽芯符号；

▥——外螺纹抽芯符号；　⊡——型孔或型槽二次抽芯符号；

①—M75mm×1mm 外螺纹、φ68.4mm×3.6mm×2.7mm 型槽和 φ53mm×2°锥孔；

②—M42mm×1mm×13.5mm 螺孔、φ36.2mm 型孔和 φ43.7mm×30°×5.7mm 锥孔；

③—φ40.6mm×6.1°锥孔和 φ44.3mm×3.1mm 型孔；　④—φ7.2mm 型孔

抽芯，滞后成型锥孔①的长锥孔型芯 5 复位。于是模架采用了三模板的形式，模架是由定模板 32、定模垫板 33、中模板 29、中模垫板 30、动模垫板 26、动模板 40 和模脚 20 组成。

（2）注塑模抽芯机构的设计

由于注塑模的型孔、型槽、锥孔和螺孔具有多种结构形式，相应的注塑模抽芯机构的结构形式也应具有多种形式。

① 避让锥孔①与型孔③抽芯运动干涉机构的设计　如图 8-6 所示，由于锥孔①与锥孔③相互正交贯穿，锥孔①长锥孔型芯 5 与锥孔③侧型芯 27 所需要的抽芯和复位运动会产生运动干涉。成型锥孔③的侧型芯 27 必须先于成型锥孔①的长锥孔型芯 5 抽芯，后于成型锥孔①的长锥孔型芯 5 复位。

a. 锥孔①与型槽①注塑模抽芯机构的设计。如图 8-6 的 A—A 剖视图所示，安装在中模垫板 30 上的斜变角弯销 3，随着中模分型面Ⅱ—Ⅱ开启与闭合产生抽芯与复位运动。便可带动固定在动模垫板 26 上以两块长导向板 45 所组成的 T 形槽中长滑块 2 进行左右移动，从而使得槽型芯 4 和长锥孔型芯 5 产生抽芯和复位运动。楔紧块 1 是防止槽型芯 4 和长锥孔型芯 5，在较大注射压力作用下出现位移的现象。

b. 锥孔③注塑模抽芯机构的设计。如图 8-6 的 C—C 剖视图所示，安装在定模板 32 中的侧斜弯销 31 在分型面Ⅰ—Ⅰ开启和闭合时，能拨动安装在定模垫板 33 上以两块侧导向板 44 所组成 T 形槽中的侧滑块 28 和侧型芯 27 产生抽芯和复位运动。

c. 相互正交贯穿锥孔①与锥孔③时间差抽芯运动机构的设计。由于在定模板 32 与动模板 40 之间安装了弹簧 38 和限位螺钉 39，弹簧 38 是使定模板 32 与动模板 40 之间保持一定弹力，起到超前开启及滞后闭合分型面Ⅰ—Ⅰ的目的。限位螺钉 39 是限制分型面Ⅰ—Ⅰ开启的距离，防止注塑模开启时中模部分脱离导向的导柱。

侧斜弯销 31 安装在定模板 32 中，分型面Ⅰ—Ⅰ先于分型面Ⅱ—Ⅱ开启，故槽型芯 4 和长锥孔型芯 5 最先完成抽芯。由于弹簧 38 的弹力作用，又使得分型面Ⅰ—Ⅰ滞后于分型面Ⅱ—Ⅱ闭合，便使得槽型芯 4 和长锥孔型芯 5 最后完成复位运动。如此，可以达到两相互正

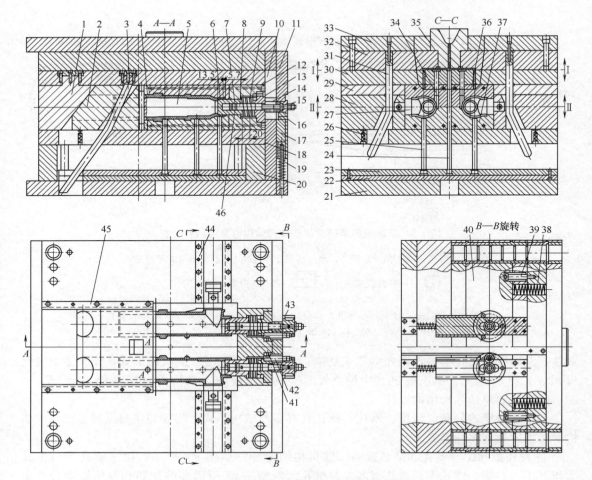

图 8-6　三通接头平卧摆放注塑模结构设计

1—楔紧块；2—长滑块；3—变角斜弯销；4—槽型芯；5—长锥孔型芯；6—螺孔型芯；7—碰珠；8—花键轴；
9,19,38,46—弹簧；10—齿条；11—压板；12—支撑块；13—套筒；14—齿轮；15—六角
螺母；16—抽芯滑块；17—拨叉；18—导向板；20—模脚；21—底板；22—推垫板；23—安装板；24—拉料杆；
25—顶杆；26—动模垫板；27—侧型芯；28—侧滑块；29—中模板；30—中模垫板；31—侧斜弯销；32—定模板；
33—定模垫板；34—小侧型芯；35—浇口套；36—中模镶件；37—动模镶件；39—限位螺钉；
40—动模板；41—止动螺钉；42—中间轴；43—中间齿轮；44—侧导向板；45—长导向板

交贯穿抽芯机构实现时间差的抽芯和复位运动，从而避免抽芯运动的干涉。

② 螺孔②与锥孔②二次抽芯机构的设计　如图 8-6 所示，由于螺孔②外端锥孔②的存在，注塑模抽芯机构需要能进行二次抽芯运动才能实现三通接头的脱模。第一次抽芯运动是让成型三通接头螺孔②的型芯 6 逆时针转动向右退出螺孔距离 13.5mm 后，再在拨叉 17 作用下使抽芯滑块 16 带动花键轴 8 和螺孔型芯 6 向右退出锥孔②的 5.7mm 距离。复位运动是先在压板 11 的作用下，抽芯滑块 16 带动花键轴 8 和螺孔型芯 6 向左移动锥孔②的 5.7mm 距离，然后在弹簧 9 的作用下再向左移动 13.5mm。

a. 螺孔②一次抽芯机构的设计。如图 8-6 的 A—A 剖视图及俯视图所示，螺孔型芯 6 以 6 条花键孔与花键轴 8 相连，花键轴 8 安装在套筒 13 中可顺逆时针转动。三通接头螺孔为右螺纹，脱螺孔时螺孔型芯 6 和花键轴 8 应逆时针转动。花键轴 8 的转动，使得螺孔型芯 6 相对花键轴 8 向右移螺纹距离 13.5mm，退出螺孔长度后，螺孔型芯 6 便停止移动。之后

再要退出锥孔②的 5.7mm 距离，便需要进行二次抽芯运动。

在套筒 13 中花键轴 8 逆时针转动，是依靠装在定模板 32 上的齿条 10 开启时的上移运动，带动安装中间轴 42 的中间齿轮 43 顺时针转动。中间齿轮 43 转动带动齿轮 14 逆时针转动，齿轮 14 的花键孔带动花键轴 8 逆时针转动，中间齿轮 43 是为了改变齿轮 14 的转向而设计的。花键轴 8 可以通过其上由碰珠 7、弹簧 46 和螺塞组成的限位机构的碰珠 7 进入螺孔型芯 6 的半球窝，带动螺孔型芯 6 作脱螺孔和复位运动。如果齿条 10 直接带动齿轮 14 转动，随着定模板 32 的开启，齿条 10 向上移动，而与之啮合的齿轮 14 则顺时针转动，不能达到右螺孔脱螺孔的目的。止动螺钉 41 是防止中间轴 42 转动和移动而设置的，至此，可实现三通接头螺孔一次抽芯。

b. 螺孔②二次抽芯机构的设计。如图 8-6 的 $A—A$ 剖视图及俯视图所示，安装在定模板 32 边上的压板 11，随着分型面 I—I 的开启上移，压板 11 便脱离了压制安装在导向板 18 中抽芯滑块 16。抽芯滑块 16 在弹簧 19 的弹力作用下向上移动，压板 11 的斜面迫使固定在花键轴 8 右端的抽芯滑块 16 向右移动大于 5.7mm。花键轴 8 的右移是通过碰珠 7 拉动螺孔型芯 6 向右移，从而实现了螺孔型芯 6 二次抽芯后以方便于三通接头的脱模。

c. 螺孔②一次复位机构的设计。如图 8-6 的 $A—A$ 剖视图及俯视图所示，在注塑模合模后，压板 11 一方面通过接触到拨叉 17 的端面，迫使拨叉 17 退出抽芯滑块 16 锥面；另一方面压板 11 的斜面迫使花键轴 8 和抽芯滑块 16 向左移动 5.7mm 距离，完成螺孔型芯 6 复位，并使碰珠 7 压缩弹簧 9 进入花键轴 8 孔中。

d. 螺孔②二次复位机构的设计。如图 8-6 的 $A—A$ 剖视图及俯视图所示，螺孔型芯 6 在套筒 13 中的弹簧 9 的作用下，使螺孔型芯 6 向左移动 13.5mm 完成二次复位，套筒 13 是安装在支撑块 12 的孔中。

③ 型孔④抽芯机构的设计　如图 8-6 的 $C—C$ 剖视图所示，安装在中模垫板 30 中的小侧型芯 34，随着分型面 II—II 的开启和闭合可完成型孔④的抽芯和复位。

（3）浇注系统和脱浇道冷凝料机构设计

由于该注塑模有两个型腔，浇注系统和脱浇道冷凝料机构设计如图 8-16 的 $C—C$ 剖视图所示。

① 浇注系统的设计　浇口套 35 制有主浇道，在定模板 32 上制有分浇道。通过中模垫板 30 和中模镶件 36，制有点浇口和分浇道，可以保证两个模腔中注入塑料熔料。

② 脱浇道料机构设计　主浇道的冷凝料是由安装在推垫板 22 和安装板 23 之间的拉料杆 24 脱浇注系统冷凝料，分浇道两侧加工有斜孔，斜孔是为了拔出点浇口和浇道冷凝料。

（4）注塑模的其他结构的设计

注塑模有导柱与导套定位导向机构；由顶杆 25、推垫板 22 和安装板 23 组成的脱模机构；回程杆与推垫板 22 和安装板 23 组成的复位机构；还有碰珠 7、弹簧和螺塞 46 组成脱螺孔机构的限位机构。由于三通接头外形在固定的中模镶件 36 和动模镶件 37 的型腔中成型，可以在它们中设置冷却系统，它们由接头、O 形密封圈、堵头和管道组成。

对于具有相互正交贯穿的型孔和螺孔端头有一定长度引导孔的三通接头类型注塑件，就必须紧紧抓住解决相互正交贯穿型孔型芯抽芯时所产生运动干涉的现象，还必须解决螺孔端头有一定长度引导孔的二次抽芯的问题。如果相互正交贯穿的型孔型芯抽芯时运动干涉的现象得不到有效的解决，抽芯机构的碰撞会使注塑模产生损坏。必须使其中一型孔成型的型芯先于另一型孔成型的型芯抽芯，滞后另一型孔成型型芯复位，即要使相互正交贯穿的型孔型芯实现具有时间差形式的抽芯运动。而对于螺孔端头有一定长度引导孔，又必须使注塑模能进行二次抽芯运动。而不能只将螺孔的长度抽芯，还余留端头引导孔的长度影响注塑件的脱模。本注塑模处理这两个问题的方法和机构，在国内为首创，能为解决类似的课题提供可行性的经验和方法。

8.3　三通接头在注塑模中侧立摆放位置模具设计

　　三通接头在注塑模中为竖直和平卧摆放的注塑模结构方案及注塑模设计，在前面已经介绍过。那么，还有三通接头在注塑模中为侧立的摆放的注塑模结构方案，又是怎样的呢？比较3种三通接头在注塑模中摆放位置注塑模结构方案，它们又具有哪些优缺点？

8.3.1　侧立摆放的三通接头形体六要素分析

　　三通接头在注塑模中为侧立摆放的位置，是圆筒形外形水平方向摆放，侧立摆放的位置又存在两种，即 φ73.4mm 凸台朝上或朝下方向的摆放。下面以 φ73.4mm 凸台朝上摆放为注塑模结构方案进行讨论。

　　如图8-7所示，圆柱形三通接头存在着：一处弓形高"障碍体"要素、三处 φ73.4mm、M75mm×1mm×18.6mm 和 φ12.6mm 凸台"障碍体"要素；一处 M75mm×1mm×18.6mm"外螺纹"要素；一处 M42mm×1mm"螺孔"要素；三处 φ53mm×2°、φ40.6mm×6° 和 φ43.7mm×30°"锥孔"要素；三处 φ36.2mm、φ44.3mm×3.1mm 和 φ7.2mm"型孔"要素，一处 φ68.4mm×3.6mm×2.7mm"型槽"要素和一处"运动干涉"要素。

　　"运动干涉"要素是因为一处 φ53mm×2°锥孔①与 φ40.6mm×6°锥孔③正交相互贯穿，锥孔①型芯与锥孔③型芯在抽芯和复位时会产生的"运动干涉"。

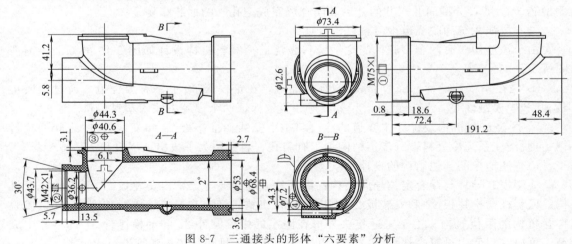

图8-7　三通接头的形体"六要素"分析

　　▷—弓形高"障碍体"；⊓—凸台"障碍体"；⊕—型孔；中—型槽；▥—螺孔；▤—外螺纹；
　　①—M75×1外螺纹、φ68.4mm×3.6mm×2.7mm 型槽和 φ53mm×2°锥孔；
　　②—M42×1×13.5mm 螺孔、φ36.2mm 型孔和 φ43.7mm×30°×5.7mm 锥孔；
　　③—φ40.6mm×6.1°锥孔和 φ44.3mm×3.1mm 型孔；④—φ7.2mm 型孔

8.3.2　三通接头在注塑模中侧立摆放模具结构方案的分析

　　三通接头在注塑模中为侧立摆放，锥孔③φ40.6mm×6.1°可以有两种摆放方向，如图

8-8所示。一是锥孔③朝上，二是锥孔③朝下，这样以三通接头侧立摆放位置为注塑模结构方案也存在两种方案。

① 锥孔①与锥孔③两型芯的时间差抽芯方案　由于三通接头的锥孔①与锥孔③正交相互贯穿，成型$\phi40.6mm\times6.1°$型孔③的型芯应该先于成型$\phi53mm\times2°$锥孔①的型芯抽芯，滞后于成型$\phi53mm\times2°$锥孔①的型芯复位。锥孔③朝上采用三模板的模架，利用分型面Ⅰ—Ⅰ和分型面Ⅱ—Ⅱ开启和闭合的先后，实现两型芯的时间差抽芯。锥孔③朝上，是能够实现两型芯的时间差抽芯的方案。

至于螺孔②和外螺纹①朝左还是朝右，都是具有同样可行性注塑模结构方案。但由于锥孔③的轴线与注塑模开闭模方向相同，可以将成型锥孔③的型芯安装在定模板中，利用两分型面开启和闭合的先后实现两型芯的时间差抽芯。

若锥孔③朝下，成型$\phi40.6mm\times6.1°$型孔③的型芯就无法实现两型芯的时间差抽芯。故锥孔③朝下位置的注塑模结构方案是必定失败的方案。

② 螺孔②与螺孔外端斜孔②的抽芯方案　由于螺孔②外端斜孔②深度的影响，螺孔②脱螺孔后还有再抽芯，以实现螺孔②外端斜孔②型芯的抽芯，可以采用三通接头平卧摆放的螺孔二次抽芯方案。

③ 三通接头外形和外螺纹①注塑模型面的开启和闭合方案　可以采用两套斜弯销滑块抽芯机构，当两滑块闭合时，便可成型三通接头外形和外螺纹①。两滑块开启时，就可以让出空间使用顶杆顶出三通接头。

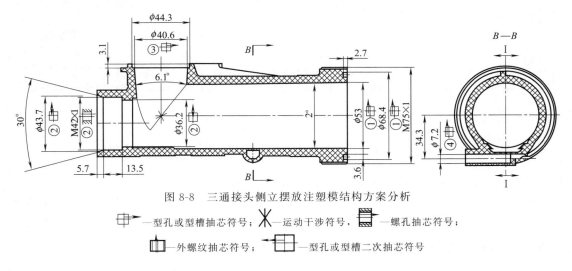

图8-8　三通接头侧立摆放注塑模结构方案分析

⊞——型孔或型槽抽芯符号；✳——运动干涉符号；▯——螺孔抽芯符号；

▯——外螺纹抽芯符号；⊟——型孔或型槽二次抽芯符号

8.3.3　三通接头侧立摆放位置注塑模设计

三通接头侧立摆放位置注塑模结构设计如图8-9所示。

① 螺孔②和斜孔②的二次抽芯机构设计　其结构和工作原理与8.2.3，（2）②文中螺孔②与斜孔②二次抽芯机构的设计相同。

② 锥孔①与型槽①注塑模抽芯机构的设计　其结构和工作原理与8.2.3，（2）①，a文中锥孔①与型槽①注塑模抽芯机构的设计相同。

③ 外形与外螺纹成型机构的设计　如图8-9所示。安装在由两块导向板12所组成T形槽中的滑块6，随着分型面Ⅰ—Ⅰ开启时，斜弯销3拨动滑块6和外形型芯7及小型芯8开启后，外露敞开的三通接头便可在顶杆9的作用下脱模。斜弯销3拨动滑块6和外形型芯7

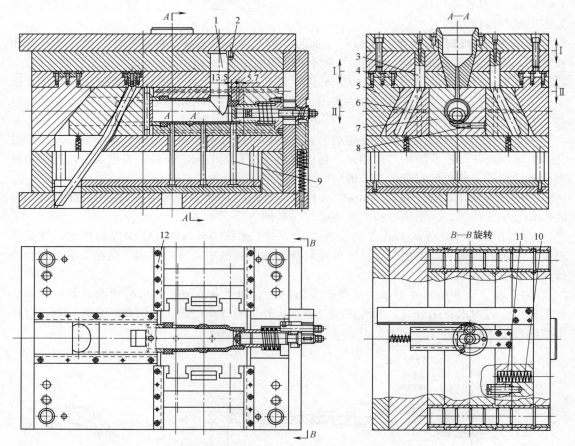

图 8-9　三通接头侧立摆放注塑模结构设计

1—侧型芯；2—圆柱销；3—斜弯销；4—固定板；5—楔紧块；6—滑块；
7—外形型芯；8—小型芯；9—顶杆；10—弹簧；11—限位螺钉；12—导向板

及小型芯 8 闭合，塑料熔料就可以从浇道套的浇口注入注塑模型腔冷却成型。

④ ϕ7.2mm 型孔④的抽芯　ϕ7.2mm 型孔④的小型芯 8 安装在另一块滑块 6 上，随着两块滑块 6 开启和闭合，就可以完成型孔④小型芯 8 抽芯和复位。

8.3.4　三通接头注塑模最佳优化方案的分析

三通接头在注塑模中有竖直、平卧和侧立摆放的形式，每种摆放的形式又存在着两种朝向，这样共有六种摆放和朝向。在这六种摆放和朝向注塑模结构方案中，有失败、复杂的方案，也有最佳优化方案。

（1）错误方案

在竖直摆放中，螺孔端朝上的方案是错误的方案，是因为这样摆放的朝向无法实现脱螺孔。侧立摆放中，侧向锥孔不能朝下，是因为侧向锥孔无法实现时间差抽芯来避免两相交锥孔贯穿的运动干涉。

（2）可行性方案

除了上述三通接头在注塑模中两种摆放和朝向的模具方案，余下的几种注塑模方案均为可行。

① 竖立螺孔朝下摆放注塑模结构方案 可行，注塑模结构也不复杂，但由于脱螺孔需要采用链轮和链条进行，而小链轮需要在注射机外利用电机和减速器，并且需要根据三通接头加工程序准确控制好小链轮的转向和转动圈数，这套设备复杂，建议不采用。

② 平卧摆放两种注塑模结构方案 由于该注塑模结构，采用中模镶件和动模镶件的型腔成型三通接头，解决了三通接头外形和外螺纹的成型；变角斜弯销滑块抽芯机构解决了大于172mm长锥孔①的抽芯距离，变角斜弯销的使用减少了斜弯销的长度和注塑模的面积和高度；正交相互贯穿两斜孔时间差抽芯机构，避免了抽芯运动干涉；螺孔②型芯和斜孔②型芯的二次抽芯，解决了因螺孔②端头斜孔②型芯影响三通接头脱模。该注塑模采用了两个模腔，提高了三通接头的加工效率。这两种朝向注塑模结构具有同等的性能，这种摆放与两种朝向的注塑模结构为最佳优化方案。

③ 侧立侧向型孔朝上摆放注塑模结构方案 注塑模外形和外螺纹采用了两套斜弯销滑块抽芯机构，再加上长锥孔和螺孔二次抽芯，共有四处抽芯，是可行性的注塑模结构方案。平放摆放则是利用在中动模模板上制成的型腔成型三通接头外形和外螺纹，长锥孔和螺孔采用二次抽芯，侧向型孔抽芯两种摆放形式都采用时间差抽芯。这样比较后，侧立侧向型孔朝上摆放注塑模较平卧摆放两种注塑模结构方案要较为复杂。

在进行注塑模结构最佳优化方案分析时，是不要将所有的可行性方案都设计出来再进行比较。一般只要在注塑模结构可行性方案分析的基础上，再进行注塑模结构最佳优化方案分析和论证就可以了。确定最佳优化方案后，再进行注塑模的注塑件缺陷分析，就可以进行注塑模的设计和造型了。

三通接头注塑模的设计，首先是要确定三通接头在注塑模中摆放位置和方向，其中要删除不能实现脱螺孔的方案。在对注塑模具有的多种机构选择时，也要考虑注塑模运动的稳定性和一致性。特别是在处理注塑件脱螺纹和两种具有时间差抽芯机构的设计时，一定要在对注塑件形体进行"六要素"分析和注塑模结构方案可行性分析到位的情况下，才能进行注塑模的三维造型和CAD图的设计。注塑模结构设计或三维造型是注塑模制造的源头，不管是采用哪种现代先进的加工制造技术和新型模具材料、热表处理技术及先进控制、管理技术，都不能代替注塑模结构设计的正确性，所以说注塑模结构设计是第一位的。只有注塑模设计正确后，才能应用和发挥上述各种现代化技术的潜能，提高注塑模加工精度、效率、质量和使用寿命。

8.4 溢流管注塑模的设计

溢流管是一种具有多种"型孔"要素、"型腔"要素和弓形高"障碍体"要素，并具有"外观"要素要求和抽芯"运动干涉"要素的注塑件，溢流管还具有"变形"和"错位"要素的要求。

8.4.1 溢流管UG三维造型

溢流管材料是聚氨酯弹性体，收缩率1.8%，注射机型号SZ-100/800，溢流管的UG三维造型如图8-10所示。

8.4.2 溢流管形体六要素分析

如图8-11所示，溢流管是一端为圆筒管嘴，另一端为等腰梯形的型腔的注塑件，等腰

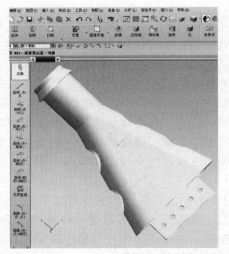

图 8-10　溢流管的 UG 三维造型

梯形侧壁上有四个与溢流管中心线垂直的 $\phi10.7$mm 型孔，等腰梯形下端凸出长方形壁上有 5 个 $\phi2.1$mm 型孔。根据注塑件形体"六要素"的分析，溢流管上"六要素"如下。

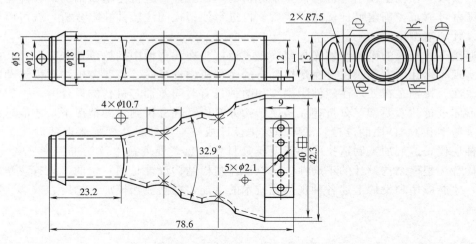

图 8-11　溢流管形体"六要素"分析

⊟—弓形高"障碍体"要素；⌐—凸台"障碍体"要素；⊕—"型孔"要素；⊞—"型槽"要素；
⌐—注塑件的"变形"要素；⊖—注塑件的"错位"要素；✕—运动"干涉"要素

① "障碍体"要素　由于溢流管左端为圆筒管嘴，右端是等腰梯形的两侧为 $R7.5$mm 弧形，故溢流管具有弓形高"障碍体"要素，左端为圆筒上有 $\phi18$mm 管嘴凸台"障碍体"要素。

② 型孔与型槽要素　溢流管左端有 $\phi12$mm 型孔要素，等腰梯形两侧有 $4\times\phi10.7$mm 型孔要素，右端凸出长方形壁上有 $5\times\phi2.1$mm 型孔要素，中间为等腰梯形型腔要素。

③ 外观要素　除了分型面 I—I 可以保留分型面痕迹之外，其他型面不能留存注塑模结构痕迹。

④ 变形与错位要素　整个溢流管不能存在变形，所有型孔和型槽与外形不能产生错位。

⑤ 运动干涉要素　由于 $4\times\phi10.7$mm 型孔与等腰梯形型腔两侧 $R7.5$mm 弧形壁相贯穿，型孔型芯与型腔型芯在抽芯和复位时，会产生抽芯运动干涉。

8.4.3 溢流管注塑模结构方案可行性分析与设计

溢流管在注塑模中有平卧摆放、侧立摆放和竖直摆放三种形式，圆筒管嘴可以朝左也可朝右，可朝上也可朝下，这样就有六种朝向。溢流管三种摆放六种朝向形式，就有六种注塑模结构方案。在这六种摆放和朝向注塑模结构方案中，有失败方案、复杂可行的方案，也有最佳优化方案。

（1）溢流管平卧摆放注塑模结构方案分析与设计

溢流管平卧摆放可以有圆筒管嘴朝左和朝右两种形式，这两种圆筒管嘴朝向形式具有同样的注塑模结构效果。平卧摆放可以有活块成型溢流管型腔注塑模结构方案，还有两斜弯销滑块抽芯机构成型溢流管型腔的注塑模结构方案。

① 溢流管平卧摆放为活块成型型腔注塑模结构方案 如图 8-12 所示，注塑模的模架为三模板。由于溢流管具有弓形高和凸台"障碍体"要素，平卧摆放的溢流管应以Ⅱ—Ⅱ为分型面，来解决弓形高和凸台"障碍体"成型与分型的问题，分型面Ⅰ—Ⅰ解决浇口冷凝料脱模的问题。为了提高溢流管成型加工效率，该注塑模还可以设计成一模二腔结构。

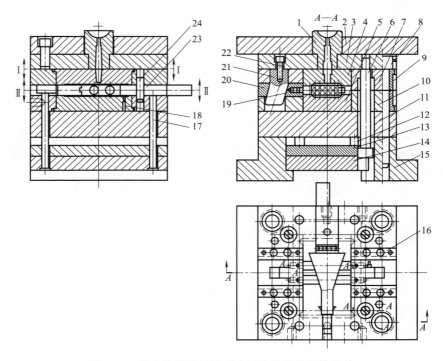

图 8-12 溢流管平卧摆放型腔活块抽芯注塑模设计

1—浇口套；2—定模垫板；3—定模板；4—中模镶嵌件；5—动模镶嵌件；6—限位螺钉；7—中模板；8—导柱；
9—导套；10—动模板；11—动模垫板；12—回程杆；13—推板；14—推垫板；15—模脚；16—压板；17—顶杆；
18—小型芯；19—型芯；20—滑块；21—斜弯销；22—内六角螺钉；23—活块；24—圆柱销

a. 溢流管外形的成型。如图 8-12 所示，以中模镶嵌件 4 和动模镶嵌件 5 上的型腔来成型溢流管的外形。

b. 型孔抽芯。如图 8-12 所示，斜弯销 21 是安装在中模板 7 上，中动模开启时，在斜弯销 21 插入滑块 20 斜孔中的作用下，安装在滑块 20 中 4×φ10.7mm 型孔的型芯 19 实现了抽芯之后，就可以进行溢流管的脱模，成型 5×φ2.1mm 型孔小型芯 18 是在注塑模中动模开启后，顶杆 17 作用在活块 23 两端，以实现小型芯 18 抽芯。

c. 溢流管内形腔的抽芯。如图 8-12 所示，活块 23 两端分别与中模板 7 和动模板 10 的型腔通过配合进行径向定位，又以圆柱销 24 进行轴向定位，从而保证活块 23 与中模镶嵌件 4 和动模镶嵌件 5 的型腔的相对位置精度。

d. 溢流管脱模。如图 8-12 所示，在注射机顶杆作用下，推动安装在推垫板 14 和推板 13 上的顶杆 17。顶杆 17 顶着活块 23 的两端与溢流管一起脱模，脱模后需要人工取出溢流管型腔中的活块 23。

e. 脱浇口冷凝料。利用浇口套 1 主浇道和中模板镶嵌件 4 浇道带锥度浇道，可脱浇道中冷凝料，如还不能脱浇道中冷凝料，可人工用手钳将浇道中冷凝料夹出。

f. 溢流管注塑模定模部分的三维造型。因为注塑模是采用点浇口的浇注系统的设计，故注塑模应该采用三模板形式的标准模架。为了支撑中模板，导柱应设置在定模部分，中模板与定模部分之间应该装置限位螺钉限位，以便于取出主、分浇道中的冷凝料。由于溢流管两侧存在着四个孔，需要有斜弯销滑块抽芯机构，才能完成溢流管侧向四孔的成型与抽芯动作，斜导柱应安装在定模部分。浇口套、定模型芯、定模板和定模垫板都设置在定模部分，浇道也设置在定模部分。注塑模定模部分的三维造型如图 8-13 所示。

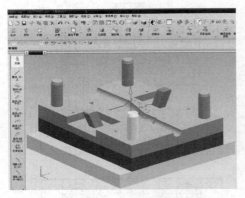 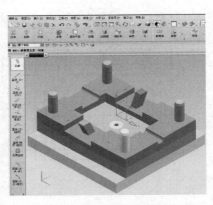

(a) 装有定模型芯的定模部分三维造型　　　　　　(b) 未装有定模型芯的定模部分三维造型

图 8-13　注塑模定模部分的三维造型

g. 溢流管注塑模动模部分的三维造型。注塑模的动模型芯、动模板、动模垫板、模脚、底板、滑块和限位机构、推板、安装板、回程杆以及推杆等均安装在动模部分。图 8-14（a）是开模后的动模部分，溢流管和型芯都滞留在动模部分的三维造型。图 8-14（b）是溢流管和型芯被推杆脱模，脱模机构回位之后，但抽芯机构仍未抽芯的三维造型。

在中模镶嵌件 4 中制有点浇口，点浇口在溢流管外表面遗留的痕迹较小，对外观影响作用不大，溢流管外表面对称中心仅留下分型面痕迹。由于顶杆 17 是顶着活块 23 的两端，没有接触到溢流管外表面，所以溢流管外表面看不到顶杆 17 的痕迹。由于 $4 \times \phi 10.7$mm 型孔的型芯 19 先抽芯，溢流管内形腔是活块 23 在脱模后人工抽芯。因此，避开了型孔的型芯 19 和活块 23 抽芯的运动干涉。又因为活块 23 安装后注塑模才能合模，合模后 $4 \times \phi 10.7$mm 型孔的型芯 19 才能复位。因此，避开了型孔的型芯 19 和活块 23 复位的运动干涉。由于活块 23 两端依靠与中模镶嵌件 4、动模镶嵌件 5 型腔的配合定位以及圆柱销 24 轴向定位，确保了溢流管内外形的相对位置的精度。$4 \times \phi 10.7$mm 型孔的型芯 19 的位置精度是靠加工获得保证，所以也不会出现错位的现象。溢流管注射时应严格控制加工参数，溢流管也不会出现变形的现象。

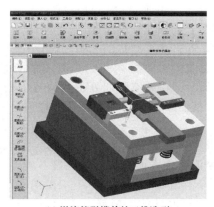 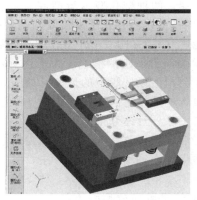

　　　(a) 溢流管脱模前的三维造型　　　　　　　　(b) 溢流管脱模后的三维造型

图 8-14　注塑模动模部分的三维造型

　　通过上述分析，该注塑模能够成型合格的溢流管，但活块需要人工抽芯和安装，浇道中冷凝料也需要人工抽取，毕竟生产效率低，只能是用于小批量生产。该方案可以同时成型多件溢流管，最多不超过 4 件。由于需要人工进行抽芯和脱浇口冷凝料操作，以成型多件溢流管来提高效率的意义就不算太大。

　　② 溢流管平卧摆放型腔斜滑块抽芯成型注塑模结构方案分析　为了改善溢流管平卧摆放型腔活块手动抽芯成型效果差的状况，需要将活块结构改变为型腔两端为斜弯销滑块自动抽芯结构。

　　a. 溢流管平卧摆放型腔斜滑块抽芯成型注塑模结构方案。如图 8-15 所示，该注塑模结构方案，除了需要将活块结构改变为型腔两端为斜弯销滑块自动抽芯成型结构之外，其他结构与图 8-12 所示相同。

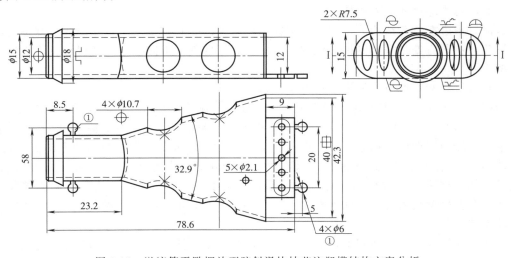

图 8-15　溢流管平卧摆放型腔斜滑块抽芯注塑模结构方案分析

　　⨝—弓形高 "障碍体" 要素；⨅—凸台 "障碍体" 要素；⨁— "型孔" 要素；⊞— "型槽"
要素；〰—注塑件的 "变形" 要素；⊖—注塑件的 "错位" 要素；✳—运动 "干涉" 要素；
①—外延体，外延体是为了使溢流管能够脱模而在注塑件形体之外设
置的一种实体，溢流管脱模后需要去除的实体

　　b. 解决相贯型孔型芯与型腔型芯抽芯干涉措施。由于溢流管两端型腔和 $4\times\phi10.7mm$ 型孔相互贯穿，两种型孔型芯与型腔型芯抽芯时，会出现抽芯运动干涉。如此，对于 $4\times$ $\phi10.7mm$ 型孔型芯需要先于溢流管两端型腔型芯进行抽芯，滞后溢流管两端型腔型芯进行复位，才能避开 $4\times\phi10.7mm$ 型孔型芯与溢流管两端型腔型芯抽芯和复位运动的干涉。

　　c. 解决溢流管外观的措施。为了达到成型溢流管外观的要求，顶杆不能直接顶脱溢流管外表面而会产生顶杆脱模的痕迹。如图 8-15 所示，在溢流管四处①的位置上增添外延体，顶杆可以顶着外延体将溢流管顶脱模，溢流管脱模后，再去除外延体，这样只是在增添外延体处留存有去除外延体修饰的痕迹。

　　通过将活块结构改变成型腔两端为斜弯销滑块自动抽芯结构的措施后，可提高注塑模成型加工的效率。通过增添外延体方法，可实现溢流管外表面无顶杆的痕迹，确保溢流管外观要求。

　　③ 溢流管平卧摆放型腔为斜滑块抽芯成型注塑模设计　根据溢流管在注塑模中平卧摆放模具结构方案的分析，注塑模结构设计如图 8-16 所示。前后斜弯销 23 安装在定模板 2 上，左斜弯销 3 和变角斜弯销 15 分别安装在中模板 5 上。定模板 2 与中模板 5 之间的位置存在着空间距离差，在注塑模开启和闭合时便转换成了时间差。

　　a. 溢流管 $4\times\phi10.7mm$ 型孔型芯抽芯。如图 8-16 所示，在 2 件前后斜弯销 23 的作用下，安装在 2 件前后滑块 22 中的 4 件前后型芯 24 进行抽芯和复位运动。

　　b. 溢流管两端型腔型芯的抽芯。如图 8-16 所示，在左斜弯销 3 和变角斜弯销 15 的作用下，左滑块 6 中的左型芯 8 和右滑块 16 中的右型芯 10 进行抽芯和复位运动。

　　动模开启时，在弹簧 26 的作用下，分型面Ⅰ—Ⅰ先于分型面Ⅱ—Ⅱ开启，滞后分型面Ⅱ—Ⅱ闭合。于是前后型芯 24 先于左型芯 8 和右型芯 10 进行抽芯，滞后右型芯 10 复位。从而避让了溢流管相互贯穿的两端型腔型芯与 $4\times\phi10.7mm$ 型孔型芯抽芯干涉。

　　c. 溢流管无顶杆痕迹脱模。由于溢流管型面上要求无注塑模结构痕迹，在溢流管外围采用了外延体结构。溢流管注塑模的顶杆 12 顶在这四处外延体上，将溢流管顶脱模，溢流管脱模后，再去除这四处外延体。

　　溢流管平卧摆放为活块成型型腔注塑模结构方案之一和方案之二，相同之处都是溢流管平卧摆放，不同之处是采用的抽芯机构和溢流管脱模的部位不同，这样使得溢流管成型加工的效率不同。

　　(2) 溢流管侧立摆放注塑模结构方案分析与设计

　　如图 8-17 所示，溢流管在注塑模中侧立摆放，溢流管两端型腔型芯为横向抽芯 v_{chx}③ 和 v_{chx}④，$4\times\phi10.7mm$ 型孔型芯抽芯分别分成纵向朝上抽芯 v_{chx}① 和朝下抽芯 v_{chx}②。要能顺利地进行两端型腔型横向抽芯 v_{chx}③ 和 v_{chx}④，就必须先完成型孔型芯纵向朝上抽芯 v_{chx}① 和朝下抽芯 v_{chx}②。型孔型芯和型腔型芯复位时，是要先完成横向型芯 v_{chx}③ 和 v_{chx}④ 复位，再完成纵向朝上型芯 v_{chx}① 和朝下型芯 v_{chx}② 复位。否则，由于如图 8-17 所示的阴影部分实体的阻挡，会发生型孔型芯纵向朝下抽芯与复位 v_{chx}② 运动和型腔型芯横向抽芯与复位 v_{chx}③ 的运动干涉。

　　注塑模动模开启，纵向朝上抽芯 v_{chx}① 能够先行完成抽芯，可是纵向朝下抽芯 v_{chx}② 却不能够完成抽芯。这样就纵向朝下 $\phi10.7mm$ 型孔型芯 v_{chx}②，就会与横向型腔型芯抽芯 v_{chx}③ 发生抽芯和复位运动干涉。而要设计实现朝下抽芯 v_{chx}② 先行纵向型芯抽芯，滞后横向型腔型芯抽芯复位机构，到目前为止，还没有能避让这种抽芯干涉的机构。不敢说不能成功设计这种机构，但至少把握性小一些，并具有一定的风险，故溢流管在注塑模中侧立摆放的注塑模结构方案，不应予考虑立项。

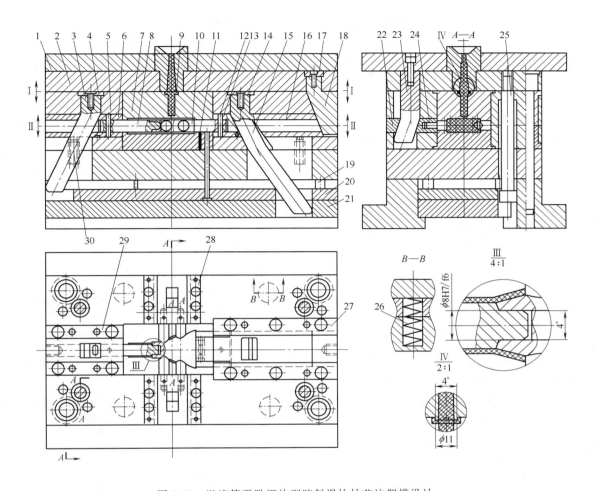

图 8-16　溢流管平卧摆放型腔斜滑块抽芯注塑模设计

1—定模垫板；2—定模板；3—左斜弯销；4—左垫片；5—中模板；6—左滑块；7—中模镶件；8—左型芯；9—动模镶件；
10—右型芯；11—小型芯；12—顶杆；13—圆柱形；14—右垫片；15—变角斜弯销；16—右滑块；17—垫片；18—楔
紧块；19—回程杆；20—推板；21—推垫板；22—前后滑块；23—前后斜弯销；24—前后型芯；
25—限位螺钉；26—弹簧；27—右压板；28—前后压板；29—左压板；30—限位机构

（3）溢流管竖立摆放位置注塑模结构方案分析与设计

　　溢流管的圆管嘴朝向，可以分成朝上和朝下两种。圆管嘴朝下的竖立摆放位置，因溢流管等腰梯形面积大，型腔复杂，注塑模开启后，溢流管会滞留定模部分。定模脱模结构复杂，圆管嘴朝下的竖立摆放位置注塑模结构方案可以不予考虑。

　　溢流管在注塑模中圆管嘴朝上竖立摆放模具结构方案分析：如图 8-18 所示，溢流管在注塑模中圆管嘴朝上竖立摆放，溢流管外形需要前后抽芯，上下两端型腔可分成上下抽芯，两侧 $4 \times \phi 10.7$mm 型孔分成左右抽芯。并且溢流管注塑模要先完成上端圆管嘴型孔型芯和左右 $4 \times \phi 10.7$mm 型孔型芯的抽芯，再通过脱模机构完成溢流管下端型腔的脱模兼抽芯。

　　① 溢流管在注塑模中圆管嘴朝上竖立摆放模具结构设计之一　如图 8-19 所示，溢流管外形和 $4 \times \phi 10.7$mm 型孔分别采用四处斜弯销滑块抽芯机构进行抽芯，溢流管内形采用固定在动模板上的下型芯成型，利用顶管脱模的结构。

　　a. 溢流管浇注系统与脱浇口冷凝料设计。如图 8-19 所示，溢流管是采用三爪形浇口，

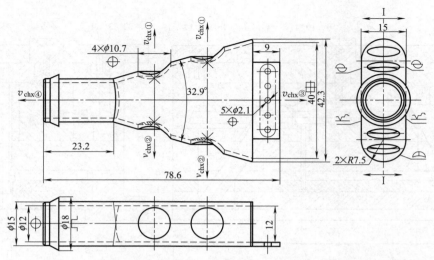

图 8-17　溢流管侧立摆放型腔斜滑块抽芯注塑模结构方案分析

◖—弓形高"障碍体"；┌┐—凸台"障碍体"；⊕—"型孔"；⊞—"型槽"；〰—注塑

件的"变形"；⊖—注塑件的"错位"；✳—运动"干涉"；$v_{chx①}$—ϕ10.7mm 型孔型芯朝

上抽芯；$v_{chx②}$—ϕ10.7mm 型孔型芯朝下抽芯；$v_{chx③}$—型腔右端抽芯；$v_{chx④}$—型腔左端抽芯

动模分型面Ⅰ—Ⅰ开启时，溢流管通过三爪形浇口中冷凝料脱浇口冷凝料。溢流管脱模后，需要人工去除三爪形浇口冷凝料。

b. 溢流管 $4\times\phi$10.7mm 型孔抽芯。如图 8-19 所示，动模的开启和闭合，安装在定模板 2 上的左右斜弯销 5，带动左右滑块 3 中的型芯 8 进行抽芯和复位。

c. 溢流管外形抽芯。如图 8-19 所示，动模的开启和闭合，安装在定模板 2 上的前后斜弯销 13，带动前后滑块 14 的型腔进行抽芯和复位。同时，带动安装在后滑块 14 型腔中的小型芯 15 也可以完成 $5\times\phi$2.1mm 型孔的抽芯和复位。

d. 溢流管内型腔的抽芯和脱模。如图 8-19 所示，溢流管内型腔是依靠下型芯 17 成型，下型芯 17 上端通过圆锥体与前后滑块 14 型腔中的圆锥孔之间为无隙配合，用以保持下型芯 17 的稳定。下型芯 17 通过台阶型面固定在动模板 10 上，在注射机顶杆作用下，推动推板 20 和推垫板 21 之间的顶管 16，顶管 16 上让开槽可以通过下型芯 17 的台阶将溢流管顶脱模。

e. 抽芯和脱模机构的复位。如图 8-19 所示，注塑模闭合时，在四处斜弯销作用下，带动滑块或滑块中型芯复位。注塑模推板 20 和

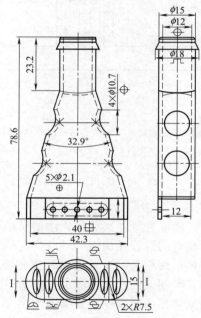

图 8-18　溢流管竖立摆放注塑模结构方案分析

◖—弓形高"障碍体"要素；┌┐—凸台"障碍体"要素；⊕—"型孔"要素；⊞—"型槽"要素；〰—注塑件的"变形"要素；⊖—注塑件的"错位"要素；✳—运动"干涉"要素

推垫板 21 上的顶管 16，在回程杆 18 与其上弹簧 19 作用下先复位。并清理浇注系统中的冷凝料，使得注塑模进入待加工状态。

　　由于左右斜弯销 5 和前后斜弯销 13 一同安装在定模板 2 上，它们同时带动型芯 8 和前后滑块 14 及小型芯 15 完成溢流管外形和两种型孔的抽芯和复位运动。溢流管四种抽芯运动是在注塑模开启时完成，内形腔是通过顶管 16 脱模时进行抽芯兼脱模。注塑模的开启先于溢流管脱模运动，并且注塑模闭合也是滞后溢流管脱模运动。于是，溢流管 $4 \times \phi 10.7mm$ 型孔型芯的抽芯与内形腔型芯的抽芯，能够避开两种相互贯穿型孔与型腔抽芯运动的干涉，这样不需要专门为避让抽芯运动干涉而设置特定的机构。这种注塑模结构，一般只适用全自动成型一件的溢流管，生产效率较低，只适用于小中批量注塑件的成型加工。

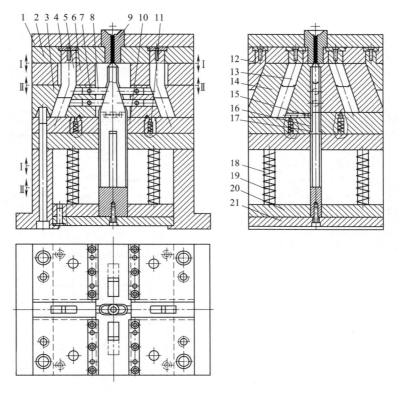

图 8-19　溢流管竖立摆放注塑模结构设计之一

1—定模垫板；2—定模板；3—左右滑块；4—垫片；5—左右斜弯销；6—中模板；7—圆柱销；
8—型芯；9—浇口套；10—动模板；11—限位机构；12—楔紧块；13—前后斜弯销；14—前后
滑块；15—小型芯；16—顶管；17—下型芯；18—回程杆；19—弹簧；20—推板；21—推垫板

　　② 溢流管在注塑模中圆管嘴朝上竖立摆放模具结构设计之二　如图 8-20 所示，溢流管同样在注塑模中为圆管嘴朝上竖立摆放，只是改变了成型溢流管外形型腔的机构而已。

　　a. 溢流管的浇注系统设计与脱浇口冷凝料。由于注塑模为一模多腔，浇注系统由浇道套 20 中的主流道、定模板 2 上的分流道和三爪形式的浇口组成。主分流道中用拉料杆 21 脱冷凝料，三爪形式的浇口用拉料杆 19 脱冷凝料。

　　b. 溢流管 $4 \times \phi 10.7mm$ 型孔型芯的抽芯。由型芯 5、圆柱销 6、前后斜弯销 8 和前后滑块 9 等组成抽芯机构，完成 $4 \times \phi 10.7mm$ 型孔的成型和抽芯。抽芯机构的限位，由限位销、弹簧和螺塞组成的限位机构 10 完成。

　　c. 溢流管外形和 5×φ2.1mm 型孔抽芯及溢流管脱模。右斜滑块 17、左斜滑块 18 和小型芯 16 及导向销 4 组成溢流管外形型腔的斜滑块，在中模板 3 的燕尾槽中滑动。安装在安装板 14 与推板 15 中的顶杆 22 和顶杆 23，推着右斜滑块 17 和左斜滑块 18 向上并分别向左向右移动。一方面完成溢流管外形和 5×φ2.1mm 型孔型芯的抽芯，另一方面使溢流管脱模。为了防止移动时出现型腔的错位，右斜滑块 17 和左斜滑块 18 之间安装了 2 个导向销 4。导向销 4 一端与左斜滑块 18 间隙配合，另一端与右斜滑块 17 过盈配合。

　　d. 抽芯和脱模机构的复位。注塑模的闭合，定模板 2 推动着右斜滑块 17 和左斜滑块 18 沿着中模板 3 燕尾槽复位；定模板 2 通过前后斜弯销 8，推动着前后滑块 9 上型芯 5 复位；定模板 2 推动着回程杆 24，回程杆 24 推动安装板 14 和推板 15 及拉料杆 21、顶杆 22、顶杆 23 复位。

　　将溢流管外形型腔的斜弯销滑块机构改变为斜滑块机构之后，溢流管外形型腔斜弯销滑块抽芯机构注塑模，只能一次成型一件的溢流管。改变成溢流管斜滑块抽芯机构注塑模后，就能一次成型 2～4 件。显然，该注塑模结构方案适宜于大批量溢流管成型加工。

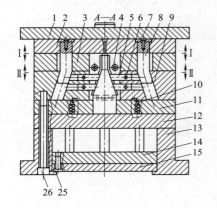
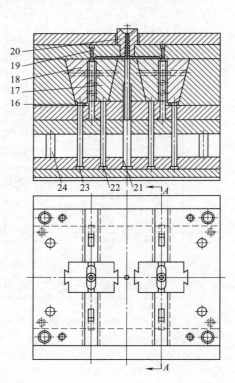

图 8-20　溢流管竖立摆放注塑模结构设计之二

1—定模垫板；2—定模板；3—中模板；4—导向销；5—型芯；6—圆柱销；7—垫板；8—前后斜弯销；9—前后滑块；10—限位机构；11—动模板；12—动模垫板；13—模脚；14—安装板；15—推板；16—小型芯；17—右斜滑块；18—左斜滑块；19,21—拉料杆；20—浇道套；22,23—顶杆；24—回程杆；25—圆柱头螺钉；26—内六角螺钉

　　注塑模的结构方案，除了与注塑件在注塑模中摆放位置形式和朝向有关，还与所选用的机构的形式有关。只有通过充分地对注塑模结构最佳优化方案进行分析和论证，才能寻找到注塑模结构最佳优化方案。注塑模结构最佳优化方案，应该是既要适用于注塑件加工质量和批量要求，又要满足注塑模成本和制造周期要求。不是最复杂、高度自动化和智能的注塑

模，就是注塑模结构最佳优化方案。凡是能满足生产、技术、质量和市场要求的注塑模结构方案，就是最佳优化方案。例如：不能说将一种生产批量较小注塑件的注塑模，设计成十分复杂、高度自动化的注塑模，就是最佳优化注塑模。这是一种错误的概念，这种注塑模只生产了一小批注塑件就抛弃不能使用，造成浪费。

对于具有相互正交贯穿的型孔和螺孔端头有一定长度引导孔的类型注塑件，就必须紧紧抓住解决相互正交贯穿型孔型芯抽芯时所产生运动干涉的现象。而对于螺孔端头有一定长度的引导孔，又必须使注塑模能进行二次抽芯运动。而不能只将螺孔的长度抽芯，还余留端头引导孔的长度影响注塑件的脱模。如果相互正交贯穿的型孔型芯抽芯时，运动干涉的现象得不到有效的解决，抽芯机构的碰撞会使注塑模产生损坏。必须使其中一型孔成型的型芯先于另一型孔成型的型芯抽芯，滞后另一型孔成型型芯复位，即要使相互正交贯穿的型孔型芯实现具有时间差形式的抽芯运动。本注塑模处理这两个问题的方法和机构，在国内为首创，为解决类似的课题提供了可行性的经验和方法。

本章重点介绍注塑模结构最佳优化方案的可行性分析和论证，通过三通接头和溢流管注塑模的结构最佳优化案例，说明了注塑模的结构最佳优化方案，除了与注塑件在注塑模中摆放位置形式和朝向有关，还与所选用的机构的形式有关。只有通过充分地对注塑模结构最佳优化方案进行分析和论证，才能寻找到注塑模结构最佳优化方案，用以删除错误的方案和可行但复杂的方案，确保注塑模设计成功。

第**9**章

注塑模成型加工痕迹与型孔、障碍体综合要素的应用

　　注塑模结构的设计，不只是要能够顺利地进行注塑模成型加工就行了。在注塑件成型加工中，如果注塑件出现了成型加工痕迹，即缺陷痕迹或弊病痕迹，注塑件是不合格的，相应的注塑模也就不合格。那么，注塑模的结构设计，就必须与影响注塑模结构因素的成型加工缺陷痕迹联系起来。也就是说，在制订注塑模结构方案时，要将影响注塑件成型加工缺陷的注塑模结构因素考虑进去。要对注塑模结构方案，进行注塑模结构产生的成型加工缺陷因素预测。要将产生的注塑模结构缺陷痕迹因素，在注塑模结构方案分析中，采取适当措施加以解决，这就是对注塑模结构方案的最终方案的分析和论证。有了完整的注塑模结构方案与最佳优化方案及最终方案，不仅确保注塑件能够顺利进行成型加工，确保注塑模为最佳优化设计，更能确保注塑件不会因注塑模结构不当而产生缺陷。

9.1　外手柄注塑模最终结构分案分析与注塑模设计

　　注塑件在成型加工的过程中，会因注塑模结构不当产生模具结构成型痕迹和成形加工的痕迹。痕迹技术就是应用注塑件上注塑模结构成型的痕迹，进行注塑模结构方案的制订，注塑模的克隆、复制与修复的技术。通过对注塑件上注塑模结构的成型痕迹和成型加工痕迹的分析，达到整治注塑件相关缺陷的目的，还可以作为注塑模最终结构方案分析基本条件。也就是说，注塑件上缺陷的分析，也是注塑模结构方案制定的重要内容之一。外手柄在成型加工过程中，就存在着缩痕、银纹、融接痕、过热痕和流痕五种缺陷痕迹。哪怕注塑件只存在一种缺陷痕迹，这样的外手柄都应该是废品。那么，整治这些缺陷痕迹，就是我们的重要工作。缺陷痕迹的整治是一门复杂的技术，因为注塑件上缺陷痕迹产生的原因是多种的，包括塑料的品质、注塑件的结构、成型设备、成型工艺与成型工艺参数、注塑模的结构和浇注系统选用等原因。

9.1.1　外手柄上缺陷痕迹

　　设计外手柄注塑模时，因为没有进行外手柄缺陷的预测，试模时出现缩痕、银纹、融接痕（图中未给出）、过热痕和流痕五种缺陷，如图9-1所示。

　　此时不管如何调整成型加工的工艺参数，始终解决不了这五种缺陷问题。当然也少不了用排查法和痕迹法去剔除缺陷，但是还解决不了问题。在没有办法的情况下，只好采用气辅注塑成型，五种缺陷消失了。谁知气辅注射机坏了，问题又回到原位。此时，通过高校的模具专业采用CAE法进行分析，不断变换浇口的位置，甚至复制了多副注塑模，问题仍然得不到解决。于是采用图解法分析，才发现原来外手柄在注塑模中的位置不对，造成熔体紊流失稳状态填充，从而产生了这五种缺陷。后来将外手柄在注塑模中的位置翻了个面，熔体呈顺势稳流填

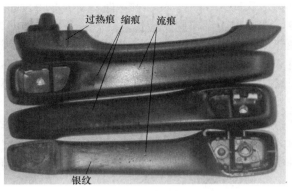

图 9-1　外手柄

充。重新制造注塑模之后，再成型加工外手柄，这五种缺陷消失。那么，为什么CAE法预测分析会不到位？其原因是，CAE法也是需要有缺陷整治经验的人来操作，其实只要将外手柄的造型在注塑模中的位置翻个面就可以了。如此，只是注塑模的结构由动模脱模改成定模脱模，注塑模的结构虽然复杂了，但注塑件上的五种缺陷消失了，注塑件合格了。日后类似的注塑件都采用图解法进行缺陷分析，取得了很好的效果。

外手柄上缺陷痕迹的整治，是采用四种分析方法进行分析的案例，该案例充分说明了仅采用一种分析方法还是不足以解决问题。当注塑件上存在多种缺陷之后，并且缺陷又是顽症时，就有必要采用综合整治分析法进行分析，才能找到缺陷产生的原因。这说明了一个问题，注塑件缺陷的预期分析是十分重要和必要的。不要出现了问题再去进行缺陷的预测，否则，就会造成经济上损失和开发时间延误。这也说明了CAE法的局限性，CAE法不是万能的。应该利用四种分析方法的互补，才能有效地进行注塑件缺陷的预测和整治。

9.1.2　外手柄上缺陷痕迹的整治

如图9-2所示，外手柄在成型加工之后，产生了缩痕、银纹、融接痕、过热痕和流痕五种缺陷痕迹。这些缺陷痕迹在排除了注塑件的结构与材料、注射设备和注塑工艺等因素之后，在应用调整注塑成型加工参数整治缺陷失效的情况下，矛盾主要集中在注塑模结构方案选择不正确和浇注系统设计不当上。而且浇注系统的形式和位置是采用了CAE软件进行分析后制定的，可是这些缺陷就是久治不除。便运用了痕迹技术，并采用了图解法才根治掉这些缺陷痕迹。通过图解法分析，才发现缺陷生成的真正原因，是外手柄在注塑模中摆放的位置不当，从而导致塑料熔体紊流失稳填充而产生的。其过程是，首先要准确地辨别和确认缺陷痕迹类型，然后再分析出缺陷痕迹产生的原因，最后制订出整治缺陷痕迹的措施并加以执行，这样便可以整治掉缺陷痕迹。

（1）CAE法预期分析

外手柄在注塑模中为正立位置的摆放，CAE法预期分析只能分析到熔接痕和缩痕两种缺陷。调整浇口的不同位置后，仍然会出现熔接痕和缩痕两种缺陷，并且无法消除包括熔接痕和缩痕在内的五种缺陷。CAE法失效的原因：一是外手柄上的缺陷项目超出了软件分析范围，如银纹、过热痕和流痕，CAE法是无法进行分析。二是CAE法预期分析人员缺乏缺陷分析的经验，主要是分析人员没有变动外手柄在注塑模中的位置所造成。

（2）缺陷痕迹的分析法

外手柄如图9-2（a）所示，外手柄缺陷痕迹的分析如图9-2（b）所示。外手柄是以正

立的形式放置在注塑模之中，即外手柄的正面摆放在注塑模定模部分，背面摆放在动模部分，注塑模为动模脱模结构。这种注塑模结构的本意以动模脱模外手柄背面，不会影响外手柄正面的外观要求。在这种注塑模结构方案中，塑料熔体在注射压力的作用下，先从点浇口进入辅助浇道，之后再填充注塑模型腔。此过程是熔体自下而上逐层逆向紊流失稳填充，塑料熔体的温度是逐层下降填充。点浇口又设置在外手柄的一侧，使得熔体沿料流（Ⅰ）和料流（Ⅱ）的方向进行模腔的填充。

① 熔接痕形成的分析　料流（Ⅰ）沿扇形面填充且流程长，料流（Ⅱ）沿弧形槽填充且流程短。料流（Ⅰ）在填充过程中产生的回流料流（Ⅲ）及气体与料流（Ⅱ）经降温后在外手柄上端处汇交形成上熔接痕，料流（Ⅰ）和料流（Ⅱ）经降温后，在外手柄正面的下端处汇交形成下熔接痕。

② 流痕形成的分析　当填充料流（Ⅰ）的低温前锋料头的冷凝料薄膜接触到低温的注塑模壁时，由于塑料熔体降温过程中产生了大、小不等的冷凝分子团，在流动的过程中继续降温而使其体积不断地增大，并随着料流（Ⅰ）的填充过程散布在熔体的流程之中，便形成了众多凸起的疙瘩状流痕。

③ 银纹形成的分析　由于外手柄的摆放位置和塑料熔体是自下而上逐层填充，导致注塑模型腔中的残余气体无法排出形成雾化遇到低温的模壁而产生了银纹。

④ 过热痕形成的分析　型腔中的气体先是随料流（Ⅰ）的流程被压缩后温度上升，后又随料流（Ⅲ）与料流（Ⅰ）的交汇再进一步压缩升温，并通过分型面排出型腔，故产生了不同高温的气体，使得上端交汇处产生不同程度的塑料过热而出现降解的现象，这样便使该区域中呈现层次不同的过热痕。

⑤ 缩痕形成的分析　外手柄的厚度较大，其收缩量也较大，于是产生了非常明显的缩痕。缩痕是料流填满型腔后，当外手柄处于冷却的过程中，由于点浇口过早的凝固，外手柄产生了收缩而又得不到保压补缩熔料的补充所产生的。

作为非牛顿流体的塑料熔体，在开始充模时，虽未出现失稳流动状态，但在随后的三股

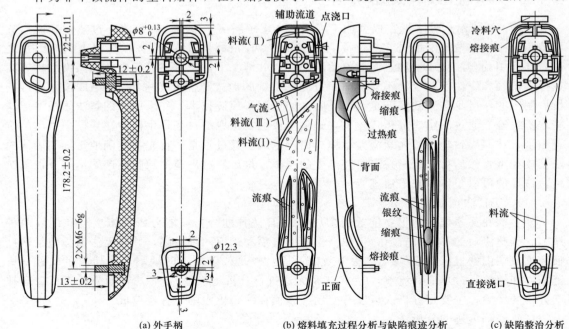

(a) 外手柄　　　(b) 熔料填充过程分析与缺陷痕迹分析　　　(c) 缺陷整治分析

图 9-2　外手柄痕迹与整治

料流汇合和冲击之下，将会陷入紊流失稳状态，从而影响到外手柄成型的质量。

（3）缺陷痕迹整治的排查法

先要对塑料品种、使用的设备以及成型工艺安排进行排查，再对成型工艺参数进行排查。

① 对塑料、成型设备和成型工艺选择的排查　外手柄的材料是 PC/ABC 合金，PC 的流动性差，虽填加了 ABC，改善了流动性，但流动性仍然是较差。注塑机型号是 KT-300，螺杆直径 60mm，最大理论注射容量为 320mm，注射压力为 70MPa，锁模力为 150t 符合外手柄成型要求。注塑工艺是烘箱干燥塑料颗粒，干燥温度为 85～100℃，每隔两小时翻料一次，干燥时间为 10～12h 也符合 PC/ABC 料成加工前的工序要求。说明 PC/ABC 合金虽改善了流动性，但为了保持熔体的流动性，必须保持适当的熔体温度。塑料颗粒的干燥去除了原料中的潮气，从而消除因塑料未干燥而出现银纹的因素。可见，设备的选择和成型工艺的安排是正确的。

② 对成型工艺参数选用的排查　外手柄注射成型的工艺参数如表 9-1 所示，注射工艺参数也符合外手柄 PC/ABC 合金成型要求。外手柄的缺陷痕迹，就只有可能出自注塑模结构和浇注系统设计的原因了。

表 9-1　外手柄注射成型的工艺参数

料筒温度/℃	喷嘴温度	260～290	压力/MPa	注射一段	9～10	速度/(mm/s)	注射一段	40～60
	第一段	250～280		注射二段	9～10		注射二段	40～60
	第二段	240～270		注射三段	9～10		注射三段	40～60
	第三段	230～250		保压	9～10		保压	40～60
	第四段	210～240		溶胶一段	7～9.5		溶胶一段	40～60
时间/s	注射	5～7		溶胶二段	7～9.5		溶胶二段	40～60
	冷却	80～85	熔胶距离/mm	一段移至	80			
	保压	1～3		二段移至	120			
				熔后抽胶	145			

（4）外手柄在注塑模中摆放位置与熔体充模分析图解法

外手柄熔体充模分析如图 9-3 所示。外手柄在注塑模中为正立位置放置，如图 9-3（a）所示。塑料熔体在自下而上逐层逆流失稳填充的过程中，熔体温度逐层下降，于是一些熔体形成了冷凝分子团，并在后续熔体料流的携带下散布在流程中增大，形成了流痕。型腔中的气体因熔体自下而上逐层填充，先被挤压到型腔的上面，在后续料流的挤压之下再从分型面Ⅰ—Ⅰ排出。被压缩的气体温度升高，并从上模腔薄弱部位排出时，致使塑料过热降解，炽热的气体遇到低温的模壁后形成了银纹。而外手柄净重 143g，注胶量较大，况且外手柄为实心，收缩量也较大。由于点浇口先凝料封口，无法保压补塑而产生了缩痕。由于外手柄的两端存在着较大的型芯，外手柄的长度较长，降温后熔体汇合处形成明显的熔接痕。可见，外手柄在注塑模中的摆放位置不当，是造成塑料熔体自下而上逐层逆流失稳填充的真正因素，也是导致外手柄产生上述五种缺陷痕迹的根本原因。

（5）外手柄气辅式充模方案的图解法

气辅式充模的结构方案和倒立摆放充模的结构方案均可整治外手柄缺陷。气辅式充模分析：如图 9-3（b）所示，虽然外手柄在注塑模中也是正立形式的放置，但因注入一定量的塑料熔体后，又注入了具有一定压力的纯氮气，惰性氮气致使塑料熔体贴紧注塑模型腔的模壁冷却硬化，排出氮气后形成中空的外手柄，这样上述五种缺陷痕迹便不会产生。但是，气辅式注射成型需要有气辅注射机，并且会导致外手柄加工费用的增加。

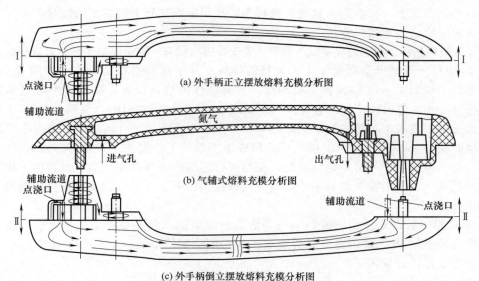

(a) 外手柄正立摆放熔料充模分析图

(b) 气辅式熔料充模分析图

(c) 外手柄倒立摆放熔料充模分析图

图 9-3　外手柄熔体充模分析的图解法

（6）外手柄在注塑模中倒立放置熔料充模分析

如图 9-3（c）所示。为了减少熔接不良，可采用外手柄两端点浇口与辅助浇道的浇注系统形式，最好在外手柄右端设置一个 φ6mm 直接浇道。塑料熔体是自上而下逐层顺流平稳填充，故不会产生上述五种缺陷痕迹。因为人手经常要握拿外手柄，外手柄的外表除了分型面之外，不允许存在顶杆脱模的痕迹，外手柄只能是定模脱模的结构形式。这种注塑模的结构较为复杂，只能是在没有气辅式注塑机和注塑模复制的情况下才能采用。可见在注塑模设计之前，如果能够进行注塑模结构方案分析和缺陷痕迹的预期分析是多么的重要。

① 流痕形成的分析　由于塑料熔体是自上而下逐层顺流平稳填充，塑料熔体是自上而下逐层降温均匀充模，故不会出现冷凝分子团随高温料流填充再在降温过程中增大的现象。因此，不会出现流痕缺陷。

② 过热痕形成的分析　由于塑料熔体是自上而下逐层降温均匀充模，模腔中的气体随着熔体是自上而下流动，并很顺利地从分型面排出。故不会发生模腔中的气体受熔体挤压达到一定的压强后高温喷出，导致高温气体使塑料熔体出现过热炭化现象。

③ 银纹形成的分析　由于模腔中的气体能很顺利地从分型面排出，故不会出现残余气体无法排出形成雾化现象，再遇到低温的模壁而产生银纹。

④ 缩痕形成的分析　由于直接浇道的设立，浇道面积大，能够保压补塑，故缩痕也不会产生。

⑤ 熔接痕形成的分析　由于直接浇道的设立，再在金属镶嵌件料流交汇处设置冷料穴。降温熔体进入冷料穴，温度高的熔体汇合就不容易产生熔接痕。

对于外手柄成型加工缺陷，只要抓住成型加工缺陷产生的主要矛盾，再辅助一些适当解决缺陷的措施，外手柄成型加工缺陷便能迎刃而解。但必须具有一定解决缺陷的实践经验，才能制订出解决缺陷的相应措施。

（7）外手柄倒立摆放的注塑模脱模机构方案

根据外手柄缺陷图解法［图 9-3（c）］，可得出外手柄倒立摆放的注塑模结构，如图 9-4所示。由于注塑模为定模脱模的结构，主浇道过长，需要采用热浇道的形式。定模脱模机构的运动可由注塑模开、闭模运动所产生，注塑模开、闭模机构，由挂钩 25、摆钩 24、支承螺杆 22、台阶螺钉 6 和弹簧等组成，用于完成脱模机构脱模运动与复位运动的转换。

（8）痕迹法缺陷的整治

改变注塑模结构会造成模具的报废和经济上的损失，在不改变注塑模结构的情况下，缺陷痕迹整治措施可以采用改变浇口形式和位置，以及调整成型加工参数的方法，达到消除部分与减少部分外手柄缺陷痕迹的效果。由于外手柄的长度过长，应该设置两个点浇口，使塑料熔体从外手柄两端注入，可以减缓熔体料流温度下降的速度，从而减少熔接不良的现象。该措施是以改进浇注系统为主，以调整注塑加工参数为辅的整治办法。

① 浇注系统的改进　外手柄缺陷痕迹整治如图 9-3（c）所示。将点浇口的形式改成直接浇口，浇口直径不大于 6mm，浇口的位置移至上端中心线处，并在外手柄上端处制有冷料穴。如此改动，使料流可自上而下均匀地填充型腔，冷凝分子团随料流可进入冷料穴中，此措施可以减弱熔接痕、过热痕和流痕的程度。直接浇口的直径不大于 6mm，也有利于外手柄的保压补塑，可消除缩痕；若直径大于 6mm，则用手不易扳断料把。但整治缺陷的效果，不如外手柄在注塑模中倒立放置的效果好。

② 调整注塑加工参数　改进浇注系统后，缺陷痕迹可以得到较大程度的整治，但还可能存在着轻微的缺陷痕迹，此时可用调整注塑加工参数的方法去弥补。主要是采用加大保压和背压的压力，延长注射和保压的时间，加大注胶量的措施。

9.1.3　外手柄注塑模的设计

外手柄注塑模的设计如图 9-4 所示。外手柄为倒立形式摆放在注塑模中，注塑模为定模脱模的结构，采用了两端为辅助浇道与点浇口的浇注系统形式。

① 浇注系统的设计　由于注塑模为定模脱模的结构，主浇道过长，需要采用在热浇道套 3 上加装电加热圈 4 的形式，采用了两端辅助浇道与点浇口 8 的浇注系统形式。

② 定模脱模机构　定模脱模机构的运动由开、闭模运动产生，转换机构由挂钩 25、摆钩 24、支承螺杆 22、弹簧 23 和台阶螺钉 6 组成，完成安装在安装板 1 和推板 27 上顶杆 2、拉料杆 12、顶杆 13 和回程杆 14 的脱模与复位运动。

③ 成型外手柄的型腔　由中模镶嵌件 10、动模镶嵌件 11 和定模型芯以及螺纹嵌件杆 18、弹簧 19 和中模型芯 20 组成。

④ 模架　由定模垫板 28、安装板 1、推板 27、模脚 26、定模板 5、中模板 7、动模板 9 和 2 块动模垫板组成。

通过对外手柄成型加工缺陷的预测，可以确定外手柄最终结构方案，确保外手柄在成型加工中不会产生因注塑模结构不合理的缺陷。这点很重要，否则，注塑模不是要修理，就是要重新设计和制造。

注塑件上成型加工痕迹作为一种技术语言，它们会向我们陈述缺陷痕迹产生的原因。但是，我们必须要能读懂这种语言，才能剖析和整治注塑件成型加工缺陷痕迹。因为，任何事物都存在其规律性，只要能掌握缺陷痕迹的规律，我们就能控制和限制它们。注塑件上的缺陷痕迹也不例外，因为其中某一种缺陷痕迹只会是诸多因素中一至两种原因造成的，最多不会超过三种原因，这样我们排查的范围就会缩小。

总之，根据物质不灭的定理和能量守恒的原理及熔体充模流量平衡的原则，注塑成型前后的塑料的质量是不变的，注射机产生的能量和注塑成型后消耗的能量是相等的。注塑成型加工时的温度、压力和时间是起主导作用，塑料是被作用的对象，注塑模是工具，制定的成形工艺和参数是手段，注塑件成型是目的。因此，在注塑成型过程中，出现的塑料和注塑模温度的变化、压力的变化所造成注塑件高分子材料密度和形态的变化、熔体充模状态的变

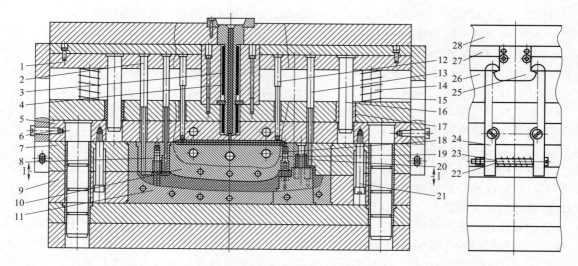

图 9-4　外手柄倒立摆放注塑模结构

1—安装板；2,13—顶杆；3—热浇道套；4—电加热圈；5—定模板；6—台阶螺钉；7—中模板；
8—辅助浇道与点浇口；9—动模板；10—中模镶嵌件；11—动模镶嵌件；12—拉料杆；14—回程杆；
15,19,23—弹簧；16—推板导柱；17—导套；18—螺杆嵌件杆；20—中模型芯；
21—限位螺杆；22—支承螺杆；24—摆钩；25—挂钩；26—模脚；27—推板；28—定模垫板

化、熔体温度的变化、热胀冷缩的变化、注塑模中气体泄出的变化和注塑件中残余应力分布的变化，这些变化又必须是与高分子材料成型性质相匹配的，这些物理量之间又应该是相互协调和适应的。否则，注塑件的成型加工就会产生相应的缺陷，而缺陷又是以痕迹的形式表现出来。注塑件的缺陷对应着相应的形成的机理，这就是整个注塑件缺陷整治辩证方法论的内涵。只要我们遵照上述原则，我们就能很好地预测和整治注塑件上的缺陷。

9.2　外开手柄体最终注塑模结构方案分析与模具设计

在注塑模设计时，通常情况下，人们都是重视注塑模结构、尺寸和精度的设计，往往忽视注塑件上缺陷的分析，缺陷的处理一般都是在试模时暴露后再加以解决。这种状况会造成反复地试模和修模，甚至是注塑模报废的后果。目前，注塑模设计之前，都会运用注塑模计算机辅助工程分析（CAE）软件，以注塑件三维造型进行缺陷的预测。可是现阶段 CAE 软件，仅仅只能对熔接痕、缩痕、翘曲变形、气泡和应力集中位置等缺陷进行预测。可是注塑件上存在着多达几十种的缺陷，这样注塑件上出现了其他类型的缺陷，CAE 分析便显得无能为力了。轿车门外开手柄体在成型加工时，就出现了熔接痕、缩痕、过热痕、流痕、波纹和银纹六种缺陷的情况。经过长期的试模和修模，还是无法根除这些缺陷。之后便委托大学模具研究机构进行了缺陷的预测，结果仍然无法解决问题。此时，必须考虑要建立一种代替的分析方法，即通过缺陷图解分析法，便成功地根治了这些缺陷。

9.2.1　外开手柄体缺陷图解法分析

外开手柄体因浇注系统设置不当所产生的缺陷分析，如图 9-5 所示。材料为 PC/ABS 合金；净重为 143g；颜色为乳白色；设备为 ME200。

（1）外开手柄体的浇注系统与缺陷痕迹图解法的分析

图解法是决定注塑模浇口的形式、位置、方向和数量的分析，也是确定外开手柄体在注塑模中摆放位置的分析。

① 存在的缺陷　外开手柄体存在着波纹、流痕、过热痕、熔接痕、银纹和缩痕等六种缺陷。

② 缺陷分析　如图9-5所示，由于点浇口放置在动模右端下部，熔体的料流是自下而上逆向紊流呈失稳状态进行填充，料流在碰到型芯和型腔壁后，料流的温度会逐层地下降。

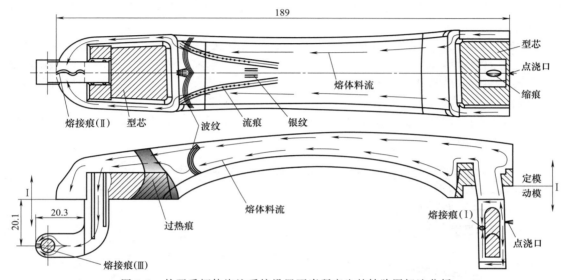

图 9-5　外开手柄体浇注系统设置不当所产生的缺陷图解法分析

a. 流痕形成的分析。当料流到达型腔底部后，再沿外开手柄体型腔向左由下而上逐层降温填充。由于流程过长（外开手柄体超过190mm），降温的料流前锋薄膜会产生一种冷凝分子团撒落在料流的流程上，并逐渐增大形成流痕。

b. 波纹形成的分析。由于熔体的料流沿着型腔不是顺流平稳地流动，型腔上部的熔体呈半固态的波动状态流动，于是在外开手柄体整个左端部表面产生了波纹。

c. 过热痕形成的分析。由于塑料熔体是自下而上逐层降温均匀充模，模腔中的气体随着熔体是自下而上，被挤压在注塑模最上部分型腔中的压强逐渐增大，气体的温度也随之增大。最后气体受熔体挤压达到一定的压强后，从注塑模型腔某处喷出，导致高温气体使塑料熔体过热出现炭化现象。

d. 银纹形成的分析。银纹是气体被驱赶到动模型腔的上部无法排出，后在熔体充模的挤压之下，残余气体被压缩升温形成雾化，再遇上低温模壁时所产生的。

e. 缩痕形成的分析。缩痕形成有两种原因：一是因受右端凸臂中间成型腰字槽金属型芯的影响，形成了两侧的壁厚与下端的壁厚不同，造成塑料的收缩量不一致所产生的；二是外开手柄体中间部分因是实体收缩量大，而点浇口又先行凝固封口无法保压补塑而产生。

f. 熔接痕形成的分析。由于外开手柄体中三处金属型芯的存在，使得降温的熔体分流填充汇合后的料流融接不良而产生了三处熔接痕。

（2）产生缺陷痕迹的原因分析

根据上述缺陷痕迹的分析，可得出产生缺陷的主要原因，是熔体料流失稳流动填充和熔体填充过程中料流温度的降低，具体地说，就是因点浇口的位置和数量设置以及外开手柄体在注塑模中摆放位置不当造成的。塑料的熔体料流是一种具有黏性的非牛顿流体，不同于水和油之类的牛顿流体。在塑料熔体料流的填充过程中，一定要遵守熔体具有适当温度和平稳流动的原则；否则，就会使外开手柄体产生各种形式的缺陷。

9.2.2 缺陷整治方案

外开手柄体的成型加工既然存在着如此之多的缺陷，就应该是运用外开手柄体缺陷排查法，对注塑设备、注塑工艺路线和工艺成型加工参数等内容进行逐一的排查；在确定上述内容不存在问题之后，基本上可以判断问题出自外开手柄体在注塑模中的摆放位置及浇注系统的设计上。

① 整治方案之一 如图 9-6 所示，在有气辅式注塑机的情况下，可按图示先从点浇口注入一定量的塑料熔体之后，再对外开手柄体注入氮气。塑料熔体在氮气扩张的压力作用之下，会贴紧型腔壁冷却硬化成型，外开手柄体上的缺陷痕迹便会全部自动消除。然后，回收外开手柄体型腔的氮气。该方案增加了氮气的费用，外开手柄体的加工成本增加了，注塑模的制造费用也随之增加，最关键是要有气辅式注塑机才能采用该工艺方法。由于外开手柄体中间是空心的，减少了塑料的用料量。

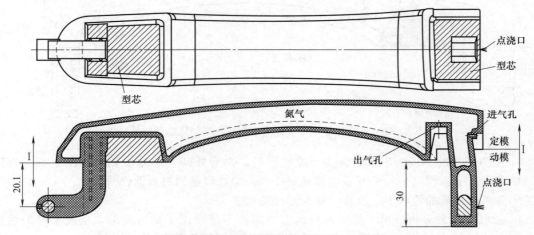

图 9-6 外开手柄体浇注系统设置不当所产生的缺陷整治方案之一

② 整治方案之二 如图 9-7 所示，将点浇口从动模部分移至定模部分。如此改动后，熔体料流的流动状态便是自上向下顺势平稳填充，向左也是平行平稳填充，这样便可消除流痕和波纹。熔接痕的解决可在左端的分型面和凸起弯钩臂的抽芯处分别制作出冷料穴，冷凝料进入冷料穴可减缓熔接不良现象，同时也可解决右端凸臂的缩痕缺陷。但由于点浇口在右端上平面的位置会影响与另一零件的装配，该方案需要修锉点浇口冷凝料。上述方案仅解决了熔体料流平稳流动的问题，而未能解决熔体向左平行填充的长距离流动时的降温问题，这样可以在左端分型面冷料穴的位置上再制一侧向浇口，将冷料穴设置在两股料流交汇处，这样料流的流程缩短了一半，熔体的温降也就减缓了。该方案仍会存留微细的熔接痕和缩痕，只是痕迹程度减缓了。

③ 整治方案之三 将外开手柄体在注塑模中摆放的位置，按如图 9-8 所示的位置放置，双点浇口为图示的位置，除左侧凸起弯钩臂之外，整个型腔的塑料熔体填充均符合自上而下的平稳充模的原则。因此，波纹、流痕、银纹和缩痕等缺陷均不会存在；熔接痕（Ⅰ）因距点浇口很近，熔接不良的程度不会太明显；熔接痕（Ⅱ）因注塑模可设置冷料穴，冷凝料进

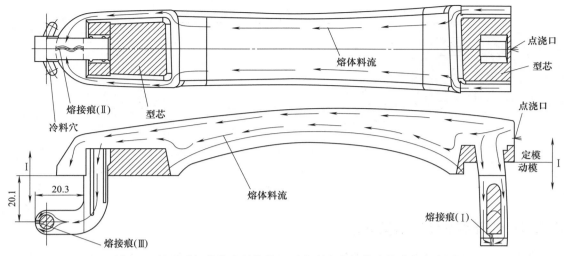

图 9-7　外开手柄体浇注系统设置不当所产生的缺陷整治方案之二

入槽中可以减缓熔接不良的程度。熔接痕（Ⅲ）因流程的距离缩短之后，也可减缓熔接不良的程度。但是，外开手柄体必须采用定模脱模结构进行脱模。

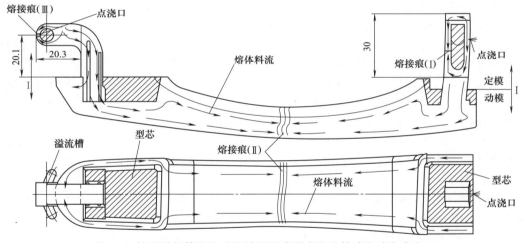

图 9-8　外开手柄体浇注系统设置不当所产生的缺陷整治方案之三

9.2.3　外开手柄体上形体六要素的分析

　　外开手柄体上形体"六要素"的分析，是确定注塑模结构的最佳优化和最终方案可行性分析与论证的基础和保障，其步骤是从外开手柄体形体分析中，找出外开手柄体的"六要素"，然后再针对外开手柄体上形体"六要素"，采取相应的措施来设置处理六要素的注塑模结构的最佳优化和最终方案可行性方案。

　　外开手柄体的形体"六要素"分析如图9-9所示。根据形体分析图可知，外开手柄体中部和右端存在着①、④和⑤号形高"障碍体"要素，外开手柄体左端还存在着⑥和⑦凸台"障碍体"要素。它们的存在必定会影响外开手柄体的脱模，为此，在确定注塑模结构方案时，应该有效地避让这些"障碍体"的措施。具体的措施是，采用抽芯的结构来有效地避开这些"障碍体"，使得外开手柄体形体在全部敞开后才能够顺利地脱模。

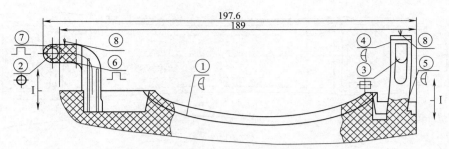

图 9-9 外开手柄体的形体"六要素"分析

①，④，⑤（ ）—弓形高形式"障碍体"；②（ ）—"型孔"；③（ ）—"型槽"；
⑥，⑦（ ）—凸台形式"障碍体"；⑧（V）—点浇口

9.2.4 外开手柄体注塑模的设计

根据外开手柄体的浇注系统与缺陷痕迹分析，可知外开手柄体应如图 9-10 所示的位置摆放在注塑模中。外开手柄体注塑模的设计如图 9-10 所示。

① 分型面的选取 分型面如图 9-10 所示的①至Ⅰ—Ⅰ的折线组成，可以避让弓形高"障碍体"①对动模开启和闭合运动的影响。

② 浇注系统的设计 由于外开手柄体较长，仅采用单头设置点浇口会产生填充不足和缩痕等缺陷，而采用两端设置点浇口就能够消除这些缺陷。

③ 避让外开手柄体右端的弓形"障碍体"④和⑤及型槽③的设计 如图 9-10 主视图所示，动模开闭模时，安装在定模板上的右侧斜导柱 1 带动右侧滑块 3 中的右侧型芯 4 进行抽芯和复位运动，可以避让外开手柄体右端的弓形"障碍体"⑤对外开手柄体脱模阻挡作用。如图 9-10 的 B—B 剖视图所示，由于 2 件右镶件 2 分别安装在右滑块 10 和右滑块 13 上，动模开闭模时，右斜导柱 7 带动右滑块 10 上的右镶件 2 和右侧型芯 9 进行抽芯和复位运动，而右斜导柱 11 带动右滑块 10 上的右镶件 2 和右侧型芯 12 进行抽芯和复位运动。这样，除了能够避让外开手柄体右端的弓形"障碍体"④和⑤对脱模的阻挡作用，还可以进行右端型槽③成型和抽芯。

④ 避让外开手柄体左端的凸台"障碍体"⑥和⑦及型孔②的设计 如图 9-10 的 A—A剖视所示，动模开闭模时，安装在定模板上的左斜导柱 14 带动左滑块 17 上左型芯 15 和左圆柱型芯 16 进行抽芯和复位运动，安装在定模板上的左斜导柱 18 带动左滑块 20 上的左型芯 19 进行抽芯和复位运动。这样，能够避让外开手柄体左端的凸台"障碍体"⑥和⑦及型孔②对脱模的阻挡作用。

⑤ 外开手柄体的脱模 在外开手柄体左右端的弓形高和凸台"障碍体"以及型孔和型槽，都采用五种斜导柱滑块抽芯机构清除之后，外开手柄体就可以利用定模脱模机构完成注塑件的脱模。

通过注塑模的五处斜导柱滑块抽芯机构，可以实现外开手柄体左右端的弓形高和凸台"障碍体"以及型孔和型槽的成型和抽芯。通过抽芯和中动模的分型，外开手柄体只滞留在定模型芯 5 和左镶件 21 的型面上，外开手柄体其他位置的型面都敞开了。在定模脱模机构的作用下，外开手柄体就能够顺利地完成脱模。通过对该例分析的过程，说明对注塑件形体"六要素"的分析及对注塑件浇注系统与缺陷的预期分析，对于注塑模结构方案的制订是至关重要的。

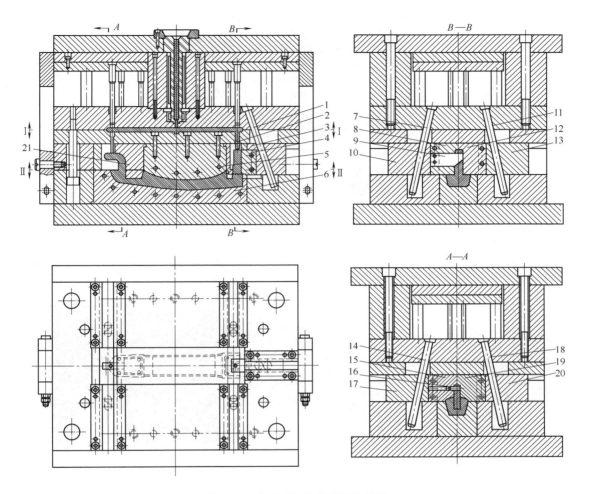

图 9-10 外开手柄体注塑模的设计

1—右侧斜导柱；2—右镶件；3—右侧滑块；4—右侧型芯；5—定模型芯；6—动模型芯；
7,11—右斜导柱；8—右型芯；9,12—右侧型芯；10,13—右滑块；14,18—左斜导柱；
15,19—左型芯；16—左圆柱型芯；17,20—左滑块；21—左镶件

9.3 拉手缺陷痕迹预期分析

由于注塑件缺陷图解预测法使用具有广泛性和普遍性，又不需要编制计算机相应软件的特点。图解法就可以在 CAE 法不能使用的领域中充分发挥作用，有了注塑件预测分析，总比没有预测分析要强。目前注塑模试模合格率低，注塑模制造之后，需要不断的试模和修模，其症结就是没有很好地进行注塑件缺陷的预测分析。因为注塑件缺陷预测分析的结果，可以将大部分或全部的注塑件成型加工缺陷阻挡在注塑模结构方案制订之前。

9.3.1 拉手缺陷痕迹

拉手的材料为聚氨酯弹性体，材料牌号为 T1190-PC。零件净重为 60g，毛重为 70g。拉手由手柄体 1 和钢丝绳 2 组成，如图 9-11 和图 9-13（a）所示。

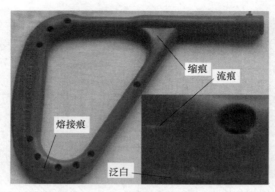

图 9-11　拉手的缺陷

（1）拉手上缺陷痕迹的辨认与判断

可以观察到拉手试模件上的缺陷痕迹有熔接痕、喷射痕、缩痕和泛白痕迹，是十分明显的，如图 9-12（a）、图 9-12（b）及如图 9-13（b）所示。

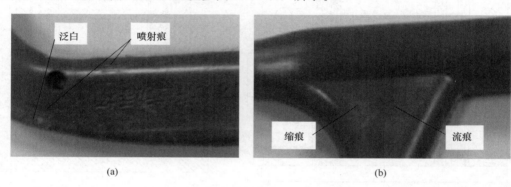

　　　　　（a）　　　　　　　　　　　　　　　　　　　（b）

图 9-12　拉手上缺陷

（2）拉手上缺陷痕迹的辨识

根据拉手成型加工痕迹，可判断出拉手上有两个浇口为矩形侧浇口的形式。如图 9-13（b）所示，拉手存在着喷射痕、熔接痕、流痕、缩痕和泛白痕迹。

① 喷射痕　在试模件上长分流道浇口处，存在着呈现范围较大的扇形状喷射痕④，而另一短分流道浇口处存在着范围较小的喷射痕④。

② 熔接痕　两浇口料流汇合处存在着一处明显而另一处较隐蔽的熔接痕⑤。

③ 流痕　在拉手圆柱体上存在着流痕⑥。

④ 缩痕　在拉手三角形区域手柄短直角边和斜边汇交处存在着缩痕⑧。

⑤ 泛白痕迹　在长分流道的浇口处存在着较大面积的泛白痕迹⑦。

这些痕迹均为拉手的缺陷痕迹，它们不仅影响拉手的外观，还影响拉手的强度，这些是拉手不允许存在的缺陷痕迹。这些缺陷痕迹通过缺陷综合论治之后，能够得到有效的减缓和消除。

（3）拉手上缺陷痕迹的分析

在对拉手试模件注塑模结构成型痕迹进行识别后，便可以着手进行熔体流动状态、收缩状态和温度、气体和应力分布图的绘制，如图 9-14 所示。

首先是要绘制塑料熔体流动状态图，根据塑料熔体流程相等的原则，找出两股或两股以

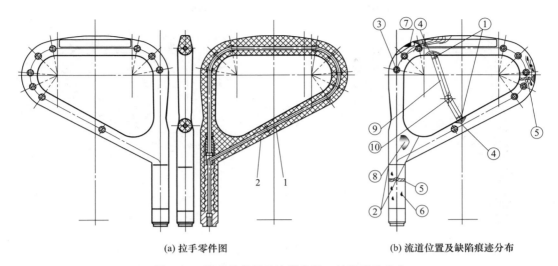

(a) 拉手零件图   (b) 流道位置及缺陷痕迹分布

图 9-13　拉手零件图及流道位置、缺陷痕迹分布

1—手柄体；2—钢丝绳

缺陷痕迹：①—浇口痕迹；②—分型面痕迹；③—推杆痕迹；④—喷射痕；⑤—熔
接痕；⑥—流痕；⑦—泛白痕迹；⑧—缩痕；⑨—分流道；⑩—主流道

上料流的交汇处，交汇处就是熔接痕位置。只有绘制好熔体流动状态图，其他物理量的分布图便能很好地绘制。再根据分析将熔体温度、收缩量、气体流动、应力和气体的分布分别标注在图上。

　　① 拉手熔体流动状态、收缩状态和温度、气体、应力分布分析　根据对图 9-14 的分析，从两个侧浇口所产生的成型加工缺陷痕迹，可以判断出两分流道的位置，分流道的方向和分流道的长度。如图 9-14（a）中点画线所示，可以看出两分流道的长短不一致。这是设计者为了使主流道能处于注塑模的对称中心位置上，而忽略主流道偏离拉手梯形旗状的中心位置，导致两分流道长短不一致。以至于两股进入模腔熔体的压力、流速和温度都不相同，流程长的熔体这些物理量都偏低。收缩状态和熔体温度分布如图 9-14（b）所示。气体和应力分布如图 9-14（c）所示。同时，又因为型腔中间还要铺设钢丝绳，而铺设钢丝绳特别费事又费时，钢丝绳便可以不预热，即使是预热了，也会很快地冷却下来。由于钢丝绳处在型腔中间，影响着熔体稳态流动，于是产生了流痕、喷射纹、泛白、缩痕和熔接痕五种缺陷，这些缺陷是要根治的。

　　a. 流痕。由于钢丝绳处在型腔中间，影响着熔体温度的降低和稳态流动。注射时，熔体刚从浇口中喷射出来，就碰到低温的钢丝绳和注塑模型腔壁。料流的前锋便迅速地降温，形成低温的薄膜。这样低温的薄膜便会产生众多微型冷凝分子团，冷凝分子团在随着降温熔体流动过程逐渐地增大，并将低温的分子团散布在整个料流的流程中，便形成了众多的流痕。长分流道里的熔料较短分浇道里的熔体冷却要快一些，冷凝分子团多的长分流道处的流痕就要较冷凝分子团少且短分浇道处的流痕要明显一些，那也是十分自然的现象了。

　　b. 喷射纹。长分流道在侧浇口处的熔体是呈扇形进入型腔，先是接触到钢丝绳 2 的两个定位型芯后，前锋的熔体迅速地冷却，再接触到型腔外壁后又进一步地冷却。由于高温高压的料流刚流出浇口就碰到低温的注塑模型腔壁，低温熔体的滞留又在后续喷射的高温熔体的周围形成了喷射纹。

　　c. 熔接痕。熔接痕主要是影响拉手的强度和刚性。拉手虽是一受力构件，但主要承受

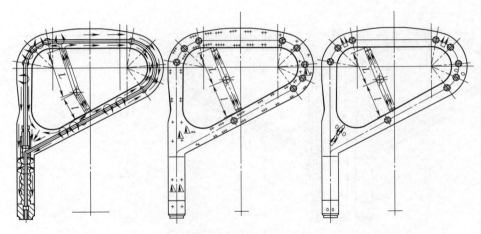

(a) 熔体流动状态　　　(b) 塑料收缩状态和熔体温度分布　　　(c) 气体和应力分布

图 9-14　拉手熔体流动状态、收缩状态和温度、气体、应力分布

→——塑料熔体流动方向；≋——熔接痕；＋＋＋＋——最高温度；＋＋＋——次高温度；＋＋——一般温度；

＋——较低温度；／／——应力；○——气体；△——塑料收缩率

的作用力是钢丝绳 2，手柄体 1 只是起到包裹钢丝绳 2 的作用。另外可使手握住手柄体 1 后不会勒手更舒适一些，还不会打滑，并且外观也漂亮一些。本来两处浇口就应有两处熔接痕，如图 9-13（b）所示的⑤处熔接痕明显，另一处⑤处的熔接痕不太明显。这样熔接痕在拉手中所产生的危害还算是不大，可以忽视。

d. 泛白。泛白或称为变色，是高温高压的料流刚出浇口就碰到低温的注塑模型腔壁和钢丝绳后迅速地降温，低温的料流沿注塑模型腔壁向两端充模。沿注塑模型腔壁的低温料流与后续的高温的料流便出现较大的温度差，便使得红色的色母变成白色，影响外观性。

e. 缩痕。根据对图 9-13（b）的分析，可得出如下的结论：钢丝绳 2 架设在手柄体 1 之中，这便是造成了试模件缺陷痕迹的主要原因。拉手为梯形旗状零件，由于两分流道的长短不一致，使两股熔体存在着温度差，温度差进而影响着收缩量的不同，故造成了缩痕。再者就是因为熔体充满型腔后在冷却收缩的过程中，因两分流道的长度过长，又得不到塑料熔体及时的补充也会产生缩痕。

② 拉手内部的缺陷痕迹分析图　对重要受力塑料构件，为了防止其产生应力裂纹和拉手内部出现气泡等缺陷，可以采用解剖的方法将拉手内部的缺陷暴露出来，还可以对拉手拍 X 光片来确定缺陷。然后绘制上述的缺陷痕迹分析图，便可找出产生缺陷真正的原因。当然，也可以通过图解法来分析拉手内部的缺陷痕迹，寻找到产生缺陷真正的原因。

（4）拉手上缺陷痕迹的判断

在对拉手上成型加工的痕迹解读之后，便要确定缺陷痕迹的性质。初学者主要是采用对比的方法进行判断，即采用实物与各种规范文本中缺陷痕迹的彩色照片进行对比，然后，确认拉手上缺陷痕迹的性质。而对有着丰富经验的人来说，就不必进行对比判断，其看一眼就能够直接确认出拉手上缺陷痕迹的性质。这是因为长期工作经验的积累，使之能够一眼就可以识别缺陷痕迹的性质。

9.3.2　拉手上成型加工痕迹的整治

从拉手试模件注塑模结构成型痕迹的识别和分析着手，如图 9-15（a）中点画线所示，可以看出两分浇道的长短不一致。再加上钢丝绳 2 架设在手柄体 1 之中，这便是造成了试模件缺陷痕迹的主要原因。为了达到两个浇口流量的平衡，可以通过流量平衡的计算来改变浇口的宽度和深度。实际上注塑模的型腔位置可以不变，采用潜伏式分流道可以使主流道仍处于注塑模的对称中心。

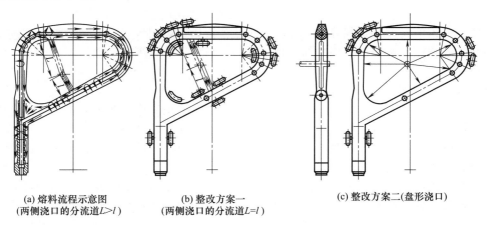

(a) 熔料流程示意图	(b) 整改方案一	(c) 整改方案二(盘形浇口)
(两侧浇口的分流道$L>l$)	(两侧浇口的分流道$L=l$)	

图 9-15　拉手整改方案示意图

→—熔体流动的方向；L—长分浇道的长度；l—短分浇道的长度

9.3.3　解决的办法

解决的办法：基本措施是将注塑模和钢丝绳在成型加工前先进行预热，增设冷料穴；调整注射机型号和注射工艺参数是附加补偿方法；注塑模修理、改制或重做的原则，应先立足于注塑模的修理，注塑模的改制为次之。注塑模重制是要产生经济的损失和延长注塑模制造周期的方法，不是万不得已是不可以采用的。

基本措施：料粒应在 80～90℃ 的烘箱中干燥 8～12h，进行预处理。其目的是除湿，以防成型加工时拉手会产生银纹和气泡等缺陷；注塑模和钢丝绳在成型加工前，应先预热至 90～100℃。其目的是减缓熔体在模腔中的冷却速度，以防过早产生冷凝料分子团而出现流痕和泛白缺陷。在实施基本措施后，流痕和泛白缺陷会减缓或消失。拉手上还存在着明显的熔接痕和缩痕，在不能改变拉手的材料的前提下，可以有两种减缓拉手缺陷的办法。

（1）采用附加补偿的办法

采用调整注射机型号和注射工艺参数的作为附加补偿手段，以达到减缓拉手缺陷的办法。该方法是使用大注射量的注射机，以达到能调整加速熔体流动为目的工艺参数，其中包括提高熔体的温度和料流的压力，延长注射时间和拉手冷却时间。该方法不存在着修模的经济上的损失，只是试模时要浪费些塑料和电能而已。这种方法只能缓减成型加工的缺陷，不能根除成型加工的缺陷。成型的工艺参数如下。

注射机型号：TT1-160F；料筒温度：第一段 150～180℃，第二段 170～200℃，第三段 180～230℃；注射压力：70～110MPa；注射速度：40～80m/min；螺杆转速：50～85r/min；背压：60～80 MPa；注射时间：3～6s；冷却时间：12～18s。

（2）注塑模修理、改制或重做的办法

如图 9-15 所示，存在着方案一和方案二。

① 方案一　方案一如图 9-15（b）所示。

a. 冷料穴法。如图 9-15（b）所示，在注塑模拉手型腔沿周及产生成型加工缺陷处，制作一定数量的冷料穴。可以使冷凝料进入冷料穴，以减缓拉手缺陷。拉手之所以会产生融接不良和熔接痕现象，都是因为熔体前锋降温后出现了冷凝料薄膜而产生的。如果让熔体前锋冷凝料薄膜流进冷料穴中，将会极大地改善熔接不良和熔接痕现象。

b. 修理主分流道法。若拉手成型加工缺陷仍达不到质量要求，只能采用改变主流道的截面尺寸，并使得长分流道的截面尺寸大于短分流道截面尺寸。最后才是改变两浇道的长度，使两分流道的长度基本相等，这种改动对注塑模结构影响较大，这样两种改动都可以缓减拉手缺陷的程度。再者只能逐步加大长浇道的浇口深度或宽度，也能达到两浇口熔体流量平衡的目的。

② 方案二　方案二如图 9-15（c）所示。

盘形浇口法：如图 9-15（c）所示，在拉手梯形旗状型腔中心处将浇口制成盘形浇口。因为盘形浇口不会存在着熔接痕，盘形浇口还有利于保压补缩便不会产生缩痕。加上可使熔体前部的冷凝料团进入冷料穴基本措施的采用，上述所有的拉手的缺陷将会全部消失。盘形浇口冷凝料的修饰时间较长，也要多浪费塑料。

通过图解法对拉手成型加工缺陷的预测分析，可以得出拉手成型加工时预期可能会产生的缺陷。便可以在注塑模结构方案分析的同时，制定出整治成型加工缺陷的相应措施。从而减少和避免成型加工缺陷的产生，减少试模次数和避免注塑模的重新制造。通过拉手成型加工缺陷的预测分析，可见图解法的功能和原理是与 CEA 法相同。

9.3.4　图解法缺陷预测分析图的绘制

如何绘制缺陷预测分析图是图解法中重要的基本功，除了绘制缺陷预测分析图，很多内容都是依据对熔体流动状态、气体流动状态、收缩状态以及温度、压力和应力分布等物理量的分析来进行绘制的。应该按拉手零件图的比例进行绘制，再绘制上述物理量的图形。为了使各种物理量绘制得较清楚，每种物理量可以单独地绘制成一张分析图。

① 熔体充模流动状态图的绘制　根据注塑件零件 2D 图形和镶件及注塑模型芯的位置，绘制料流的流动状态图。根据两股熔体流程相等的原则，两股料流汇交处即为熔接痕，熔接痕可用附录中熔接痕的符号表示之。应注意的是，绘制多股料流的流动状况时，应考虑流量的大小和流速对汇交处的影响。

② 气体充模流动状态图的绘制　绘制气体充模流动状态图的同时，可以根据料流的流动情况绘制气体充模流动状态图。注塑模中的气体在料流充模时，一般是从分型面和镶件及注塑模型芯的配合间隙中排出。绘图时要注意注塑模中有无气体滞留的死角，有则用附录中气体的符号表示之。

③ 温度分布图的绘制　主要根据绘制熔体充模流动的状况来进行绘制。熔体温度在充模过程中是变化的，近浇口处的温度高，远浇口处的温度低。注塑件的薄壁处温度降低得快，厚壁处温度降低得慢。靠近注塑模镶件及注塑模型芯的温度降低得快，远离注塑模镶件及注塑模型芯的温度降低得慢，气体被压缩处温度高。如此，可用附录中温度的符号表示之，可以绘制出温度分布图。

④ 收缩量分布图的绘制　注塑件的收缩量可以因温度高低的不同、注塑件壁的厚薄不同及塑料的各向异性的特性不同而不同。一般塑料温度低的部分先冷却先收缩，先收缩部分可以得到后收缩部分塑料的补充。温度高的部分后冷却后收缩，后收缩部分除了可以得到注射机的保压补塑的塑料补充之外，在保压补塑结束之后，会出现缩痕或填充不足。薄壁处先冷却先收缩，厚壁处后冷却后收缩，先收缩部分于后收缩部分可以先得到的塑料补充，这就是厚壁处出现缩痕的原因。塑料的各向异性的特性是顺流方向的收缩率大于垂直方向的收缩

率。可用附录中收缩量的符号表示之，可以绘制出收缩量分布图。

⑤ 压力分布图的绘制　注塑模闭合后，在锁模力的作用之下，只是在分型面上存在着作用力，模腔中是不存在作用力。模腔中作用力是因熔体在压力的作用之下填充时所产生的，之后在注射机保持的压力作用下而产生了反作用力。靠近浇口处的作用力大，远离浇口处的作用力小。注塑压力撤除之后，模腔中便不会存在着作用力，但仍会保留着内应力。可用附录中作用力的符号表示之，可以绘制出作用分布图。

⑥ 应力分布图的绘制　应力是熔体充模时残余力，是因塑料温差和收缩量不同所产生的残留力，应力是注塑件产生变形和破裂的主要原因。反作用力对注塑件的作用产生了内应力，内应力的分布也是不均匀的。模腔中承受的料流作用力大的部位，料温差大和收缩量变化大的部位，就是残余应力较集中的部位。可用附录中应力的符号表示之，可以绘制出应力分布图。

在绘制出熔体流动状态、气体流动状态和收缩状态以及温度、压力和应力等分布图之后，就可以较容易分析出注塑件上产生的缺陷。有了注塑件上缺陷分析图，就能很容易制订出注塑件上的缺陷整治措施来。注塑件缺陷预测分析图解法，也是注塑模结构最终方案可行性分析方法。总之，注塑模方案要先通过对注塑件形体"六要素"的分析；再过渡到采用注塑模结构方案三种可行性分析方法，制订注塑模结构和最佳优化可行性方案；然后，通过对注塑件缺陷预期分析，制订出注塑模结构最终可行性方案之后，才能进行注塑模的设计，只有如此，才能确保注塑模设计和制造的成功。

对于注塑件上成型加工缺陷的整治，以前一般都是采用试模在暴露了缺陷痕迹后，塑料成型加工工艺人员再根据缺陷痕迹，凭借自己的经验进行缺陷的整治。近年来对注塑件上成型加工缺陷的整治，由于注塑模计算机辅助工程分析（CAE）软件编制，能够对熔接痕、缩痕、翘曲变形、气泡和应力集中位置等缺陷进行预测，使得注塑件上成型加工缺陷的整治工作上了新台阶。但 CAE 法能够进行预测分析内容之外的缺陷就没有了办法，采用缺陷图解法就能解决这个问题。只要在注塑模最终结构分析方案时，就能够预测到注塑件上因注塑模结构不当的缺陷，从而消除注塑模修理和重新制造的可能性。对注塑件上非注塑模结构不当的缺陷可以通过排除法和痕迹法进行整治。可见注塑模最终结构方案可行性分析与论证，是注塑模设计的重要内容之一，也是提高试模合格率的重要手段。

本章通过对外手柄和外开手柄体缺陷的预测，进行注塑模最终结构方案的制订，说明了注塑件缺陷预测对塑模最终结构方案的制订的重要性。拉手上缺陷整治，是运用拉手上缺陷痕迹对缺陷整治的重要性，告知读者如何运用缺陷预测和缺陷整治法根治注塑件上的缺陷。

第⑩章

注塑模形状、型孔、变形综合要素的应用

注塑模设计在注塑件形体"六要素"分析中，"形状"要素除了有注塑件形状之外，还包括与注塑件形状和尺寸相关注塑件收缩率的计算，注塑件尺寸精度的计算以及其他有关类型的计算。没有这些计算，注塑件形状也是达不到塑料产品图纸的要求，这样注塑件形状还只能是图纸相似形状而不是图纸要求形状和精度。所以，注塑模的设计还必须要有注塑件形体、尺寸和精度的计算，只有确保了注塑件形体、尺寸和精度符合图纸要求的注塑模，才是合格的注塑模。注塑模除了结构设计之外，其实还有结构设计之前的产品零件设计、测绘、产品零件材料和前后处理等工作。注塑模设计之后，还有注塑模材料、热表处理、标准件的选择，注塑模工艺的编写、注塑模制造、注塑模零件和注塑模检测、填写履历袋、性能测试、试模、修模、油封和入库等工作，外协注塑模还有价格计算和签订协议等工作。注塑模的设计只是注塑模工作中一个重要的部分，是注塑模整体工作的源头部分，注塑模结构设计出现了错误，注塑模的其他工作都将停止。注塑模制造是一个整体工程，现代注塑模制造应用了 CAD 和 UG 软件设计，应用了 CAE 软件对缺陷分析，更应用了数铣、数车、线切割、电火花进行加工，甚至应用精雕和坐标磨进行加工，可见注塑模工程是一种高科技生产。

10.1 变位斜齿圆柱齿轮的克隆设计与计算

当模数为 1mm 而齿数又小于 12 的斜齿轮，肯定是变位斜齿轮。蜗杆和蜗轮，自然就是变位蜗杆和变位蜗轮。当要求克隆变位斜齿轮和变位蜗杆、变位蜗轮要与样品的变位斜齿轮、变位蜗杆、变位蜗轮的所有参数一致，而变位斜齿轮宽度又很窄时，这种窄小型变位斜齿圆柱齿轮的参数，在无法测量的情况下，如何仅根据变位斜齿圆柱齿轮的模数、齿数、中心距和齿顶圆的直径来确定变位斜齿圆柱齿轮的所有参数，再进而确定变位蜗杆、变位蜗轮的所有参数。而要加工出克隆变位斜齿圆柱齿轮、变位蜗轮注塑模的型腔，还必须要制作加工它们的电极或拉刀。如不能确定它们的所有参数，要制造出它们的电极、注塑模型腔和产品都是不可能的事情。所以，计算它们的参数是变位斜齿轮、变位蜗杆和变位蜗轮克隆设计的关键，它们的参数不正确，还会造成啮合间隙大，传动时噪声大，转动不平稳；齿根处会产生着根切现象，齿的强度差；负载时肯定会打掉有根切的齿而使斜齿轮无法使用。

绝大多数塑料齿轮的直径都较小，如此，模数小和齿数也少的齿轮，多采用变位斜齿轮。变位斜齿轮的设计本身就很复杂，特别是在克隆的变位斜齿轮要与样品斜齿轮一致时，这种克隆变位斜齿轮的设计就更为困难。众所周知，对于圆柱斜齿轮啮合传动来说，为了消除根切现象，提高齿的强度、寿命和接触强度；为了减小斜齿轮的磨损和胶合的可能性；为了增加齿的抗弯强度和凑配中心距，常采用变位圆柱斜齿轮传动。为了避免蜗轮根切，提高蜗杆和蜗轮的承载能力、凑配中心距或改善啮合性能及改变降速比，也常采用变位蜗杆和变位蜗轮的传动。

通过对样品的测绘，可以重新对电动汽车玻璃升降器（简称升降器）进行克隆设计。由于左、右变位斜齿轮的齿数仅有 8 个齿，可以先定性确定升降器左、右斜齿轮和大位斜齿轮为变位斜齿轮，而蜗杆、蜗轮也应该是变位性质。然后，通过对它们几何尺寸的计算，便可以定量地确定升降器的蜗杆、蜗轮为径向变位蜗杆、蜗轮的传动。而左、右变位斜齿轮和大变位斜齿轮为正角度变位斜齿圆柱齿轮的传动。并通过对左、右变位斜齿轮和大变位斜齿轮的变位系数及变位蜗杆和变位蜗轮变位系数的选择，可以完全克隆出与样品一致的传动件。在这个过程中是先通过对样品的观察和检测，初步地对传动件的变位性质进行分析和判断。然后，再通过对它们几何尺寸的精确计算，最后确定这些传动件的变位性质和几何尺寸。

10.1.1　电动汽车玻璃升降器的结构和工作原理

电动汽车玻璃升降器的结构和工作原理如图 10-1 所示。开动直流电机 11 带动与它相连蜗杆轴 3 转动。蜗杆轴 3 的下端固定着直流电动机 11，中间空套着铜轴承 10，上端则是制有两段左右方向变位蜗杆的齿。当蜗杆轴 3 正转（顺时针）时，右变位蜗杆的齿与右双联变位斜齿轮蜗轮 4 的变位蜗轮齿啮合传动，而左变位蜗杆的齿与左双联变位斜齿轮蜗轮 5 变位蜗轮的齿之间存在着间隙，脱离啮合不能够传递运动。当蜗杆轴 3 反转（逆时针）时，则是左变位蜗杆的齿与左双联变位斜齿轮蜗轮 4 的变位蜗轮齿啮合传动。而右变位蜗杆的齿与右双联变位斜齿轮蜗轮 4 的变位蜗轮齿之间存在着间隙，脱离啮合也不能够传递运动，电动升降器正是运用了上述的传动原理而进行工作的。也就是说，只要能够控制蜗杆轴 3 的正、反转向，就可以控制左、右双联变位斜齿轮蜗轮的变位蜗轮转向，进而可以控制车窗玻璃的上升和下降。绝不会发生左、右两个变位蜗轮转向切换的混乱和产生运动干涉的现象。

右变位蜗轮与右变位斜齿轮制成一体称作右双联变位斜齿轮蜗轮 4，而左变位蜗轮与左变位斜齿轮制成一体称作左双联变位斜齿轮蜗轮 5。左、右变位斜齿轮均与大变位斜齿轮 6 相互啮合，它们都是变位斜齿圆柱齿轮，它们的斜齿在转动时是逐渐地啮合和逐渐地脱离啮合，这种的啮合传动时就更为平稳。蜗杆轴 3 的正转，使右双联变位斜齿轮蜗轮 4、大变位斜齿轮 6、花键轴 7 和槽轮 8 转动。槽轮 8 的槽中缠绕着钢绳 9 的两端分别与玻璃的上、下两端相连。正转的槽轮 8 使钢绳 9 的一端缠绕在槽中使玻璃沿着车窗的导向槽上升。而与玻璃下端相连的钢绳则被松开。反之，玻璃则下降。这样，只要按动开关控制电机的正、反转动，就可以控制玻璃的上升和下降。若能改进为遥控电机的正、反转动，便可实现遥控升降玻璃，这将会给司机带来更大的方便。玻璃上升和下降到极限位置时，由于阻力增大，就会使钢绳 9 在槽轮的槽中打滑，从而可以保护电动升降器不会被损坏。

10.1.2　对电动升降器传动构件的观察和测量

电动升降器传动构件包括：蜗杆轴 3、右双联变位斜齿轮蜗轮 4、左双联变位斜齿轮蜗轮 5 和大变位斜齿轮 6；花键轴 7 以及槽轮 8、钢绳 9 等。研究对象主要的是：左、右变位斜齿轮与大变位斜齿轮以及蜗杆轴和左、右变位蜗轮。

（1）对左、右变位斜齿轮的观察

首先对大变位斜齿轮的齿向和左、右变位斜齿轮的齿数进行观察，凡是齿轮齿向倾斜于

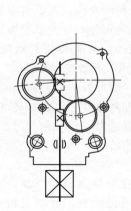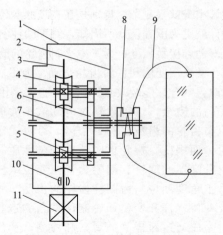

图 10-1　电动升降器的结构和工作原理

1—齿轮盒；2—盖；3—蜗杆轴（$Z_左=1$，$Z_右=1$）；4—右双联变位斜齿轮蜗轮（右变位斜齿轮 $Z=8$，
右变位蜗轮 $Z=40$）；5—左双联变位斜齿轮蜗轮（左变位斜齿轮 $Z=8$，左变位蜗轮 $Z=40$）；
6—大变位斜齿轮（$Z=42$）；7—花键轴；8—槽轮；9—钢绳；10—铜轴承；11—直流电机

齿轮轴向均为斜齿圆柱齿轮。再是数一下左、右斜齿轮的齿数，左、右两个斜齿轮均为斜齿圆柱齿轮，齿数均为 8 个齿。在齿轮加工时，对齿轮的最小齿数（Z_{min}）是有一定限制的。否则，在加工齿时就会产生根切现象，从而导致减弱轮齿的强度，降低斜齿轮传动质量。产生了根切的斜齿轮，一方面使承受最大弯矩的齿根部分强度变弱；另一方面由于基圆以外部分的渐开线齿轮廓容易被切去，因此，当它与另一轮齿轮啮合时，啮合系数将会减小。为了避免根切，需要知道不产生根切的最小齿数（Z_{min}），直齿圆柱齿轮的最小齿数；

$$Z_{min}=\frac{2f\left[1+\sqrt{1+\left(\frac{2}{i_q}+\frac{1}{i_q^2}\right)\sin^2\alpha_0}\right]}{\left(2+\frac{1}{i_q}\right)\sin^2\alpha_0} \tag{10-1}$$

$$i_q=\frac{Z_d}{Z'}$$

式中　i_q——传动比；

　　　Z_d——插齿刀齿数；

　　　Z'——齿轮齿数；

　　　f——齿顶高系数；

　　　α_0——齿形角。

可见，Z_{min} 与切齿时的传动比 i，齿形角 α_0 和齿高系数 f 有关。当使用齿条刀具切齿时，当 $i_q=\infty$，即 $Z_{min}=\frac{2f}{\sin^2\alpha_0}$。而实际情况是允许存在着少许根切的，并取实际允许的最少齿数 $Z'_{min}=\frac{5}{6}Z_{min}$，例如：当 $\alpha_0=20°$，$f=1$，$i_q=\infty$，$m>1$ 时，外啮合直齿圆柱齿轮最少齿数 Z_{min} 为 17 个齿。当 $\alpha_0=20°$，$f=1$，$i_q=\infty$，$m\leqslant1$ 时，圆柱齿轮不产生根切的最少齿数 Z_{min} 为 14 个齿，而实际最小齿数 Z'_{min} 可以为 12 齿。由此可见，左、右齿轮齿数为 8，切齿时必定会产生根切，为了避免产生根切，就一定要采用变位齿轮。

（2）齿轮变位基本原理

它是运用移动齿廓来避免根切的基本原理，也就是用减少齿轮齿根的非渐开线部分，再在齿顶部分增加一段渐开线的齿面原理。通俗地讲，就是将齿轮的齿廓移动一个位置，即将刀具移离或移近工件的中心，可以切出相同的模数和齿形角的齿轮。只是其分度圆处的齿厚改变了，齿根高也改变了。

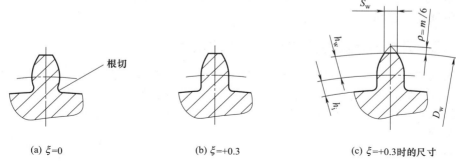

(a) $\xi=0$　　　　　(b) $\xi=+0.3$　　　　　(c) $\xi=+0.3$时的尺寸

图 10-2　变位与非变位斜齿轮的齿形及齿顶变尖情况

S_w—齿顶宽；ρ—齿顶尖高；h_w—齿顶高；h_i—齿根高

如图 10-2 所示，齿数 Z 及变位系数 ξ 对齿形的影响：当 $Z=14$ 时，非变位齿轮 $\xi=0$ 和变位齿轮 $\xi=+0.3$ 的齿形比较。当 $\xi=0$ 时的齿根部有明显的根切现象，如图 10-2 （a） 所示。当 $\xi=+0.3$ 时的齿根部便没有根切的痕迹，如图 10-2 （b） 所示。比较左、右变位斜齿轮的齿形与图 10-2 （b） 所示相同，这样，可以定性地判断左、右变位斜齿轮为变位斜齿轮。若要克隆出与样品一致的产品来仅靠定性地判断，还只是停留在初级认识阶段。现在的问题是要克隆出与样品完全一致的产品，其几何尺寸就必须与样品相一致，这就需要对变位斜齿轮作进一步的研究。

（3）对样品齿轮的测量参数和非变位齿轮参数的对比

设这对相互啮合变位斜齿轮的模数为 1mm，大变位斜齿轮的齿数为 42，左、右变位斜齿轮的齿数为 8，如图 10-3 所示。对左、右变位斜齿轮和大变位斜齿轮的测量，只要测量出它们的齿顶圆直径 D_w，左、右变位斜齿轮和大变位斜齿轮轴间的中心距 A；再进行比较后，便可清晰地区别这些样品传动件是不是非变位与变位的性质了。然后，再按照非变位齿轮传动的几何尺寸计算出它们齿顶圆直径，再进行比较，便可确定这些样品齿轮是不是变位齿轮。螺旋齿圆柱齿轮从理论上讲也存在变位的方法，但一般可用改变螺旋角的方法来避免产生根切，故实际上很少采用变位的方法。斜圆柱齿轮则只能是采用变位方法来避免产生根切，由此可以判断左、右变位斜齿轮和大变位斜齿轮都是斜齿圆柱齿轮而不是螺旋齿轮。大变位斜齿轮和左、右变位斜齿轮测量值与计算的非变位理论值对照如表 10-1 所示。

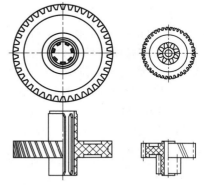

(a) 大变位斜齿轮　　(b) 左右变位斜齿轮

图 10-3　大、左右变位斜齿轮

表 10-1　左、右变位斜齿轮和大变位斜齿轮测量值与计算的非变位传动件理论值对照　　mm

值	左、右变位斜齿轮 齿顶顶圆直径 D_w	大变位斜齿轮 齿顶圆直径 D_w	左、右变位斜齿轮与大 变位斜齿轮中心距 A	变位蜗杆与变位 蜗轮中心距 A
测量值（样件）	$\phi 11.86$	$\phi 47.44$	27.80	15.20
理论值（非变位）	$\phi 10.88$	$\phi 47.55$	26.96	14.90

从表 10-1 中我们可以清楚地看出：左、右变位斜齿轮齿顶圆直径的实际尺寸 $\phi11.86mm$，大于非变位齿轮理论值 $\phi10.88mm$（0.98mm），这是十分明显的。而大变位斜齿轮顶圆直径的实际尺寸 $\phi47.44mm$，则小于非变位理论值 $\phi47.55mm$（0.11mm）。加上左、右变位斜齿轮与大变位斜齿轮的实际中心距为 27.8mm，也大于非变位左、右齿轮和大齿轮中心距 26.96mm（0.84mm）。这充分说明了左、右变位斜齿轮、大变位斜齿轮及变位蜗杆与变位蜗轮，也都是采取了变位方法的结果。

10.1.3 汽车升降器传动件变位方法种类的选择

变位圆柱斜齿轮传动的种类有多种，如何正确地选择变位方法是十分重要的，否则，是达不到变位的目的，更达不到克隆电动汽车玻璃升降器的目的。

圆柱斜齿轮变位啮合种类的选择：对于圆柱斜齿轮变位啮合的种类而言，有高度变位和角度变位两种。

（1）高度变位

当高度啮合中心距 A 与非变位啮合中心距 A_0 相等时，即 $A=A_0$，变位系数 $\xi_1=\xi_2$，既 $\xi_\Sigma=\xi_1+\xi_2=0$。此时，一个斜齿轮的 $\xi_1>0$ 为正变位，而另一个斜齿轮的 $\xi_2<0$ 为负变位，说明有正高度变位齿轮和负高度变位齿轮两种。

（2）角度变位

汽车升降器的 $A=27.8mm$，$A_0=26.96mm$，$A\neq A_0$，显然是不属于这种变位方法。这种变位属于角度变位，角度变位也可以分成正角度变位和负角度变位方法两种。而每种方法又可分为为三种情况，可根据两啮合齿轮变位系数 ξ 的值来进行区分。

① 正角度变位啮合斜齿轮 可分成三种类型。

a. ξ_1 与 ξ_2 均为正值。

b. ξ_1 为正，ξ_2 为零。

c. ξ_1 为正，ξ_2 为负，且 $\xi_1>|\xi_2|$。

② 负角度变位啮合斜齿轮 也可分成三种类型。

a. ξ_1 与 ξ_2 均为负值。

b. ξ_1 为零，ξ_2 为负。

c. ξ_1 为正，ξ_2 为负，且 $\xi_1<|\xi_2|$。

但是，就高度变位啮合来说，它们啮合的中心距 A 与非变位啮合中心距 A_0 是相同的，即 $A=A_0$。而角度变位啮合中心距 A 则与非变位啮合中心距 A_0 是不同的，当 $A>A_0$ 时为正角度变位；当 $A<A_0$ 时为负角度，变位啮合种类如表 10-2 所示。

（3）变位斜齿轮的变位方法种类的选择

可以根据表 10-1 的值，由表 10-2 的内容来进行判断。即当 $Z_1<17$ 时，$Z_1+Z_2=50\geqslant34$，$A\neq A_0=\dfrac{m}{2}(Z_1+Z_2)$ 时，其类型为 b。目的是避免根切的角度变位啮合，且 $\xi_1+\xi_2\neq0$。

具体选择如下：以齿轮的齿数 $Z_1=8$，$Z_2=42$，$A_0=26.96$，$A=27.80$，$\zeta_{n1}=0.613$，$\zeta_{n2}=0.3$ 等代入表中各项，由此可以判断齿轮角度变位，可避免根切，确定后打√，便可以齿轮角度变位有关公式计算齿轮的所有参数。比如带√的下一项，$Z_1<17$ 符合，可是 $Z_1+Z_2=8+42=50$ 不可能小于 34，为不符合，这里采用齿轮变位系数为 $\zeta_{n1}=0.613$，后面图 10-4 中查找 $S_{w1}=0.1m$，$K_{w1}=0.52$ 取的 $\zeta_{n1}=0.60$，是因为采用 $\zeta_{n1}=0.60$ 计算齿轮各个参数与实际齿轮参数不符，才调整为 $\zeta_{n1}=0.613$。

表 10-2　变位斜齿轮的变位方法种类

左、右齿轮的齿数 Z_1	齿轮对的齿数和 Z_Σ	中心距 A	变位系数 ξ	变位方法	主要目的	类型
$Z_1<17$	$Z_1+Z_2\geqslant34$	$A_0=m/2(Z_1+Z_2)$	$\zeta_1=-\zeta_2$	高度变位	避免根切	a
		$A\neq m/2(Z_1+Z_2)$	$\zeta_1+\zeta_2\neq0$	角度变位	避免根切	b
	$Z_1+Z_2<34$	$A_0>m/2(Z_1+Z_2)$	$\zeta_1+\zeta_2>0$	角度变位	避免根切	c
$Z_1\geqslant17$	$Z_1+Z_2\geqslant34$	$A_0=m/2(Z_1+Z_2)$	$\zeta_1=-\zeta_2$	高度变位	改善啮合性能或凑合中心距	d
		$A\neq m/2(Z_1+Z_2)$	$\zeta_1+\zeta_2\neq0$	角度变位	改善啮合性能或凑合中心距	e

10.1.4　变位斜齿圆柱齿轮啮合的几何计算

根据正角度变位啮合斜齿轮第三种类型，我们可以判断左、右变位斜齿轮和大变位斜齿轮为 $\xi_1>0$，$\xi_2<0$ 的正角度变位方法。这样我们只要根据相关的计算公式，去计算它们各自的几何尺寸就可以了。但在计算时必须先求得法向总变位系数 $\xi_{n\Sigma}$ 之后，再对左、右变位斜齿轮和大变位斜齿轮的法向变位系数 ξ_{n1}、ξ_{n2} 的值作出选择，ξ_{n1}、ξ_{n2} 的选择问题必须注意以下几种限制方法。

（1）不产生根切或允许有微小根切时最小的变位系数 ξ_{min}

最小轮齿不产生根切或允许有轻微的根切的条件是：不至于因变位系数的变化而减少预期的啮合系数或缩短齿廓的有效部分。

① 当 $f=1$，$\alpha_{0n}=20°$ 时，不产生根切的最小变位系数是：

$$\xi_{minb}=\frac{17-Z_1}{17}=\frac{17-8}{17}\approx0.529$$

② 当 $f=1$，$\alpha_{0n}=20°$ 时，允许有微小根切的最小变位系数是：

$$\xi_{minw}=\frac{12-Z_1}{17} \tag{10-2}$$

式中　α_{0n}——齿形角；

ζ_{minb}——不产生根切的最小变位系数；

ζ_{minw}——微小根切的最小变位系数。

$$\xi_{minw}=\frac{12-8}{17}\approx0.235$$

（2）齿顶变尖时的最大变位系数 ξ_{max}

规定 ξ_{max} 时，$\rho=\frac{1}{6}m$ [ρ 如图 10-2（c）所示]。随着变位系数 ξ 的增大，齿形逐渐变尖。当 $f=1$，$\alpha_{0n}=20°$，$Z_1=8$ 时，经查表得到 $\xi_{max}=0.565$，$\xi_{min}=0.255$。但变位系数应满足 $\xi_{max}\geqslant\xi\geqslant\xi_{min}$。若所取变位系数必须超过 ξ_{max} 值，就应该验算齿顶宽 S_w 的数值，并根据具体情况决定所取 ξ 值是否是允许的。当 $f=1$，$\alpha_{0n}=20°$ 时，对于 $Z\leqslant10$ 的齿轮条件 $\xi_{max}\geqslant\xi\geqslant\xi_{min}$ 无法满足时，在多数情况下，系数 ξ 是为了保证消除根切，常常取成变位系数 ξ 大于 ξ_{max} 而小于 ξ_w，即 $\xi_w\geqslant\xi\geqslant\xi_{max}$。根据变位系数 ξ 可以大于 ξ_{min}，可设 $\varepsilon_{n1}=0.60$。

（3）如何验算齿顶宽 S_w 的数值

开式易磨损的齿轮齿顶宽 $S_w\geqslant0.4mm$。计算时可根据齿数 Z_1 算出当量齿数 Z_{11}：

$$Z_{11}=\frac{Z_1}{\cos^3\beta_f}=\frac{8}{\cos^3 22°}=10$$

根据当量齿数 Z_{11} 及齿轮 Z_1 系数 $\xi_{n1}=0.60$，如图 10-4 所示，可找出 S_{w1} 及 K_{w1} 值，K_w 为齿顶宽减小量修正系数，即可计算出齿顶宽减小量 Δh_w。根据图 10-4 及 $Z_{11}=10$，$\xi_{n1}=0.60$，可找出：$S_{w1}=0.1m$，$K_{w1}=0.52$；具体查找方法是：由下横坐标上当量齿数 Z_{11} 为 10 的点向上移动至与 ζ_n 为 0.60 斜线相交的交点 ζ_{n1}，再由 ζ_{n1} 点向左移动与 S_w 纵坐标相交的交点 S_{w1} 即为 $0.1m$，然后，由 ζ_{n1} 点沿 ζ_n 曲线向右移动与 K_w 斜线相交的交点 K_{w1} 即为 0.52。那么，$\Delta S_w=S_w-S_{w1}=0.4-0.1=0.3$（mm），$\Delta S_w$ 为齿顶宽变化量。齿顶宽减小量 $\Delta h_{w1}=\Delta S_{w1}K_{w1}=0.3\times0.52=0.16$（mm），即 $\zeta_{n1}=0.53$ 时齿顶宽 S_{w1} 为 0.4mm；但当 ζ_{n1} 为 0.6 时，齿顶宽 S_{w1} 的减小值为 0.16mm。那么，实际齿顶宽为 0.24mm。

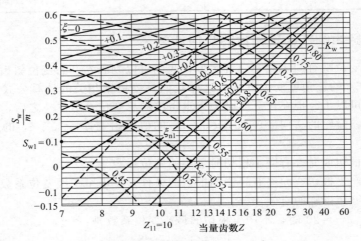

图 10-4　齿顶宽 S_w 值查找表（$\alpha_{0n}=20°$，$f=1$）

10.1.5　左、右齿轮为变位斜齿圆柱齿轮传动的中心距已定时几何参数的计算

在给定的一对相互啮合变位斜齿轮的参数如下：$Z_1=8$，$Z_2=42$，$m_{0n}=1mm$，$\alpha_{0n}=20°$，$\beta_f=22°$，$C_{0n}=0.5$，作为已知条件；实际测量的两齿轮中心距 $A=27.8mm$，可以根据中心距已定时，变位斜齿圆柱齿轮传动的计算公式计算出：端面模数、端面齿形角、齿顶高、齿全高、分度圆直径、非变位啮合中心距和端面（节圆）啮合角等几何参数，如表10-3 所示。在计算这些参数时，应先计算出法向变位总系数 $\zeta_{n\Sigma}$ 和小齿轮、大齿轮的法向变位系数 ζ_{n1}，ζ_{n2}，方可以计算上述几何参数的值。

（1）非变位斜齿圆柱齿轮传动几何参数的计算

根据非变位斜齿圆柱齿轮设计时，已知条件：$Z_1=8$，$Z_2=42$，$m_{0n}=1mm$，$\alpha_{0n}=20°$，$\beta_f=22°$，$f_{0n}=1$，$C_{0n}=0.25$，经计算可得：

① 端面模数：$m_s=\dfrac{m_n}{\cos\beta_f}=\dfrac{1}{\cos22°}=1.0785347$（mm）

② 端面齿形角正切函数值：$\tan\alpha_{0s}=\dfrac{\tan\alpha_{0n}}{\cos\beta_f}=\dfrac{\tan20°}{\cos22°}=0.3925545$

查三角函数表得：$\alpha_{0s}=21°25'58''\approx21°26'$

③ 齿顶高：$h_w=f_{0n}m_{0n}=1$（mm）

④ 齿全高：$h=(2f_{0n}+c_{0n})m_{0n}=2.25\times1=2.25$（mm）

⑤ 分度圆直径：$d_{f1}=Z_1m_s=8\times1.0785347=8.6282776$（mm）

$$d_{f2} = Z_2 m_s = 42 \times 1.0785347 = 45.298457 (\text{mm})$$

⑥ 非变位啮合中心距：$A_0 = \dfrac{Z_1 + Z_2}{2} \times m_s = \dfrac{8.6282776 + 45.298457}{2} \times 1.0785347$

$$= 26.963368 (\text{mm})$$

⑦ 端面（节圆）啮合角余弦函数值：$\cos\alpha_s = \dfrac{A_0}{A} \cos\alpha_{0s} = 0.90282667$

查三角函数表得：$\alpha_s = 25°28'$

（2）角度变位斜齿圆柱齿轮传动几何参数的计算

经计算非变位斜齿圆柱齿轮中心距为 $A_0 = 26.96\text{mm}$，根据实际测量的两齿轮啮合中心距 $A = 27.8\text{mm}$，再次证明了圆柱斜齿轮为变位斜齿轮。基于中心距已确定的事实，根据变位斜齿圆柱齿轮传动的计算公式可以计算出：法向总变位系数、端向中心距变动系数、法向齿顶高降低系数、齿顶高、齿顶圆直径、齿全高、端面啮合模数、节圆直径、基圆螺旋角、基圆直径、齿顶圆端面压力角、跨齿数和斜齿公法线长度等几何参数，如表 10-3 所示。在计算这些参数时，应先计算出法向变位总系数 $\xi_{n\Sigma}$ 和左、右齿轮、大齿轮的法向变位系数 ξ_{n1}，ξ_{n2} 后，方可以计算上述几何参数的值。

① 法向总变位系数：$\xi_{n\Sigma} = \dfrac{(m\nu\alpha_s - \text{inv}\alpha_{0s})(Z_1 + Z_2)}{2\tan\alpha_{0n}}$

$$\xi_{n5} = \dfrac{(\text{inv}25°29' - \text{inv}21°26') \times 50}{2\tan20°} \tag{10-3}$$

查渐开线函数表：$\text{inv}25°28' = 0.031784$，$\text{inv}21°26' = 0.018485$，代入上式得：

$$\xi_{n\Sigma} = \dfrac{(0.0317844 - 0.0184848) \times 50}{0.7279404} = 0.91346764 \approx 0.913$$

将 $\xi_{n\Sigma}$ 值分配给 ξ_{n1} 和 ξ_{n2}，令：$\xi_{n1} = 0.613$，$\xi_{n2} = 0.3$

② 端向中心距变动系数：$\lambda_s = \dfrac{A - A_0}{m_s} = \dfrac{27.8 - 26.963368}{1.0785347} = 0.7757117$

③ 法向中心距变动系数：$\lambda_n = \dfrac{A - A_0}{m_n} = \dfrac{27.8 - 26.963368}{1} = 0.83632 \approx 0.84$

④ 法向齿顶高减低系数：$\sigma_n = \xi_{n\Sigma} - \lambda_n = 0.913 - 0.84 \approx 0.073$

⑤ 齿顶高：$h_{w1} = (f_{0n} + \xi_{n1} - \sigma_n)m_{0n} = (1 + 0.613 - 0.073) \times 1 \approx 1.54 (\text{mm})$

$$h_{w2} = (f_{0n} + \xi_{n2} - \sigma_n)m_{0n} = (1 + 0.3 - 0.073) \times 1 \approx 1.23 (\text{mm})$$

⑥ 齿顶圆直径：$d_{w1} = d_{f1} + 2h_{w1} = 8.628 + 2 \times 1.54 \approx 11.7 (\text{mm})$

$$d_{w2} = d_{f2} + 2h_{w2} = 45.298457 + 2 \times 1.23 \approx 47.8 (\text{mm})$$

⑦ 齿全高：$h_1 = h_2 = m_{0n}(2f_{0n} + c_{0n} - \sigma_n) = 1 \times (2 \times 1 + 0.25 - 0.073) = 2.18 (\text{mm})$

⑧ 齿全高：$h_{i1} = h_1 - h_{w1} = 2.18 - 1.54 \approx 0.64 (\text{mm})$

$$h_{i2} = h_2 - h_{w2} = 2.18 - 1.23 \approx 0.95 (\text{mm})$$

⑨ 端面啮合模数：$m_{bs} = \dfrac{2A}{Z_1 + Z_2} = \dfrac{2 \times 27.8}{8 + 42} = 1.112$

⑩ 节圆直径：$d_1 = Z_1 m_{bs} = 8 \times 1.112 = 8.896 (\text{mm})$；

$$d_2 = Z_2 m_{bs} = 42 \times 1.112 = 46.704 (\text{mm})；$$

⑪ 基圆螺旋角：$\sin\beta_f = \sin\beta_f \cos\alpha_{0n} = \sin22° \times \cos20° \approx 0.352015$

查三角函数表得：$\beta_f = 20.610614° = 20°26'38''$

⑫ 基圆直径：$d_{j1} = \dfrac{Z_1 m_{0n} \cos\alpha_{0n}}{\cos\beta_j} = \dfrac{8 \times 1 \times \cos20°}{\cos20°36'38''} = 8.0316094 \approx 8.03 (\text{mm})$

$$d_{j2} = \frac{Z_2 m_{0n} \cos\alpha_{0n}}{\cos\beta_j} = \frac{42 \times 1 \times \cos 20°}{\cos 20°36'38''} = 42.165949 \approx 42.17$$

⑬ 齿顶圆端面压力角：$\cos\alpha_{ws1} = \dfrac{d_{j1}}{d_{w1}} = \dfrac{8.0316094}{11.702724} = 0.68636026$

查三角函数表得：$\alpha_{ws1} = 46.623947°$

$$\cos\alpha_{ws2} = \frac{d_{j2}}{d_{w2}} = \frac{42.165949}{47.744903} = 0.8831544$$

查三角函数表得：$\alpha_{ws2} = 27.974741°$

已知：$Z_1 = 8$，$\beta_f = 22°$，$m_n = 1$，$\xi_{n1} = 0.54$，$n_1 = 2$，$\alpha_{0n} = 20°$，查变位齿轮相关表格，可得：

$K_{n1} = 4.42820$，$K_{n2} = 19.18886$，$K_\beta = 0.017368$，求斜齿公法线长度 L_1 和 L_2，可用于测量齿轮。

⑭ 跨齿数：当 $Z_1 = 8$ 时：

$$n_1 = \frac{\alpha_{0s} \times Z_1}{180° \cos^3\beta_f} + 0.5 = \frac{21.432715° \times 8}{180° \times \cos^3 22°} + 0.5 = \frac{21.432715° \times 8}{180° \times 0.9271838^3} + 0.5 = 1.6950805 \approx 2.0$$

当 $Z_2 = 42$ 时：

$$n_1 = \frac{\alpha_{0s} \times Z_2}{180° \cos^3\beta_f} + 0.5 = \frac{21.432715° \times 42}{180° \times \cos^3 22°} + 0.5 = \frac{21.432715° \times 42}{180° \times 0.9271838^3} + 0.5 = 6.7741729 \approx 7.0$$

减少量 $\Delta_{ml} = 0.085$

⑮ 斜齿公法线长度（方法一）：$L_1 = m_n(K_{n1} + Z_1 K_{\beta1}) + 2\xi_{n1} m_n \sin\alpha_{0n}$

$$= 1 \times (4.42820 + 8 \times 0.017368) + 2 \times 0.54 \times 1 \times \sin 20°$$

$$= 4.9365256 \approx 4.937 \text{(mm)}$$

$$L_{10} = L_1 - \Delta_{ml} = 4.937 - 0.085 = 4.85_{-0.038}^{0} \text{(mm)}$$

$$L_2 = m_n(K_{n2} + Z_2 K_{\beta2}) + 2\xi_{n2} m_n \sin\alpha_{0n}$$

$$= 1 \times (19.18886 + 42 \times 0.017368) + 2 \times 0.54 \times 1 \times \sin 20°$$

$$= 20.175 \text{(mm)}$$

$$L_{20} = L_2 - \Delta_{ml} = 20.18 - 0.085 = 20.13_{-0.038}^{0} \text{(mm)}$$

由于注塑齿轮宽度窄，斜齿公法线长度过长后不能测量，可该用简化计算公式进行计算和测量。

简化计算公式（方法二）：$L_k = m_n(W_k + 0.6840 X_n)$

其中：$m_n = 1$，$k_1 = 2$，$k_2 = 6$，$w_2 = 4.540$，$w_6 = 16.965$，$\Delta w_2 = 0.0129$，$\Delta w_6 = 0.001$，$L_k = W_k + \Delta w$，$W_2 = w_2 + \Delta w_2 = 4.540 + 0.0129 = 4.5669$，$W_6 = w_6 + \Delta w_6 = 16.965 + 0.001 = 16.966$，$X_{n1} = 0.55$，$X_{n6} = 0.376$，$\Delta L = 0.085$。

$$L_2 = m_n(W_2 + 0.6840 X_{n1}) = 1 \times (4.5669 + 0.6840 \times 0.55) = 4.9431 \text{(mm)};$$

$$L_{20} = L_2 - \Delta L = 4.9431 - 0.085 = 4.858_{-0.038}^{0} \text{(mm)};$$

$$L_6 = m_n(W_2 + 0.6840 X_{n6}) = 1 \times (16.965 + 0.6840 \times 0.376) = 17.223184 \text{(mm)};$$

$$L_{60} = L_6 - \Delta L = 17.223184 - 0.085 = 17.138_{-0.038}^{0} \text{(mm)}.$$

左、右斜变位齿轮和大斜变位齿轮的角度变位、非变位理论值和实际测量值对照如表 10-3 所示。综观表 10-3 所示，如左、右斜变位齿轮的齿顶圆直径 d_w，角度变位为 $\phi 11.7$mm，非变位为 $\phi 10.88$mm，两者的尺寸相差甚远。而样品的 $\phi 11.86$mm 与角度变位 $\phi 11.7$mm 的尺寸较接近。根据角变位方法公式：$d_w = d_f + 2(f_{0n} + \xi_n - \sigma_n)$，式中，$\xi_n$ 和 σ_n 都与 ξ 有关，并将影响到 d_w 的值。而非变位齿轮的变位系数 $\xi = 0$ 时，就不可能影响到 D_w

的值。变位齿轮的 $d_w = \phi 11.7mm$ 与样品实测到的 $d_w = \phi 11.86mm$ 的差异，是因为前述中有关于对变位系数 ξ 的限制而发生的。若一定要和样品齿顶圆直径一致，只需让 $\xi_{n1} \geqslant 0.7$ 就可以了，但齿顶将变尖。

表 10-3　变位、非变位和样品齿轮几何尺寸对照　　　　　　　　　　　　mm

名　称	端面模数 m_s	分度圆 d_f	啮合中心距 A_0	法向变位系数 ξ	齿顶高 h_w	齿根高 h_i	齿全高 h	齿顶圆 d_w	节圆 d	基圆 d_i	跨齿数 Z	公法线长度 L_0
角度变位左、右齿轮	1.079	$\phi 8.63$	27.80	0.613	1.54	0.637	2.18	$\phi 11.7$	$\phi 8.90$	$\phi 8.03$	2	$4.858_{-0.038}^{\ 0}$
角度变位大齿轮	1.079	$\phi 45.3$	27.80	0.30	1.23	0.950	2.18	$\phi 47.70$	$\phi 46.7$	$\phi 42.17$	6	$17.138_{-0.038}^{\ 0}$
非变位左、右齿轮	1.079	$\phi 8.63$	26.96	0	1	1.25	2.25	$\phi 10.88$	$\phi 8.63$	$\phi 8.11$	2	
非变位大齿轮	1.079	$\phi 45.3$	26.96	0	1	1.25	2.25	$\phi 47.55$	$\phi 45.3$	$\phi 42.57$	6	
样品左、右齿轮								$\phi 11.86$				
样品大齿轮								$\phi 47.44$				

从齿轮的工作特性可知，只有摩擦因数小、磨耗低、模量高及刚度大，且弯曲疲劳强度高，滞后热效应小的塑料适宜制作齿轮。由于塑料收缩的关系，一般只宜采用收缩率相同的塑料制造相互啮合的齿轮。

10.1.6　变位斜齿圆柱齿轮的设计

变位斜齿圆柱齿轮外形设计的是依靠对样品的测绘数据，而齿的参数是依靠齿轮盒和齿轮盖的大斜变位齿轮和左、右双联斜变位齿轮蜗轮安装孔的中心距的数据，以及样品齿轮的模数，齿数和大斜变位齿轮及左、右斜变位齿轮大径的数据进行计算。大斜变位齿轮和左、右斜变位齿轮的设计如图 10-5 所示。

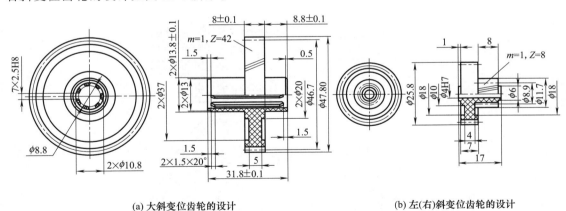

(a) 大斜变位齿轮的设计　　　　　　　　　　　　　(b) 左(右)斜变位齿轮的设计

图 10-5　大斜变位齿轮和左（右）斜变位齿轮的设计

综合上述可见，凡是有齿轮啮合传动机构中齿数 $Z<17$ 齿的齿轮，或模数 $m \leqslant 1$、齿数 $Z<14$ 的小模数齿轮，一定要用变位方法来进行计算、设计和制造，否则就会产生根切现象。对这类产品的克隆产品，一定要进行实测，经对比计算后，确定其性质和变位种类。并定量进行各项几何尺寸计算后，才能够进行产品图纸设计和注塑模设计与制造工作。否则，齿轮不会合格，并造成不必要的经济损失。

10.2　变位蜗杆和变位蜗轮的克隆设计与计算

　　由于电动汽车玻璃升降器的齿轮传动副中变位斜齿轮的最小齿数小于 14，齿轮传动副的中大、小斜齿轮都采用了变位斜齿轮，它们啮合后的中心距就不可能是标准齿轮的中心距。这样便造成蜗杆与蜗轮啮合的中心距也是非标准的中心距。因此，蜗杆与蜗轮副的传动也必须采用变位蜗杆和变位蜗轮。否则，无法与变位后的齿轮中心距相匹配。同时，蜗杆与蜗轮副中的蜗杆和蜗轮，为了避免蜗轮的根切，提高蜗杆的承载能力、凑配中心距或改善啮合性能及改变降速比等原因，也应该采用变位蜗杆和变位蜗轮。变位蜗杆和变位蜗轮是采用径向变位呢？还是采用高度变位呢？这应该根据变位方法种类选择表去进行判断。在确定了变位种类之后，便可以计算出其变位系数，之后的蜗杆与蜗轮的其他参数也就能很好地计算出来了。可见变位方法种类的选择是十分重要的，一旦变位方法种类的选择是错误的，之后变位系数的计算也是错误的，同样蜗杆与蜗轮其他参数的计算也是错误的。

10.2.1　样品的蜗杆和蜗轮与非变位蜗杆和蜗轮的对比

　　电动汽车玻璃升降器的传动器如图 10-6 所示。装在蜗杆轴 4 上的电机，带动着蜗杆轴 4 顺时针或逆时针转动。蜗杆轴 4 上中段是右旋向的变位蜗杆 1，另一段是左旋向的变位蜗杆 1，这两段变位蜗杆齿与左右变位蜗轮齿啮合时所产生的间隙方向不同，传动器正是利用了这种间隙方向不同的现象。当蜗杆轴 4 顺时针转动时，右变位蜗杆齿与右变位蜗轮齿啮合传动。此时，左变位蜗杆齿与左变位蜗轮齿之间存在着间隙，左变位蜗杆齿与左变位蜗轮齿脱离啮合。反之，蜗杆轴 4 逆时针转动时，左变位蜗杆齿与左变位蜗轮齿啮合传动，右变位蜗

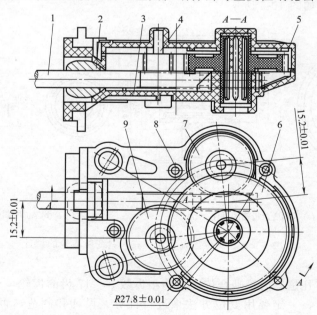

图 10-6　电动汽车玻璃升降器的传动器

1—变位蜗杆；2—轴承；3—齿轮盒；4—蜗杆轴；5—齿轮盖；6—大变位斜齿轮；7—左双联
变位斜齿轮蜗轮（左变位斜齿轮 $Z=8$，左变位蜗轮 $Z=40$）8—沉头螺钉；9—右双
联变位斜齿轮蜗轮（右变位斜齿轮 $Z=8$，右变位蜗轮 $Z=40$）

杆齿与右变位蜗轮齿之间存在着间隙脱离啮合。大变位斜齿轮 6 与左变位斜齿轮蜗轮双联 7 及右变位斜齿轮蜗轮双联 9 的中心距为（27.8±0.01）mm，以及左双联变位斜齿轮蜗轮 7 和右双联变位斜齿轮蜗轮 9 与蜗杆轴 4 的中心距为（15.2±0.01）mm，如图 10-6 所示。

对变位蜗杆 1 与变位蜗轮的测量，只要测量出它们的齿顶圆直径 d_w 及齿轮盒中变位蜗杆 1 与变位蜗轮，左、右变位斜齿轮和大变位斜齿轮轴之间的中心距 A 就可以了。然后，按照非变位蜗杆和非变位蜗轮以及非变位齿轮传动的几何尺寸的公式，计算出它们的中心距和蜗轮的齿顶圆直径。再进行比较后，便可清晰地区别这些样品传动件是不是非变位与变位的性质了。左、右变位蜗杆 1 与左、右变位蜗轮测量值与计算的非变位理论值对照如表 10-4 所示。

表 10-4　传动件测量值与非变位传动件理论值对照　　　　　　　　　　mm

值	左、右变位蜗杆齿顶圆直径 d_w	左、右变位蜗轮齿顶圆直径 d_w	左、右变位斜齿轮与大变位斜齿轮中心距 A	变位蜗杆与变位蜗轮中心距 A
测量值（样品）	$\phi6.93$	$\phi25.80$	27.80	15.20
理论值（非变位）	$\phi7.60$	$\phi25.20$	26.96	14.90

从表 10-4 中我们可以清楚地看出：左、右变位蜗杆齿顶圆直径 d_w 的实际尺寸 $\phi6.93$mm，小于非变位理论值 $\phi7.60$mm（0.67mm），这是十分明显的。而左、右变位蜗轮齿顶圆直径 d_w 的实际尺寸 $\phi25.80$mm，则大于非变位理论值 $\phi25.20$mm（0.60mm）。加上左、右变位蜗杆与变位蜗轮的实际中心距为 15.20mm，也大于非变位左、右变位蜗杆与蜗轮的中心距 14.90mm（0.30mm）。这也充分地说明了左、右变位蜗杆和左、右变位蜗轮，也是采取了变位方法的结果。

10.2.2　蜗杆和蜗轮变位传动啮合种类的选择

为了避免蜗杆和蜗轮的根切，提高蜗杆传动的承载能力，凑配中心距和改善啮合性质及改变降速比，采用了变位蜗杆和变位蜗轮传动。变位啮合种类可分为径向变位和切向变位两种。切向变位啮合是将刀具沿刀具中心线方向改变切削位置，所切出的蜗轮齿廓曲线在切线方向的位置是有所变化，这样只能使齿厚增大或减少，样品蜗杆、蜗轮显然不是这种变位方法。而径向变位就相当于齿轮的高度变位的方法共有四种方法。

　　a. 当 $\zeta<0$ 时，$Z_2'=Z_2$，$A<A_0$；
　　b. 当 $\zeta>0$ 时，$Z_2'=Z_2$，$A>A_0$；
　　c. 当 $\zeta<0$ 时，$A=A_0$，$Z_2'>Z_2$；
　　d. 当 $\zeta>0$ 时，$A=A_0$，$Z_2'<Z_2$。
　　注：Z_2' 为变位蜗轮齿数，Z_2 为非变位齿数。

其中第 c、d 两种是中心距不变的，用变位的方法改变蜗轮的齿数，以得到不同的速比。根据蜗杆与蜗轮的中心距实际测量值：$A=15.2$mm，而变位中心距理论值：$A_0=14.9$mm，$A>A_0$，传动比 $I=\frac{1}{40}$，蜗杆为单头，蜗轮齿数为 40 齿，传动比和齿数都是定值，显然第 c、d 两种方法不是升降器蜗杆变位啮合的情况。由于 $I=\frac{1}{40}$，说明了 $Z_2'=Z_2$，又由于 $A>A_0$，这种变位啮合只有第 b 种变位方法，即 $\xi>0$，$Z_2'=Z_2$，$A>A_0$ 的变位方法是适合样品的情况，如表 10-5 内容来判断。

表 10-5　蜗杆、蜗轮变位方法种类的选择

齿轮对的齿数和 Z_Σ	中心距	变位系数 ζ	变位方法	主要目的	类型
$Z_2'=Z_2$（Z'当量齿数）	$A<A_0$	$\xi<0$	径向变位	凑配中心距,改善啮合性质	a
$Z_2'=Z_2$（Z'当量齿数）	$A>A_0$	$\xi>0$	径向变位	凑配中心距,改善啮合性质	b
$Z_2'>Z_2$（Z'当量齿数）	$A=A_0$	$\xi<0$	径向变位	改变降速比	c
$Z_2'<Z_2$（Z'当量齿数）	$A=A_0$	$\xi>0$	径向变位	改变降速比	d
切向变位,只是使齿厚增大或减少。				增加承载能力	

10.2.3　变位蜗杆和变位蜗轮传动啮合的几何计算

根据上述内容,我们知道了蜗杆传动:$\xi>0$,$Z_2'=Z_2$,$A>A_0$ 属于径向变位方法,而左、右变位斜齿轮和大变位斜齿轮为 $\xi_1>0$,$\xi_2<0$ 为正角度变位方法。这样我们只要根据相关的计算公式,去计算它们各自的几何尺寸就可以了。

（1）变位系数的计算

但在计算这些参数之前,必须首先要计算出变位蜗杆和变位蜗轮的变位系数。

变位系数:$\xi=\dfrac{A-A_0}{m}=\dfrac{15.2-14.9}{0.6}=0.5$

（2）样品蜗杆和蜗轮的已知参数

变位蜗杆和变位蜗轮传动几何尺寸的计算,是要将 $Z_1=1$,$Z_2=40$,$m=0.6$,$I=40$:1,$f=1$,$C_0=0.2$,$\alpha_n=20°$等作为已知条件的参数。变位蜗杆和变位蜗轮啮合中心距 A 的实测值为 15.2mm,也作为已知条件,而不是非变位蜗杆和蜗轮啮合中心距 $A_0=14.9$mm。然后,根据这些已知条件去计算其他几何参数,如法向模数、分度圆直径、节圆直径、齿顶圆直径、齿根圆直径、齿顶高、齿根高、齿全高、螺杆导程、分变圆法向弦齿厚和分度圆法向弦齿高,如表 10-6 所示。

10.2.4　变位蜗杆和变位蜗轮传动几何尺寸的计算

对比三者齿顶圆直径 d_w 后,非变位蜗杆、蜗轮与变位样品蜗杆、蜗轮的尺寸之间相差很大,而计算的变位蜗杆、变位蜗轮与样品蜗杆、蜗轮相一致,可见样品蜗杆、蜗轮是用变位方法所制成的。

（1）非变位蜗杆、变位蜗轮几何尺寸

① 变位蜗杆和变位蜗轮端面模数:$m=\dfrac{2A}{q+Z_\Sigma+2\xi}=\dfrac{t_a}{\pi}=\dfrac{1.88496}{3.1416}\approx0.5$

② 变位蜗杆和变位蜗轮法向模数:$m_n=m\cos\lambda_f=0.6\times0.9946917=0.596815$

③ 变位蜗杆分度圆柱上螺旋线导角:$\tan\lambda_f=\dfrac{Z_1 m}{d_{f1}}=\dfrac{1\times0.6}{5.8}=0.1034482$

$$\lambda_f=5.9061411°=5°54'22''$$

④ 变位蜗杆轴向（蜗轮端面）齿形角:$\tan\alpha=\dfrac{\tan\alpha_n}{\cos\lambda_f}=\dfrac{\tan20°}{\cos5°54'22''}=0.3659126$

$$\alpha=20°5'54'';$$

⑤ 变位蜗杆（变位蜗轮）法向齿形角:$\alpha_n=20°$（已知）

⑥ 变位蜗轮节径:$d_{f2}=mz=0.5\times40=20$(mm)

变位蜗轮节径:$d_{f1}=mq=0.5\times10.67=5.335$(mm)

⑦ 齿高系数 f_0:$f_{01}=1$

$$f_{02}=2\cos\lambda_f-1=2\times0.9946917-1=0.9893834$$

⑧ 非变位啮合中心距：$A_0 = \dfrac{m(Z_2 + q)}{2} = \dfrac{0.6 \times (40 + 9.666667)}{2} = 14.9(\text{mm})$

⑨ 齿数比：$i_z = \dfrac{Z_2}{Z_1} = \dfrac{40}{1} = 40 > 1$

⑩ 变位蜗杆头数：$Z_1 = \dfrac{Z_2}{i_z} = \dfrac{40}{40} = 1$

（2）变位蜗杆、变位蜗轮几何尺寸

① 蜗杆特性系数：$q = \dfrac{2A}{m} - Z_2 - 2\xi = \dfrac{2 \times 15.2}{0.6} - 40 - 2 \times 0.5 = 9.666667$

② 变位蜗杆分度圆直径：$d_{f1} = 2A - Z_2 m - 2\xi m = 2 \times 15.2 - 40 \times 0.6 - 2 \times 0.5 \times 0.6 = 5.8(\text{mm})$

变位蜗轮分度圆（节圆）直径：$d_{f2} = d_2 = Z_2 m = 40 \times 0.6 = 24(\text{mm})$

③ 变位蜗杆节圆直径：$d_1 = m(q + 2\xi) = 0.6 \times (9.6666667 + 2 \times 0.5) \approx 5.4(\text{mm})$

④ 变位蜗杆齿顶高：$h_{w1} = fm = 1 \times 0.6 = 0.6(\text{mm})$

变位蜗轮齿顶高：$h_{w2} = m(f_{02} + \xi) = 0.6 \times (0.9893834 + 0.5) = 0.8936301 = 0.89(\text{mm})$

⑤ 变位蜗杆齿根高：$h_{i1} = (f_{01} + c_0)m = (1 + 0.2) \times 0.6 = 0.72(\text{mm})$

变位蜗轮齿根高：$h_{i2} = (f_{02} + c_0 - \xi)m = (0.9893834 + 0.2 - 0.5) \times 0.6 = 0.414(\text{mm})$

⑥ 变位蜗杆齿全高：$h_1 = (2f_{01} + c_0)m = (2 \times 1 + 0.2) \times 0.6 = 1.32(\text{mm})$

变位蜗轮齿全高：$h_2 = (2f_{02} + c_0)m = (2 \times 0.9893834 + 0.2) \times 0.6 = 1.315(\text{mm})$

⑦ 变位蜗杆顶圆直径：$d_{w1} = d_{f1} + 2h_{w1} = 5.8 + 2 \times 0.6 = 7(\text{mm})$

变位蜗轮齿顶圆直径：$d_{w2} = d_{f2} + 2h_{w2} = 24 + 2 \times 0.8936301 = 25.78726$
$$\approx 25.8^{-0.02}_{-0.07}(\text{mm})$$

⑧ 变位蜗杆根圆直径：$d_{i1} = d_{f1} - 2h_{i1} = 5.8 - 2 \times 0.72 = 4.36(\text{mm})$

变位蜗轮根顶圆直径：$d_{i2} = m(Z_2 - 2f_{02} + 2\xi - 2c_0)$
$$= 0.6 \times (40 - 2 \times 0.9893834 + 2 \times 0.5 - 2 \times 0.2)$$
$$= 23.173(\text{mm})$$

⑨ 变位蜗轮外径：当 $Z_1 = 1$ 时，$d_2 \leqslant d_{w2} + 2m \leqslant 25.8 + 2 \times 1 \leqslant 27.8$

⑩ 变位蜗杆轴向齿距：$t_a = \pi m = 3.1416 \times 0.6 = 1.88496(\text{mm})$

变位蜗杆导程：$T = Z_1 t_a = 1 \times 1.88496 = 1.88496(\text{mm})$

⑪ 变位蜗轮分度圆螺旋角：$\beta_f = \beta = \lambda = 5°54'22''$；

变位蜗轮齿顶圆弧面半径：$r_w = \dfrac{d_{i2}}{2} + c_0 m = \dfrac{23.173}{2} + 0.2 \times 1 = 11.7875(\text{mm})$

变位蜗轮宽度：当 $Z \leqslant 3$ 时，$B \leqslant 0.75 d_{w2} \leqslant 0.75 \times 25.8 \leqslant 19.35$

令 $B = 8(\text{mm})$，则：

变位蜗轮齿冠面角之半：$\sin r = \dfrac{B}{d_{w2} - 0.5m} = \dfrac{8}{25.8 - 0.5 \times 0.6} = 0.31043849437$

查三角函数表得：$r = 18°5'$

⑫ 变位蜗杆和变位蜗轮的测量：测量变位蜗杆和变位蜗轮，一般是测量其分度圆上的轴向齿厚和法向弦齿厚。

变位蜗杆分度圆轴向齿厚：$S_{af1} = \dfrac{\pi m}{2} - 0.2m \tan \alpha$

$$= \frac{3.1416 \times 0.6}{2} - 0.2 \times 0.6 \times \tan 20°5'54''$$
$$= 0.8692974 = 0.87 \text{(mm)}$$

变位蜗杆分度圆法向弦齿厚：$S_{nf1} = S_{af1} \cos\lambda_f$
$$= 0.8692974 \times \cos 5°54'22''$$
$$= 0.8646829 = 0.86 \text{mm}$$

变位蜗杆分度圆法向弦齿高：$h_{xnf1} \approx f_m + \frac{s_{f1}^2 + \sin^2\lambda_f}{4d_{f1}} \approx fm$
$$\approx 1 \times 0.6 = 0.6 \text{(mm)}$$

变位蜗杆分度圆法向弦齿厚：$S_{xnf1} \approx S_{nf1}\left(1 - \frac{S_{f1}^2 \sin^2\lambda_f}{6d_{f1}^2}\right)$
$$\approx S_{nf1} \times 0.8646829 \approx 0.86 \text{(mm)}$$

变位蜗轮分度圆弧齿厚：$S_{f2} = m\left(\frac{\pi}{2} + 0.2\tan\alpha + 2\xi\tan\alpha\right)$
$$= 0.6 \times \left(\frac{3.1416}{2} + 0.2\tan 20°5'54'' + 2 \times 0.5 \times \tan 20°5'54''\right)$$
$$= 1.2059371 = 1.21 \text{(mm)}$$

变位蜗轮分度圆弧齿厚：$S_{xf2} = d_2 \sin\delta \approx S_{f2}\left(1 - \frac{S_{f2}^2}{6d_2^2}\right) = 1.2059371 \times \left(1 - \frac{1.2059371^2}{6 \times 24^2}\right)$
$$= 1.21 \text{(mm)}$$

变位蜗轮分度圆法向弦齿厚：$S_{xnf2} = S_{f2}\cos\beta_f = 1.2054163 \times \cos 5°54'22''$
$$= 1.19901777 = 1.20 \text{(mm)}$$

经计算变位、非变位蜗杆和蜗轮的几何尺寸与样品蜗杆和蜗轮几何尺寸对照如表 10-6 所示。

表 10-6　变位、非变位和样品蜗杆、蜗轮几何尺寸的对照　　　　　　　　　　　　mm

名称	法面模数 m_n	分度圆 d_f	啮合中心距 A_0	变位啮合中心距 A	变位系数 ξ	齿顶高 h_w	齿根高 h_i	外径 d_w	蜗杆特性系数 ξ	节圆 d	导程 T	分度圆法向弦齿厚 S_{xnf}	分度圆法向弦齿高 h_{xnf}
变位蜗杆	0.597	φ5.8		15.2	+0.5	0.6	0.72	φ7	9.6667	φ5.4	1.885	0.894	0.6
变位蜗轮	0.597	φ24		15.2	+0.5	0.6	0.42	φ25.8		φ24		1.926	
非变位蜗杆	0.597		14.9		0	0.6	0.72	φ7.3	10.6667	φ5.34	1.885	0.894	0.6
非变位蜗轮	0.597		14.9		0	0.6	0.72	φ22		φ20		1.926	
样品蜗杆								φ6.93					
样品蜗轮								φ25.8					

10.2.5　变位蜗杆和变位蜗轮的设计

变位蜗杆和变位蜗轮设计的外形是依靠对样品测绘的数据，而齿的参数是依靠齿轮盒和齿轮盖的变位蜗杆和变位蜗轮安装孔中心距的数据，以及样品蜗杆和蜗轮的模数，齿数和变位蜗杆和变位蜗轮大径的数据进行计算。变位蜗杆和变位蜗轮的设计如图 10-7 所示。

注塑件成形加工的成功取决于多种因素，其中注塑件成形尺寸和精度的加工，取决于注塑件相关几何尺寸正确的计算，以及成形注塑模型腔和刀工具的计算及切削余量合理的选择。因为注塑模结构设计，只能解决注塑件的成型后注塑模开闭模、抽芯和脱模运动。因此，有关注塑件和注塑模几何尺寸计算的技巧，是获得注塑件成型尺寸和精度绕不开的问

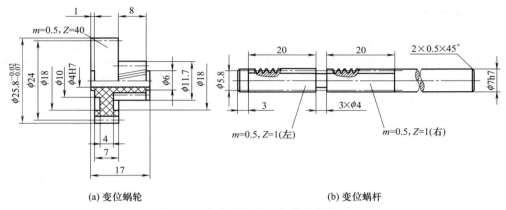

(a) 变位蜗轮　　　　　　　　　　　　　(b) 变位蜗杆

图 10-7　变位蜗杆和变位蜗轮的设计

题。标准蜗杆和蜗轮的几何参数的计算已经是很复杂了，如碰上变位蜗杆和变位蜗轮的几何参数的计算那就更加复杂了。电动汽车玻璃升降器的克隆设计，除了要具备机械零件的知识和计算之外，还必须具有熟练的变位斜齿轮和变位蜗杆及变位蜗轮的相关知识和计算。

10.3　变位斜齿轮和变位蜗轮注塑模的设计

　　电动汽车玻璃升降器中的塑料斜齿轮是一种变位齿轮，同样其中的蜗轮和蜗杆也是变位蜗轮和变位蜗杆。对于这种变位性质的斜齿轮和蜗轮注塑模的设计，除了注塑模型腔的参数应该是变位性质之外，还需要考虑塑料收缩率的影响。最为重要的注塑模脱模机构的设计，需要考虑注塑件脱模运动能产生与相应斜齿轮齿一致的螺旋运动。众所周知，塑料斜齿轮和蜗轮的直径都较小，因此，其因模数小，齿数也少的特点而具有变位性质。如此，该节内容对塑料变位斜齿轮和变位蜗轮注塑模的设计便具有一种指导性的作用。

　　电动汽车玻璃升降器的主要零件有左、右变位斜齿圆柱齿轮（含左、右变位蜗轮）和大变位斜齿圆柱齿轮。在确定了变位斜齿轮和变位蜗轮参数之后，剩下就是注塑模的设计。通过变位斜齿圆柱齿轮和变位蜗轮几何参数的克隆计算之后，使得克隆计算后变位斜齿圆柱齿轮和变位蜗轮的几何参数与样件的几何参数完全一致时，才可以进行注塑模设计和制造。

　　注塑模的结构设计，需要解决左、右变位斜齿圆柱齿轮（含左、右变位蜗轮）和大变位斜齿圆柱齿轮的螺旋运动脱模的问题。一般斜齿圆柱齿轮或蜗轮上的齿都是具有螺旋升角，而它们的每一个齿都是斜齿圆柱齿轮脱模的障碍体，阻碍着斜齿圆柱齿轮的脱模。变位斜齿圆柱轮或变位蜗轮的脱模，必须是具有螺旋的脱模运动。否则，在强制脱模的状态下，这些斜齿或蜗轮齿的型面将会被注塑模的型面齿挤削掉一部分，影响着它们的几何参数和强度。为了解决上述问题，大变位斜齿圆柱齿轮的注塑模，通过安装两个推力球轴承以减少斜齿圆柱齿轮脱模时的摩擦力，从而使得顶管在其脱模力矩的作用之下产生圆周运动。最终顶管的直线运动和圆周运动合成为大变位斜齿轮的螺旋脱模运动。而左右变位斜齿圆柱齿轮和变位蜗轮是一组合体，左、右变位斜齿圆柱齿轮是在装有调心球轴承的定模部分。注塑模开启使得斜齿受到力作用后，定模型芯产生圆周运动。定模型芯的圆周运动和注塑模开启直线运动合成为螺旋抽芯运动，变位蜗轮的螺旋脱模运动与大变位斜齿轮注塑模形式相同。

10.3.1 大变位斜齿圆柱齿轮注塑模的设计

首先，必须要解决注塑模结构设计的问题，这是因为大变位斜齿圆柱齿轮的齿是一种斜向齿，而中心是矩形花键孔，矩形花键孔两端存在着 1.5mm×40° 的倒角。每一个斜齿都是斜齿轮脱模的障碍体，阻挡着斜齿齿轮的脱模运动。要使斜齿圆柱齿轮能够顺利地脱模，脱模运动就必须是螺旋运动。

(1) 大变位斜齿齿轮注塑模的要求

由于大变位斜齿轮 15 的形状特点和尺寸决定注塑模设计和制造能否成功，这里有四大问题必须得到解决，如图 10-8（a）所示。其一，大变位斜齿轮 15 外形可以近似为螺旋渐开线齿，其脱模运动就必须是与之同步的螺旋脱模运动；其内形是矩形花键孔的抽芯运动，又必须是直线运动，并且还要解决两端 1.5mm×40° 倒角的问题。还要使螺旋脱模运动与直线抽芯运动不能产生运动干涉。这些问题的解决是要取决于注塑模的结构设计，并考验注塑模结构设计者的智慧。其二，是螺旋渐开线齿形的型腔加工，应该采用什么样的加工工艺方法，才能获得变位斜齿圆柱齿轮的形状和尺寸，这是注塑模制造工艺的制定问题；其三，是如何才能够获得变位斜齿圆柱齿轮要求的形状、尺寸和精度。其四，由于齿的截面是渐开线的形式，齿形呈上窄下宽，这样齿形的收缩量就不同了。齿形收缩量的计算，要使其收缩后符合渐开线的齿形。

① 大变位斜齿轮脱模受力分析　大变位斜齿轮的斜齿所受到的脱模力，可视作斜楔上所受到的作用力，其受力分析如图 10-8（b）所示。由于脱模时在推管 5 原始作用力 P 的作用下，楔形块受到的作用力有：大变位斜齿轮 15 的斜齿对它的夹紧力 Q 和大变位斜齿轮 15 被夹紧表面的摩擦力 F_2，注塑模型腔斜齿对它的夹紧力 Q 和型腔斜齿被夹紧表面的摩擦力 F_1。N 和 F_1 的合力为 R_1，再将 R_1 分解为垂直分力 Q 和水平分力 R_x，根据静力平衡条件可得：

$$P = R_x + F_2 \tag{10-4}$$

如图 10-8（c）所示，当在推管 5 右端安装两个推力轴承 7 时，推管 5 对注塑模的摩擦力 R_x 必将减小。若能将注塑模型腔斜齿的粗糙度值加工得低一些，还可以进一步减少摩擦力 R_x。这样就打破了上述平衡条件，推管 5 的脱模力 P 便可在 $D/2$ 力臂的作用之下产生旋转运动的力矩。此时，推管 5 的圆周运动再加上其自身的脱模直线运动，就可以合成为脱模的螺旋运动，大变位斜齿圆柱齿轮 15 在推管 5 的螺旋脱模运动的作用之下便可十分顺利地脱模。

② 推管旋转结构的方案　要使推管 5 的脱模运动能成为螺旋运动，其具体结构是在推管 5 与推板 10 和安装板 11 之间安装两个推力轴承 7 （8206GB 301—64），其目的是尽量减少推管 5 脱模时对推板 10 和安装板 11 之间的摩擦力 R_x，使推管 5 能够自如旋转。实践证明：抽芯运动和脱模运动分开进行的动作安排，能有效地避免大变位斜齿轮 15 抽芯运动和脱模运动发生干涉。推管 5 上安装两个推力轴承 7 的结构设计，也能成功的实现推管 5 的脱模运动为螺旋脱模运动，并且是与大变位斜齿轮螺旋线同步进行。

(2) 大变位斜齿圆柱齿轮注塑模结构分析

在注塑模结构设计时，要充分地利用注塑模开启时，定模、中模和动模开启的先后顺序及注射机顶杆动作时差的特点，解决矩形花键孔两端的 1.5mm×40° 倒角的抽芯。成型矩形花键孔型芯在其下端的 1.5mm×40° 倒角处分成上、下端两部分，其上端安装在定模板 17 上，下端安装在动模的底垫板 9 上固定，如图 10-8（c）所示。

如图 10-8（c）所示，注塑模开启时，先是定模板 17 带动矩形花键孔定模型芯 1 垂直抽

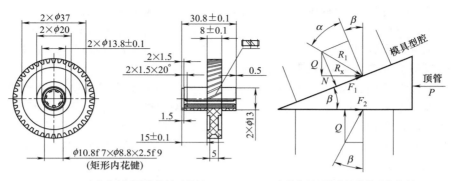

(a) 大变位斜圆柱齿轮运动分析　　(b) 大变位斜圆柱齿轮脱模受力分析

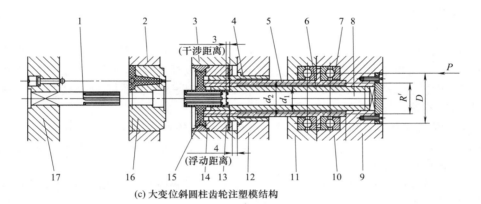

(c) 大变位斜圆柱齿轮注塑模结构

图 10-8 "大变位斜齿轮"注塑模结构分析

1—定模型芯；2—中模板；3—动模板；4—托管；5—推管；6—套管；7—轴承；
8—动模型芯；9—底垫板；10—推板；11—安装板；12—动垫板；13—动模镶块；
14—动模镶件；15—大变位斜齿轮；16—定模镶件；17—定模板

▭□—大变位斜齿轮螺旋运动

芯移动，完成中模处矩形花键孔及其一端 1.5mm×40°倒角的抽芯，再是中模板 2 开启使得大变位斜齿轮 15 一侧面及台阶外圆柱体被打开。而成型大变位斜齿轮 15 型腔的动模镶块 13 与动模板 3 上制有 4mm 的浮动距离，当注塑模推板 10 带动推管 5 进行脱模时，推管 5 顶着大变位斜齿轮 15 连同动模镶块 13 直线移动 4mm 的浮动空间后，大变位斜齿轮 15 便实现了与下端 1.5mm×40°倒角型芯的第二次抽芯。随着推板 10 带动着推管 5 的继续作直线移动，大变位斜齿轮 15 的脱模便开始了。但是，大变位斜齿轮 15 的齿形是渐开线螺旋齿轮，大变位斜齿轮 15 的脱模运动必须是与大变位斜齿轮 15 螺旋齿同步进行螺旋运动，而螺旋运动是由圆周运动与直线运动的叠加而成。那么，推管 5 上的螺旋脱模运动是怎样产生的呢？推管 5 上的直线脱模运动是注射机液压顶杆作用在注塑模的推板 10 和安装板 11 的结果，只要推管 5 能产生旋转运动，那么，推管 5 就能产生螺旋脱模运动。

（3）斜齿加工方法

成型大变位斜齿轮 15 斜齿注塑模型腔的加工方法，可采用拉削，冷挤和电火花加工三种方法。考虑到拉削要有拉刀或推刀，冷挤也要冷挤模和挤压棒。这些刀具的制造成本高，制造周期长，又只是加工两件动模镶件 14 的型腔，很不经济，故采用电火花加工方法。电极的加工是用铣削加工，本来大变位斜齿轮 15 的渐开线齿是标准的，但因受注塑时塑材收缩率和电火花加工时放电间隙的影响，电极的螺旋齿就变成了非标准齿轮。加工时要用标准齿轮刀具加工出非标准齿轮是有一定的难度，如此，可以制造一单齿的非标准齿廓刀具。而电火花加工螺旋齿型腔时，电极的进、退刀都必须是螺旋运动，其难度是可想而知，工人师傅都是经过反复的计算和试验才获得成功的。

塑材注射成型后的收缩率和放电间隙的影响：要使得大变位斜齿轮 15 齿轮型腔和电极齿轮的尺寸都是各自不同，大变位斜齿轮 15 与齿轮型腔的尺寸是相差一个塑材的收缩率，而齿轮型腔与电极齿轮的尺寸是相差一个电极的放电间隙，这样大变位斜齿轮 15 与电极齿轮的尺寸是相差一个塑材收缩率和一个电极放电间隙。因此需要计算出它们各自的尺寸，并要加以相互之间的验算，只有这样，才能获得图样上给定的大变位斜齿轮 15 尺寸。合理的塑模结构设计只能解决大变位斜齿轮 15 成型、抽芯和脱模的问题，而大变位斜齿轮 15 的尺寸和精度的问题取决于相关图形和尺寸的计算。

(4) 注塑模结构的设计

大变位斜齿轮注塑模的设计如图 10-9 所示。

① 注塑模型腔和模架　为了提高加工效率和使注塑模结构具有对称性，注塑模采用了平衡两型腔布置。由于是点浇口的形式，采用了三模板标准模架结构。模架由定模垫板 16、定模板 17、中模板 18、动模板 19、动模垫板 21、安装板 25、推板 26、模脚 27、底板 28、导柱和导套等组成。

② 注塑模浇注系统和脱浇口冷凝料　采用点浇口的形式，点浇口设置在大变位斜齿轮的辐板上。采用拉料杆 13 脱浇口套 15 主流道中冷凝料，拉料杆 14 用于脱分流道和大变位斜齿轮上流道中的冷凝料。

③ 大变位斜齿轮外轮廓的成型　由定模镶块 2、动模镶件 3 和动模镶块 4 及托管 6、推管 7 端面组成的型腔成型。

④ 大变位斜齿轮花键孔的成型　由定模型芯 1 和动模型芯 9 组成的型芯成型。

⑤ 大变位斜齿轮的脱模　由安装了推力轴承 10 的安装板 25 和推板 26 中的推管 7 脱大变位斜齿轮。为了保证脱模机构运动的平稳性，在动模垫板 21 与底板 28 之间，安装了由导套 22、导柱 23 和长导套 24 组成的导向机构。

⑥ 分型面作用　分型面Ⅰ—Ⅰ是为了脱浇注系统冷凝料，开启距离由四个限位螺钉 5 限制。分型面Ⅱ—Ⅱ开启，可实现中模板 18 与动模部分开闭模，以便于大变位斜齿轮的脱模。

⑦ 动模型芯的安装　动模型芯 9 通过圆柱头螺钉 11 和压板 12 固定在底板 28 上，并穿过推管 7 和托管 6 的孔。

⑧ 脱模机构的复位　注塑模闭合时，中模板 18 推着回程杆 20 复位，回程杆 20 推着脱模机构复位。

大变位斜齿轮注塑模结构，最关键结构是变位斜齿轮齿的尺寸计算、变位斜齿轮的脱模和大变位斜齿轮花键孔及花键孔两端存在着 1.5mm×40° 倒角的成型与抽芯。其中变位斜齿轮的脱模，如直接采用顶杆脱模。由于脱模时需要有螺旋脱模运动，斜齿上需要很大的脱模力才能迫使大变位斜齿轮产生转动。这样会造成斜齿被注塑模型腔齿切削掉部分实体，使得大变位斜齿轮齿形尺寸不符合图纸要求。

10.3.2　左、右变位斜齿圆柱齿轮（左、右变位蜗轮）注塑模的设计

左、右变位斜齿圆柱齿轮（含左、右变位蜗轮）如图 10-10 所示。该注塑件是在一个零件上同时存在着具有变位斜齿圆柱齿轮和具有螺旋升角的变位蜗轮，左变位斜齿圆柱齿轮与

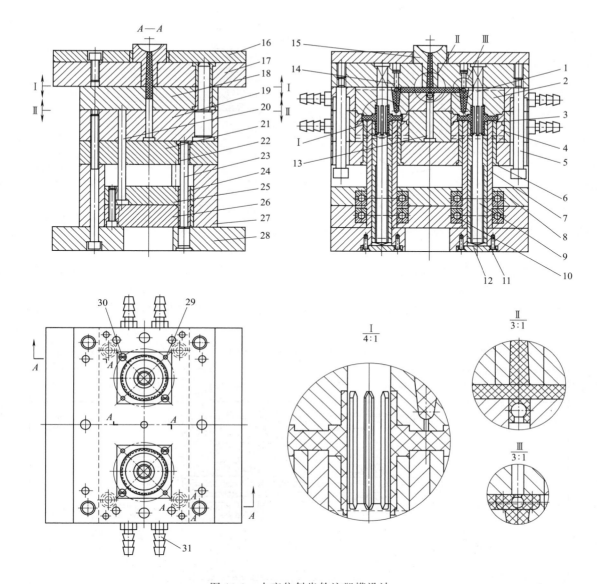

图 10-9 大变位斜齿轮注塑模设计

1—定模型芯；2—定模镶块；3—动模镶件；4—动模镶块；5—限位螺钉；6—托管；7—推管；

8—套管；9—动模型芯；10—推力轴承；11—圆柱头螺钉；12—压板；13,14—拉料杆；

15—浇口套；16—定模垫板；17—定模板；18—中模板；19—动模板；20—回程杆；21—动模垫板；

22—导套；23—导柱；24—长导套；25—安装板；26—推板；27—模脚；

28—底板；29—圆柱销；30—沉头螺钉；31—水嘴

左变位蜗轮为一件，而右变位斜齿圆柱齿轮与右变位蜗轮为另一件。

左、右变位斜齿圆柱齿轮的特点：都具有螺旋升角，每个齿都是左、右变位斜齿圆柱齿轮脱模的障碍体，对左、右变位斜齿圆柱齿轮的脱模运动都是起到阻挡的作用。这样势必会造成左、右变位斜齿圆柱齿轮的齿脱模时，会被注塑模型面齿挤削部分实体，从而出现改变齿形尺寸几何参数和强度的情况，为了杜绝这种现象的出现，成型左、右变位斜齿圆柱齿轮和变位蜗轮齿都必须进行螺旋脱模运动。

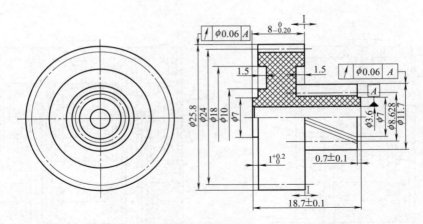

图 10-10 左、右变位斜齿圆柱齿轮（左、右变位蜗轮）

① 左、右变位斜齿齿轮脱模的设计 左、右变位斜齿圆柱齿轮（含左、右变位蜗轮）分型面位置的设置，如图 10-10 所示的台阶面。将小端的变位斜齿轮设置在中模部分，将大端的变位蜗轮设置在动模部分。小端的变位斜齿轮在注塑模开启时，能够产生螺旋运动后从中模镶块 8 的模腔中脱模，如图 10-11 所示。

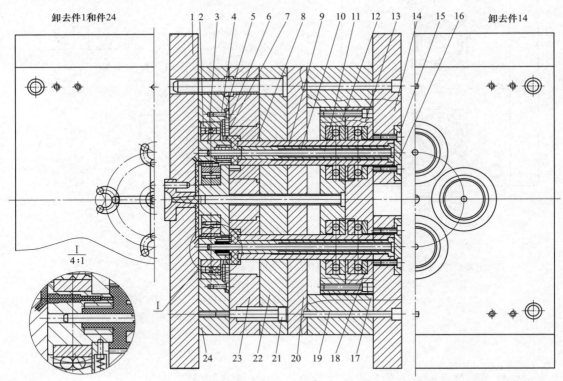

图 10-11 变位斜齿圆柱齿轮和变位蜗轮注塑件脱模机构的设计
1—定模垫板；2—调心滚子轴承；3—中模型芯；4—圆柱头螺钉；5—压板；6—弹簧；
7—限位销；8—中模镶块；9—推管；10—套管；11—动模型芯；12—安装板；13—推板；
14—底板；15—圆柱头螺钉；16—压板；17—模脚；18—推力轴承；19—内六角螺钉；
20—动模垫板；21—限位螺钉；22—动模板；23—中模板；24—定模板

在中模型芯 3 上安装有调心滚子轴承 2，使得中模型芯 3 与中模板 23 之间的摩擦力减小，在定模板 24 与中模板 23 开启时，小端的变位斜齿轮的斜齿会迫使中模型芯 3 产生螺旋运动，使得小端的变位斜齿轮能从中模型芯 3 的型腔中退出。在弹簧 6 作用之下的限位销 7 锁住了惯性运动中的中模型芯 3 的 R 窝时，可确保中模型芯 3 回到其初始位置，从而可使变位斜齿轮的斜齿与变位蜗轮的螺旋齿始终保持一致的相对位置。为了便于安装弹簧 6 和限位销 7 的型孔加工，可通过圆柱头螺钉 4 将压板 5 与中模型芯 3 镶嵌组合连接在一起。在小端的变位斜齿轮退出中模型芯 3 型腔的过程中，由于变位蜗轮还未进行螺旋脱模运动，变位蜗轮上的齿存在着脱模阻力。所以，此时只能存在小端的变位斜齿轮从中模型芯 3 型腔中脱模。

② 注塑件变位蜗轮端的螺旋脱模设计　注塑件变位蜗轮端的螺旋脱模设计，主要是在推管 9 与安装板 12 和推板 13 之间安装了两个推力轴承 18，使得推管 9 与注塑模之间的摩擦力大幅度地减少，使得每个斜齿上作用在推管 9 的脱模力，在力臂的作之下会产生旋转力矩，旋转力矩会使得推管 9 产生螺旋脱模运动。

注塑件小端左、右变位斜齿齿轮退出运动和注塑件变位蜗轮端的螺旋脱模是分开进行的，故不会产生变位蜗轮的螺旋脱模运动和变位斜齿轮的螺旋脱模运动干涉的现象。从这里可以看出，对于直齿圆柱齿轮而言，注塑件脱模和脱模结构是不需要螺旋运动的。只有斜齿圆柱齿轮、蜗杆和蜗轮等具有螺旋升角的注塑件，才需要设置注塑件脱模螺旋运动的结构。

变位斜齿轮和变位蜗轮虽然通过了变位参数的计算，已经到达能够解决较少齿数变位斜齿轮和变位蜗轮根切的问题，进而可以解决它们的强度和寿命的问题。如果对这类注塑件的脱模结构选取不合理的话，这类注塑件在强制脱模的状况之下，仍然会因注塑模型腔齿的切削作用而削弱它们的齿的强度。因此，这种具有变位斜齿的塑料齿轮或塑料变位蜗轮的脱模，必须要能够进行螺旋的脱模运动才行。

10.4　新型轿车电动玻璃升降器箱与盖注塑模设计

新型轿车电动玻璃升降器的塑料箱与盖，是升降器传动机构的组装与支撑件。箱与盖的孔与孔位精度，决定着传动机构的性能和精度。在提供了样品的情况下，接收方提出供给方所生产的升降器要与进口升降器能通用的要求。在箱与盖注塑模设计的过程中，可根据样品上注塑模结构成型痕迹和箱与盖的形体分析，确定注塑模的结构。所加工的箱和盖与样品达到一致，实现了与进口件混装的要求。这种运用箱与盖样件上注塑模结构成型痕迹分析的技术，并辅以形体分析的注塑模结构设计的方法，是一种常用和有效的方法之一。

10.4.1　新型轿车电动玻璃升降器

在产品的转让过程中，时常存在着转让方提供给接收方样品的情况，接收方便可以根据转让方提供的样品进行产品和注塑模的复制。注塑件的复制一定是先要复制出产品注塑模，这样加工出来的注塑件才是复制件。复制注塑模最为重要的是要弄清楚样品上的注塑模结构，在没有样品注塑模图纸的情况下，只能通过对样品上注塑模结构成型的痕迹进行分析。才能够弄清楚样品上注塑模的结构，这是复制塑料产品和注塑模必须遵循的规则。因为塑料样品上注塑模结构成型的痕迹，就是注塑模结构在注塑件上客观的反映，我们要珍视这些注塑模结构成型的痕迹。

新型轿车电动玻璃升降器是国外某先进工业化国家的一种新型产品，如图 10-12 所示。它是由电动机 1、变位蜗杆 2、轴承 3、齿轮箱 4、左右双联变位齿轮蜗轮 5、轴 6、大变位斜齿轮 7、齿轮盖 8 和 5 个自攻螺钉所组成。升降器中由大变位斜齿轮 7 和两个左右双联变位齿轮蜗轮 5 和变位蜗杆 2 组成传动系统，它们组装是在用自攻螺钉固定在齿轮箱 4 和齿轮盖 8 之内。新型升降器除了电动机 1、变位蜗杆 2、轴承 3 及 5 个自攻螺钉是金属件之外，其余都是塑料件。这种结构的升降器较旧式升降器少了许多零组件，也轻了很多。由于齿轮是采用变位斜向渐开线齿形的设计，变位蜗杆和变位蜗轮也是采用变位渐开线齿形的设计。因而解决了传动时的强度问题，斜齿的啮合又使得传动平稳无噪声，由于塑料的性质所决定可以不加润滑剂，使得新型升降器较旧式升降器具有更多的优越性。厂家要求该产品与进口产品混合使用，这便要求不仅产品的性能要与进口产品相同，还要求产品的形状、尺寸、精度、材质、外观和颜色都要与进口产品一致，换句话说，就是要让我们复制出进口的产品。本来变位斜齿轮和变位蜗杆、变位蜗轮的计算已经是很难了，现要复制出进口产品那就更加困难了。齿轮箱和齿轮盖的复制设计，对复制这种产品也是至关重要的。同时，这种设计方法对复制其他产品和模具也是具有很大的帮助。

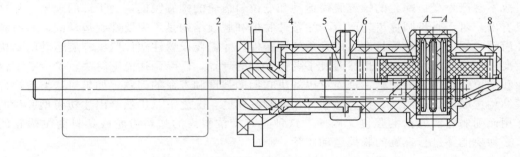

图 10-12　新型轿车电动玻璃升降器
1—电动机；2—变位蜗杆；3—轴承；4—齿轮箱；5—左右双联变位齿
轮蜗轮；6—轴；7—大变位斜齿轮；8—齿轮盖

10.4.2　齿轮箱和齿轮盖样件上注塑模结构痕迹分析

在注塑模的复制设计之前，首先要弄清楚产品样件上注塑模的结构。在没有产品样件注塑模图纸的情况下，只能通过产品样件上注塑模结构成型痕迹的分析去了解注塑模的结构。主要是要确定产品样件上注塑模的分型面痕迹、浇口痕迹、抽芯痕迹和脱模痕迹的形状、尺寸和位置。只有如此，才能对产品样件上的注塑模结构做到心中有数，从而可以复制注塑模的结构。当然，对这些注塑模成型痕迹还需要进行测绘，并按照测绘的数据进行注塑模的复制设计。

（1）齿轮箱样件上注塑模结构痕迹的分析

齿轮箱注塑模结构成型痕迹的识别如图 10-13 所示。有些痕迹可以直观进行辨认，便可以确认出齿轮箱和齿轮盖注塑模结构成型的各类痕迹，如型芯的成型痕迹、型孔的成型痕迹、点浇口的成型痕迹、顶杆的成型痕迹和型腔的成型痕迹。值得注意的是：主视图和仰视图中两个符号⑤处，是 $\phi43f8mm$ 外圆柱的中心线位置上存在着不可确定的痕迹；图 10-13 中左视图的型孔③与 $E-E$ 剖视图的粗实线孔③也存在着不可确定的痕迹，这些不可确定的痕迹，可以通过注塑模结构方案的可行性分析和论证得到确认。

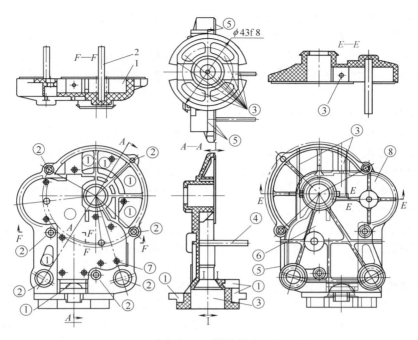

图 10-13　齿轮箱注塑模结构成型痕迹分析

1—齿轮箱；2—轴；

Ⅰ—Ⅰ—分型面痕迹；①—型芯痕迹；②—型孔痕迹；③—侧向型孔痕迹；④—嵌件；

⑤—分型面痕迹；⑥—点浇口痕迹；⑦—顶杆痕迹；⑧—型腔痕迹

（2）齿轮箱盖样件上注塑模结构痕迹分析

齿轮箱盖上注塑模结构成型痕迹的识别如图 10-14 所示。有些痕迹可进行直观辨认，便

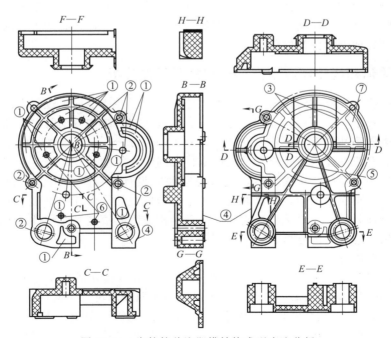

图 10-14　齿轮箱盖注塑模结构成型痕迹分析

①—型芯痕迹；②—型孔痕迹；③—侧向型槽痕迹；④—分型面痕迹；⑤—点浇口痕迹；⑥—顶杆痕迹；⑦—型腔痕迹

可以确认出齿轮箱盖上注塑模结构成型的各类痕迹，如型芯的成型痕迹、型孔的成型痕迹、分型面的成型痕迹、点浇口的成型痕迹、顶杆的成型痕迹和型腔的成型痕迹。齿轮箱盖分型面Ⅰ—Ⅰ的痕迹，如图10-14的 $B—B$ 剖视图所示。值得注意的是左视图中粗实线③存在着不可确定的痕迹。同样这种不可确定的痕迹，可以通过注塑模结构方案的可行性分析和论证得到确认。

（3）注塑件上注塑模结构成型痕迹的分析

注塑件上注塑模结构的成型痕迹，有的是经过辨认后可以直接确定其性质，而有的却是无法直接确定。这就需要在对注塑件上注塑模结构的成型痕迹辨认和分辨的基础上，再做进一步深化的分析和研究。注塑模结构的成型痕迹，是注塑模结构设计的依据，只有通过对注塑模结构成型痕迹进行分析，才能够还原注塑样件成型机理及其注塑模结构的设计理念。注塑模结构成型痕迹分析的目的和分析的方法如下。

① 注塑模结构的成型痕迹分析的目的　通过对注塑模结构成型痕迹的分析，可以破译注塑件上注塑模结构成型痕迹与注塑模构件的关系，从而找到注塑模结构的构件之间相互关系。

② 注塑模结构成型痕迹分析的方法　通过对注塑件位置的变动（移动或转动）来分析注塑件上注塑模结构成型痕迹与注塑件的关系，从而确定注塑模结构的构件之间相互关系。

a. 去伪存真。对注塑件上注塑模结构的成型痕迹需要去伪存真，即需要去除修饰痕迹和二次加工时刀具的痕迹。

b. 分类。对注塑件上注塑模结构的成型痕迹应该进行分类，即应区分出注塑模结构的分型面、抽芯和镶嵌件、脱模机构、浇口和冷料穴等成型痕迹。

c. 分析。需要分析注塑件上的注塑模结构成型痕迹与注塑件的形状、尺寸和位置以及与注塑模型面和型腔相互关系。

从上述介绍中，可以看出注塑件上注塑模结构的成型痕迹，对我们研究注塑样件的注塑模结构具有十分重要的帮助。注塑模结构方案的成型痕迹分析法，主要是依据注塑模结构的成型痕迹进行的。除了对注塑模结构的成型痕迹进行辨认之外，还必须进行深入细致的分析和研究，才能彻底地剖解注塑样件的注塑模结构。

10.4.3　齿轮箱和齿轮盖注塑模结构方案可行性分析

齿轮箱和齿轮盖样件的注塑模结构成型痕迹，是注塑件成型加工过程中注塑模结构在其上真实的反映。对于一些不可确定的痕迹，只有通过注塑模结构方案的可行性分析，才能破解其中奥秘。齿轮箱和齿轮盖注塑模结构方案的可行性分析：一是要注意大变位斜齿轮与变位蜗杆以及左、右双联变位齿轮蜗轮与变位蜗杆之间中心距的尺寸与精度；二是要根据齿轮箱和齿轮盖样件的注塑模结构成型痕迹进行注塑模的设计；三是要结合注塑件形体"六要素"的分析进行注塑模的设计，只要如此，才不会造成注塑模设计的失误。齿轮箱和齿轮箱盖的注塑模可行性分析，主要是根据它们注塑模结构成型的痕迹和注塑件的形体分析"六要素"进行注塑模结构方案的分析。

（1）齿轮箱形体分析

齿轮箱"形状"要素如图10-15（a）所示。齿轮箱上存在着沿周侧向"型孔"要素：$\phi36H7$ 和 $\phi4mm$ 型孔，以及 $E—E$ 剖视图中沿周侧向两个凹坑"障碍体"。根据注塑模结构方案"三种分析方法"，两个凹坑"障碍体"和 $\phi4mm$ 孔需要采用水平抽芯机构进行抽芯。它们的成型必须是抽芯机构要进行复位运动，抽芯之后齿轮箱才能进行脱模动作。因此，该处的实线为注塑件的抽芯痕迹的形状，这样才能够解释清楚图10-15齿轮箱样件上注塑模结构痕迹的分析中粗实线③所形成痕迹的原因。

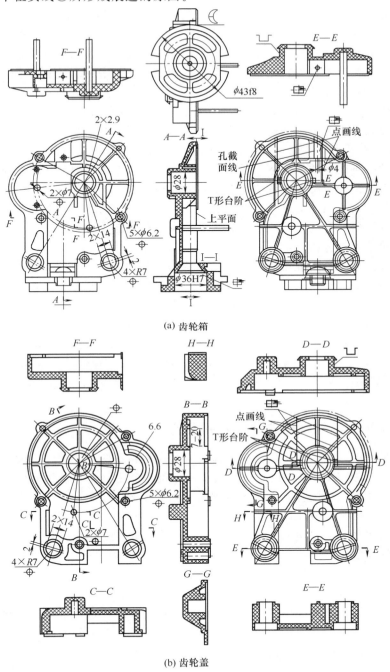

(a) 齿轮箱

(b) 齿轮盖

图 10-15 齿轮箱和齿轮箱盖

⊔—凹坑"障碍体"要素；◁—弓形高"障碍体"要素；⊕—"型孔"要素；⊏—斜导柱滑块抽芯机构

① 齿轮箱型孔的成型　成型其他平行于开、闭模方向的"型孔"要素，如 $5 \times \phi 6.2$mm 和 $2 \times \phi 7$mm 型孔、$2 \times R7$mm$\times 14$mm$\times 2$mm 腰字槽和 2×2.9mm 弧形槽等，可以采用型芯或型芯嵌件成型。注塑模开启时，脱模机构可将齿轮箱顶脱动模型芯。

② 应对齿轮箱障碍体的方法　齿轮箱分型面Ⅰ—Ⅰ的痕迹，如图 10-15（a）的 A—A 剖视图所示，分型面Ⅰ—Ⅰ的痕迹为台阶形折线。这是因为齿轮箱下端有一个 $\phi 36H7$ 圆柱形孔和 $\phi 43f8$ 的外圆柱，其在圆柱体上分型面Ⅰ—Ⅰ的痕迹应该在其中心线处。否则，会因为注塑模所产生的弓形"障碍体"要素而无法使齿轮箱脱模。如此，设置分型面可以有效地避开弓形"障碍体"要素对齿轮箱脱模的阻挡作用。箱体部分的分型面，则应该在图 10-15（a）的 A—A 剖视图的上平面。

a. "障碍体"要素。"障碍体"要素是妨碍注塑模中各种机构运动和型腔与型芯加工的注塑件上形体要素，又是影响注塑模分型面选取、注塑模抽芯和脱模机构设计的主要因素。

b. 弓形高"障碍体"要素。分型面若不从中心线处进行，而是从圆柱形割线的位置进行时，会产生的一种阻碍注塑模运动弓形高"障碍体"的实体。因此，分型面只能从中心线处进行，才能有效地避开弓形"障碍体"要素的阻挡。

c. 凹坑"障碍体"要素。由于凹坑"障碍体"要素的存在，阻挡着齿轮箱的脱模。只有将成型凹坑"障碍体"的型芯完成抽芯之后，齿轮箱才能顺利地脱模。

（2）齿轮箱盖形体分析

齿轮箱盖如图 10-15（b）所示。齿轮盖不存在沿周侧向的"型孔与型槽"，故不需要采用抽芯机构。所有的"型孔与型槽"均平行开闭模方向，只需要采用型芯或型芯嵌件成型就可以了。如图 10-15 的 D—D 剖视图所示，但存在着沿周侧向两个凹坑"障碍体"。它的成型必须采用抽芯的方法，因此，左视图中的点画线为注塑件的抽芯痕迹的形状。

（3）注塑件上存在着影响注塑模结构的六大要素

注塑件共有六大要素，可分成 12 个子要素。即形状与"障碍体"要素、"型孔与型槽"要素、"变形与错位"要素、"运动与干涉"要素、"外观与缺陷"要素、"塑料与批量"要素。

10.4.4　齿轮箱和齿轮箱盖注塑模复制设计

该注塑模是在同一副模具中同时成型齿轮箱和齿轮箱盖两个注塑件，齿轮箱和齿轮箱盖注塑模的设计如图 10-16 所示。由于齿轮箱和齿轮盖两个注塑件大小和重量相差不大，开始时设计浇口的尺寸可以相同。但齿轮箱盖的大小和重量毕竟小于齿轮箱，为了使料流充模时保持平衡，浇口的修理可放在试模后进行。为了确保注塑件外观的需要，注塑模采用了点浇口浇注系统，故注塑模需要用三模板的标准模架。为了减少点浇口的长度，可以采用定位环以降低浇口套的高度。

（1）注塑模的抽芯机构设计

抽芯机构是为了解决齿轮箱和齿轮箱盖两处凹坑"障碍体"及 $\phi 36H7$、$\phi 4mm$ 型孔的抽芯。由于这齿轮箱需要两处抽芯，齿轮盖只需要一处抽芯。这样这两个注塑件可以共用一处抽芯机构，齿轮箱的另一端再使用一处抽芯机构，齿轮箱和齿轮箱盖实际上只采用了两处抽芯机构。所以采用了两套斜弯销滑块抽芯机构，来成型齿轮箱和齿轮盖上两处凹坑"障碍体"及 $\phi 36H7$、$\phi 4mm$ 型孔。型腔的摆放位置和抽芯机构的形式，如图 10-16 左视图所示。

① 齿轮箱 $\phi 36H7$ 型孔与齿轮箱盖凹坑"障碍体"抽芯机构的设计　如图 10-16 所示，大孔型芯 8 和宽滑块 9 是安装在由两块导向板 13 组成的 T 形槽中。当分型面Ⅰ—Ⅰ开启时，斜弯销 11 带动大孔型芯 8 和宽滑块 9 移动，从而实现齿轮箱 $\phi 36H7$ 型孔与齿轮箱盖凹坑"障碍体"的抽芯。楔紧块 12 的作用是楔紧宽滑块 9，以防止宽滑块 9 在较大注射压力下产生位移。当大孔型芯 8 和宽滑块 9 抽芯时，碰珠 10 进入宽滑块 9 下面半球形窝坑，以限制宽滑块 9 的移动距离。

② 齿轮箱凹坑"障碍体"和 $\phi 4mm$ 型孔抽芯机构的设计　如图 10-16 所示，安装在两块导向板 18 组成 T 形槽中的滑块 4、小孔型芯 16 和齿轮箱型芯 17。在分型面Ⅰ—Ⅰ开启时，由斜弯销 3 的拨动进行抽芯和复位运动。

（2）齿轮箱和齿轮箱盖的成型和脱模

齿轮箱和齿轮箱盖的成型是由分别安装在中模板的中模镶块 5 和动模板的动模镶块 6 的型腔成型。齿轮箱和齿轮箱盖的则是由推件板和安装板上的顶杆完成，顶杆的复位则是依靠回程杆完成。

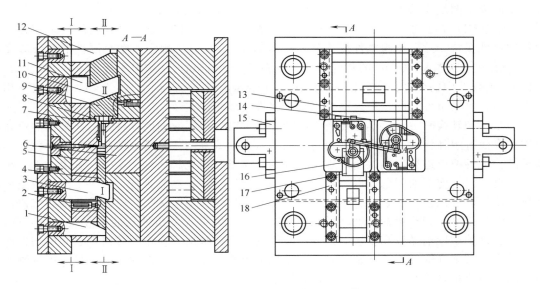

图 10-16　齿轮箱和齿轮箱盖注塑模

1,12—楔紧块；2—碰珠；3—斜弯销；4—滑块；5—中模镶块；6—动模镶块；7—挡板；8—大孔型芯
9—宽滑块；10—碰珠；11—斜弯销；13—导向板；14—齿轮盖型芯
15—开模机构；16—小孔型芯；17—齿轮箱型芯；18—导向板

新型轿车电动玻璃升降器的塑料齿轮箱与齿轮箱盖的复制，是根据样件上注塑模结构成型痕迹进行。注塑模的结构方案，是运用成型痕迹技术分析并辅以注塑件的形体分析所制订。复制注塑模所加工的齿轮箱和齿轮箱盖，确保了电动玻璃升降器传动系统的性能和精度。这种新型电动玻璃升降器的重量仅是传统升降器的十分之一，具有零件数量少、形状尺寸小、重量轻、结构简单、噪声小和传单灵活等特点。并可以依靠塑料的性能自润滑，不需要添加润滑油。由于新型电动玻璃升降器绝大多数零件是注塑件，所以生产效率高，成本低。该注塑模结构设计的难点，是变位斜齿轮和变位蜗杆、变位蜗轮的计算及注塑模结构的设计。

10.5　转换开关大、小件超级精密注塑模克隆设计和制造

转换开关大、小两件孔的精度超级高，根据供给商提供的图纸，从样件成型痕迹入手克隆设计了注塑模。由于中间商提供的图纸和塑料品种出现的差错及注塑模野蛮装配，使得转换开关组件经历了塑料和填充料及粘接剂品种的反复选择；粘接和胶带制作工艺作了上千次的试验；超级精度孔和孔位及其几何精度的几百次试制；注塑模的修复和利用转换开关组件

二次限制性收缩特性的后处理等工艺加工过程。最终使得转换开关组件孔的精度均达到 IT6 和 IT7 级，粘接平面度为 0.02mm，孔圆柱度小于 0.005mm，两件孔位不仅大、小一致，与外国样件也保持了一致。并突破了注塑件加工精度低的世界性难题，同时组件气密性和剪切强度达到了使用的要求，寿命还优于进口件。

10.5.1 转换开关介绍

转换开关是工业生产自动流水线上机械手中的一种运动转换装置，组件由塑料大、小两件粘接而成。图纸要求大、小件粘接面的平面度不大于 0.02mm；$\phi14H7$，$3\times\phi4H7$ 与 $3\times\phi6G6$ 七孔的圆柱度均不大于 0.01mm；孔的精度为 IT6～IT7 级，并且孔位要求一致，还要和进口件保持一致。塑料制件尺寸公差（SJ 10628—1995）规定：塑料制件的 3 级为高精度，公称尺寸为＞3～6mm 的尺寸段，3 级精度为 0.08mm。在国家标准 GB 1804—2000 "公差与配合" 中的标准公差数值 IT11 是 0.075mm，与 $\phi6\ G6(^{+0.012}_{0.040})$ 为 IT6 对比之下相差有 5 级多，可见组件孔的精度之高可以与金属件精度相同。

为了达到转换开关大、小件孔超级精度要求，需要根据它们的样件进行注塑模的克隆或复制。在没有组件样件注塑模图纸的情况之下，克隆或复制注塑模主要是根据组件样件上注塑模结构成型痕迹进行。在试制过程中，以选择塑材和填充料品种为主线，解决了大、小两件在成型加工中变形的问题。以选用注塑机型号和调整注射参数为辅，解决了组件微变形的问题。以后处理工艺方法解决了组件因内应力产生裂纹和银纹缺陷；以测绘技术和修模，解决了组件粘接平面和孔位的精度；以控制塑料二次收缩解决了组件孔的微收缩和几何精度；用上千次试验粘接剂品种和粘接工艺及浸胶带的方法，解决了转换开关组件之间剪切强度和漏气、串气及堵气的现象。气密试验，可以检测组件耐压和气密性项目的质量。可见制造塑料产品，不只是设计和制造几副注塑模就行了，而是需要解决一种系统工程的问题。

10.5.2 转换开关大、小件形体分析和样件成型痕迹分析

转换开关大、小两件注塑模的克隆设计，一是要从组件的形体分析入手；二是考虑到两件加工精度要求如此之高，组件在冷却收缩时受到塑料各向异性和壁厚薄不匀的影响，所产生的变形和收缩对组件精度影响是巨大的，最理想的注塑模结构方案，应该是按照转换开关大、小样件上注塑模结构成型痕迹进行克隆注塑模。

（1）转换开关大、小件的资料

转换开关大、小件的形状、尺寸和精度如图 10-17 所示。材料为聚四氟乙烯，收缩率为 3.1%～7.7%。

（2）转换开关大、小件形体分析

形体分析就是将组件上影响注塑模结构的要素，从组件零件图中提出来，以便制定注塑模结构方案。

① 转换开关大、小件分型面的选取 大、小件上均存在着凸台 "障碍体"，如图 10-17 所示。"障碍体" 是组件形体上影响注塑模开闭模、抽芯和脱模运动的一种实体。转换开关大、小件注塑模定、动模的开启和闭合，都要避开组件形体上的凸台 "障碍体" 阻挡作用才能正常的进行。如此，转换开关大件分型面Ⅱ—Ⅱ的选取，如图 10-17（a）所示。转换开关小件分型面Ⅰ—Ⅰ的选取，如图 10-17（b）所示。

② 转换开关大、小件 "型孔" 和 "圆柱体" 要素的处置 大、小件上所有的 "型孔" 和 "圆柱体" 要素的轴线，均垂直于转换开关大、小件的分型面。这样注塑模成型这些 "型孔" 和 "圆柱体" 要素的型芯，便可以利用注塑模的开、闭模运动完成大、小件成型和抽

芯。由于大、小件没有沿周侧向的型孔，便不存在着侧向抽芯。

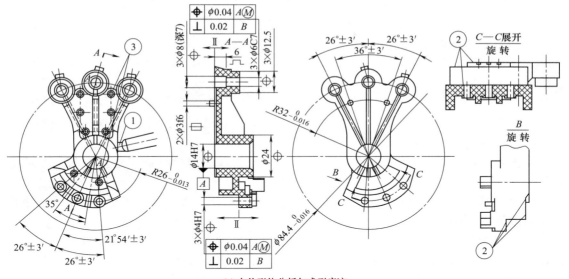

(a) 大件形体分析与成型痕迹

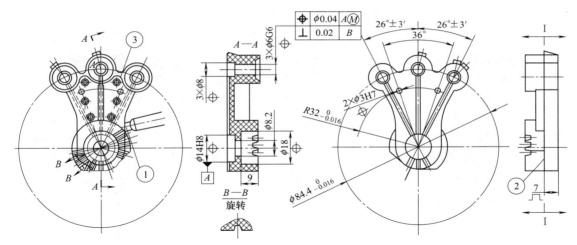

(b) 小件形体分析与成型痕迹

图 10-17　转换开关大、小件形体分析与成型痕迹

⌐⌐—凸台"障碍体"；⊕—"型孔"；▭—"圆柱体"；

①—浇口痕迹；②—分型面痕迹；③—顶杆痕迹

③ 转换开关大、小件超高精度处置　　如图 10-17 所示，由于大、小件所有的"型孔"和"圆柱体"要素的尺寸精度、几何精度和孔位精度超级高，注塑模结构设计和制造的要求，便是要确保转换开关大、小件的精度。

（3）转换开关大、小件成型痕迹分析

由于转换开关大、小件存在壁厚的差异和收缩各向异性的影响，为了确保转换开关大、小件的精度，就必须要控制转换开关大、小件成型加工时的变形、微变形、收缩和微收缩。如此，就应该使转换开关大、小件的材料和注塑模与样件保持一致，也就是说，要使转换开关大、小件成型加工的条件与样件相符，即要克隆或复制出转换开关大、小件的注塑模。在没有样件注塑模图纸的情况之下，唯一方法是从大、小件样件的注塑模成型痕迹中，还原注塑模的结构。以便按照大、小件的注塑模结构成型痕迹，进行注塑模的设计。

① 大、小两样件浇口的痕迹　侧浇口痕迹①，如图 10-17（a）和图 10-17（b）所示。

② 大、小两样件分型面的痕迹　分型面痕迹②，如图 10-17（a）和图 10-17（b）所示。

③ 大、小两样件顶杆的痕迹　顶杆的痕迹③，如图 10-17（a）和图 10-17（b）所示。

10.5.3　转换开关大、 小件注塑模结构方案的制订与设计

转换开关大、小件注塑模的克隆设计，应该是在注塑模结构克隆方案的基础上进行。

（1）大、小件注塑模结构克隆方案的制订

注塑模结构克隆方案，应该是在注塑件形体分析和注塑样件成型痕迹分析的基础上制订。

① 注塑模分型面的设置　如图 10-17 所示，注塑模分型面可以按照转换开关大、小件形体分析和它们样件的痕迹进行设置，分型面的设置只有此一种方案。

② 注塑模顶杆的设置　顶杆大小、数量和位置的设定如图 10-17 所示。注塑样件上顶杆设置在模腔对称的位置上，有利于注塑件脱模时受到均匀脱模力作用而不会产生变形。

③ 注塑模浇口的设置　如图 10-18 所示，大、小件注塑模浇口位置和方向的设置，会造成料流方向与温度不同的变化，还会引起注塑件收缩各向异性的不同，从而造成大、小件

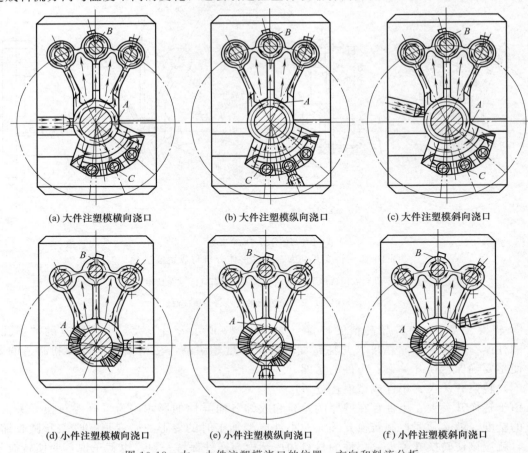

(a) 大件注塑模横向浇口　　　　(b) 大件注塑模纵向浇口　　　　(c) 大件注塑模斜向浇口

(d) 小件注塑模横向浇口　　　　(e) 小件注塑模纵向浇口　　　　(f) 小件注塑模斜向浇口

图 10-18　大、小件注塑模浇口的位置、方向和料流分析

→—料流与料流方向；〰—熔接痕

精度的变化和缺陷的产生。

　　a. 大件注塑模横向浇口熔体充模分析。如图 10-18（a）所示，塑料熔体料流从浇口中流出，直接冲击着 $\phi14H7$ 孔的型芯，熔体迅速冷却使得料流前锋形成了冷凝的分子团，冷凝分子团在后续料流的冲击和携带之下散布在流程中形成了流痕。塑料冷却收缩量的规律是：在料流方向较小，而在垂直料流方向较大。如此，还会影响三个 $\phi9H7$ 孔脱模收缩后，横向与纵向孔距的精度、尺寸精度和几何精度。由于料流进入模腔就立即产生了降温，并且在随后填充过程中继续降温，从而导致 A、B、C 三处的熔接痕程度严重，并十分明显。因此，该方案不可行的。

　　b. 大件注塑模纵向浇口熔体充模分析。如图 10-18（b）所示，塑料熔体料流从浇口流出后，经扇型形体部位冲击中间 $\phi14H7$ 孔的型芯，在 A 处形成熔接痕，然后经手掌形的形体部位充满型腔。料流在填充过程中是均匀的降温，加之上端三个 $\phi4H7$ 孔的型芯直径较小，所以熔接痕不会很明显。但流程是三种方案中最长的，对纵向型孔距的精度有所影响，该方案较之图 10-18（a）好一些。

　　c. 大件注塑模斜向浇口熔体充模分析。如图 10-18（c）所示，浇口是偏离中心，可使大部分料流呈切向填充，避免了料流直接冲击中间 $\phi14H7$ 孔的型芯而出现急剧降温。加之上下和左右的流程基本相等，料温的降温均匀。由于料流先斜向填充，后以手掌形宽度同时向上、向下进行填充，对收缩量各向异性的影响极小。所以对精度的影响也很小，对熔接痕的影响也非常小。所以这是一种比较理想的料流充模状况，也是一种比较理想的浇口形式。

　　d. 小件浇口熔体充模分析。与大件浇口形式的分析相同，应取斜向浇口的形式，如图 10-18（f）所示。图 10-18（d）、（e）所示的熔体充模形式的分析，不作介绍。只是小件的形体较之大件要小，重量较之大件要轻。这时容易出现浇口料流不平衡的现象，可以采用料流平衡公式进行计算或通过试模修理大件浇口的深度与宽度，来解决大件容易出现填充不足和缩痕的缺陷。

　　不管浇口是哪一种形式，加上注塑件壁厚的差异，塑料冷却收缩时，对注塑件孔的几何精度影响也是无法改变的。因此，仅依靠注塑模的结构是没有办法完全解决的，要解决孔的超高几何精度加工问题，肯定还要采用其他工艺方法。

　　(2) 注塑模结构的设计

　　在根据转换开关大、小件形体和注塑模结构成型痕迹分析的前提之下，又在制订出注塑模结构方案的基础之上，便可以开始进行注塑模设计。因为转换开关大、小件超级高精度要求，需要克隆或复制注塑模。克隆设计注塑模之前，需要将转换开关大、小样件上注塑模结构的痕迹测绘下来并记录在案。在具体注塑模设计时，可以按照大、小件上注塑模痕迹的尺寸、位置、数量和方向进行。由于大、小件形状相似，重量相差也不大，注塑模结构可以采用大、小件共用一套模具的结构。注塑模结构为两模板的标准模架，如图 10-19 所示。为了改善熔体的流动性，注塑模中加装了热电管 5 的孔。

10.5.4　转换开关大、小件注塑模定、动型芯的加工

　　如图 10-19 所示，超级精度的注塑模设计好之后，注塑模的加工就成为最为关键的内容。特别是大件定模镶件 10、大件动模镶件 14 和小件定模镶件 11、小件动模镶件 15 的孔位与分型面的加工。

　　(1) 型腔和分型面的加工

　　型腔和分型面的加工如图 10-20 所示。

　　① 分型面的加工　大件定、动模镶件和小件动模镶件分型面的加工是靠加工中心加工，

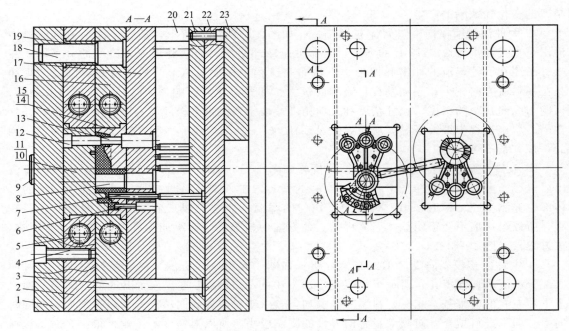

图 10-19　转换开关大、小件注塑模

1—定模垫板；2—定模板；3—回程杆；4—内六角螺钉；5—热电管；6—动模型芯；7—顶杆；8—大型芯；9—浇口套；
10—大件定模镶件；11—小件定模镶件；12—定模型芯；13—中型芯；14—大件动模镶件；15—小件动模镶件；
16—动模板；17—动模垫板；18—导柱；19—导套；20—模脚；21—安装板；22—推板；23—垫板

小件定模镶件分型面的加工可以采用磨削加工。大、小定、动模镶件的分型面是大、小件的粘接面，需要确保其平面度不大于 0.005mm。

② 型腔的加工　大、小件注塑模定、动模镶件型腔的加工，可用粗、精电极分别先后进行加工。

（2）大、小件注塑模定、动模镶件结构

如图 10-20 所示，大、小件所有孔的加工，可以在坐标镗床或用慢走丝进行。先是以一大面和两相邻侧面为基准，加工出所有的孔。所有孔均留单边 0.5mm 的加工余量，在坐标

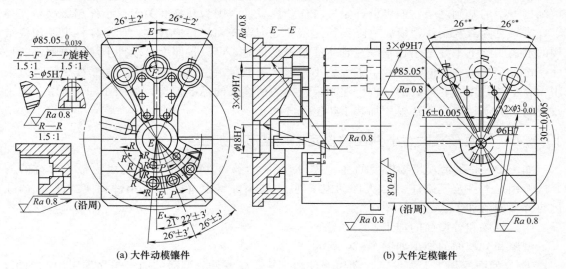

(a) 大件动模镶件　　　(b) 大件定模镶件

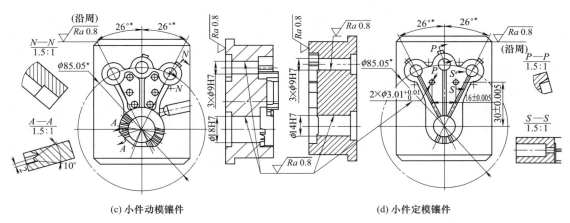

(c) 小件动模镶件   (d) 小件定模镶件

图 10-20 大、小件注塑模定、动模镶件

注：带 ﹡ 尺寸应与大件动模镶件对应尺寸保持一致。

测量仪测量出孔位尺寸后再进行精加工。各件以 ϕ18H7、ϕ6H7 和 ϕ9H7 孔为基准，精加工大、小件上所有的孔。

（3）孔位尺寸坐标值的转换

如图 10-21 所示，大、小件注塑模定、动模镶件所标注孔位的角度值尺寸，是很难用坐

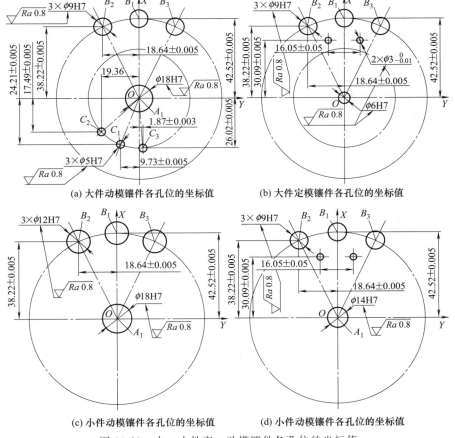

(a) 大件动模镶件各孔位的坐标值   (b) 大件定模镶件各孔位的坐标值

(c) 小件动模镶件各孔位的坐标值   (d) 小件动模镶件各孔位的坐标值

图 10-21 大、小件定、动模镶件各孔位的坐标值

标镗床或慢走丝进行加工的。需要将各孔的角度值尺寸，转换成直角坐标值才能进行加工，其中大件定模镶件 10 的 φ6H7 为工艺孔，加工时以大件动模镶件和小件注塑模定、动模镶件 φ18H7 的圆心为坐标原点 "O"，大件定模镶件的 φ6H7 工艺孔圆心的为坐标原点 "O"。OX 和 OY 坐标和各孔的 OX 及 OY 坐标值如图 10-21 所示。

转换开关大、小件注塑模，不仅是超高精度注塑件注塑模的克隆设计和制造的问题，还是注塑件综合技术应用的问题。如大、小件高分子材料和填充料的选择；大、小件诸多缺陷的整治；粘接剂和粘接工艺的选用和试验；注塑模精度的修复；孔的超高几何精度加工等一系列的课题合理解决的问题。缺失哪一方面问题没有得到很好地解决，转换开关组件都得不到成功的制造。如此看来，一个注塑产品的成功开发是要从多方面的技术着手才能获得成功。

10.6 克隆转换开关的变形和微缩痕的处理技术

转换开关是工业生产自动流水线上机械手中的运动转换装置，克隆该转换开关大、小件需要解决多方面的技术问题才能获得成功。转换开关大、小件孔的精度和几何精度要求，甚至超过了金属机械加工件。如何控制克隆转换开关的变形、微缩痕和银纹等缺陷，就成为克隆转换开关首先要面对课题。先后采用物理、化学和光谱分析方法，确定了进口转换开关的主要成分后，又通过不断试用不同的填充剂，最终确定选用 30% 的微珠玻璃聚碳酸酯取代进口转换开关材料，这便解决了转换开关大、小件变形和色泽的问题。以选用适当的注塑机和注射参数，解决了微缩痕的问题。烘料解决了银纹的问题，而后处理解决了内应力变形的问题。至此，转换开关的克隆加工便取得了重大的进展。

转换开关是工业生产自动流水线上机械手中的一种运动转换装置。每条自动流水线上要装置 48 套转换开关，流水线是 24 小时不停地运转。转换开关工作时运转频率很高，损废率很大，每月几乎都要更换一批。该设备是从外国进口的，因转换开关的技术含量很高，进口的转换开关价值是我们克隆产品的 35 倍以上。为了保证流水线的运转，需要储备大量的转换开关。常年更换转换开关的代价太大，怎样以国产件取代进口件的意义就显得十分重要了。在转换开关克隆的过程中，初期主要是围绕着转换开关注射成型变形的问题和缩痕等缺陷进行攻关。

10.6.1 转换开关的大、小件技术要求的介绍

转换开关的大件如图 10-22（a）所示，小件如图 10-22（b）所示。
（1）克隆转换开关的技术要求
主要是气密性和耐压性要求，以及与进口件混装要求。
① 大、小件粘接面粘接后不能产生漏气的现象。
② 3×φ6G6 孔和 φ14H7 孔不能产生漏气的现象。
③ 3×φ1.8mm 的通气孔不能产生串气和堵气的现象。
④ 粘接后的转换开关应保持 3 个工作的大气压要求。
⑤ 要求克隆转换开关与进口转换开关能混合使用。
（2）克隆转换开关尺寸精度的要求
转换开关的大、小件的造型不算复杂，大多数孔的轴线都是在垂直粘接面的同一方向，并且与转换开关的大、小件脱模方向一致。只是 3×φ1.8mm 通气孔，是以半孔的形式开通

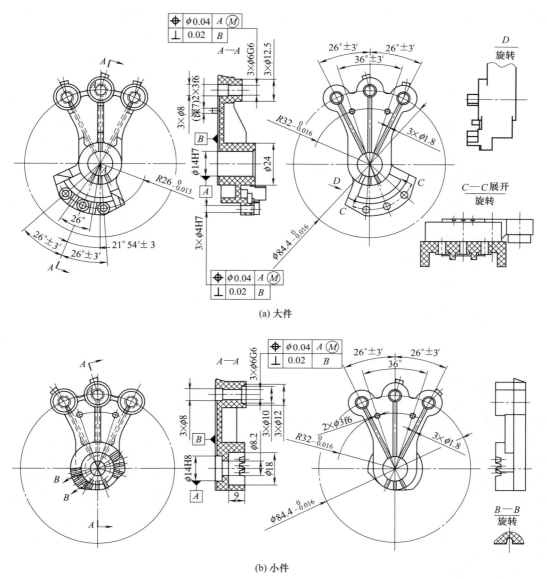

(a) 大件

(b) 小件

图 10-22　转换开关大、小件

在粘接面上。但是，转换开关的大、小件的尺寸精度、几何精度和表面粗糙度的要求都很高，甚至是超过了金属机械加工件的精度。

① 孔的精度：ϕ14H7、2×ϕ3H7 和 3×ϕ4H7 孔均为 IT7 级，3×ϕ6G6 为 IT6 级；

② 轴的精度：2×ϕ3f6 为 IT6 级。

③ 大、小件粘接面的平面度不大于 0.02mm。

④ ϕ14H7 与 3×ϕ6G6 四孔的圆柱度不大于 0.01mm。

⑤ ϕ14H7 与 3×ϕ6G6 四孔的孔位要求一致，还要与进口件孔位保持一致。

10.6.2　转换开关的用途和性能

机械手的任务就是要将流水线传送带上产品进行工序间的转换，即产品要从已加工的工位上转移到待加工的工位。转换开关就是在机械手的摆动过程中，使具有负气压的吸盘将已加工的产品吸起来，然后，机械手摆动一个角度后到达待加工的工位时，再撤除吸盘的负气压而将已加工的产品放下来的一种转换装置。转换开关组件如图 10-23 所示。

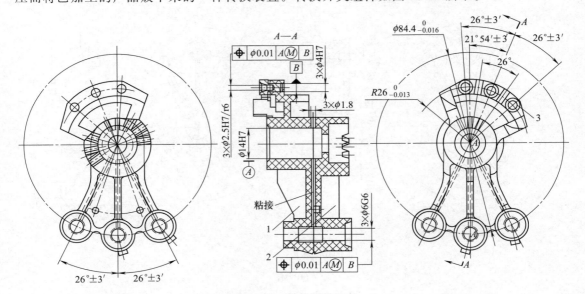

图 10-23　转换开关组件

1—大件；2—小件；3—定位件

（1）转换开关的工作原理

转换开关是由带有两个虎牙的大件 1 和带三角梯形齿的小件 2 和三个定位销 3（材料为 30Cr）组成。大件 1 与小件 2 的两大平面由树脂胶粘接而成。而三个定位销 3 是通过 $\phi 4r7$ 的外圆与大件 1 三个 $\phi 4H7$ 孔进行过盈配合连接在一起。这样，大件 1、小件 2 和定位销 3 便组成了一个整体。大件 1 和小件 2 的 $\phi 14H7$ 孔和设备上的 $\phi 14f6$ 转轴为间隙配合，并以 M8mm 内六角螺母与转轴上的 M8mm 螺杆进行连接与固定。转轴上具有弹性的能够进行穿插的锥形插销，可分别插入三个定位销 3 的 40° 的锥孔内。而转换开关上三个 $\phi 6G6$ 孔与专用设备上三个 $\phi 6f6$ 单向阀相连接。这样，当带三角梯形齿的转轴分别转动至三个孔位之中的一个孔位时，与其相对应的单向阀便处于工作的位置。单向阀开通时，使具有负气压的吸盘将产品吸起来。当转换开关与机械臂转动 26° 时，单向阀的关闭使具有负气压的吸盘负压消失而将产品放下，这便是转换开关在机械手中的工作原理。

（2）转换开关的功能

当装在转轴上转换开关，在具有弹性的锥形插销插入转换开关三个不同的定位销 3 的 40° 锥孔中摆动时，转换开关三个 $\phi 1.8$mm 的孔中某一孔便会对准单向阀的 $\phi 2$mm 不通孔，单向阀便能够将负压气流的切换成开启与关闭的两种状态。转轴摆动时，三个 $\phi 1.8$mm 的孔会各自地对准不同的单向阀，每个单向阀都有开启与关闭的两种状态。

转换开关是工业生产自动流水线上机械手，一同从外国进口，转换开关又是易损品。采购方提出国产化的转换开关必须和进口的转换开关在同一台设备上进行混装。这样，就要求国产化的转换开关在形状、尺寸、精度、表面粗糙度和性能上都要与进口的转换开关一致。换句话说，我们必须克隆出与进口的转换开关完全一样的转换开关来，采购方才会接纳我们的转换开关。仿制的转换开关只不过是与样品相似而已，性能和精度上达不到样品的要求。由于进口方的限制不能进口转换开关注塑模和技术资料，我们只有克隆的转换开关才可满足生产的需要。长期进口转换开关的费用，导致大大超过进口自动流水线的费用。

（3）转换开关的技术要求

为了确保转换开关的形状、尺寸、精度和表面粗糙度与样品一致，也为了确保转换开关的使用功能与样品一致，对转换开关的技术要求如下。

① 转换开关孔的精度和几何精度要求。孔的精度和几何精度要求特高，这就要求转换开关的变形应极小。其中大孔为 $\phi14H7$，三个孔为 $\phi6G6$ 和三个小孔为 $\phi4H7$，它们的精度在金属机加件中都算是高的。孔位的精度要求更高，大、小件孔位尺寸完全一致。孔壁和部分型面的表面粗糙度 $Ra=0.8\mu m$，孔的圆柱度不大于 $0.01mm$。这都说明了转换开关的变形应极小，才可能达到这种机械加工金工件的精度要求。

② 大件 1 和小件 2 的粘接面是要在三个大气压的条件下连续工作的，粘接面不能存在漏气的现象。三个 $\phi1.8mm$ 的孔在大件 1 和小件 2 的粘接面上是各为一半的，粘接后三个 $\phi1.8mm$ 的孔不能有串气和堵气的现象存在。

③ 大件 1 和小件 2 的粘接面两侧的胶带要有 4～6mm 宽，并且要等宽。

④ 三个定位销 3 压入大件 1 的孔内，不能松动。

⑤ 转换开关的外表面为亚光。

10.6.3　转换开关的变形、缩痕和银纹等缺陷的解决

主要试制工作围绕解决转换开关所产生的变形、缩痕和银纹等缺陷展开，以选取适当的塑料品种与填充剂类型为主要的措施，选取成型加工的设备、加工的参数和后处理为辅助的措施来实现根治克隆大、小件的缺陷。

按采购方提供的测绘图和材料聚四氟乙烯，收缩率为 3.1%～7.7%，所注射出来的转换开关是完全不能满足其技术要求。不要说是确保转换开关的精度和表面粗糙度的要求，就是注射出来的转换开关外表面和粘接面都像麻花一样扭曲，并且千疮百孔。该材料的费用昂贵，虽说是具有耐腐蚀、耐老化及电绝缘性优越，吸水性小的特点。聚四氟乙烯对所有的化学药品都具有耐腐蚀的性能。摩擦系数在塑料中最低，具有不粘、不吸水等特性。但最要命的是其收缩率大，不能用于注射成型。另外还用了 ABS、尼龙等材料加工，都因收缩率较大产生的缩痕深而未能获得成功。

（1）转换开关样件材料的确定

转换开关大、小件变形和缩痕产生的原因，是注塑的材料选用不当引起的。转换开关样件的材料，开始是采用物理方法和化学分析方法进行初步的判断，后采用光谱分析的方法加以确定。

① 物理的判断方法　从样品上割下一部分塑材点燃后，观其烟雾的颜色、闻其气味和观其燃烧后的灰尘的颜色，可以初步判断是聚碳酸酯的塑材。

② 化学分析方法　在物理的判断的基础上，用二氯乙烷和三氯甲烷液体滴在样品外表面上，发现样品外表面被溶解，进一步可以判断是聚碳酸酯的塑材。

③ 光谱分析方法　用光谱分析仪得出转换开关大、小件的塑材主要成分是聚碳酸酯。查出其收缩率为 0.5%～0.7%。

（2）聚碳酸酯填充剂的选用

用纯聚碳酸酯的塑材注射了几个转换开关之后，便立竿见影，转换开关大、小件的扭曲、变形和缩孔等现象没有了。至此，转换开关的研制取得突破性进展。但是注射成型的转换开关大、小件，仍存在着较大的缩痕和表面光亮的现象。感到纯聚碳酸酯的收缩率还是大了一些，于是从选用填充剂及其比例着手来减小收缩率。转换开关注射成型变形的问题仍未得到妥善解决，这个问题不仅使所有孔的精度得不到解决，两粘接平面也会因变形而不平，

并会影响大、小件粘接达不到技术要求。

① 影响转换开关注射成型的变形因素。

a. 塑材和填充剂的类型及其比例。

b. 注射设备和注射工艺参数。

c. 注射成型后的冷却校型和后处理等问题。

② 转换开关材料的确定。虽然改用了聚碳酸酯塑材，取得了明显的效果。但其收缩率为 0.5%～0.7%，仍然是偏大。保证不了转换开关大、小件的精度要求，并仍然有微小的缩痕，再是强度和亚光的要求也达不到要求。纯聚碳酸酯注射的收缩率一般也偏大，填充添加剂后可以增加转换开关大、小件强度和减小其收缩率，还可降低成本。那么，填充什么样的添加剂？填充的比例是多少？这两个问题便摆在我们的面前。我们一方面做试验，另一方面在网上和市场上查询新材料，所谓新材料，就是主要成分不变，只是改变添加剂的成分和比例而已。

a. 纯聚碳酸酯。用这种材料所注射成型的转换开关大、小件，其变形偏大、外表面光亮，易产生银纹，强度差，存在着微小的缩痕。

b. 增强聚碳酸酯。70%聚碳酸酯＋30%的玻璃短纤维的增强聚碳酸酯。用这种材料所注射成型的转换开关大、小件，其变形小、强度高。但外表面漂浮的短纤维很明显，外表面光亮，易产生银纹。若外表面喷亚光漆，还是勉强过得去，但和样件的外观相比，还是有很大的差距。给人的感觉是假冒伪劣商品。改变聚碳酸酯与玻璃短纤维的比例：采用80%聚碳酸酯＋20%的玻璃短纤维的增强聚碳酸酯，效果与上述一样。采用90%聚碳酸酯＋10%的玻璃短纤维的聚碳酸酯，效果与纯强聚碳酸酯差不多。

c. 减小收缩率型的聚碳酸酯。聚碳酸酯＋矿物质。如硅酸盐、滑石粉和碳酸盐等。选用的是80%聚碳酸酯＋20%滑石粉，其强度极低，脱模时顶杆的顶出就能将成型的转换开关大、小件顶碎。

d. 亚光微珠增强聚碳酸酯。从市场上联系到上海聚威工程塑料有限公司，采用微细玻璃珠为添加剂的微珠增强聚碳酸酯。以此为产品的材料，其收缩率为0.3%～0.4%，亚光，完全达到外国进口材质的要求，甚至优于进口材质的要求。注射成型的转换开关大、小件，不论是精度、强度、变形量和外观质量都达到外国进口转换开关的水平。因为塑材中含有30%的微粒玻璃珠，一是材质中微细的玻璃珠的密度增加了，均匀性也增加了，使注射的产品不易产生缩痕和变形；二是强度和耐磨性提高了。那么，其寿命就增加了。

10.6.4 转换开关克隆件微缩痕的处置

虽然采用了亚光微珠增强碳酸酯的注塑材料，克隆件的表面上还是存在着微缩痕的现象，此时只能采用辅助的手段来解决。即选用大注塑容量的设备，大的注塑压力和延长保压时间来克服微缩痕的现象。

(1) 注射设备的选用

粘接后的转换开关净重42克，毛重50克（含料把），按说用注射量较小的设备就可以了。但是，为使变形小一些，使用了SZ800或TT1-160F型注射机。为了防止塑料颗粒的返潮，还须用带有烘干料筒的设备。否则，还会产生缩孔和变形及银纹的现象，银纹是因塑料潮湿产生的。

(2) 注射工艺参数的选用

主要是注射时压力要大点，保压时间要长点，具体的注射参数也是在反复试验后获得的。具体的注射参数如下。

注射参数：① 料筒温度

1段：260℃；

2 段：245～250℃；

3 段：235～240℃；

4 段：180℃。

② 射胶速度

1 段：45%；

2 段：45%；

3 段：45%；

4 段：45%。

③ 射胶压力

1 段：60bar；

2 段：60bar；

3 段：60bar；

4 段：65bar。

④ 溶胶时间

1 段：75s；

2 段：75s。

⑤ 保压时间：2s。

⑥ 冷却时间：20s。

⑦ 注射时间：7s。

⑧ 溶胶设定

溶胶时间：5.9s；

溶胶时限：10s；

射胶终点：157mm。

⑨ 溶胶背压：80bar。

⑩ 溶胶量：65mm。

⑪ 溶胶抽胶压力：70bar；

⑫ 速度：50%。

（3）注射成型后的校型冷却和后处理

注射成型后的校型冷却和后处理是解决微收缩和裂纹的有效措施。

① 注射成型后的校型冷却　注射成型脱模后的转换开关大、小件在冷却时，其材料的收缩率虽小，热胀冷缩仍然在进行，于是总是还存在着收缩。由于各孔的壁厚不均匀，转换开关大、小件孔的收缩也是不一致的。于是，各孔便产生了锥度和椭圆度误差。这样，就得采用插校型芯棒，用水快速冷却的方法来获得高精度的孔。

② 注射成型的后处理　后处理也就是时效处理。大、小件注射成型，是从塑料融化的液态到冷硬态和脱模后的固态。转换开关大、小件在注射成型时的这种从热态到冷硬态的过程中，转换开关大、小件内部会产生很大的内应力。在用速干胶粘接时，转换开关大、小件粘接面会产生很多细长的裂纹。随着使用时间的增长，裂纹会逐渐扩大，最终使转换开关大、小件部分几何体断裂。如此，需将成型的转换开关大、小件放进烘箱内加温到100℃，加温时间为2～3h。然后，再随烘箱自然冷却至室温（需24h）。通过时效处理，充分地消除了注射成型时转换开关大、小件中的内应力，转换开关大、小件便不会再出现裂纹的现象。

由于克隆转换开关要求大、小件的七个孔位具有一致性，并且还要和进口件一致；又由于克隆的转换开关要求保持3个工作大气压的要求，大、小件的七个孔的精度为IT7级且圆柱度不大于0.01mm；两粘接面粘接后不能产生漏气的现象，这便要求两粘接面的平面度大于 0.02mm。在试制过程中采用以选用塑材品种和填加剂类型为主的策略，以选取注塑机和注射参数为辅的方法，解决了克隆转换开关的变形和微缩痕的缺陷。通过塑料颗粒的预烘干和料斗的烘干，解决了克隆转换开关大、小件产生银纹的缺陷；通过克隆转换开关大、小件的后处理的工艺，解决了克隆转换开关大、小件产生的内应力的问题。至此，克隆转换开关的试制工作取得了重大的突破，也为后续的研制奠定了基础。

10.7　克隆转换开关胶带的制作与粘接技术

由于大、小件粘接而成的转换开关，需要在确保 3 个气压下才能正常工作。对于大、小件粘接的要求是：粘接面不能出现漏气的现象，并且具有足够的粘接强度。粘接面中三个 $\phi 1.8$mm 相交的孔，不能出现串气和堵气的现象。在不知道进口件使用何种胶和所使用的粘接工艺的情况下，我们做了许多次的试验，终于找到了替代的办法。不仅能解决胶带宽窄一致性和胶带宽度尺寸的问题，还可使粘接面不会产生漏气、串气和堵气的问题，即使出现了质量问题，还可以通过返修后，仍可以使之合格。

转换开关小件如图 10-24（a）所示。转换开关大件如图 10-24（b）所示。转换开关组件如图 10-24（c）所示。转换开关大、小件粘接面上三个 $\phi 1.8$mm 相交的孔，是很难用注塑模抽芯的方法来实现。唯一的办法是，在三个 $\phi 1.8$mm 相交孔的对称中心处制成两个半圆形孔，然后，用胶粘接或用塑料高频对接机焊接的方法将这两部分连接在一起。在截开了一个外国样件后，确定外国样件是采用胶粘接方法进行连接的。

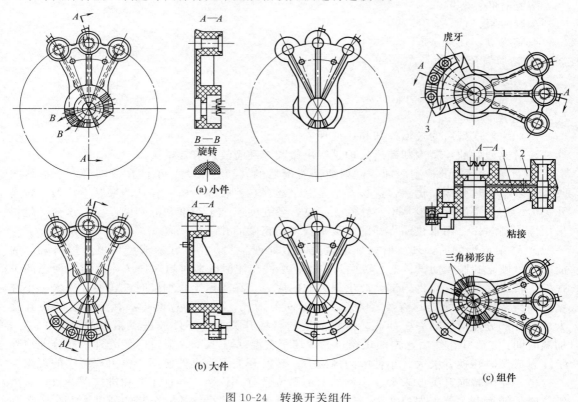

图 10-24　转换开关组件
1—大件；2—小件；3—定位件

10.7.1 聚碳酸酯粘接用胶

转换开关组件大、小件的粘接，首先是要解决用什么胶粘接的问题？再就是要解决采用什么样的粘接工艺方法来粘接的问题？

（1）转换开关的粘接技术要求

必须是在 3 个大气压条件下两粘胶面的抗剪力为 $P_C \geqslant 50\mathrm{kN}$，并具有一定耐用度；其黏度为 $(100 \pm 50)\mathrm{cPs}$；两粘接面不允许有漏气的现象；两粘接面间的三个 $\phi 1.8\mathrm{mm}$ 通气槽不允许有堵气和相互串气的现象。

（2）粘接聚碳酸酯胶的种类

粘接聚碳酸酯塑材粘胶的种类很多，它们的配方也各不相同，自然它们的粘接的性能也各不相同。在试验了各种粘胶之后，它们粘接的性能都达不到要求的情况下，我们自己配制的粘胶不仅达到了粘接的要求，还超过了外国的粘接的要求。但是，该粘胶与外国样件粘接方法还是有区别的。根据分析，进口件的粘接是一气呵成，而我们则要分成两个工序来做，在粘接技术上还是存在着改进的空间。我们还需要做进一步的试验，试制出与外国的粘胶具有同样性能和粘接技术的粘胶。

① 聚碳酸酯粘胶的分类 粘接聚碳酸酯的胶按性能区分，有粘接性胶，还有熔融性胶。粘接性胶是运用其粘接性能将两件聚碳酸酯制品粘接在一起的胶，而熔融性胶是将两粘接面溶解后再粘接在一起的胶。按其性能分可分为四大类，聚碳酸酯粘胶的种类、配方和粘接的性能如表 10-7 所示。

表 10-7 聚碳酸酯粘胶的种类、配方和粘接的性能

种类	组分（Ⅰ）	用量	组分（Ⅱ）	用量	组分（Ⅲ）	用量	组分（Ⅳ）	用量	固化时间	性能
1	环氧树脂 A 组分（白色）	50%	环氧树脂 B 组分（棕色）	50%	二丁酯（无色）	适量	着色剂	适量	10t	粘接型
2	二氯甲烷（无色）	147g	三氯乙烷（无色）	80g	聚碳酸酯（黑色）	40g			快干型	熔解型
3	二氯甲烷（无色）	50g			聚碳酸酯（黑色）	40g			快干型	熔解型
4	二氯甲烷（无色）	50mL	三氯乙烷（无色）	50mL	聚碳酸酯（黑色）	6～9g			慢干型	熔解型
5	纯二氯甲烷（无色）								快干型	熔解型
6	纯三氯乙烷（无色）								快干型	熔解型
7	二氯甲烷（无色）	92%	或乙酸乙酯（无色）	或92%	聚碳酸酯粉末（透明）	8%±1%	（专用胶）		慢干型	粘接兼熔解型
8	AB 胶		A 组分胶	50%	A 组分胶	50%	透明 AAA 超能胶		快干型	粘接型
9	聚碳酸酯专用胶	主要	二氯甲烷（无色）	适量					慢干型	粘接兼熔解型
10	聚碳酸酯专用胶	主要	三氯乙烷（无色）	适量					慢干型	粘接兼熔解型

② 聚碳酸酯粘胶的成分和性能 目前虽然采用了树脂胶，既解决了粘接强度的问题，又解决了产品的漏气和串气的问题。但不能解决产品的粘接面附近 3～4mm 胶带的问题，而胶带的问题只能运用浸涂的方法来解决。日后还是要在氯烷类型胶上进行攻关，最终解决这个问题。

　　a. 氯烷胶。如表 10-7 所示。这类型胶主要的成分是：二氯甲烷和三氯乙烷。众所周知，二氯甲烷和三氯乙烷都是能将聚碳酸酯材料溶解的，只不过是二氯甲烷较三氯乙烷溶解和固化的时间更快一些。将熔融后聚碳酸酯粘接面叠合在一起适当的时间，并施加适量的压力，待熔融的聚碳酸酯固化后就能够粘接在一起。它们粘接后两件聚碳酸酯材料粘接强度是能够满足产品的使用要求，遗憾的是该类型胶不能解决产品的漏气和串气问题。但是，将外国样件剖开后，发现其采用浸涂的粘接方法。二氯甲烷和三氯乙烷是无色的液体，其挥发快，要求粘接时动作也要快，也只有氯烷类型胶才能运用浸涂的粘接方法。为了解决产品漏气和串气的问题，我们也采用浸泡的聚碳酸酯颗粒，只不过是聚碳酸酯颗粒不能完全溶解，只是表面层存在着溶解而无法使用。

　　b. 树脂胶。如表 10-7 所示。树脂胶的成分是：树脂胶 A 组分为粘接剂，可增加塑性；树脂胶 B 组分为固化剂，可增加脆性；二丁酯为稀释剂；着色剂，用以改变颜色。调制后为黑色黏稠胶，粘接方法只适用于刷胶和刮胶。树脂胶粘接强度因树脂材料因素远大于其他类型胶，粘接后的产品不漏气和不串气，且具有很长使用寿命。由于树脂胶采用了刷胶和刮胶的粘接方法，是不可能制出粘接面处的胶带，故在粘接前需要用氯烷胶浸涂出胶带来。如此，增加了工序和成本。目前这只是过渡的粘接方法，最终还是要使用氯烷胶的浸涂粘接方法，即胶带和粘接一气呵成。

　　c. AB 胶。AB 胶是外购胶。如表 10-7 所示。AB 胶分为 A 组分和 B 组分，按 1∶1 比例的分量搅拌均匀后使用。其粘接强度还可以，粘接后的产品也不漏气和不串气。只是产品装机使用不到一个月便开始漏气和串气，再不久粘接面便被剥离开，其因存在着使用寿命短的问题而不能使用。

　　d. 其他胶。包括各种类型聚碳酸酯专用胶和混合胶，如表 10-7 所示。其主要成分是二氯甲烷或乙酸乙酯和聚碳酸酯。至目前为止，虽然能够解决粘接强度的问题，但因不能解决产品的漏气和串气问题而不能使用。同样，这类型胶为无色或黑色黏稠胶，也只能运用于刷胶和刮胶的粘接方法，而不能制出粘接面处的胶带。

10.7.2　聚碳酸酯粘接的工艺方法

　　各种类型聚碳酸酯粘接胶，由于只存在着液态和黏稠糊态两种形态，故它们的粘接方法有三种，既刷涂法、刮涂法和浸涂法。刷涂法和刮涂法适用于黏稠糊态胶，而浸涂法只适用于液态胶。

　　(1) 刷涂法

　　刷涂法是用毛刷或画笔蘸上黏稠胶，在需要粘接的表面上进行刷涂。然后，将粘接的两表面贴合在一起，并施加一定的压力至粘接后有足够的强度的方法。

　　① 二氯乙烷和三氯甲烷刷涂法　二氯乙烷和三氯甲烷都是透明的液体，它们能使聚碳酸酯塑材的表面产生溶解。这样，我们可将两个相互溶解了的表面迅速地贴合在一起，并施加一定的压力。20~30s 便能固化，24h 后便能达到最大强度，只是二氯甲烷比三氯乙烷的挥发得更快些。三氯乙烷和二氯甲烷不能采用刷涂法来进行聚碳酸酯塑材的粘接，其原因是它们挥发得太快了，它们挥发的时间只有 2~3s 的时间。一个面总是要刷涂好几下，可是刚刷涂好这一笔胶而上一笔的胶就干了，如此就无法保证在刷涂好整个面时而不出现挥发的现象。

　　② PC 专用胶刷涂法　该胶基本成分是三氯乙烷和二氯甲烷，只是相对稠一些，能 5min 基本上固化，2~3h 有一定的强度，24h 后便能达到最大强度。能够粘接，但达不到样件的粘接效果，而且粘接面会漏气。PC 专用胶可用刷涂法，也可用刮涂法。

③ 混合胶刷涂法　是将 PC 专用胶与三氯乙烷或二氯甲烷混合所得到的胶。仍然是达不到样件的粘接效果，而且粘接面会漏气。只不过是较 PC 专用胶稀一些，而较三氯乙烷和二氯甲烷稠一些。可以用刷涂法，也可以用刮涂法。

（2）浸涂法

浸涂法是将需要粘接的两平面同时浸泡在三氯乙烷或二氯甲烷的胶液里 3～4mm，取出后，将两个相互溶解的表面迅速地贴合在一起，并施加一定的压力。20～30s 便能固化，24h 后便能达到最大强度。用浸涂法粘接的转换开关，在戳开粘接面后，胶粘接的状况与样品粘接的状况一致，粘接的强度也不错。但存在着粘接面漏气和串气现象，还存在着胶带宽窄不均的问题。

在粘接的转换开关时，可用汽油清洗粘接面，也可用苯酮清洗。采用汽油清洗，粘接转换开关 100％漏气。而用苯酮清洗，粘接的转换开关合格率只不过是在 40％～50％之间，因合格率低而不宜采用。

（3）刮涂法

刮涂法是采用 AAA 速干全透明超能 AB 胶，该胶是像牙膏状黏稠状的胶，分成 A 组与 B 组。使用时先将等量的 A 组与 B 组胶挤出来，然后搅拌均匀方能使用。使用时将搅拌过的 AB 胶用专用刮刀刮涂在粘接面上，再是在大件的 ϕ14H7 孔内插入 ϕ14f6 的销并外露 5～6mm，同时将小件的 ϕ14H7 孔内插入该销之后，再将粘接面叠合在一起。然后，将 3 根 ϕ6f6 的销插进 3×ϕ6G6 孔内，其目的是防止转换开关大、小件错位。用手压紧 20～30s 后，在放进粘接夹具之前，要用棉布擦去挤出的胶液。放入粘接夹具中达 2～3h 后固化达到一定的强度方可取出，并拔出四根插销。24h 后才能达到最大粘接强度，最后是用一根 ϕ1.5mm 的钢丝捅通 3 个 ϕ1.8mm 的孔。用刮涂法粘接的转换开关只要细心点便能达到 100％不漏气，采用 AAA 速干全透明超能 AB 胶的刮涂法粘接的转换开关在装机使用时，据采购方反映，使用一个月后，转换开关开始漏气。不久，粘接面开始分离。采用 AAA 速干全透明超能 AB 胶存在着寿命短的问题而不能使用。最终还是要使用自己配制的树脂胶，用刮涂法解决了此难题。

（4）综合法

由于到目前为止，在国内还未找到像外国样件那种胶液，我们只能寻求代替的粘接用的胶液。其方法是：为了达到外国样件的水平，我们还需做出 3～4mm 的胶带。该工序是先用三氯乙烷的浸涂法制出等宽的胶带，其主要原因是三氯乙烷可将光滑的粘接面溶解为平整而粗糙的表面，只有平整而粗糙的面，才有最大的粘接强度和确保不漏气。然后，用刮涂法将树脂胶刮涂到大件和小件的粘接面上，从而将大件和小件粘接在一起，这种方法称为综合法。就目前来说，该综合法虽然是麻烦点，但能确保粘接后的转换开关不漏气和不串气，并有很大的粘接强度。

10.7.3　转换开关组件的粘接

转换开关组件的粘接，首先是要制出大、小件的胶带。一是因为进口件存在着胶带；二是通过大、小件的粘接面在三氯乙烷或二氯甲烷的胶液中的浸泡，使粘接面的材料产生溶解后的表面粗糙度更均匀，有利于用树脂胶粘接。

（1）粘接面的处理

去油污和在 ϕ14H7 孔内堵塞橡皮垫：可用汽油清洗粘接面，按说清洗后可以进行粘接的，只是在这之前，已经发现用浸涂法的转换开关外表面存在着胶带，同时 ϕ14H7 和 3×ϕ6G6 孔的内表面也存在着胶带，胶带的厚度为 0.05mm，这样，有胶带的处孔径就变小了，因此，必须用 ϕ14.2mm×3mm 的橡皮垫将 ϕ14H7 孔口堵住，用 ϕ6.1mm×3mm 的橡皮垫将 ϕ6G6 孔口堵住，以防漏胶。浸涂胶液后，又要迅速地将橡皮垫从孔中捅掉才能进行粘接。对已进了胶带的孔，可用铰刀将胶带切削掉。

（2）胶带的制作

为了控制胶带的宽窄一致，转换开关大、小件浸涂胶带装置如图 10-25 所示。该浸涂胶带装置，是通过两个具有 2mm×1.5mm 凸台的定位板，来搁置转换开关的小件 5 和大件 6 的粘接面。搁置的面积大了，胶液不能浸涂到用于定位凸台面。只有搁置的面窄了，在绝大部分的粘接面浸涂到胶液后，再提取出小件 5 和大件 6 时，一方面是在提取过程中，盒中的胶液会自动浸涂到用于定位凸台面上；另一方面是粘接面上的胶液也会从两侧蔓延到搁置凸台上无胶液的面上。若搁置的面宽了，胶液是无法从两个方面都浸涂和蔓延在到用于定位凸台面上。刻线是控制小件 5 和大件 6 浸泡胶液中的深度，从而可以控制胶带的宽度。若无此浸涂胶带装置，仅靠人手控制浸涂胶液等距离是无法实现的。小件 5 和大件 6 的 ϕ14H7 和 3×ϕ6G6 孔内堵上橡皮垫 3 是防止孔壁在浸涂胶液时也被浸涂上胶液，这样 ϕ14H7 和 3×ϕ6G6 孔径将会变小。

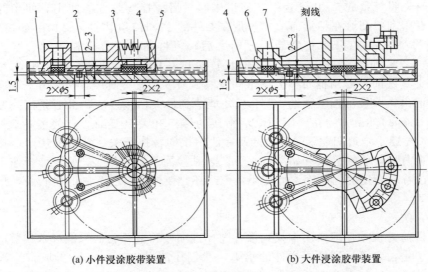

图 10-25　大、小件浸涂胶带装置

1—胶液盒；2—限位板；3—橡皮垫；4—胶液；5—小件；6—大件；7—定位板

（3）配胶和粘接面刮胶

由于采用了熔解型的氯烷胶，对小件 5 和大件 6 的粘接面进行了处理后，再采用粘接类型的树脂胶进行粘接。使得粘接面平面度和粗糙度的要求降低了，如采用熔解型的氯烷胶浸涂后粘接，粘接面平面度只能在 0.02mm 之内，确保粘接面不会漏气。而采用综合法粘接时，粘接面平面度在 0.05～0.1mm 之间，仍不能确保粘接面不会漏气。

① 配胶与工具　根据表 10-7 中种类 1 的配方将树脂胶配好后，同时还需准备好刮刀、绸布、橡皮垫和 ϕ1.5mm 的钢丝等。

② 刮涂胶　分别将小件 5 和大件 6 的粘接面，以适量而均匀树脂胶刮涂好。由于树脂胶固化时间是 10h，所以可以一次刮涂 50～100 套件后再统一进行粘接，以提高粘接效率。

③ 粘接及其粘接夹具　本来大件 6 上有 2×ϕ3f6 的圆柱体而小件 5 上有 2×ϕ3H7 的孔，可以用于大、小件粘接的定位。但因两件在熔解型的氯烷胶浸泡后，圆柱体会增大而孔

会减小，便不适用于粘接定位。此时，非要采用粘接夹具才能确保粘接定位的准确性，如图 10-26 所示。捅掉橡皮垫后，应先将 $\phi14f6$ 的大插销 3 插进转换开关大件和小件的 $\phi14H7$ 孔内。再将 3 个小插销 4 插入大件和小件的 $\phi6G6$ 孔中，最后将粘接面叠合在一起，其目的是防止两个大、小件的错位。用手压紧 20～30s 后，用不易掉绒毛的绸布将向外挤出的树脂胶液擦拭干净，再放入粘接夹具中 2～3h，固化达到一定强度后取出，并拔出四根插销。

④ 后处理　用 $\phi1.5mm$ 的钢丝捅通三个 $\phi1.8mm$ 的孔，三个 $\phi1.8mm$ 孔是用于通气的，必须是贯通的。粘接面浸泡在三氯乙烷或二氯甲烷的胶液中时，三个 $\phi1.8mm$ 的孔因是半个孔，它们的孔壁都会沾上胶液，胶液干涸时会将孔堵住。需用一根 $\phi1.5mm$ 的钢丝去捅通三个 $\phi1.8mm$ 的孔。在这之前，是用三根粗 $\phi2mm$ 的绳铺设在转换开关粘接面上三个 $\phi1.8mm$ 的孔内。待转换开关的粘接面固化后再抽出绳子。铺绳和抽绳方法，因效率低而被用钢丝捅孔方法取代。

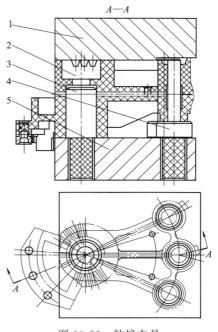

图 10-26　粘接夹具
1—压板；2—转换开关；3—大插销；
4—小插销；5—底板

应该说到此为止转换开关的粘接完成了，但合格率只有 30% 左右，究其原因是注塑件微变形在作怪。用圆柱度仪测试，外国进口件孔的圆柱度为 0.01mm，而克隆件孔的圆柱度为 0.06mm。只有整治了微变形，才能确保转换开关克隆成功。

转换开关的克隆成功与否，与大、小两件的粘接质量密切相关。粘接后大、小两件不仅要确保所有孔位不错位之外，还要确保粘接面和通气孔不漏气、堵气和串气；还需确保三处通气道气路切换的准确性，更要确保稳定的 3 个工作气压。通过选用多种的粘接剂和采用各种粘接的方法，最后确定了用树脂胶刮胶法进行大、小两件粘接，确保了粘接的质量。即使是产生了漏气、堵气和串气的转换开关，在戳开大、小两件对粘接面稍作处理后，仍可以重新进行粘接。但所采用 AB 组分的树脂刮胶法是粘接和胶带制作分开进行的，这种工艺方法仍有改进的空间。

10.8　克隆转换开关气密性与剪切力的试验

转换开关大、小件是用手工进行粘接的，这样转换开关组件难免会出现漏气、串气和堵气以及剪切力达不到要求的现象。如何辨别转换开关组件气密性和粘接强度，需要进行相关的试验，以检验转换开关组件的质量。只要转换开关组件出现了上述四种现象中的任何一种，这个转换开关组件就是不合格品。不合格品是可以修复的，只要将这些不合格品集中起来戳开粘接面，再将粘接面上的树脂胶刮除掉，便可重新进行粘接。

成型转换开关大、小件的注塑模，由于注塑模装配钳工缺乏经验，装配定、动模镶件时，不是将定、动模镶件放入动模板型槽中一点点地敲进去，而是将定、动模镶件放入动模板型槽中，在压床上一下子压入动模板内。这种野蛮装配方式，便造成整个定、动模板的弯曲变形。为了使动模板与定模板闭合后无缝隙，只好将定、动模板的分型面和模脚的底面磨平。可是动、定模闭合后，虽说没有了缝隙，但却造了成型转换开关的大、小件粘接面的不平面度达 0.3～0.4mm。在这种情况之下，如何能够确保转换开关粘接后不漏气，3 个 $\phi 1.8mm$ 通气槽不串气呢？

10.8.1 成型转换开关的气密性试验

转换开关只要是存在着漏气、堵气和串气的现象，转换开关便无法正常地工作，流水线也无法正常地工作。转换开关大、小件的粘接是手工进行的，粘接的质量很难确定。因此，必须对粘接后的成型转换开关进行百分之百的气密性试验，以检查成型转换开关能否符合转换开关粘接的技术要求。

（1）转换开关的粘接技术要求

转换开关组件如图 10-27 所示。技术要求与 10.7.1，（1）相同。因此，必须制作气密性试验夹具来对转换开关的粘接面进行百分之百的气密性试验。

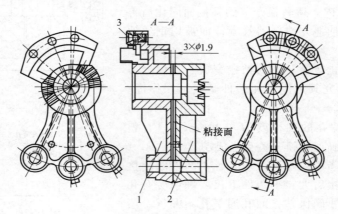

图 10-27　转换开关组件
1—大件；2—小件；3—定位件

（2）转换开关试验的内容

根据转换开关粘接技术要求，可以确定转换开关试验的内容如下，转换开关试验实际上就是检验转换开关气密性的质量。

① 大、小件的粘接面之间漏气的试验。

② $3\times\phi 6G6$ 孔通气的试验。

③ $3\times\phi 1.8mm$ 堵气和串气的试验。

④ 转换开关必须保持 3 个大气压的试验。

⑤ 粘接面的抗剪力 $P_C \geqslant 50kN$ 的试验。

（3）转换开关气密性试验夹具

气密性试验夹具如图 10-28 所示。气密性试验的原理：将装有大密封圈 7 和密封垫 9 的夹具体 1 插入转换开关的 $\phi 14H7$ 孔内，再将具有弹性的插销 6 插入三个定位件之一的 40°锥孔中，并以六角螺母 12 和开口垫圈 11 固紧。然后，再插入三个单向阀 10，三个单向阀 10 可以处于关闭或开通的状态。将压缩空气的气压调至 3MPa，再将压缩空气的气嘴插入转换开关的夹具体 1 锥孔中。然后，将其放入盛有水的铁盆中，观察浸泡在水中的粘接面的沿周缝隙和单向阀 10 是否出现气泡，再根据有无出现的气泡进行转换开关气密性判断。

安装密封圈 7 和密封垫 9 是为了在进行气密性试验时，夹具体和单向阀两端不产生漏气现象，以免因产生很多的气泡从而影响观察和判断漏气和串气现象；另外，产生漏气现象后试验时的压力将会下降，这也和转换开关的工作条件不符。

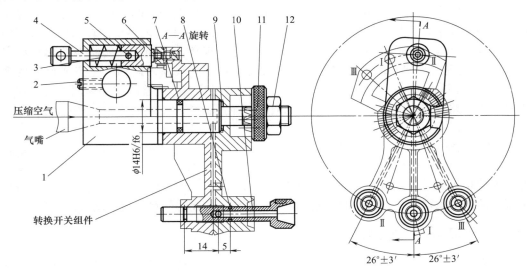

图 10-28　气密性试验夹具

1—夹具体；2—紧定螺钉；3—弹簧；4—拉杆；5—圆柱销；6—插销；7—大密封圈；

8—小密封圈；9—密封垫；10—单向阀；11—开口垫圈；12—六角螺母

注：单向阀 10 上中间通气孔与转换开关组件排气槽脱离接触为单向阀 10 处于关闭状态，单向阀 10 上中间通气孔处在转换开关组件排气槽之中为单向阀 10 处于开通状态。

（4）气密性试验方法

根据出现气泡不同部位可判断出转换开关的漏气、串气、堵气和保持 3MPa 大气压的状况。存在着上述现象的转换开关，应视为不合格产品。转换开关组件气密性试验原理如图 10-29 所示。

① 漏气现象　浸泡在水中的转换开关，若粘接面之间出现气泡，说明转换开关存在着漏气，未出现气泡就是表明该位置不漏气。如此，变换插销 6 在三个定位件的位置，若都未

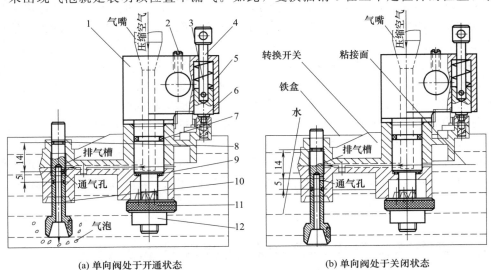

(a) 单向阀处于开通状态　　　　　　　　(b) 单向阀处于关闭状态

图 10-29　转换开关组件气密性试验原理

1—夹具体；2—紧定螺钉；3—弹簧；4—拉杆；5—圆柱销；6—插销；7—大密封圈；

8—小密封圈；9—密封垫；10—单向阀；11—开口垫圈；12—六角螺母

出现气泡，说明三个气路不漏气，才能得出转换开关不漏气的结论。

②串气现象　要检验三个气路不串气的现象，则是要将三个单向阀 10 使之两个处于关闭状态而一个处于开通状态。将转换开关放入盛有水的铁盆中，观察浸泡在水中粘接面的沿周缝隙，若只是处于开通状态的单向阀 10 出现了跑气现象，而处于关闭状态的两个单向阀 10 未出现跑气现象，就是说明该位置的气路没有出现串气现象。同样，轮流变换使两个单向阀 10 之一为开通状态，而另一个单向阀 10 处于关闭状态。试验的结果如同上述一样，才能说明三个气路没有串气现象。若开通和关闭的单向阀 10 之一或两个也出现跑气现象，说明存在着串气现象。

③堵气现象　还要检验三个气路堵气的现象，堵气的现象就是不通气的现象。是要将三个单向阀 10 使之两个处于关闭状态而一个处于开通状态，放入盛有水的铁盒中，观察浸泡在水中的粘接面的沿周缝隙，若只是处于开通状态的单向阀 10 未出现气泡现象，而处于关闭状态的两个单向阀 10 也未出现气泡现象，就是该位置的气路出现了堵气的现象。

10.8.2　粘接面抗剪力的试验

粘接面抗剪力 $P_C \geqslant 50\text{kN}$ 的试验，可以在测力仪上进行。在测力仪上分别将转换开关组件大、小件在两夹具中夹持好，使两夹具产生旋转，观察测力仪的仪表上的数据，抗剪力大于或等于 $50\text{kg}/\text{cm}^2$，说明粘接面的抗剪力是合格的。抗剪力试验是破坏性试验，试验只能在批量中抽取小于 5％转换开关组件进行试验。试验转换开关组件也可以通过修复成为合格品。

10.8.3　试验不合格品的修理

手工粘接出现了不合格品是十分自然的现象，这些不合格品不像注塑成型加工时产生的废品那样。粘接时出现的不合格品是可以修复的，注塑成型加工时出现的废品是不可以修复的。

①气密性类型不合格品的修复　若检验转换开关出现了漏气和串气的现象，说明转换开关的粘接是失败的。由此，粘接转换开关不合格品并不是不可以挽救的。若检验转换开关只是出现了堵气的现象，只需要用钢丝捅通那个堵气 $\phi 1.8\text{mm}$ 的孔就行了。若转换开关出现了漏气和串气的情况，只要将粘接大、小件的粘接面戳开，再将树脂胶刮除掉，便可重新进行粘接。

②抗剪力类型不合格品的修复　同样不合格的转换开关，可将粘接大、小件的粘接面戳开，再将树脂胶刮除便可重新进行粘接。环氧树脂的配方也很重要，环氧树脂的黏性大，其所承受的抗剪力相应也大，环氧树脂的黏性小，其所承受的抗剪力相应也小。

抗剪力的试验只能用在同一环氧树脂粘接的批量中抽查一件，以这一件的合格与否判断这一批是否合格。粘接后每一个转换开关组件都必须进行气密性试验，在确定其合格之后，才可出厂交付使用。其实试验就是检验，否则，会造成机械手和流水线无法正常地工作。对于不合格的转换开关组件，可以戳开粘接面，刮除掉树脂胶后，再重新进行粘接，也可以修复合格。

10.9　克隆转换开关的测绘和主要尺寸的计算

测绘虽然说是机械设计的基本内容和基础技术，但也是克隆转换开关的关键技术。若不能准确地测量出转换开关大、小件样件的形状、尺寸和精度，又不能检测出它们的材料，还不能确定它们的技术要求，就不可能克隆出转换开关的大、小件。目前，最新的测绘技术就是使用激光扫描仪对转换开关的大、小件样件进行扫描，直接生成它们的三维造型。但这种三维造型还不能直接运用于注塑模的造型，需要对扫描进行处理后才可以进行，原因是样件可能会出现失真的现象。因此，以手工测绘加上计算的方法便具有补充的作用。

转换开关是进口的工业生产自动流水线上机械手中的一种运动转换装置。就该产品精度而言，可以说是注塑件中的极品，加之存在着多项关键技术，需要解决多方面的技术难题才能够克隆出该产品。该产品在自动流水线上，同时使用的数量达 36 套和 48 套之多，自动流水线是 24h 运转，又是极易损坏的产品。其进口的价值不菲，一年中更换的数量非常之大，进口所需的资金也相应十分巨大。为了不影响生产，该产品的储备量也是十分惊人的。克隆转换开关问题就这样成为企业十分迫切需要解决的问题，转换开关组件如图 10-30 所示。

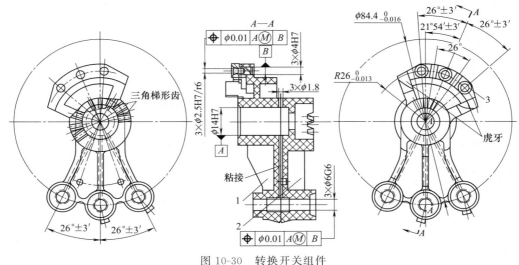

图 10-30 转换开关组件
1—大件；2—小件；3—定位件

10. 9. 1 克隆转换开关材料的选定

转换开关所产生的变形和缩痕的原因，主要是由注塑材料的收缩率过大所引起的。对转换开关材料的测定，开始是采用物理方法和化学分析方法进行初步的判断，后来采用光谱分析仪进行分析的方法，确定了主要成分是聚碳酸酯。其收缩率为 0.5%～0.7%，收缩率仍然偏大，保证不了转换开关的精度要求，并仍然有微小的缩痕。最后采用 30% 的亚光微珠增强聚碳酸酯，其收缩率只有 0.3%～0.4%，亚光，完全达到进口材质的要求，甚至其性能优于进口材质的要求。注射成型加工的转换开关大、小件，不论是精度、强度、变形量和外观质量，都达到外国进口转换开关的水平。

10. 9. 2 转换开关样件的测绘

下面选用五套不同批次的转换开关大、小件样件进行测绘，并做好记录。
（1）测绘内容
主要是对组件进行测绘，其中主要是针对 $\phi 14H7$、$3\times\phi 6G6$ 和 $3\times\phi 4H7$ 的孔径、中心

距、孔位线的角度和圆柱度进行精确的测量。而对其他形状和尺寸，进行一般测量即可。

（2）测绘专用工具

测量 $\phi14H7$、$3\times\phi6G6$ 和 $3\times\phi4H7$ 等孔径时，需要采用与这些孔配合间隙为零的长测量芯棒，进行精确的测量。

（3）检测的量具与设备

孔径的测量采用千分表进行初检，采用三坐标测量仪进行校检；中心距采用千分尺进行初检，采用三坐标测量仪进行校检；孔的圆柱度采用千分表进行初检，采用圆度仪进行校检；孔位线的角度用计算方法进行初算，用三坐标测量仪进行校核。

（4）转换开关样件的测量数据

根据图 10-31（a）所示草图和图 10-31（b）所示测绘数据和精度，进行五套转换开关样件的测量，测量的数据如表 10-8 所示。

（5）五套转换开关样件测量数据的比较

对五套转换开关样件测量数据进行归类和竖式的比较后可得以下结论。

① L_1、L_2、L_3 的数值在 42.20mm 左右，偏差在 $-0.014\sim+0.001$mm 之间，可见这三个 $\phi6G6$ 孔距 $\phi14H7$ 孔中心距的公称尺寸为 42.20mm，结合标准公差值后取 $-0.016\sim0$mm，故可确定为 $R42.20_{-0.016}^{0}$mm。

② l_1、l_2、l_3 的数值在 26.00mm 之内，偏差为 $-0.025\sim0$mm 之间，可见这三个 $\phi4H7$ 孔距 $\phi14H7$ 孔中心距的公称尺寸为 26.00mm，结合标准公差值后取 $-0.013\sim0$mm，故可确定为 $R28.00_{-0.013}^{0}$mm。

③ 根据 L_z 和 L_y 的数值在 19.00mm 之内，可以确定两个 $\phi6G7$ 空间距为 19.00mm。由公式 $ac\sin\alpha_3/2=\dfrac{19/2}{42.2}=13°$可得 $\alpha_3=13°\times2=26°$。

④ 根据 l_z 和 l_u 的数值在 11.70 之内，可以确定两个 $\phi4H7$ 空间距为 11.70mm。又由于 $l_0=9.7$mm，由公式 $ac\sin\alpha_1=\dfrac{9.7}{26}=21°54'$，可得 $ac\sin\alpha_2/2=\dfrac{11.7/2}{26}=13°$，则 $\alpha_2=13°\times2=26°$。

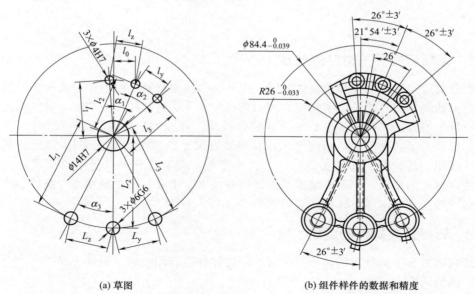

(a) 草图   (b) 组件样件的数据和精度

图 10-31　样件主要数据测绘与样件数据和精度的确定

（6）组件样件的数据和精度

根据上述测量样件主要尺寸数据的结论，可以得到组件样件的数据和精度，如图 10-31（b）所示。

表 10-8　五套转换开关样件测量的数据　　　　　　　　　　　　mm

套号	L_1	L_2	L_3	L_z	L_y	l_1	l_2	l_3	l_0	l_z	l_u
1#（正）	42.186	42.186	42.196	18.98	18.98	25.965	25.965	25.995	9.7	11.678	11.678
（反）	42.201	42.20	42.20	18.99	18.99						
2#（正）	42.186	42.196	42.186	18.97	18.97	25.985	25.965	25.968	9.69	11.668	11.678
3#（正）	42.186	42.186	42.186	19.00	19.00	25.985	25.975	25.965	9.7	11.668	11.678
4#（正）	42.186	42.186	42.186	18.99	18.99	25.985	25.975	25.985	9.70	11.678	11.658
5#（正）	42.196	42.196	42.192	18.89	18.88	25.995	25.985	25.985	9.68	11.678	11.708

10.9.3　转换开关主要尺寸配合性质、精度等级、几何公差、表面粗糙度和技术要求

根据测量的数据，并结合长期使用的经验可作出以下的规定。

（1）克隆转换开关大、小件的装配要求

① 大、小件的粘接面粘接后不能产生漏气的现象。

② $3 \times \phi 6G6$ 和 $\phi 14H7$ 孔不能产生漏气的现象。

③ $3 \times \phi 1.8mm$ 的通气孔不能产生串气和堵气的现象。

④ 粘接后的转换开关应保持 3 个工作的大气压。

⑤ 要求克隆转换开关与进口转换开关能混合使用。

（2）克隆转换开关大、小件的精度要求

如图 10-22 所示，转换开关大、小件造型虽不算复杂，所有孔的轴线都是在垂直粘接面的同一方向，并且与转换开关大、小件脱模方向一致。但是两个零件的尺寸精度、几何精度和表面粗糙度的要求都很高，甚至超过了金属机械加工件的精度。

① 孔的精度要求。$\phi 14H7 \left(^{+0.018}_{0}\right)$、$2 \times \phi 3H7 \left(^{+0.010}_{0}\right)$ 和 $3 \times \phi 4H7 \left(^{+0.012}_{0}\right)$ 孔均为 IT7 级，$3 \times \phi 6G6 \left(^{+0.012}_{+0.040}\right)$ 为 IT6 级。

② 圆柱体的精度要求。$2 \times \phi 3f6 \left(^{-0.006}_{-0.012}\right)$ 为 IT6 级。

③ 平面度要求。大、小件粘接面的平面度不大于 0.02mm。

④ 圆柱度要求。$\phi 14H7 \left(^{+0.012}_{0}\right)$ 与 $3 \times \phi 6G6 \left(^{+0.012}_{+0.040}\right)$ 四孔的圆柱度不大于 0.01mm。

⑤ 孔位要求。$\phi 14H7 \left(^{+0.018}_{0}\right)$ 与 $3 \times \phi 6G6 \left(^{+0.012}_{+0.040}\right)$ 四孔的孔位要一致，还要和进口件一致。

（3）换开关的技术要求

如图 10-22 所示，为了确保转换开关的形状、尺寸、精度和表面粗糙度与样品一致，确保转换开关的使用功能与样品一致，对转换开关的技术要求如下：

① 转换开关孔的精度和变形要求。转换开关所有型孔尺寸和几何精度很高，这就要求转换开关的变形应很小。其中大孔为 $\phi 14H7$，三个孔为 $\phi 6G6$，三个小孔为 $\phi 4H7$，它们的精度在金属机加件中都算是高的。孔位的精度要求也很高，还要与进口件保持一致。孔壁和部分型面的表面粗糙度 $Ra = 0.8\mu m$，孔的圆柱度仅为 0.01mm。这也说明了转换开关的变形应该是很小的。

② 转换开关气密和气压性要求。大件和小件的粘接面是要在三个大气压的条件下连续

工作的，粘接面不能存在漏气的现象。三个 $\phi1.8mm$ 的孔在大件和小件的粘接面上是各自为半圆形孔，粘接后三个 $\phi1.9mm$ 的孔不能有串气和堵气的现象存在。

③ 转换开关胶带要求。大件和小件的粘接面两侧的胶带要有 4～6mm 宽，并且要求是等宽。

④ 定位销压与大件的配合要求。三个定位销的 $\phi4r6$ 是以过盈配合压入大件的 $\phi4H7$ 孔内，不能松动。

⑤ 转换开关外表面光度要求。亚光。

10.9.4　供应商图纸的更改

原本按照供应商提供图纸制造注塑模所加工出来的转换开关，以七根相应的长测量芯棒将克隆产品与样品穿插在一起时，$3×\phi4H7$ 的孔总是与样品的孔位相差半个孔。究其原因是：图 10-32（b）中 $21°54'±3'$ 的角度尺寸出现了误差，原图 $21°22'±3'$，造成了 $3×\phi4H7$ 的孔出现了错位。

10.9.5　转换开关克隆的研制过程

转换开关克隆的研制过程：包括转换开关注塑模的克隆设计和制造；大、小件孔和孔位精度处理措施；大、小件的后处理；大、小件的粘接和气密性试验等工艺环节。经过上述各个环节后，转换开关的克隆才算基本完成。

① 注塑模的克隆设计和制造　转换开关大、小件成型加工是要通过注塑模才可加工出来的，也只有克隆了注塑模，才能克隆加工出换开关大、小件。克隆注塑模则要依靠样品上的注塑模结构成型痕迹，运用痕迹技术才能够还原样品的注塑模结构。

② 大、小件精度处理措施　转换开关大、小件精度是指孔的尺寸精度和圆柱度，对于大、小件尺寸精度而言，是指标准公差值 IT6 和 IT7 级，其主要是通过成型销尺寸的精度控制来获得。而孔的圆柱度的控制，则通过利用转换开关大、小件脱模后塑料的二次收缩特性，插入大于成型销尺寸的限形销来控制，经此处理后，孔的圆柱度可控制在 0.005mm 之内，甚至更小。

大、小件制造误差大都在 0.012mm 之内，平面度在 0.02mm 之内，孔的圆柱度均在 0.01mm 之内。可以说大、小件在塑料件中的精度是极品，不采用特殊措施是不可能达到的。采用收缩率为 0.3%～0.4% 的 30% 亚光微珠增强聚碳酸酯，并配合调整到合理成型工艺参数，解决了收缩和微收缩的问题，同时解决了粘接面的平面度在 0.02mm 之内的要求，为解决之后不漏气和串气的现象奠定了基础。

③ 大、小件的后处理　由于大、小件的材料是聚碳酸酯，经注射成形后易产生内应力，致使转换开关大、小件开裂。为此，成型后的转换开关大、小件应进行退火处理。转换开关大、小件注射前的塑料颗粒应进行干燥处理，否则，转换开关大、小件会因潮湿的塑料颗粒在料筒加温的过程产生雾气而出现银丝。

④ 大、小件粘接胶面的处理措施　为了使大、小件容易脱模，常会在注塑模中喷涂脱模剂。这样大、小件粘接面就保留有脱模剂而影响粘接性能，进而影响其密封性和强度。为了清除粘接面残余的脱模剂，应先用汽油进行清洗，再将大、小件粘接面浸泡二氯甲烷和三氯乙烷液中 3～4mm。二氯甲烷和三氯乙烷液会溶解聚碳酸酯材料，并且容易挥发，大、小件粘接面只能在液体中浸泡 2～3s 后便要提出。所浸泡的 2～3mm 的距离不易控制，为此，特别制作了粘接面浸涂胶带深度控制盒。

⑤ 大、小件的粘接　由于粘接后大、小件粘接面和 $3×\phi6G6$ 及 $\phi14H7$ 不能产生漏气

的现象，$3\times\phi1.8$mm 的通气孔不能产生串气和堵气，并且粘接后的转换开关应保持 3 个工作大气压，所以大、小件的粘接至关重要，采用 AB 树脂胶进行粘接，树脂胶的成分为：树脂胶 A 组分为粘接剂，树脂胶 B 组分为固化剂，二丁酯，稀释剂；颜色糊，并且还需要使用粘接夹具。

⑥ 三个定位件的装配　三个定位件配合的过盈量太大，会造成大件的 $3\times\phi4$H7 孔开裂，过盈量太小，又会脱落，为此还可用 502 胶粘接。

⑦ 气密性试验　由于大、小件粘接后不允许存在漏气、串气、堵气现象和保持 3 个工作大气压的要求，因此必须进行气密性试验。

由此可见，克隆塑料产品，并不仅仅是将塑料件克隆了就了事，还需做多方面的工作。克隆塑料产品的根本性工作，是对塑料样件进行测绘。若对塑料样件的测绘（包括形状尺寸、精度、材料和技术要求等内容）都做不到准确，那何谈塑件的克隆？故要求对测绘工作，应做到准确、全面和细致。

10.10　克隆转换开关超级精度注塑模的修复

由于注塑模的野蛮装配，造成了注塑模定、动模部分的翘起变形。变形影响到转换开关大、小件粘接面的平面度，进而影响组件的气密性。通过平磨小件定模镶件分型面和安装面以及应用电极加工大件定模镶件分型面和小件动模镶件的粘接面等修模的措施，彻底地解决了大、小件粘接面的平面度。通过使用坐标镗对大、小件定、动模镶件中成型 $\phi14$H7 和 $3\times\phi6$G6 及 $3\times\phi4$H7 等孔成型销的安装孔进行扩孔加工，解决了这些型孔轴线与粘接面倾斜度和 $3\times\phi4$H7 孔位错位的问题。注塑模制造精度的修复，为超级精度转换开关的克隆成功奠定了坚实的基础。

注塑模的动模部分从力学结构上看是一简支梁，它在受到外力作用时是很容易产生变形。由于注塑模的野蛮装配，造成定、动模部分的翘起变形，进而影响转换开关大、小件粘接面的平面度。在丢失了大、小件定、动模镶件 CAD 图和线切割编程的情况下，如何修复超级精度的注塑模，又是对修复克隆注塑模的一次考验。

10.10.1　注塑模存在的问题

注塑模的修理主要是：因供应商提供图纸尺寸的错误，造成了转换开关大、小件成型尺寸的错误和注塑模的变形等原因。只有注塑模达到转换开关大、小件所要求的加工精度，超级精度的转换开关大、小件才可能加工出来。

① 注塑模尺寸的偏差　供应商提供图纸的尺寸出现了错误，如图 10-32 所示。如图 10-32（a）和如图 10-32（b）中尺寸 $\phi84.6$mm±0.02mm 与测绘样件的尺寸 $R42.20_{-0.016}^{0}$ mm 存在着误差。如图 10-32（b）中尺寸 $21°22'\pm3'$ 与测绘样件的尺寸 $21°54'\pm3'$ 存在着误差，这个误差造成了 $3\times\phi4$H7 孔全部出现错位达近半个孔，因此无法达到与进口件混用的要求。

② 动、定的变形　由于注塑模钳工是初次装配注塑模，没有经验，装配时将大、小件定、动模镶件，放进动、定模板型槽中，用压力机将镶件压进型槽。这种野蛮装配方式，造成了注塑模动、定模部分的翘起变形，如图 10-33 所示，所以孔的轴线都产生了向内倾斜的变形，注塑模型腔的沿周侧壁也产生了同样的倾斜变形。

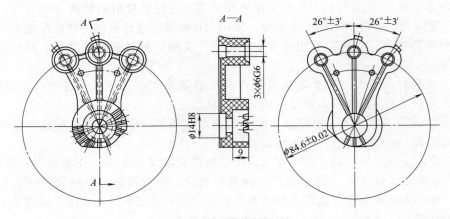

(a) 供应商提供的小件图纸

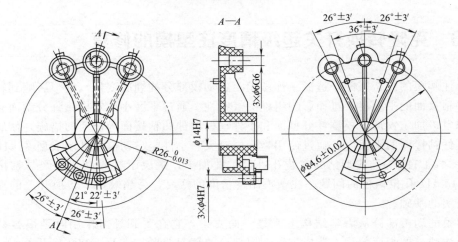

(b) 供应商提供的大件图纸

图 10-32 供应商提供的转换开关图纸

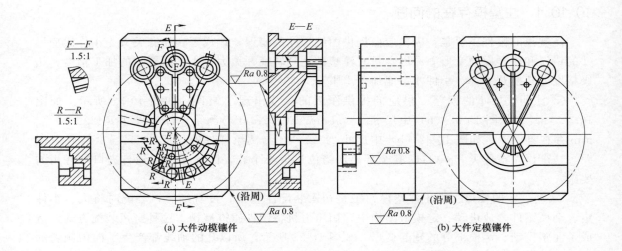

(a) 大件动模镶件　　　　　　　　　　　　(b) 大件定模镶件

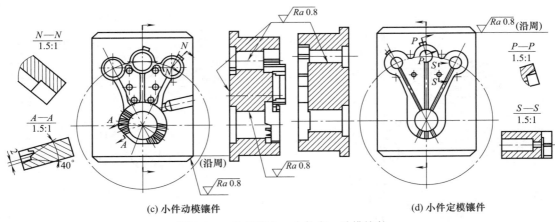

(c) 小件动模镶件　　　　　　　　　　　(d) 小件定模镶件

图 10-33　注塑模大、小件定、动模镶件

10.10.2　注塑模的修复方法

通过向注塑模装配和修理的工人师傅进行询问，对注塑模存在的问题做到心中有数，之后，便容易制订具体的注塑模修理方案。

（1）孔位尺寸的修复

首先要修复是注塑模的加工基准，然后，才是要修复的所有型孔和孔位尺寸。

① 加工基准的修复　由于没有该注塑模的加工基准，因此，只能以注塑模上中间的一个 $\phi6G6$ 孔和一个 $\phi14H7$ 孔的轴线为基准。而孔又不能直接作为基准，故只能在 $\phi6G6$ 孔和 $\phi14H7$ 孔中以配有经磨研后插销为基准。

② 修复时的加工内容　先将大、小件定模镶件和定模板的两面磨平，在 $\phi6G6$ 孔和 $\phi14H7$ 孔中以配有经磨研后插销为基准。镗扩 $3\times\phi6G6$ 孔和一个 $\phi14H7$ 孔及 $3\times\phi6G6$ 孔成型销的安装孔，此举的目的是将这些孔的孔距尺寸和垂直度修复好。扩孔加工时，需要按转换成 OX 和 OY 坐标尺寸进行加工。坐标镗床以 "O" 为坐标原点，以 OX 和 OY 为坐标轴。将放大了收缩量的图纸尺寸转换成 OX 和 OY 坐标尺寸，如图 10-34 所示。当然，这些也可以用慢走丝线切割的方法进行加工。

③ 转换成坐标尺寸各孔　用坐标镗床加工各孔位时，应按照表 10-9 所示各孔位转换的坐标尺寸进行加工。

表 10-9　各孔位转换的坐标尺寸　　　　　　　　　　　　　　　　　　　mm

孔位序号	OX 坐标尺寸	OY 坐标尺寸	孔位序号	OX 坐标尺寸	OY 坐标尺寸
A_1	0	0	A_2	0	0
B_1	0	42.34 ± 0.005	D_1	0	42.34 ± 0.005
B_2	-18.56 ± 0.005	-38.05 ± 0.005	D_2	-18.56 ± 0.005	-38.05 ± 0.005
B_3	$+18.56\pm0.005$	$+38.05\pm0.005$	D_3	$+18.56\pm0.005$	$+38.05\pm0.005$
C_1	-9.73 ± 0.005	-24.21 ± 0.005			
C_2	-19.36 ± 0.005	-17.49 ± 0.005			
C_3	$+1.87\pm0.005$	-26.02 ± 0.005			

（2）注塑模分型面和粘接面变形的修复

注塑模分型面和粘接面修复后，就能确保大、小件粘接面的平面度。先将大小件定、动模镶件底平面和定模板的两大面磨平，再用两整体电极将大定、动模镶件上分型面和小件定

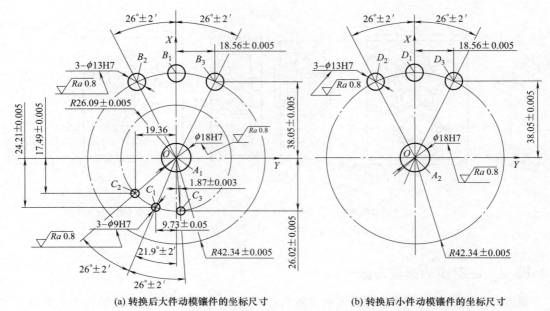

(a) 转换后大件动模镶件的坐标尺寸   (b) 转换后小件动模镶件的坐标尺寸

图 10-34　转换后大、小件定、动模镶件的坐标尺寸

模镶件上的粘接面修复好，包括它们的脱模斜度也要修复好。

（3）注塑模分型面修复电极样板的加工

该注塑模的制造过程中出现许多差错，有供应商提供图纸尺寸的错误；有注塑模野蛮装配的错误；还有之后修模的错误。最后导致注塑模设计员将注塑模零件图、装配图、电极图、注塑模零件加工工艺和线切割编程都删除了，注塑模的电极也丢失了，这为日后修模带来极大的不方便。首先要复制加工大、小件定模型腔的电极，才能正确地修复大件定模镶件的分型面和小件定模的粘接面。可用激光扫描的方法获得大、小件定模型腔的图形，然后，根据图形制作成电极。我们是采用手工测绘的方法制作出大、小件定模型腔的图形，然后，根据图形制作成电极。

① 注塑模分型面修复电极样板的测绘　因为大、小件定、动模型腔的变形，导致定、动模沿周型腔壁的倾斜，致使原先脱模斜度为零度甚至是负值。如此，大、小件定模型腔多次用风动砂轮进行修理，导致型腔不为正规的形状，脱模斜度值变化也很大。无法测量出它们的形状和尺寸，也无法以测量的方法制造出电极。只能以现有的大、小件定模型腔为依据，这是同时修复大、小件定模分型面和粘接面的唯一的办法。要制造大、小件定模型腔的电极，首先是要找出大、小件定模型腔的形状和尺寸。

a. 纸质电极样板的制作。先用一张白纸覆盖在大、小件定模型腔上，以重物平压放在纸上的一块橡胶板，可以得到印在白纸上大、小件定模型腔的印痕。测绘印痕，在电脑上绘制出印痕的图形，以印痕的图形缩小单边 0.1mm 的放电间隙为电极图形。在打印机上打出大、小件定模型腔印痕的图形，按图线剪下印痕图形。这种印痕图形即为纸质电极样板，将纸质电极样板分别放入大、小件定模型腔中，观察纸质样板与大、小件定模型腔之间的间隙。根据间隙情况调整纸质样板的尺寸，反复多次制作纸质样板，直至纸质样板与大、小件定模型腔之间的间隙均匀为止。

b. 钢板电极样板的制作。因为纸质电极样板质地柔软且变形较大，不可能与大、小件定模型腔很好地贴合，这样就需要采用 1mm 的钢板，按最后确定的纸质电极样板的图形，以线切割的方法加工出钢板电极样板。同样，需要将钢板电极样板放入大、小件定模型腔中，观察钢板样板与大、小件定模型腔之间的间隙。也可以根据间隙情况再次调整钢板样板的尺寸，直至钢板样板合适为止。一般制作一次就能获得理想的样板图形，注意样板与大、小件定模型腔之间应该有 0.1mm 均匀的电极放电间隙。大、小件定模型芯样板如图 10-35 （a）和图 10-35（b）所示。

　　② 注塑模分型面修复电极样板的加工　　纸质和钢板电极样板的制作目的，是为加工大、小件定模型腔的电极图形做准备的。当然，如有原先的电极，可以直接使用。没有原先的电极，但有原先电极的图形或线切割编程，也可以直接加工出大、小件定模型腔的电极。当然有资料情况时，就用不着这样麻烦，只有所有资料均不存在时，以及大、小件定模型腔的形状、尺寸和脱模斜度都丧失的情况下，才采用此法。

　　为了不因电极尺寸的过大而使加工定模型腔尺寸过大，也为了不因电极尺寸的过小而使加工定模型腔尺寸产生台阶，需先割制出大、小件定模型芯的型腔电极样板。在对型腔尺寸进行测量基础上，调整两型腔样板的尺寸，直至型腔样板与大、小件定模型芯的型腔一致。以此为依据，再割制出大、小件定模型腔电极。用这样的电极才能制出正确的大、小件定模镶件的型腔，最后才能加工出正确的转换开关大、小件来。大、小件定模镶件电极如图 10-35（c）和图 10-35（d）所示。

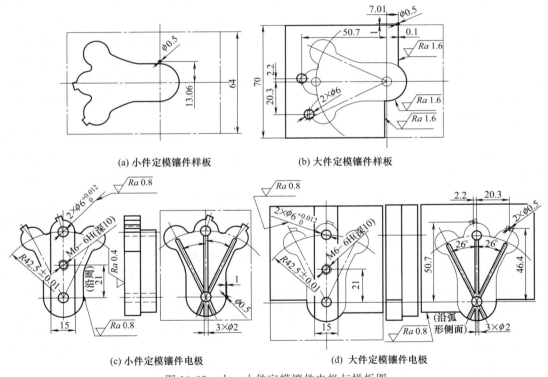

(a) 小件定模镶件样板　　　　　(b) 大件定模镶件样板

(c) 小件定模镶件电极　　　　　(d) 大件定模镶件电极

图 10-35　大、小件定模镶件电极与样板图

10.10.3　大、小件定模型芯分型面和沿周型腔壁的修复

　　大、小件定模镶件和相应的电极在电火花设备上需要找正，并调整好加工参数。因为修复加工余量较小，可应用小电流进行精加工。加工时，一是注意分型面是否出现台阶面，如出现台阶面，说明电极形状小了；二是电极是否加工到型腔周边的模壁了，如加工到，说明

电极形状大了。出现这两种情况时，应立即停止加工，重新制作电极。

　　由于转换开关大、小件脱模困难，型腔周边模壁已经进行用风动砂轮多次进行修理了，这次修模就没有必要修理。在试模过程中，如确实发现型腔周边的模壁脱模斜度过小，可用风动砂轮稍作修理。

　　转换开关大、小件注塑模，因供应商提供的图纸和注塑件的材料出现问题，加之注塑模的野蛮装配和不正确的修模方法，造成注塑模的变形和注塑模中所有孔的轴线倾斜及模腔沿周侧壁脱模斜度丧失。众所周知，注塑件成型形状和精度，主要是依靠注塑模的形状和精度而获得的。这些注塑模的缺陷得不到修复，则不能确保转换开关组件不漏气、串气、堵气和承受 3 个大气压的使用性能。通过注塑模的修复，所有型孔和孔位的精度和定模分型面与粘接面平面度，都达到整副注塑模修复的精度，为加工合格超级精度的注塑件奠定了坚实的基础。

10.11　转换开关微收缩特性影响超级精度孔加工的工艺方法

　　众所周知，转换开关大、小件成型时的内、外形尺寸精度和几何精度，是很难获得与金属零件那样高精度要求的。究其原因：一是塑料具有收缩的特性或收缩的各向异性；二是转换开关大、小件壁厚的不均匀性；三是转换开关大、小件的成型加工，即使是应用了机加的方法，也不能获得高的尺寸精度和几何精度。而转换开关大、小件内、外形尺寸精度和几何精度，要获得 IT6～IT7 级标准公差数值，圆柱度不大于 0.01mm 精度的要求几乎是不现实的事情。我们通过应用塑料的成型二次工艺限制收缩特性，解决了这一转换开关大、小件成型的难题，并成功地使转换开关大、小件的内孔获得了 IT6 精度，孔的圆柱度可小于 0.002mm 的水平，并且加工的工艺方法又是极其简单。

　　转换开关是某种工业生产自动流水线上机械手上的组件，原件是从外国进口的，转换开关是易损品。采购方提出国产化的转换开关必须与进口的转换开关在同一台设备上混装使用。转换开关由大、小两件粘接而成。其尺寸精度和几何精度都是十分精密的，堪称为注塑件中的精品或极品。具体要求是：粘接面的平面度不能超过 0.02mm，两件的 $3\times\phi6G6$ 孔、$\phi14H7$ 孔与 $2\times\phi4H7$ 孔孔位要求一致，还需与外国进口件保持一致。孔的圆柱度不能超过 0.01mm，就其尺寸精度、几何精度和孔位精度而言，在金属材料制品中也是精密的。

　　转换开关的试制，在经过选用填加 30％微珠玻璃的聚碳酸酯（PC）后，这些孔的精度和粘接面的平面度均能达到要求。只是这些孔的圆柱度都远不如外国进口件，造成不能保持 3 个工作大气压的要求，产品始终不能合格。我们在采用钻、扩、铰和研的方法后，均因所产生的切削热分布不均匀而使孔壁的收缩不均匀，所产生的圆柱度不符合要求而陷入困境。此时，一个大胆的想法出现在笔者的大脑中，能否利用限制脱模后还有余温的转换开关大、小件的限制收缩特性来达到整治圆柱度的目的？还要使该工艺方法能够克服塑材收缩的各向异性、壁厚的差异，并克服模腔中温差和注塑件冷却先后不均的影响。

　　但是，要使成形塑料制品孔的尺寸精度和几何精度达到金属材料制品的水平，那却是一件十分困难的事。根据塑料制品精度等级选用建议所采用的精度等级，如聚碳酸酯（PC），高精度为 3 级，一般精度为 4 级，低精度为 5 级。

　　塑料制件尺寸公差（SJ 10628—1995）规定：公称尺寸为＞3～6mm 的尺寸段，3 级精度为 0.08mm。若现在要加工一个 $\phi6G6\left(^{+0.012}_{+0.040}\right)$ 孔，且其圆柱度要小于 0.01mm，即椭圆度、锥度、凸腰鼓形和凹腰鼓形误差总值均不能超过 0.01mm，这样高的精度就是在金属制品中加工也是困难的。塑料制件的 3 级高精度值为 0.08mm，在国家标准 GB 1804—2000 "公差与配合"中的标准公差数值 IT11 为 0.075mm，$\phi6G6(^{+0.012}_{+0.040})$ 为 IT6，对比之下相差 5 级多。如此高精度的精品，甚至是高出 IT6 的塑料制品，如何用成型加工方法获得？难题提出后，困难是明摆的，各种试验都是尝试过了，由于所采用的工艺加工方法存在问题，可以说始终是道解不开的难题。

10.11.1　塑料制品的收缩

任何材料都具有热胀冷缩的特性，塑料也不例外。成型注塑件从注塑模中脱模并冷却到室温后，注塑件的尺寸产生收缩的性能称为收缩性。

（1）注塑件收缩的过程及种类

熔融后具有黏性的塑料熔体在压力的作用下，进入注塑模的型腔中冷却后成型。由于热胀冷缩的原因，注塑件热状态到冷却固化稳定状态，可以经历七种形式的收缩。考虑到注塑件尺寸的缩小，为使注塑件的尺寸满足图纸的要求，注塑模的型腔和型芯尺寸都需要予以适量的补偿。

① 成型收缩　注塑件脱模后冷却至室温时的尺寸收缩称为成型收缩。

② 成型限制收缩　注塑件在注塑模型腔中的温度是高于室温的，注塑件又是紧紧地包裹在注塑模的型芯上，把注塑件脱模前孔的收缩称为成型限制收缩。

③ 成型自由收缩　当注塑件脱模后，自然地冷却至室温时尺寸的收缩称为成型自由收缩。脱模后注塑件在一般情况下是自由收缩，此时，注塑件尺寸的收缩量相对成型限制收缩要小。

④ 工艺限制收缩　对有精密要求注塑件的孔径，也可用加塞校型销来限制孔径的自由收缩，这时限制孔径的收缩称为工艺限制收缩。

⑤ 后收缩　注塑件冷却至室温后的尺寸仍然会产生收缩。一般在注塑件脱模后 10 小时内收缩量相对大些，24 小时后基本定型，要经过 30～60 天才能完全稳定，这种收缩称为后收缩。

⑥ 限制后收缩　总体来说，后收缩量较成型收缩量要小，就是较成型自由收缩量也要小。一般的情况下注塑件是自由后收缩，但也可以是加塞校型销来限制孔的收缩量称为限制后收缩。

⑦ 后处理收缩　注塑件由于性能和工艺上的要求，成型后需要进行热处理，也会导致注塑件尺寸的缩小，把这种收缩称为后处理收缩。

a. 自由后处理收缩。后处理收缩的收缩量更是微量，一般的情况下，后处理的注塑件是自由后处理收缩。

b. 限制后处理收缩。也可以是加塞校型销来限制孔的限制后处理收缩。

注塑件的尺寸、形状和位置精度，取决于注塑件的收缩种类的选用。对于转换开关大、小件型孔尺寸、圆柱度、平面度和孔距超高精度，在采用成型限制收缩措施后，只能确保型孔尺寸要求。要确保型孔和几何超高精度，必须采用限制后处理收缩方法。

（2）注塑件收缩的过程

注塑件收缩的过程如图 10-36 所示：

成型的注塑件→成型限制收缩→成型自由收缩或工艺限制收缩→后收缩（自由后收缩或限制后收缩）→后处理收缩（自由后处理收缩或限制后处理收缩）→定型。

（3）注塑件收缩的种类

① 按收缩的先后顺序来划分　可分为成型收缩和后收缩两种，成型收缩又可分为限制成型收缩和自由成型收缩两种。

② 按收缩的工序顺序来划分　可分为成型收缩和后处理收缩两种。

③ 按收缩的性质来划分　可分为自由收缩和限制收缩两种。

④ 按限制收缩的方法来划分　可分为成型限制收缩和工艺限制收缩两种。

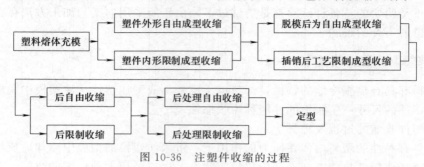

图 10-36　注塑件收缩的过程

10.11.2　自由收缩和限制收缩的定义

① 自由收缩　脱模后的注塑件在冷却过程中，在无约束环境下自由地进行的收缩称为自由收缩。自由收缩是在各种因素对注塑件形体和尺寸的作用下，注塑件收缩呈现出各向异性，其结果是注塑件会产生各种不规则的形体和尺寸的收缩，如成型后脱模的注塑件和压铸件就是自由收缩。

② 限制收缩　注塑件在成型和冷却的过程中，在型芯上或校型销上受到限制性的收缩称为限制收缩。限制收缩是在冷却的过程中受到型芯或校型销约束的条件下的收缩，限制收缩是在注塑件型腔和型孔有很高的孔径和几何精度要求时才采用的工艺方法，如沙型铸造和失蜡铸造都是在铸件定型后去除沙型，再取出铸件的典型限制收缩的例子。

③ 成型限制收缩　注塑件在注塑模中受到型芯约束的收缩称为成型限制收缩。因为注塑模中成型的注塑件都是需要脱模而会产生自由收缩的。故成型限制收缩只能解决注塑件型腔和型孔的成型问题，因而无法解决注塑件因自由收缩呈现各向异性的问题，也就是说无法解决注塑件有很高的几何精度要求的问题。

④ 工艺限制收缩　注塑件在脱模后，迅速插入大于注塑件型孔的校型销来限制注塑件的自由收缩称为工艺限制收缩。工艺限制收缩能够解决注塑件型孔有很高几何精度的要求，又是可以利用注塑件脱模时的弹性恢复性能获得高型孔尺寸的精度。

10.11.3　注塑件成型收缩的表现形式

决定注塑件孔径的大小是注塑模中的成型销的大小，而决定注塑件孔圆柱度的大小是校型销的圆柱度。由此得出，影响注塑件孔的高精度工艺加工方法主要是在成型收缩阶段。

① 注塑件的线尺寸收缩　由于注塑件的热胀冷缩，注塑件的弹性恢复、塑性变形等原因，会导致注塑件脱模冷却至室温后其尺寸的缩小。

② 收缩方向性　注塑件因成型时分子按方向的排列、料流方向、注塑件各部位密度及填料分布不均和注塑件内部应力的不均匀，会造成注塑件收缩呈现各向异性。

10.11.4　收缩率

注塑件的收缩率因塑材的品种不同而不同，注塑件成型收缩值可用收缩率来表示，也可用公式计算方法和查表的方法，来获取各种塑料收缩率的值。热塑性塑料收缩率（摘录）如表 10-10 所示。

表 10-10　热塑性塑料收缩率

塑料名称	聚乙烯	聚丙烯	聚碳酸酯	苯乙烯-丁二烯-丙烯腈共聚物	尼龙 66
缩写	PE	PP	PC	ABS	PA66
密度/(g/cm²)	0.94～0.96	0.9～0.91	1.18～1.20	1.03～1.07	1.15
收缩率/%	1.5～3.6	1.0～2.5	0.5～0.8	0.3～0.8	1.5～2.2

10.11.5　影响注塑件收缩率的因素

影响注塑件收缩率的因素有塑料品种、注塑件的形状和特性、注塑模结构、成型工艺和注射设备等。

① 塑料的品种　各种塑料都有其各自收缩值的范围，就是同种塑料，由于填料、分子量及配比等不同，则其收缩率和各向异性也不同。

② 注塑件的形状和特性　注塑件的形状、尺寸、壁厚、有无镶嵌件、镶嵌件的数量及布局对注塑件收缩率大小都有影响。

③ 注塑模结构　注塑模的分型面、加压方向、浇注系统的形式、大小和位置对收缩率也有较大的影响。

④ 成型工艺和注射设备　塑料的预热情况、成型温度、成型压力、保持时间、填装料形式等成型工艺参数和注射设备，甚至是环境的温、湿度都对收缩率有较大的影响。

10.11.6　注塑件精度的选用

① 塑料制品精度等级的选用。建议采用的精度等级（摘录）如表 10-11 所示。

表 10-11　塑料制品精度等级的选用

类别	材料名称（举例）	建议采用的精度等级		
		高精度	一般精度	低精度
I	聚苯乙烯（PS） 苯乙烯-丁二烯-丙烯腈共聚物（ABS） 聚碳酸酯（PC） 30%玻璃纤维增强塑料	3	4	5
II	尼龙 6、66、610、9、1010 聚甲醛	4	5	6
III	聚丙烯 聚乙烯（高密度） 聚乙烯（低密度）			
IV	聚氯乙烯（软）	6	7	8

② 塑料制件的精度等级（摘录）。塑料制件的精度等级，如表 10-12 所示。

表 10-12　塑料制件的精度等级

公称尺寸/mm	精度等级							
	1	2	3	4	5	6	7	8
	公差数值/mm							
～3	0.04	0.06	0.08	0.12	0.16	0.24	0.32	0.48
>3～6	0.05	0.07	0.08	0.14	0.18	0.28	0.36	0.56
>6～10	0.06	0.08	0.10	0.16	0.20	0.32	0.40	0.64
>10～14	0.07	0.09	0.12	0.18	0.22	0.36	0.44	0.72
>14～18	0.08	0.10	0.12	0.20	0.26	0.40	0.48	0.80
>18～24	0.09	0.11	0.14	0.22	0.28	0.44	0.56	0.88
>24～30	0.10	0.12	0.16	0.24	0.32	0.48	0.64	0.96

注：1、2 级精度为精密级，只有在特殊条件下采用。

③ 标准公差数值（摘录）。标准公差数值如表 10-13 所示。

表 10-13 标准公差数值

基本尺寸 /mm	公差等级									
	IT01	IT02	IT1	IT2	IT3	IT4	IT5	IT6	IT7	IT8
～3	0.3	0.5	0.8	1.2	2	3	4	6	10	14
>3～6	0.4	0.6	1	1.5	2.5	4	5	8	12	18
>6～10	0.4	0.6	1	1.5	2.5	4	6	9	15	22
>10～18	0.5	0.8	1.2	2	3	5	8	11	18	27
>18～30	0.6	1	1.5	2.5	4	6	9	13	21	33

10.11.7 注塑件注塑成型加工的成型收缩

成型注塑的塑料制品具有成型收缩、后收缩和后处理收缩的特性。注塑件收缩的过程和方法不同，注塑件收缩的效果就不同。既有高精度的孔径又有高几何精度注塑件孔的成型加工方法，就是利用注塑件收缩的特性来获得的。

（1）成型限制收缩对注塑模型芯和型腔的分析

由于注塑模的型芯限制了注塑件的内形收缩，对注塑件的内形而言是属于限制成型收缩。注塑模的型腔没有限制注塑件的外形收缩，对注塑件的外形而言是属于自由成型收缩。

① 对注塑模型芯和型腔尺寸的分析　由于注塑件尺寸的收缩，注塑模型芯和型腔尺寸都需要有适当的补偿值。为了获得注塑件图纸上所要求的尺寸，注塑模型芯和型腔尺寸应该是注塑件的基本尺寸＋基本尺寸的中差值＋塑料的收缩率。

② 对注塑件脱模的分析　由于注塑件尺寸的收缩，注塑件是紧紧包裹在注塑模的型芯上，注塑模必须要采用脱模机构才能将注塑件脱模。为使注塑件更容易被脱模，注塑模的型芯和型腔都需要制作出脱模斜度。

（2）成型自由收缩对注塑件型孔精度的分析

由于注塑件综合收缩的各向异性对注塑件型孔精度的影响，注塑件型孔所产生圆柱度（含椭圆度、锥度和凸、凹腰鼓形）的值将会有极大的超差。

（3）成型自由收缩对转换开关大件和小件的 $\phi14H7(^{+0.018}_{0})$ 孔圆柱度的分析

① 对 $\phi14H7(^{+0.018}_{0})$ 孔成型自由收缩的分析　转换开关大件浇口的位置和料流方向如图 10-37（a）左视图所示。由于浇口的位置在 $\phi14H7$ 成型销的左侧偏上，熔体在压力作用下，经浇口进入型腔后，当碰到 $\phi14H7$ 成型销时，再分成两股，沿 Y 轴方向填满型腔，从而呈现收缩各向异性。料流 Y 轴方向的收缩大，即 Y 轴方向的孔径小。垂直料流方向的 X 轴方向的收缩小，即 X 轴方向的孔径大。加之壁厚的不均匀性的影响，这种孔径大小的规律是完全符合计量结果的。

② 对 $\phi14H7(^{+0.018}_{0})$ 孔成型自由收缩的计量　$\phi14H7$ 孔成型自由收缩量如图 10-37（b）所示。经圆度仪计量得出 $\phi14H7(^{+0.018}_{0})$ 孔不同高度的椭圆度在 0.03～0.04mm 之间；孔的凹腰鼓形误差为 0.1mm；孔的锥度为 0.04～0.06mm 之间，总的圆柱度为 0.1mm。这是除了料流方向的影响之外，加之注塑件形体的影响而产生的凹腰鼓形和锥度的误差。孔的厚壁处对于孔的自由收缩所起的限制作用使得其收缩量小，则孔的尺寸就大，这是产生孔的凹腰鼓形和锥度误差的主要原因。

（4）成型自由收缩对转换开关大件和小件的 $3\times\phi6G6(^{+0.012}_{+0.040})$ 孔圆柱度的分析

① 对 $3\times\phi6 G6(^{+0.012}_{+0.040})$ 孔成型自由收缩的分析　转换开关大件浇口的位置和料流方向如图 10-37（a）右视图所示。当一股料流沿着 Y 轴向上流时，碰到中间 $\phi6G6(^{+0.012}_{+0.040})$ 成型

销时，再次分成两股，沿 X 轴弧线方向填满型腔，从而呈现收缩各向异性。这样 X 轴弧线方向的收缩量大，即 X 轴弧线方向的孔径小。反之，垂直料流方向的 Y 轴方向的收缩量小，即 Y 轴方向的孔径大。这种孔径收缩大小的规律，也是完全符合计量结果的。

② 对 $3 \times \phi 6 \, G6({}^{+0.012}_{+0.040})$ 孔成型自由收缩的计量 $3 \times \phi 6 \, G6({}^{+0.012}_{+0.040})$ 孔的圆柱度主要表现在椭圆度和锥度上，椭圆度在 $0.03 \sim 0.04$mm 之间；锥度为 $0.03 \sim 0.05$mm 之间，总的圆柱度为 0.05mm，孔的锥度也是受到注塑件形体厚薄的影响而产生的。

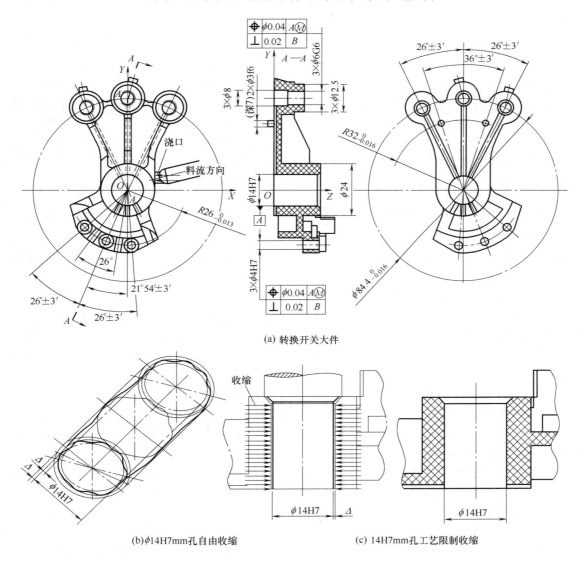

(a) 转换开关大件

(b) $\phi 14$H7mm孔自由收缩

(c) 14H7mm孔工艺限制收缩

图 10-37　转换开关大件 $\phi 14$H7mm 孔收缩分析

10.11.8　工艺限制收缩对注塑件型孔精度的分析

转换开关大件和小件的 $\phi 14$H7$({}^{+0.018}_{0})$ 孔的圆柱度为 0.1mm，$3 \times \phi 6 G6({}^{+0.012}_{+0.040})$ 孔的圆柱度为 0.05mm。而转换开关大件和小件的孔的圆柱度只能在 0.01mm 之内，实际情况与

使用要求相差甚远。显然，这些孔圆柱度的精度是不能符合产品的使用要求的。

① $\phi14H7(^{+0.018}_{0})$ 孔工艺限制收缩量的确定　孔的基本尺寸为 $D=\phi14mm$，孔的偏差值为 $\delta\approx0.02mm$，孔的圆柱度为 $\Delta=0.1mm$，综合收缩率为 $S_Z=14\times0.35\%\approx0.05mm$。

校型销的尺寸 d_M：

$$d_M = (D+\delta+\Delta+S_Z)^{0}_{-0.01}$$
$$= (14+0.02+0.1+0.05)^{0}_{-0.01}$$
$$= 14.17^{0}_{-0.01}(mm)$$

② 工艺限制收缩对 $\phi14H7(^{+0.018}_{0})$ 孔圆度的分析　注塑模成型销的尺寸为 $\phi14.09^{0}_{-0.01}$ mm，而校型销为 $\phi14.17^{0}_{-0.01}$mm。转换开关大件和小件在脱模后，应立即插入校型销。由于校型销大于成型销，转换开关大件和小件在成型收缩时受到校型销的约束作用。塑料一方面是紧紧地裹着校型销，因为校型销为刚性销，可使得转换开关大件和小件的孔与校型销的孔的形状完全一致；另一方面是使孔壁周围的塑料密度得到增加。当转换开关大件和小件与校型销一同在水冷却后，取出校型销，转换开关大件和小件在塑料弹性恢复的作用下，转换开关大件和小件孔径恢复到 $\phi14.01mm$。此时，既能保证孔径的精度，又能保证孔的几何精度。若校型销的几何精度为零。那么，转换开关大件和小件孔的几何精度也可能是零。

10.11.9　塑料制件二次限制成型收缩的应用

转换开关如图 10-32 所示。转换开关是某工业生产自动流水线上机械手上的组件，是从外国进口的，转换开关又是易损品。采购方提出国产化的转换开关必须和进口的转换开关在同一台设备上混装使用。

（1）对转换开关的技术要求

① 转换开关的变形应很小。转换开关的大孔为 $\phi14H7(^{+0.018}_{0})$、三个 $\phi6G6(^{+0.012}_{+0.040})$ 和三个 $\phi4H7$ 孔，它们的精度在机加金属件中算是很高的。孔位的精度要求就更高，孔壁和分型面的表面粗糙度 $Ra=0.8\mu m$，这说明转换开关的变形应很小。以分型面为粘接面，变形量应不大于 $0.02mm$。

② 大件和小件上的所有孔位必须保持一致，还需和外国进口件保持一致。

③ 带爪的大件和带齿的小件粘接面是在两个大气压的条件下工作的，不能存在漏气的现象。三个 $\phi1.8mm$ 孔在大件和小件粘接面上是各为两半的，粘接后三个 $\phi1.8mm$ 孔不能有串气和堵气的现象存在。

④ 带爪的大件和带齿的小件的粘接面两侧的胶带要有 6～8mm 宽，并且是等宽。

⑤ 三个镶嵌件以过盈量压入大件 $\phi4H7(^{+0.018}_{0})$ 孔内，并以胶粘接，不能松动。

⑥ 转换开关的外表面为亚光。

（2）转换开关大、小件超高精度孔的加工方法

转换开关大、小件超高精度孔不能直接在转换开关大、小件上通过机械加工的方法来加工。因为机械加工所产生的切削热，会使转换开关大、小件超高精度孔发生变形和自由收缩，从而达不到精度要求。

① 注塑件超高精度孔的镶嵌金属的机加工方法　注塑件超高精度孔的加工都是采用在注塑件中镶嵌金属后，再通过机械加工的方法来获得高精度的要求。用该方法加工出来的孔可以满足制造公差的要求，但孔的精度做不到完全一致，生产效率低。再者增加了注塑件的重量和尺寸，更严重的问题是，因塑料与金属收缩率和温度不一致，将导致注塑件产生熔接痕和裂纹等缺陷。

② 工艺限制收缩成型的工艺方法　该工艺方法只是在注塑件脱模后，再在型孔中插入校型销就可以了，只是校型销的直径要选择好，几何精度也要高。

用该方法加工出来的孔的精度完全一致，并且不受同种材料、不同批次的影响；不受环境的温、湿度的影响；也不受机床设备和成型的工艺参数不同的影响。只是插入和拔出校型销困难些，但可以通过专用夹具拔出校型销。

（3）注塑件孔位的加工

注塑件孔位的加工也是重要的一环，若孔位不一致。孔成型的精度再高，大、小件的孔仍是错位，更不用说与外国件一致。

① 注塑件孔位的测量　用与外国件配合间隙为零的测量棒插入转换开关大、小件孔中，测量出 10 组外国件的孔位值，从而找到外国件正确的孔位值。

② 注塑件收缩率的确定　转换开关大、小件的材料为微珠增强聚碳酸酯，由原料厂家查询到准确的材料收缩率。还需在废弃的注塑模上加工出一正规形体尺寸的型腔，注塑后来验证成型试样的实际尺寸来校对材料的收缩率。

③ 注塑件孔位的加工　以材料的收缩率来确定注塑模的孔位值，用于加工出注塑模的孔位距离。

转换开关大、小件的成型收缩，具有成型自由收缩和成型限制收缩的特性。应用转换开关大、小件的工艺限制收缩特性，制作转换开关大、小件的超高精密孔的工艺方法，在注塑件成型加工中意义十分重大。不使用镶嵌金属的机械加工，就可直接获得超高精度的孔。特别是对于要求具有绝缘性、耐腐性、自润滑性和重量轻的超高精度孔注塑件而言具有重要的意义，并从此改写了不能直接获得高精度孔的注塑件成型加工的历史。该项工艺方法突破了塑料件只能成型加工精度等级低的产品的限制，这一创新在国内和国际上都具有十分重大的意义。该工艺方法可以成型加工 IT6～IT7 级的孔，而圆柱度可小于 0.002mm，甚至是零的型孔。

塑料制品的成型自由收缩特性在注塑模设计和成型加工的工艺研究中已是很普遍了，但对塑料制品的工艺限制收缩特性的研究和应用却是空白，实际上塑料制品工艺限制收缩应用的价值也很大。首先是解决了塑料制品孔的精品和极品的加工的问题，使塑料制件的精度也能像金属材料制品一样达到很高的精度，可用于精密机械、精密仪表、化工设备、航海、航空和航天的零部件，其意义是十分深远的。

本章所介绍的变位斜齿轮和变位蜗轮尺寸计算的方法，转换开关大、小件圆柱孔尺寸精度、孔位精度和几何精度控制的方法，同属注塑件的"形状"要素，对注塑模的形状和精度有着重要的影响作用。通过对电动汽车玻璃升降器和转换开关的克隆和复制方法，可以让读者掌握注塑产品克隆和复制的方法和技巧。通过转换开关塑料材料的选择、尺寸精度测绘技术、大小件粘接技术、注塑模的修复技术、气密性测试和型孔超级精度、平面度的成型加工技术，又可以让读者掌握注塑件产品的各种加工制造的方法和技巧。

通过本书的介绍，可让读者完整地掌握注塑模结构各种新型的设计方法和技巧，并用以解决注塑件的成型加工过程中所产生各种缺陷。本书引进了注塑件形体"六要素"分析方法；注塑模结构方案三种分析方法；注塑模最佳优化结构方案可行性分析方法：注塑模结构最终分析方法。还引进了痕迹与痕迹技术，对注塑件和注塑模克隆和复制技术提供了理论依据和实际操作的方法与技巧。注塑件缺陷图解法和缺陷排除法及痕迹法，为注塑件缺陷整治提供了新的途径。这些理论来源于实践，经归纳总结和提升后又可指导实践。将注塑产品与注塑模的相互因果关系，用辩证方法论实现了注塑件成型和缺陷整治对立和统一，为我国注塑模结构设计和缺陷整治技术水平的提高提供了新理论、新方法和新技巧。上述理论还可以用于压塑模、压铸模、复合材料成型模等型腔模的设计和缺陷整治。

附录

附录 A　本书各种分析图中所用的符号

为了便于对注塑件上"六要素"分析图、注塑模结构方案可行性分析图以及注塑件综合缺陷预期分析图进行识读、绘制和分析，需要使用简单的符号来表示相关的含义，就像电路图中电气符号一样，以便简化分析图的文字说明，使分析的图形变得简单明了。因此，要能够读懂上述各种分析图，就必须弄懂这些符号的含义。

A.1　基本符号

注塑模的基本符号主要包括注塑件模具的分型、抽芯和脱模运动的符号，见表 A-1。

表 A-1　注塑模的基本符号

序号	名称	符号	意　义
1	脱模符号		直线不带箭头线的一侧表示为定模部分，带箭头线的一侧表示为动模部分，箭头指向脱模的方向
2	型孔或型槽抽芯符号		长方形线框表示为型孔或型槽，箭头指向抽芯的方向，该符号表示为模具的水平抽芯
3	斜向抽芯符号		长方形线框表示为型孔或型槽，箭头指向抽芯的方向，该符号表示为模具的斜向抽芯
4	开模符号		直线两侧中，带"×"的一侧表示为定模部分，带箭头的一侧表示为动模部分，箭头指向动模开模方向
5	分型线符号	I　I	直线表示为分型线，直线两侧分别表示为定模部分和动模部分；箭头表示为开闭模的方向，阿拉伯数字表示模具分型的顺序
6	直线运动符号	→	表示模具运动机构作直线运动，箭头指向运动方向
7	弧线运动符号		表示模具运动机构作弧形运动，箭头指向运动方向
8	运动干涉符号	✳	表示模具运动机构发生了碰撞，即运动的干涉

A.2 常用符号

常用符号是在基本符号上派生形成的，其符号上还保留着基本符号的特征。

（1）"六要素"符号

① "障碍体"要素的符号见表 A-2。"障碍体"可分为显性和隐性"障碍体"，又可分为各种结构形式的"障碍体"，如凸台、凹坑、暗角、内扣和弓形高"障碍体"。

表 A-2 "障碍体"要素的符号

序号	名称	符号	意　义
1	凸台形式"障碍体"符号	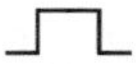	表示凸台"障碍体"
2	凹坑形式"障碍体"符号		表示凹坑"障碍体"
3	暗角形式"障碍体"符号		表示暗角"障碍体"
4	内扣形式"障碍体"符号		表示内扣式"障碍体"
5	弓形高形式"障碍体"符号		表示弓形高"障碍体"
6	显性"障碍体"符号		表示为显性"障碍体"
7	隐性"障碍体"符号	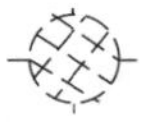	表示为隐性"障碍体"

② "孔槽与螺纹"要素的符号见表 A-3。"孔槽与螺纹"包括型孔、型槽、螺孔、螺杆、凸台和内扣。

表 A-3 "孔槽与螺纹"要素的符号

序号	名称	符号	意　义
1	型孔符号		表示为型孔
2	型槽符号	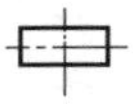	表示为型槽
3	螺孔符号		表示为螺孔
4	螺杆符号		表示为螺杆
5	圆柱体符号		表示为圆柱体
6	螺孔型芯移动符号		表示螺孔型芯向上移动
7	螺孔型芯移动符号		表示螺孔型芯向下移动

③ "变形与错位"要素的符号见表 A-4。"变形与错位"可分成"变形"和"错位"，注塑件的"变形"又可分成变形、翘起、弯曲和破裂。

表 A-4 "变形与错位"要素的符号

序号	名称	符号	意 义
1	变形符号	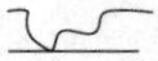	表示为注塑件的变形
2	翘起符号		表示为注塑件的翘起
3	弯曲符号	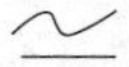	表示为注塑件的弯曲
4	破裂符号		表示为注塑件的破裂
5	错位符号		表示为注塑件的"错位"

④ "运动与干涉"要素的符号见表 A-5。"运动与干涉"可分成"运动"和"干涉",模具构件的"运动"又可分成抽芯、脱模、分型和运动。

表 A-5 "运动与干涉"要素的符号

序号	名称	符号	意 义
1	二级抽芯符号	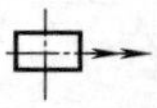	表示为二级抽芯
2	二次脱模符号		表示为二次脱模
3	二次分型符号	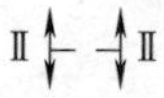	表示为二次分型
4	螺旋运动符号		表示为螺旋运动
5	斜齿轮螺旋运动符号	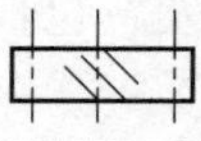	表示为斜齿轮螺旋运动
6	抽芯与脱模之间干涉符号	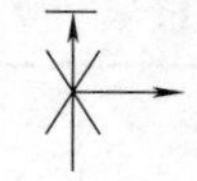	横向箭头线表示抽芯,直线下带箭头线表示注塑件脱模,"×"表示碰撞。整个符号表示在注塑件的抽芯与脱模之间发生了"干涉"
7	抽芯与抽芯之间干涉符号	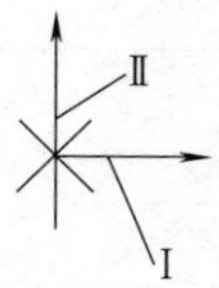	箭头线表示抽芯,"×"表示碰撞。整个符号表示在注塑件的抽芯之间发生了"干涉"(此时抽芯Ⅰ与抽芯Ⅱ必须分开进行抽芯和复位,才能避免"干涉")
8	穿插抽芯之间干涉符号	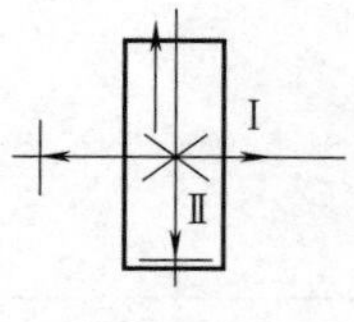	 "┅┅"表示型芯Ⅱ的抽芯,"→"表示型芯Ⅰ的抽芯,"×"表示碰撞。由于型芯Ⅱ穿插在型芯Ⅰ的槽中,型芯Ⅱ和型芯Ⅰ若同时抽芯,必然发生"干涉"。"│←"表示复位,型芯Ⅱ要先于型芯Ⅰ完成抽芯,后于型芯Ⅰ复位,才能避免发生"干涉"

⑤ "塑料与外观"要素的符号见表 A-6,表示模具构件"塑料"和"外观"。

表 A-6 "塑料与外观"要素的符号

序号	名称	符号	意 义
1	结晶塑料符号	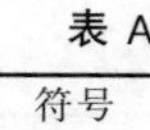 ● JL	表示应进行冷却的结晶"塑料",J 表示为结晶,L 表示冷却(可以独立使用)

续表

序号	名称	符号	意　义
2	加热塑料符号	● R	表示应进行加热的"塑料"
3	外观符号		表示注塑件的型面应有"外观"要求

（2）其他符号

① 注塑模结构方案分析符号见表 A-7，主要用于对注塑模结构方案的分析。

表 A-7　注塑模结构方案分析符号

序号	名称	符号	意　义
1	显性"障碍体"注塑模脱模结构方案分析符号		实线圆表示显性"障碍体"，带"×"的箭头线表示在注塑件预设脱模的方向存在"障碍体"，不能正常脱模。带"√"的箭头线表示改变脱模方向后，"障碍体"便不存在，注塑件能够正常脱模
2	隐性"障碍体"注塑模脱模结构方案分析符号		虚线圆表示隐性"障碍体"，带"×"的箭头线表示在注塑件预设脱模的方向存在"障碍体"，不能正常脱模。带"√"的箭头线表示改变脱模方向后，"障碍体"便不存在，注塑件能够正常脱模
3	脱模方向上存在显性"障碍体"符号		实线圆表示显性"障碍体"，箭头线与垂线表示脱模方向，直线上的"√"表示存在显性"障碍体"。整个符号表示在脱模方向上存在显性"障碍体"
4	抽芯去除隐性"障碍体"的注塑模结构方案分析符号		剖面线框表示型芯，虚线圆表示隐性"障碍体"，带"√"的箭头线表示在注塑件预设脱模的方向存在隐性"障碍体"，不能正常脱模。"○"表示采用齿轮与齿条副组成"垂直"抽芯机构，消除了"障碍体"，注塑件能够斜向脱模
5	抽芯去除隐性"障碍体"的注塑模脱模结构方案分析符号		"⊞"表示是动模的型芯，"⊠"中箭头直线指向注塑件脱模方向，"×"表示型芯为隐性"障碍体"，"⊡"表示型芯抽芯。当注塑件斜向脱模时，隐性"障碍体"会起阻挡作用；只有先进行型芯的抽芯，才可避开隐性"障碍体"
6	脱模方向上不存在隐性"障碍体"符号		实线圆表示显性"障碍体"，箭头线与垂线表示脱模方向，直线上的"×"表示不存在隐性"障碍体"。整个符号表示在脱模方向上不存在隐性"障碍体"
7	在弧线脱模方向上存在显性"障碍体"符号		实线圆表示显性"障碍体"，箭头弧线与垂线表示脱模方向，弧线上的"√"表示存在显性"障碍体"。整个符号表示在弧线脱模方向上存在显性"障碍体"

② 常用机构的符号见表 A-8，包括有抽芯机构和脱模机构符号。抽芯的形式有手动抽芯、机械抽芯和液压（气动）抽芯机构。机械抽芯机构可分为弹簧抽芯、斜向抽芯、内抽芯、垂直抽芯、滑块抽芯和二次抽芯。

表 A-8　常用机构的符号

序号	名称	符号	意　义
1	手动抽芯符号		表示手动抽芯机构

序号	名称	符号	意义
2	活块抽芯符号	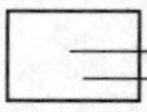	表示活块抽芯机构
3	弹簧抽芯符号	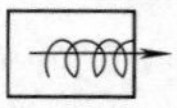	表示弹簧抽芯机构
4	斜向抽芯符号		表示斜抽芯机构
5	内抽芯符号	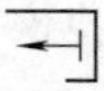	表示内抽芯机构
6	垂直抽芯符号		表示齿轮与齿条副组成的垂直抽芯机构
7	弧形抽芯符号		表示齿轮与齿条副组成的弧形抽芯机构
8	滑块抽芯符号	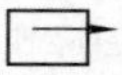	表示滑块抽芯机构
9	液压(气动)抽芯符号	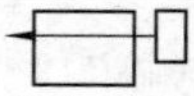	表示液压(气动)抽芯机构
10	推杆脱模符号		表示推杆脱模机构
11	脱件板脱模符号		表示脱件板脱模机构

③ 常用物理量符号见表 A-9。

表 A-9　常用物理量符号

序号	名称	符号	意义
1	塑料熔体流动符号	→	表示塑料熔体的流动及其流动的方向
2	温度符号	+	表示温度。"+"表示较低温度,"++"表示一般温度,"+++"表示次高温度,"++++"表示最高温度
3	应力符号		表示注塑件内存在应力
4	气泡符号		表示注塑件内存在气体
5	注射压力符号		表示注射压力
6	塑料收缩率符号		表示塑料收缩率

④ 注塑件缺陷符号见表 A-10。此外变形符号见表 A-4 序号 1~4,气泡符号见表 A-9 序号 4。

表 A-10　注塑件缺陷符号

序号	名称	符号	意义
1	缩痕符号		表示注塑件上的缩痕缺陷
2	熔接痕符号		表示两股及两股以上的塑料熔体汇交处的熔接痕缺陷
3	喷射痕符号		表示注塑件上的喷射痕缺陷
4	银纹符号		表示注塑件上的银纹缺陷
5	填充不足符号		表示注塑件上的填充不足缺陷
6	变色符号		表示注塑件上的变色缺陷
7	流痕符号		表示注塑件上的流痕缺陷
8	泛白符号		表示注塑件上的泛白缺陷

附录 B　注塑件成型时常见缺陷及分析

　　注塑件在成型加工过程中可能会出现几十种缺陷（或称为弊病），这些缺陷有的会影响塑料件的外观；有的会影响塑料件的刚度，进而会影响塑料件的力学性能；有的会影响塑料件使用性能；有的会影响塑料件化学和电性能。

　　塑料件上哪怕只存在着一种缺陷，该塑料件都是废品或次品。因此，塑料件上的缺陷必须要得到有效的整治，以消除缺陷。塑料件上的缺陷一般是以缺陷痕迹的形式表现出来，缺陷的整治应以成型加工的痕迹技术加以根治。

　　热塑性注塑件成型时常见缺陷及分析如表 B-1 所示，热固性塑料件成型时常见缺陷及分析如表 B-2 所示。

表 B-1　热塑性注塑件成型时常见缺陷及分析

缺陷	原 因 分 析
飞边（毛刺）：指注塑件的分型面或模具型芯与型腔活动的结合面处出现了多余的薄翅。厚的称为飞边，薄的称为毛刺	① 原材料因素：加料量过大 ② 模具因素：分型面密合不良，型芯与型腔部分滑动零件的间隙过大；模具刚度不足；模具单向受力或安装时没有压紧；模具分型面平行度不良，注塑模的模板不平行 ③ 成型加工参数因素：注射压力太大，锁模力不足或锁模机构不良，塑料流动性太大，料温高、模温高，注射速度过快 ④ 注塑件结构因素：注塑件的投影面积超过注射机所允许的塑制面积
填充不足（缺料）：指注塑件在成型加工后出现了部分残缺几何形状的现象	① 原材料因素：注射量不够，加料量不足，塑化能力不足及余料不足，塑料粒度不同或不均匀，塑料颗粒在料斗中出现了"架桥"的现象；料中润滑剂过多；脱模剂过多；塑料内含水分及挥发物多；熔料中充气多；塑料流动性太差 ② 模具因素：多型腔时浇口进料平衡不良；模温过低，塑料熔体冷却过快；模具浇注系统的流动阻力大，浇口位置不当，浇口截面小，浇口形式不良，浇道流程长而曲折；排气不良；无冷料穴或冷料穴不当；模腔中有水分 ③ 成型加工参数因素：注射压力小，注射时间短；保压时间短；螺杆或柱塞过早退回；注射速度太快或太慢；飞边或溢料过多 ④ 注射机因素：喷嘴温度低；喷嘴孔堵塞或孔径过小；料筒温度过低；螺杆或柱塞与料筒之间缝隙过大 ⑤ 注塑件结构因素：注塑件壁厚太薄，形状复杂并且面积大
尺寸不确定：指注塑件成型加工之后，出现了注塑件的尺寸变化不稳定的现象，即成型的每一个注塑件的尺寸都不相同	① 原材料因素：塑料颗粒不均匀或加料量不均匀，再生料与新料配比不当；塑料收缩不稳定；结晶性料的结晶度不确定 ② 模具因素：模具强度不足，定位杆弯曲和磨损，模具精度不良，活动构件动作不稳定，定位不准确；浇口大小或不均匀；多型腔时浇口进料平衡不良 ③ 成型加工参数因素：成型条件不稳定（如温度、压力和时间的变动），成型周期不一致；注塑件后处理条件不稳定；成型加工参数不当或塑化不均匀；注塑件冷却时间太短；脱模后冷却不均匀 ④ 注射机因素：注射机电气或液压系统不稳定；模具合模不稳定时，时松时紧，易出飞边 ⑤ 注塑件结构因素：注塑件的刚度不足，壁厚不均匀
缩痕（塌坑或凹痕）或真空泡：指注塑件外表面出现一种向内收缩的形状和大小不规则的塌坑	① 原材料因素：加料不够，供料不足，余料不够 ② 模具因素：浇口位置不当，模温高或模温低，易出真空泡；流道和浇口太小，浇口数量不够 ③ 成型加工参数因素：注射和保压时间短；熔料流动不良或溢料过多；料温高，冷却时间短，易出缩痕；注射压力小，注射速度慢 ④ 注塑件结构因素：注塑件的壁太厚或壁厚薄不均匀
脱模不良：指注塑件脱模困难，造成了注塑件的变形、破裂或注塑件残余方向不符合设计要求的现象	① 原材料因素：供料不足；塑料性脆 ② 模具因素：模具表面粗糙度不良，模具型腔表面有伤痕；模具脱模斜度不够；模具镶块处缝隙太大；型芯形成了真空；冷却系统不良，模具温度或动、定模温度不合适；顶出机构不良；拉料杆失灵；喷嘴与浇口套之间存在着夹料；浇口尺寸大；型腔变形大；活动型芯脱模不及时 ③ 成型加工参数及设备因素：成型的时间太短或太长，注射压力过高，保压时间过长；料温及模温高；供料太多，注射时间长；脱模剂不当；冷却时间过长或过短 ④ 注塑件结构因素：注塑件形状不利脱模；注塑件壁过厚、过薄或强度不足

缺陷	原因分析
浇口粘模:指浇口冷凝料粘在浇口套内的现象	① 模具因素:浇道的斜度不够,浇道直径过大;拉料杆失灵;浇道内壁表面粗糙度高,有凹痕划伤;分浇道和主浇道连接部分强度不良;喷嘴与浇口套吻合不良 ②成型加工参数及设备因素:喷嘴温度低,没有脱模剂;冷却时间短,喷嘴及定模温度高
色泽不匀或变色:注塑件成型时,颜料或填料分布不均匀,使得塑料或颜料在注塑件的表面上,表现出色泽不均匀的现象	①原材料因素:铝箔或薄片状颜料,沿料流方向有光泽;浇口和熔接部位及多浇口时颜料无方向性分布,色泽不匀;所用的颜料,当滚筒搅拌时颜料只附在料粒的表面;颜料质量不好;塑料或颜料中混入异料;纤维填料分布不匀,聚积外露或注塑件的纤维裸露;与溶剂接触的树脂失溶;结晶度低 ② 模具因素:模具表面存在着水分、油污或脱模剂不当,过多 ③ 成型加工参数及设备因素:柱塞式注射机易发生色泽不匀,塑化不匀,塑料或颜料分解 ④ 注塑件结构因素:注塑件壁厚不匀
裂痕:指注塑件的表面产生了细裂纹或开裂的现象	①原材料因素:塑料性脆,混入异料或杂质;ABS塑料或耐冲击聚苯乙烯塑料易出现细裂痕;塑料收缩方向性过大或填料分布不均匀 ② 模具因素:脱模时顶出不良,料温太低或不均匀,浇口尺寸大及形式不当 ③ 成形加工参数因素:冷却时间过长或冷却过快;嵌件未预热或预热不够或清洗不干净;成形条件不当,内应力过大;脱模剂使用不当;注塑件脱模后或后处理后冷却不均匀;注塑件翘曲变形,熔接不良;注塑件保管不良或与溶剂接触 ④注塑件结构因素:注塑件壁薄,脱模斜度小,存在着尖角及缺口
熔接痕(熔接不良):在注塑件内部或外表面出现了明显的细纹状连接的缝线现象	①原材料因素:物料内渗有不相溶的料,使用脱模剂不当,存在不相溶的油质;使用了铝箔薄片状着色剂,脱模剂过多;熔料充气过多;塑料流动性差,纤维填料分布融合不良 ② 模具因素:模温低,模具冷却系统不当;浇口过多;模具内存在着水分和润滑剂;模具排气不良 ③ 成型加工参数因素:塑料流动性差,冷却速度快;存在着冷凝料,料温低;注射速度慢,注射压力小 ④ 注塑件结构因素:注塑件的形状不良,壁厚太薄及壁厚不均匀;嵌件温度低;嵌件过多,嵌件形状不良
气泡:注塑件体内或外表面出现了单个或成串的光滑凹穴(与真空泡存在着区别),这些凹穴即为气泡	① 原材料因素:物料含水分、溶剂或易挥发物,料粒太细、不均匀,加料端混入空气或回流翻料 ② 模具因素:模具排气不良,模温低;模具型腔内含有水分和油脂或脱模剂不当;流道不良,存在贮气死角 ③ 成型加工参数因素:料温高,加热时间长,料筒近料斗端温度高;塑料降聚分解;注射压力小或背压小;注射速度太快;柱塞或螺杆退回过早 ④ 注塑件结构因素:注塑件设计不当
冷块、僵块:注塑件中出现了冷凝料的料块,其色泽与本体有所不同	①原材料因素:塑料的流动性差,料粒不匀或料粒过大,料中混入杂质和不同品种的料 ② 模具因素:模具的喷嘴的温度低,模具无主浇道或主浇道过短,模具无冷料穴 ③ 成型加工参数及设备因素:喷嘴温度低,模温低,熔体的温度过低,塑料塑化不良;塑化不匀,注射速度低,成型时间短;注射机的容量接近注塑件的质量,注射机塑化能力不足
银丝:在注塑件的表面沿着料流方向出现了如针状条纹的白色光泽 斑纹:在注塑件的表面沿着料流方向出现了如云母片状的纹痕	① 原材料因素:物料中含水分高,存在着低挥发物,充有气体;配料不当,混入异料或不相溶料 ② 模具因素:浇道和浇口较小,熔料从注塑件薄壁处流入厚壁处,排气不良,模温高 ③ 成型加工参数因素:模具型腔表面存在着水分,润滑油或脱模剂过多,脱模剂选用不当;模温低,注射压力小,注射速度低;塑料熔料温度太高,注射压力小
翘曲(变形):是指注塑件发生了形状的畸变,翘曲不平或型孔偏斜,壁厚不均匀等现象	① 原材料因素:塑料塑化不均匀,供料填充不足或过量,纤维填料分布不均匀 ② 模具因素:模温高,浇口部分填充作用过分,模温低;模具强度不良;模具精度低,定位不可靠或磨损;浇口位置不当,熔料直接冲击型芯或型芯两侧受力不均匀;喷嘴孔径及浇口尺寸过小;注塑件冷却不均匀 ③ 成型加工参数因素:冷却时间不够;料温低;注射压力高,注射速度高;脱模时注塑件受力不均匀,脱模后冷却不当;注塑件后处理不良,保存不良;注射压力小,注射速度快;保压补塑不足,料温高;保压补塑过大,注射压力过大,料温不均匀 ④ 注塑件结构因素:注塑件壁厚不均匀,强度不足;注塑件形状不良;嵌件分布不当及预热不良

缺陷	原因分析
云母状分层脱皮:指成型后注塑件的壁可剥离成薄层状的现象	① 原材料因素:不同塑料混料或混入异料,是不同级别的塑料相混;塑化不匀;原料配比不当;银丝现象严重 ② 模具因素:模温低,冷料穴小 ③ 成型加工参数因素:料温低,料流动性差,料冷却太快
表面不光泽:注塑件成型之后,表面不光亮,存在伤痕,表面呈乳白色或发乌等现象	① 原材料因素:塑料含水分,挥发物过多,装料不足,料粒大小不匀;纤维外露或银箔状填料无方向分布;塑料流动性差;料中混入异料或不相溶料 ② 模具因素:模具表面粗糙度不良;存在伤痕;模具中存在水分和油污;模温过高或过低;脱模斜度小,脱模不良;浇口小;模具排气不良 ③ 成型加工参数及设备因素:脱模剂过多,选用不当;塑料与颜料分解变质;注射速度慢或快;熔料气化;料温过高或过低;塑化不良;注塑件表面硬度低;存在银丝,色泽不匀
脆弱:由于塑料不良,方向性明显,内应力大及注塑件结构不良,使注塑件强度下降,发脆易裂(尤其沿料流方向更易开裂)	① 原材料因素:塑料分解降聚,水解,塑料不良和变质;塑料潮湿或含水率太大(如尼龙6);塑料内存在杂质及不相溶的料;填料分布不匀,收缩方向性明显;塑料再生料太多或供料不足;料粒过大及不匀 ② 模具因素:浇口尺寸和位置及形式不良;模温太低 ③ 成型加工参数及设备因素:成型温度低,塑化不良;脱模剂不当;模具不干净;收缩不匀,冷却不良及残余应力;注塑件与溶剂接触 ④ 注塑件结构因素:注塑件设计不良,如强度不够,存在锐角及缺口;金属嵌件所包裹的塑料太薄,嵌件预热不够,清洗不干净
透明度不良:指注塑件表面存在着细小的凹穴,造成光线乱散射或塑料分解时存在着异物与杂质	① 原材料因素:塑料中含水分高,有杂质、黑条及银丝 ② 模具因素:模具表面不光亮,有油污及水分;塑料与模具表面接触不良;模温低;脱模剂过多或选用不当 ③ 成型加工参数及设备因素:料温高或浇注系统的剪切作用大;料温低,塑化不良;结晶性塑料冷却不良或不均匀 ④ 注塑件结构因素:注塑件壁厚不均匀
杂质或异物:注塑件中含有杂质或异物	① 原材料因素:原料、料头和颜色不纯,料斗或料筒不净 ② 成型工艺因素:塑料预热时混入异物
黑点和黑条纹:指在注塑件表面呈现黑点和黑条纹,或在注塑件表面有碳状烧伤的现象	① 原材料因素:水敏感性塑料干燥不良;喷涂润滑剂过量,可燃性挥发物过多;含有过量的细小颗粒或粉末;再生料的比例过高;塑料粒中存在着碎屑卡入柱塞及料筒之间的间隙;喷嘴及模具的死角存有储料或料筒清洗不干净;染色不匀,存在着深色的塑料,色母变质 ② 模具因素:模具的排气不良;模具的浇注系统设计不合理;模具型腔表面不洁,存在可燃性的挥发物 ③ 成型加工参数因素:熔体温度过高;注射压力过大;螺杆的转速过高;模具的锁模力太大;背压过小;加料量少 ④ 注射机因素:注射机的柱塞或螺杆及喷嘴磨损

表 B-2　热固性注塑件成形时常见缺陷及分析

缺陷	原因分析
灰暗:指塑料件表面无光泽并呈灰暗色的现象	① 原材料因素:塑料内含挥发物过多,含水分过多,充气过多;排气不良;轻微缺料;不同牌号的塑料混合使用;塑料件局部纤维填料裸露,树脂、填料分头集中 ② 模具因素:模具型腔表面粗糙度不良,镀铬层不良;模具表面有油污或脱模剂不当;浇口太小 ③ 成型加工参数因素:压制温度过低或过高,保持时间不足,预热不足及不匀;塑料件粘模;合模太晚或合模速度太慢;料筒温度低,成型压力小;注射速度过大或过小;塑料流动性差;氨基塑料硬化不足
尺寸不符合要求:指成型后的塑料件尺寸不符合其图样尺寸要求	① 原材料因素:塑料不合格或含水分及挥发物过多,塑料收缩率过大或过小 ② 模具因素:模具结构不良、尺寸不对,磨损、变形;上、下模温差大或模温不匀;浇注系统不良 ③ 成型加工参数因素:加料量过多或过少,成型压力、温度、时间、预热条件、装料、工艺条件不当或不稳定,塑料件脱模不当或脱模整形不当 ④ 压塑机因素:压塑机控制仪器不良或上、下工作台不平行 ⑤ 塑料件结构因素:塑料件壁厚不匀,嵌件位置不当

缺陷	原因分析
嵌件变形、脱落、位移：指塑料件脱模后出现嵌件变形、渗料、脱落或位置变动等现象	① 原材料因素：塑料流动性小；含纤维填料量大，填料分布不匀或熔接不良 ② 模具因素：脱模不良，熔料及气流直接冲击嵌件 ③ 成形加工参数因素：塑料件过硬化或硬化不足，成形压力过大，塑料未硬化或已硬化时仍在加压 ④ 塑料件结构因素：嵌件设计不良，包裹层塑料太薄，嵌件未预热；嵌件安装及固定形式不良；嵌件尺寸公差太大，嵌件与模具安装间隙过大或过小；嵌件尺寸不对或模具不当；塑料流动性过大
起泡（气泡、鼓泡、肿胀）：指塑料件内部气体膨胀，使得内部成为空穴或表面鼓起的现象	① 原材料因素：预热不良，塑料含水分或挥发物过多；有外来杂质或有其他品种的塑料；料粒不匀，太细及预塑不良等；熔料内充气过多 ② 模具因素：模温过高或过低；模具排气不良，排气操作不良；模具型腔表面有挥发物或脱模剂不当 ③ 成型加工参数因素：成型温度低或高，成型压力小，保持压力小；成型时间短；料筒温度低；注射速度太快 ④ 塑料件结构因素：塑料件壁厚不匀
变形：指塑料件发生了翘曲、变形和尺寸的变化现象	① 原材料因素：塑料含水分及挥发物过多，塑料预热不良，塑料收缩太大，熔料塑化不良 ② 模具因素：浇注系统不良与脱模不良，模温低，模温不匀或上、下模温相差太大，成型条件不当 ③ 成型加工参数因素：保压时间短；压制温度过高或过低；整形时间太短；脱模后冷却不匀；增强塑料脱模时温度过高或料温升温太快；料筒温度低，保持温度时间短 ④ 塑料件结构因素：塑料件壁厚过薄，厚薄不匀；形状不合理，强度不足；嵌件位置不当
色泽不匀、变色：指塑料件表面颜色不匀或变色或存在云层状冷花	① 原材料因素：塑料质量不佳 ② 成型加工参数因素：压制温度低，硬化不足，预热不良，成型条件不良或硬化不匀等；料筒温度过大或过小，模温高，硬化时间长；注射速度过快或过慢，浇口小；塑料含水分及挥发物多；压制温度高，塑料及有机颜料分解
电性能不符：塑料件的电性能不符合要求	① 原材料因素：塑料含水分及挥发物过多，含杂质、金属尘埃；塑料质量不良 ② 成型加工参数因素：预热不良，硬化不足或过硬化或硬化不匀，压制温度高或压制温度低，流动性小，脱模剂不当，塑料件内有空穴
机械强度及化学性能差：指成型后塑料件的机械强度及化学性能达不到塑料的要求	① 原材料因素：塑料质量差，混入有机杂质；含水分及挥发物过多；树脂和填料混合不良，填料分布不匀 ② 模具因素：浇口小、位置不当或流道狭窄 ③ 成型加工参数因素：加料量不准确，装料不匀；不易成型处装料少或余料小；硬化不足或硬化不匀或过硬化；成型压力小，压力不匀；成型温度过高或过低；保持压力时间过长或过短；料筒温度及注射速度过大或过小；塑料流动性差；原料"结团" ④ 塑料件结构因素：塑料件结构不良
缺料：指塑料件存在局部不完整，组织疏松多孔，表面发毛不光泽等现象	① 原材料因素：塑料含水分及挥发物过多；粉料内充气过多并排气不良；料粒不匀或太粗或太细或存在大粒树脂或杂质硬化时，塑料件呈多孔状疏松组织 ② 模具因素：浇注系统流程过长，流道曲折，截面小（模温高时影响较大）或浇口位置不当及浇口形式不当；浇口数量少，截面薄窄 ③ 成型加工参数及设备因素：装料不足，装料不匀或不易成型部位装少；装料过多，飞边过大；加料量不足，余料不足；塑料流动性过大或过小；成型压力小，压制温度过高或过低或不均；保压时间短；预热过度或不足或不匀；排气时机过早或过晚，过长或过短；合模速度过快或过慢；筒温度过高或过低；预塑不良；注射速度过快或过慢；脱模剂不当或过多 ④ 压塑机因素：压机吨位不足或保压时有泄压现象，压机上、下工作台及模具上、下承压平面不平行 ⑤ 塑料件结构因素：塑料件过薄，形状复杂
崩落：指塑料件表面存在机械损伤或凹坑、边角剥落等现象	① 模具因素：塑料件粘膜或模具表面损伤 ② 成型加工参数因素：塑料件保管运输不当或机械加工不当，压制温度高及时间长，加压晚或温度低及加压时间短、加压过早，飞边太厚 ③ 塑料件结构因素：塑料件设计不合理，角根处过渡圆弧半径小和无纤维填料

缺陷	原 因 分 析
斑点:指塑料件表面局部存在大小不同无光泽或其他杂色斑点	① 原材料因素:塑料内有外来杂质,尤其是油类物质;塑料件粘模;塑料中存在着大颗粒树脂;脱模剂不当 ② 模具因素:模具抛光不良,镀铬层不良,模具清理不好,表面不干净
裂缝:指塑料件表面发生开裂或出现裂缝的现象	① 原材料因素:塑料质量不好,渗有杂质;收缩率过大或收缩不匀;脱模剂不当;氨基塑料压制温度高;塑料件粘膜 ② 模具因素:模温过低或过高,注塑件脱模不良,浇注系统及成型条件不当 ③ 成型加工参数因素:嵌件过多,包裹层塑料太薄;嵌件分布不当和未预热;嵌件材料与塑料膨胀系数配合不当;排气时间长;加压及排气时间过晚;硬化过度;供料不足;成型压力小;加压快、压力小及加压时间短;塑料件冷却不匀;熔接不良,预热不良 ④ 塑料件结构因素:塑料件壁厚不匀,强度差;有尖角或有缺口
脱模不良:指塑料件粘膜、脱模困难、产生开裂变形,脱模后塑料件在模腔中还有残留部分	① 原材料因素:塑料含水分及挥发物过多,缺少脱模剂、脱模剂质量不佳或收缩率过大 ② 模具因素:脱模机构不良,拉杆作用不良;脱模斜度不当;模具表面粗糙度大,成型部位表面有伤痕;模温不匀,上、下模温差大;浇注系统不良;喷嘴与浇口套的圆弧面之间夹料不良;型腔强度不良,控制塑料件残留方面的措施不可靠;模具型腔真空 ③ 成型加工参数因素:用料过多,成型压力过大,脱模剂不当,成型条件不当,过硬化或硬化不足 ④ 塑料件结构因素:飞边阻止脱模,塑料件强度不良
纤维裸露(分头聚积):指塑料件成型时树脂与纤维填料产生分头聚积或纤维裸露的现象	① 原材料因素:塑料含水分及挥发物过多,原料"结团"或互溶性差,含树脂量过大,原料流动性小 ② 模具因素:流道狭窄而曲折 ③ 成型加工参数因素:加压过早,装料不匀,局部压力过大

参 考 文 献

[1] 宋玉恒. 塑料注射模设计实用手册 [M]. 北京：航空工业出版社，1994．

[2] 塑料模设计手册编写组. 塑料模设计手册 [M]. 第 3 版. 北京：机械工业出版社，2006.

[3] 王正远，俞志明，张嘉言，等. 工程塑料实用手册 [M]. 北京：中国物资出版社，1994.

[4] 吴生绪主编. 塑料成形工艺技术手册 [M]. 北京：机械工业出版社，2008.

[5] 文根保，文莉. 手柄主体注射模的设计 [J]. 中航救生，2009，(1)：49-52.

[6] 文根保，文莉，史文. 成型件的缺陷和解决方法 [J]. 模具技术，2009，(6)：34-38.

[7] 文根保，文莉，史文. 豪华客车行李箱锁主体部件注射模设计 [J]. 模具制造，2009，(6)：62-67.

[8] 文根保，文莉，史文. 分流管注射模的设计 [J]. 模具制造，2009，(10)：56-60.

[9] 文根保，文莉，史文等. 塑件成型缺陷分析与改进措施 [J]. 模具工业，2009，(11)：46-49.

[10] 文根保，文莉，史文. 成型塑件的障碍体与注射模的结构设计分析 [J]. 模具制造，2009，(12)：36-43.

[11] 文根保，文莉，史文. 注塑件的型孔或型槽要素与注射模的结构设计分析 [J]. 模具制造，2010，(1)：35-39.

[12] 文根保，文莉，史文. 塑件成型时的运动干涉与注射模结构分析 [J]. 模具制造，2010，(4)：23-28.

[13] 文根保，文莉，史文. 塑件特殊技术要求与注射模结构设计分析 [J]. 模具制造，2010，(7)：60-63.

[14] 文根保，文莉，史文. 多重要素类型的综合分析法在注射模结构设计方案中的应用 [J]. 模具制造，2010，(12)：43-49.

[15] 文根保，文莉，史文. 混合要素类型的综合分析法在注射模结构设计方案中的应用 [J]. 模具制造，2011，(1)：72-76.

[16] 文根保，文莉，史文. 注塑件模具结构痕迹分析与克隆技术 [J]. MC 现代零部件，2011，(9)：76-79.

[17] 文根保，文莉，史文. 注塑件模具结构成型痕迹与模具克隆及复制技术 [J]. 金属加工，6/2012：63-66.

[18] 卞坤，文根保. 滑移端密封罩注射模的设计 [J]. 模具制造，2013，(1)：65-68.

[19] 文根保，文莉，史文. 面板注射模设计 [J]. 模具制造，2013，(7)：37-41.

[20] 文根保，文莉，史文. 外壳体注射模结构可行性分析与设计 [J]. 模具制造，2017，(1) 总第 186 期，44-49.

[21] 文根保，文莉，史文. 三通接头脱螺孔及相交型孔时差抽芯注射模设计 [J]. 模具制造，2017，(2) 总第 187 期，46-50.

[22] 文根保，文莉，史文. 复杂注塑模最终结构方案可行性分析与论证 [J]. 中国模具信息，2/2017，32-35.

[23] 文根保，文莉，史文. 连接环注塑模设计 [J]. 模具技术，2017，(2)，34-36 转 42.

[24] 文根保，文莉，史文. 弯管接头注射模结构设计 [J]. 模具制造，2017，(3) 总第 188 期，58-63.

[25] 文根保，文莉，史文. 三通接头二次抽芯与时差抽芯注塑模设计 [J]. 模具技术，2017 (4)：46-51.

[26] 文根保，文莉，史文. 注塑件模具结构痕迹与痕迹技术的应用 [J]. 中国模具信息，3/2017，27-31.

[27] 高俊丽，姚远. 吸气管嘴注塑模设计 [J]. 模具技术，2017，(4)，40-42 转 51.